人力資源管理

林欽榮◎著

自序

近代學術思想的發展甚為迅速，而人力資源的開發與運用問題亦然。一般而言，企業管理活動乃包括：生產、行銷、財務、人力資源與研究發展等範疇，其中尤以人力資源為重心，蓋其他企業活動的良窳常取決於人力資源的運用是否得當。因此，近代企業經營無不重視人力資源管理問題，甚而以此為研究鵠的。

過去企業人力資源問題概以「人事管理」稱之，今日由於行為科學的研究日深，乃轉而注意人力潛能的開發問題，因而改稱為「人力資源管理」。今日人力資源管理已就整體性、策略性和綜合性的觀點，來探討人力的開發與運用問題，此乃拜科際整合科學研究之賜。

基本上，人力資源管理雖仍脫不出過去人事管理的範疇，但前者比後者則更具前瞻性和延續性；其不僅只限於事務性和作業性的活動而已，更涵蓋了策略性和指導性的理念。由此觀之，人力資源管理遠比人事管理更廣而深，這是近來人力資源管理發展的趨勢，也是本書所一再強調的重點所在。

誠然，企業人力運用的基本原則乃是一貫的，只是人力資源管理活動強調管理策略的釐訂與運用。因此，本書除了首章先討論人力資源管理的意義、發展、研究目的和研究範疇之外，乃於次章立即探討人力資源管理策略。其他諸如：工作分析與設計、人力資源規劃、員工甄選、任用與遷調、員工訓練、管理發展、生涯規劃、績效考核、薪資管理、紀律管理、激勵管理、態度與士氣、人群關係、行為科學、領導行為、意見溝通、勞資關係、安全與意外、員工福利、離職管理等，都是人力資源管理的主題。其中部分牽涉到管理理念，部分則涉及管理實務問題。

本書編寫乃改自拙著《人事管理》乙書，且另為修訂增刪，其乃在適應時代變遷與大專課程名稱的更改而作。本書在編寫上，乃力求使理論與實務並重，行為與制度兼顧，期求能獲得有關人力資源管理的系統知識。本書除在各章作理論之探討外，並在每章前附「本章學習目標」，且在各章後附有「研究問題」，以提供於研讀本文之後，能作有系統的思考。且每章均附有「個案研究」，以供作對實務的探討。書末並附相關人事法規，以供參酌。

本書乃作者有感於人力資源管理學術的快速發展，力圖以簡明通俗的筆法，將人力資源管理概念作扼要的敘述，期求能對從事人力資源管理工作者或有志於研究者有所幫助。當然，由於個人才疏學淺，致其中必有闕漏誤謬之處，尚祈專家學者指正，至盼！

林欽榮 謹識

目錄

第三章 工作分析與設計 39

第四章 人力資源規劃 63

第七章　員工訓練 137

第八章　管理發展 161

第九章　生涯規劃與管理 187

第十章　績效考核 207

第十一章 薪資管理 227

第十二章 紀律管理 265

第十三章 激勵管理 285

第十四章 態度與士氣 309

第十七章 領導行爲 383

第十八章 意見溝通 405

第二十一章　福利與保險 479

第二十二章　離職管理 503

第1章 緒論

本章學習目標

讀者於讀過本章之後，應能瞭解：

1.人力資源管理的意義。
2.人力資源管理、人事管理和人事行政的同異之處。
3.人力資源管理的發展過程。
4.人力資源管理的研究目的。
5.人力資源管理所涵蓋的範圍。

人力資源是今日組織資源中最重要的資源，也是管理人員最應重視的課題之一。蓋組織運作的良窳，常取決於人力資源是否適當運用，故有人認爲人力資源乃是組織中最重要的資產，甚而是「資產中的資產」。此種資產乃是最直接影響到組織生產和作業效能的。凡是組織內各個部門或單位的主管，無不應重視人力資源的問題，且必須妥善加以管理。惟有如此，組織才能運作順暢，免於遭遇到困擾。本章首先將討論人力資源管理的意義、發展、研究目的和研究範疇，以作爲以後各章的指引。

人力資源管理的意義

在企業生產、政府服務、學校教育、醫院醫療等各項活動中，都具有一項共同的特色，即每種組織工作都必須透過個人或組織成員乃得以完成其任務。這些組織賦予成員以不同的工作，企使生產、服務、教育、醫療等活動順暢，而此則有賴於良好的管理，這就是人力資源管理。易言之，人力資源管理即在透過人力資源的策略、規劃與作業，而配合其他各項管理功能，以達成組織的整體目標者。

所謂人力資源（human resources），就是組織內所有與員工有關的任何資源而言，它包括：員工人數、類別、素質、年齡、工作能力、知識、技術、態度和動機等均屬之。至於人力資源管理（human resources management），則爲對組織內人力資源的管理。就形式上的意義而言，這是指人與事密切配合的問題；亦即爲組織中人力資源的發掘與運用的問題，而不單指人力數量的問題。廣而言之，人力資源管理是指組織內所有人力資源的開發、發掘、培育、甄選、取得、運用、維護、調配、考核和管制的一切過程和活動[1]。

近年來，「人力資源管理」一詞已有取代「人事行政」（personnel administration）與「人事管理」（personnel management）等名詞之勢。事實上，這些名詞的基本重心都是以「人」爲主的，亦即講求尊重人性的價值與尊嚴。惟過去的學者都稱此種人力運用的管理爲「人事行政」或「人事管理」，而今日的學者則總稱爲「人力資源管理」。今日學者研究人力問題，都採取策略性的觀點，而將之視爲一種組織的資產，且與其他資產等量齊觀，甚或有過之而無不及。

就某種意義而言，人力資源管理與人事行政和人事管理並無分軒輊。只是人力資源管理比其他兩者含有更廣而深的涵義。亦即人力資源管理更具有策略性、指導性、動態性、積極性和整體性，它好像其他資源如資金、物料、機器等一樣，一方面表示人力成本的含義，另一方面代表著人力投資的意義。至於人事行政和人事管理則較具作業性、事務性和靜態性，惟人事行政一般都指運用於政府機關的人力作業問題，而人事管理多指企業機構的人力運用問題。且人事行政比人事管理更具政策性，層級範圍較高而廣。

此外，人力資源管理不僅在研究現有「人」的問題，且在探討人的過去和未來之問題。就現有問題而言，它是指現有人力的運用。就過去而論，它乃在追蹤「人」過去的足跡。就未來而言，它更期望能發揮人的潛能。因此，人力資源管理乃是一種瞭解、解釋、預測與操控人員行爲的過程。當然，人力資源必能爲組織所用，只有透過組織的過程，人力資源乃得以充分發揮與運用。是故，人力資源管理須能兼顧組織的全面性觀點。

就實際運作的觀點而言，人力資源管理乃爲一種經由建立一定的人事標準，然後衡量實際的人力水準，再與原有的標準包括：人力數量與人員素質相比較，從而採取必要的矯正措施，以期達到「人適其職，職得其人」、「適才適所」的目標之程序。易言之，人力資源管理乃是先根據機關組織內部的設計與工作特性要求來作人力規劃，然後配合員工的選用、訓練、遷調、考核、薪資設計、福利服務、安全制度、退休撫卹，以及其他各種關係的建立與維護，而作整體的規劃、組織、領導、控制等的一連串活動，終而達成人事配當得宜的目標。

總之，人力資源是組織的主體、管理的靈魂，人力資源管理幾乎就是組織的管理。蓋人力資源管理得當，組織運作才可能上軌道，從而可提昇組織效能。組織的人力資源，就是整個機構的所有員工之運用，舉凡一切管理問題，都可説是人力資源管理問題，其所探討的正是組織的整個工作情境與人際關係或團體行為配合的問題。此種觀念已隨著時代和社會的演進而不斷地在擴大之中。因此，人力資源管理問題亦隨之愈趨複雜，其範圍亦日漸擴展。

人力資源管理的發展

人力資源管理活動須在組織內部進行，而自有人類以來就有了組織，則有關人力運用問題早已存在。只是當時有關人力資源的問題，並未經過研究與整理，以致未受到應有的重視。隨著組織目標和人性需求的發展，人力資源管理問題乃日漸顯現其重要性，直至今日更有了進一步的發展，並受到前所未有的重視。這完全要拜科學研究之賜，使其能成爲完整而有系統的學科。綜其產生的背景和演進的過程來看，人力資源管理常隨著社會環境的變遷，而顯現不同的思想領域和發展階段，其大致可分爲下列各個階段：

一、科學管理時期

人力資源管理思潮的興起，可追溯到產業革命的發生。此時產業規模日漸龐大，工作性質複雜，機器代替了人力，員工不斷地增加；企業機構爲了滿足此種發展的需求，乃逐漸建立了管理制度。同時，爲了增進生產量，降低成本，而逐漸採用新的管理方法，建立一套管理制度和法則，使得管理學術思想日漸發達。惟管理學界眞正建立起科學原則的，首推爲科學管理（scientific management）運動。

該運動始於十九世紀末葉，由「科學管理之父」泰勒（Frederick W. Taylor）首創。他出生於一八五六年，先後服務於密特維爾（Midvale）和伯利恆（Bethlehem）兩家鋼鐵公司，在前者由普通工人晉升到總工程師的職位，在後者則從事一連串的實驗，包括：銑鐵塊搬運研究、鐵砂和煤粒的鏟掘工作、金屬切割工作等的研究。泰勒先後發表過「按件計酬制」（A Piece Rate System）、「工場管理」（Shop Management）兩篇論文，以及《科學管理原理》（*The Principles of Scientific Management*）一書。

泰勒的基本論點是：主張從事時間與動作研究，建立工作條件標準化，以爲工人工作時的依據；強調選擇最佳工作途徑與方法，管理人員勵行分工，嚴格訓練與監督工人；並將計畫與執行嚴格劃分，工資發放採取按件計酬制；亦即採用科學方法去研究工作，使達到最高的生產效率。凡此皆奠定了人力資源管理研究工作方面的基礎。其後，甘特（Henry Gantt）和吉爾伯斯夫婦（Lillian M. and Frank B. Gilbreth）更致力於工作分析，及訂定工作薪資標準與動作研究等人事技術制度。

泰勒等人並未刻意重視人力資源管理，但他們重視員工的甄選、訓練、獎工制度和工作方法的改善，對人力資源管理有重大貢獻。該時期的重點完全放在工作合理化，採用新的管理方法，將之運用在實務工作上，以求增加生產，降低成本，偏向於機械性的效率觀，而忽略了人性價值與尊嚴的追求，以致激起了人群關係思潮的澎湃。

二、人群關係時期

人群關係運動始自於一九二七年到一九三二年間，由梅約（Elton Mayo）教授所主持芝加哥西電公司（West Electric Company）的浩桑研究（Hawthorne Studies）。該研究本為試驗工作環境與工作效率間的關係，卻意外地發現團體與社會關係對工作效率的影響甚鉅。該研究共分為四個階段：第一個階段：工場照明試驗。第二個階段：為繼電器裝配試驗。第三個階段：為大規模面談計畫。第四個階段：為接線板接線工作研究。由於該項研究，而促使人力資源管理由工作分析轉而注重人性因素的探討。

其後，羅斯茨柏格（F. J. Roethlisberger）與狄克遜（W. J. Dickson）更作進一步研究，發現人群關係的重要性，著有《管理與工人》（*Management and Worker*）一書，駁斥科學管理時代限制人性的觀點，極力主張尊重人性的價值與尊嚴，力倡應改變機器去適應人力，而非改變人力去適應機器；蓋影響工作效率的，並非全在於經濟或物質因素，而是人為的因素。

人群關係（human relation）時期除了在社會學方面有了研究之外，在心理學方面也有了重大的進展。其中孟斯特堡（Hügo Munsterberg）著有《工業效率心理學》（*The Psychology of Industrial Efficiency*）一書，試圖將心理學通俗化，並研究其與工作效率之間的關係，且將科學管理與心理學結合，而奠定了工業心理學的基礎，故被尊稱為「工業心理學之父」。

由此觀之，人群關係的主要論點不外乎兩大項：即個人需求與群體行為。就個人需求而言，個人努力工作即在藉此得到各種需求的滿足，包括：工作外的滿足和工作中的滿足。就群體行為而言，人們在工作中之所以形成群體，一方面乃在實現組織的目標，一方面亦在達成個人的滿足。此種對人性看法的改變，乃導致管理上的加強授權，實施員工參與，給予員工更大的自主權，主張工作擴展和工作豐富化，以獲取更大成就的滿足。

然而，由於人群關係思潮的過度發展，也為管理界帶來了一些困擾。亦即過度重視員工的心理需求，反而忽略了組織績效與生產效率。根據許多研究顯示：工作績效與滿足感之間，並無絕對關係[2]。因此，人群關係運動已演變為今日的行為管理思潮。

三、人力資源發展時期

站在今日人力資源管理立場而言，今日管理思想已步入行為科學研究階段。由於該階段乃為致力於人力資源的改善，故可稱之為人力資源發展（human resource development）時期。此時期乃為將人與工作、組織、作業等，作更精密、擴展與綜合的研究。此時特別重視工作生活品質（quality of work life），此種觀念自一九六〇年代開始萌芽，特別重視生產效率極大化，管理制度合理化，管理措施人性化。

就工作方面而言，人力資源管理致力於工作分析、工作設計、工作評價等活動，將分工和職權重新劃分，重新安排生產過程，加強技術效率與人機效率。在人員方面，致力於員工選用技巧的改善，員工訓練的精進；慎選與培訓員工，使人員與工作能做最佳配合；改善員工在工作中的人際關係，增進員工團結合作意識與對組織的忠誠度。另外，在管理程序方面，也對規劃、組織、指揮、協調、控制等作更進一步的研究。

在管理實務方面，現代人力資源發展特別重視公平就業機會、工作安全與健康、員工退休保障、員工福利等各種人事法規或準則的訂定。此外，為了追求較高的工作生活品質，現代人力資源發展必須注意科技環境、經濟環境、社會文化環境、與政治環境等因素的影響[3]。同時，人力資源管理必須實現企業員工對組織擁有較高的歸屬感與忠誠度，並強化企業機構的應變力和競爭力。

總之，現代人力資源發展時期，最著重工作生活品質的提昇，其目的乃在追求人力資源管理的整體性、動態性與綜合性的發展。在做法上，乃不斷地規劃人力資源需求，聘用組織所需的人力，評估和獎勵員工的行為，教育員工及改善工作環境，並建立與維繫有效的工作關係。

綜觀前述，人力資源管理思想的發展過程，可知科學管理時期以「事」爲中心，重視工作效率的機械觀；人群關係時期以「人」爲中心，強調人性的價值與尊嚴；而人力資源發展時期主張提昇工作生活品質，將「人」與「事」作綜合性、整體性與動態性的研究。當然，今日整個人力資源管理領域的知識是累積的、漸進的，前一個時期的思想啓發了後一個時期思想的發展，終而形成今日的全面性觀點。

人力資源管理的研究目的

人力資源管理是一項存在已久的問題，也是一門獨立的科學。由於它的存在與發展，已然爲企業機構或政府部門提供許多完整的管理理念，從而建立起完善的人力資源管理制度。大凡一個成功的企業或有效率的政府，無不重視人力資源管理制度。蓋人力資源管理就等於組織管理，一個沒有完善人力資源管理制度的機構，幾乎就是一個沒有組織的機溝。由此可知，人力資源管理是相當重要的，吾人就必須重視它並作深入的研究，以期能建立完善的管理制度。至於人力資源管理的研究，至少有下列目標：

一、分析工作提高效能

人力資源管理的研究目的，就是在對工作進行分析，以選用適當的人才來工作，期能提高工作效率，以完成企業任務。工作分析就是將工作的要素一一列出，以建立科學化的標準。人力資源管理在僱用員工時，就必須依據此種科學基礎，因建立員工素質標準，才能決定用人的標準何在。惟有如此，才能使人事配合，提高工作效率。

人力資源管理之所以進行工作分析的目的，乃在達成企業的生產目標，利用工作分析，而將個人實際工作情況與角色規範相結合，以顯現工作成果。此外，工作分析可進一步提供作爲工作評價的基礎，更據以釐訂合理的薪資制度。凡此無非在增進工作效率，而效率的提高有賴制度的建立，蓋人事制度爲人力資源管理的基準。至於制度的建立，必須從組織設計、工作分析開始；惟有完整的組織設計與周全的工作分析，才能有切實的合理化制度，而能使工作有所依循，按部就班，循序漸進，從而完成工作目標。

二、發掘人力運用資源

人力資源管理的研究目的之一，乃在發掘與運用人力資源。通常人力資源來自組織的內部或外界，企業可運用考選的方式，自外界徵得人才，予以任用；也可自企業內部發掘具有潛力的員工，予以升遷調任。不管員工的任用是來自於企業的內部或外在環境，都得依賴人事手段的適當運用。其他，諸如：人力的規劃、訓練，給予合理待遇，激發工作意願等等，無一不是人力資源管理的範疇。因此，人力資源的發掘與運用，實是人力資源管理的首要目標。

人力資源管理既在研究如何有效地爲組織羅致、發展、運用，並維護其人力資源，則必須確定人力經營方針，適當地運用組織原理、工作方法與技術，確切地規劃人力的來源；從而善用各種甄選人才的方法，才能充分而有效地發掘人力資源，並能妥善運用。人力資源是企業機構的最大資產，當企業能充分地發掘人力，培養人才，可說已奠定了事業成功的基礎。因此，凡是成功的企業無不重視人力資源的規劃，以期能保持有效的人力，並謀組織的合理發展。此則爲研究人力資源管理的首要目標。

三、培養人才開發技術

當員工爲企業所進用後，人力資源管理人員必須隨時對員工進行訓練，一方面發展員工工作能力，另一方面可改進員工工作技能，期以爲企業作更大的貢獻。人力資源管理的目的，就是在運用科學方法，解決組織內部的人事問題，一方面求得合理標準而有效率的人力資源管理技術，另方面也在教導與協助員工發展其工作技術。據此，人力資源管理固可發展本身的管理技術，以培養人才；同時，也可幫助員工發展其工作技能。

一般企業培養人才的方法，主要包括：員工訓練與管理發展。所謂員工訓練就是運用教導的方法，指導員工的工作技能，以達成所預期的目標；而管理發展最主要的內涵，就是建立在員工自我發展的觀念上，使自己隨時主動地去學習，以適應個人自我發展的需要。人力資源管理工作則在主動地訓練員工，或協助員工作自我發展，從中培養人才，發展其技術，期能爲企業所用。

四、發展學術提昇水準

人力資源管理的研究目的之一，乃在發掘企業內部的人事問題，從而尋求解決問題的方法；同時，發展出人力資源管理的原理原則，歸納而成管理學術。人力資源管理思想的發展，惟賴學術研究才得以擴展，並隨著環境的變遷而作因應之道。諸如過去人事之看重法則研究，以事爲主的觀念，強調懲罰控制等，都已隨著時代的演變而不適用。今日人力資源管理若仍沿用傳統的管理方法，必爲時代所淘汰。因爲今日受自由主義、民主思想的衝擊，而主張人力資源管理必須重視人性、行爲法則、激發人性，才能使企業經營邁向成功之路。凡此都是人力資源管理學術思想的研究，有以致之。因此，研究人事問題，發展人力資源管理學術，乃爲從事人力資源管理的研究目標之一。

此外，人力資源管理的研究，不僅可發展人力資源管理學術，且可提昇管理水準。人力資源管理學術，固由許多人力資源管理的原理原則匯集而成；惟人力資源管理工作需運用各種相關技術與方法，來解決人事上的問題。因此，人力資源管理一方面可對現有人事問題作深入研究，以提昇人力資源管理技術水準；另一方面則可廣泛地運用人力資源管理的知識與法則，來解決人力資源管理問題。是故，人力資源管理研究，可提昇人力資源管理學術水準。

五、改善管理創造利潤

研究人力資源管理的目標之一，乃在尋求良好的管理措施，用以創造企業利潤。本來，企業經營的目標，乃在創造最大利潤；而人力資源管理工作的任務，也正在協助企業達成此種目標。吾人研究人力資源管理，就是在探討改善管理技術的方法，用以設計出更佳的管理措施，使員工願意在企業中工作，從而幫助企業主賺取更大利潤。當然，最大利潤的創造有賴於勞資雙方的合作，共謀其利，才有實現的可能。而人力資源管理者則肩負其間協調合作的重責大任，此則有賴人力資源管理學術的更深入研究。

此外，人力資源管理研究，乃在使企業主瞭解員工的需要，從而改善管理措施。有關良好的管理措施，包括：分派適任的工作，訂定合理薪資制度，採用人性化管理，建立和諧勞資關係，提供安全的工作環境與福利設施等，無一不是透過人力資源管理的研究。因此，從事人力資源管理研究，可改善管理環境與措施。當企業採取合理而有效的管理措施，相對地，就爲企業節省不少成本；且員工提高工作意願的結果，就是爲企業賺取更大的利潤。

六、適應人性增進福祉

人力資源管理的目標，必須適應人性需求，增進員工的福利。一般而言，企業目標固在追求最大利潤，而員工終身爲企業而努力，其有不可磨滅的貢獻，故企業亦應提供相當福利措施，用以酬庸員工的辛勞。同時，企業採用人性化管理，無論對企業或員工都是有益的。因此，企業尊重人性的價值與尊嚴，採取適合人性的管理措施，有助於效率的提高與利潤的追求。這些都有賴人力資源管理從中規劃、協助與完成。因此，適應人性需求，增進員工福利，乃爲研究人力資源管理的目標之一。

現代企業管理的重要思潮，就是運用科學方法於員工心理與性向的研究，把握員工的人性，發揮其工作潛能，使管理者瞭解並關切員工的意願與理想，而取得其眞誠與合作。因此，企業機構給予適當待遇，讓他們有安全感與工作保障，最好的辦法就是尊重員工，培養其向上進取的決心，以提高其工作地位。爲了達成上述目標，設置良好的福利設施，乃爲最佳的途徑。人力資源管理的目標必須以此爲重點，才能引導員工，使之與企業合爲一體。

總之，人力資源管理的目標是多元的，當非上述各項所能涵蓋。本文僅列出犖犖大者，以提供參考。然而，就總體而言，人力資源管理的研究目標，不外在分析各項工作要素，開發人力資源，培養企業所需人才，用以改善管理措施，以充實人力資源管理學術的發展；並能創造企業利潤，謀求員工的福祉。

人力資源管理的研究範疇

人力資源管理是一切管理的基礎，有了健全的人力資源管理制度，可說一切管理就已奠定了成功的基石。蓋任何組織都是以人事爲出發點，尤其是人力資源更是組織的最重要資產。因此，人力資源管理可分爲兩大部分：一爲開發人力

資源，培養與運用人力資產，激發其工作潛能，去完成工作任務與組織目標；一則為對工作進行分析，並選派適當的人員去工作，以謀求人與事的配合。是故，人力資源管理的範疇可分為人與事兩大部分。

惟就人力資源管理的實質內容而言，人力資源管理可分為理論基礎與實務運作兩部分。理論基礎是提供人力資源管理業務的指導，是人力資源管理的思想、觀念與原則，也可說是人力資源管理哲學的部分；它包括：激勵管理、態度與士氣、人群關係、行為科學、領導行為、意見溝通、管理發展等課題，用以指導人力資源管理者的理念。至於實際運作方面，是指人力資源管理的實際業務，諸如：工作設計、工作分析、人力規劃、員工甄選、人事測驗、任用遷調、工作服務、出勤出差、考勤考績、獎懲運用、員工訓練、工作評價、薪資訂定、勞資關係、安全與衛生、員工福利、退休資遣、保險撫卹等，都是人力資源管理的實際作業。

若就人力資源管理運作的過程而言，人力資源管理可分為：策略編制、選拔運用、訓練發展、薪資管理、潛能激發、管理理念、勞資關係、福利服務等大項：

一、策略編制

策略編制，就是訂定企業的管理策略，並建構組織的合理結構，以便確定組織內各個職位性質，辦事的原則與程序，以利工作的推展。它包括：管理策略、工作分析與設計等。管理策略是人力資源管理的指導原則，整個人力資源管理工作即以此為其依據。有了管理策略，才能瞭解人力資源管理的走向，從而可訂定工作和人力規範。其次，人力資源管理尚必須對各項工作進行分析，以瞭解各項工作的各個要件與元素，從而據以作為人才甄選的基準。

二、選拔運用

當人力資源管理確定組織內部職位後，已瞭解各項工作者的資格條件，即可進行選拔人才，並加以運用。人力資源管理人員可根據業務需要，訂定人力規劃，及需用人員應具備的資格，以為徵募及考選人才的依據。同時，人力資源管理可運用各種方法甄選人才，鼓勵人員參加應徵，從中選取適當條件的人員加以任用。若任用不適當，可施行遷調制度；或有了良好表現，即予以升遷。因此，人力資源的選拔運用方面，包括：人力規劃、員工甄選、任用遷調等項目。

三、訓練發展

員工在進用前或任用後，必須隨時加以訓練，以發展其工作才能。這方面最主要包括：員工訓練、管理發展與生涯規劃等三大項。員工訓練的目的，乃在指導員工學習正確的工作方法與技能，用以改進工作績效。它主要包括：職前訓練、在職訓練、職外訓練與外界訓練等類型。至於管理發展乃在有系統地協助員工的成長，以求獲致有效的管理知識、技能與態度，它包括管理人才的培育與管理人員的自我發展兩部分；其中又以自我發展爲重點，蓋管理發展惟有賴自我主動的努力，才容易獲致。此外，人力資源管理者除了應鼓勵員工作生涯規劃之外，亦應協助其作生涯規劃。

四、薪資管理

員工努力工作的目的，不外乎在賺取金錢，以維持其生活。因此，薪資政策的合理與否，實爲員工是否努力工作的重要因素，也是人力資源管理最重要的工作重點之一。惟在核定薪資之前，必須先作工作評價，以評定各項工作對組織的貢獻；然後據以爲訂定薪資的標準。當然，薪資報酬的訂定仍需考慮員工的工作績效與外界因素。尤其是工作績效的考核正確與否，影響人力資源管理工作甚鉅，故而績效考核必須力求完整而正確，並建立客觀的合理標準。此外，薪資的訂定，本身也要力求公平而合理，才能保障員工安定地工作，此尤爲人力資源管理的最重要工作。因此，薪資管理可包括：績效考核與薪資訂定等要項。

五、潛能激發

人力資源管理上要想激發員工的內在潛能，除了必須培養民主領導理念，採用符合人性化的管理之外，尚必須注意員工的工作動機、工作精神與團體士氣，才能眞正地瞭解員工的工作意願。因此，人力資源管理必須從事員工工作動機的研究，瞭解員工爲何要工作，如何才能激發員工動機，提昇其工作成果。此外，對員工工作態度的調查，也是相當重要的。員工態度是一種心理狀態，常影響其工作意願；尤其是它所彙集而成的團體士氣，對工作目標的達成，更具決定性的作用。是故，欲激發員工潛能，必須從事員工工作動機的研究，並調查其工作態度與團體士氣。此外，尚可對員工採用紀律懲戒的限制措施。

六、管理理念

管理理念是一種管理哲學，組織內各級主管，尤其是人力資源管理人員，有了正確的管理理念，將可帶動組織的革新與成長；相反地，若管理人員的管理理念落伍而不正確，將使組織的成長停滯不前，甚至走向衰敗的境地。因此，培養與建立正確的管理原則，乃是今日人力資源管理工作的當急之務。有關管理理念的建立，至少要從人群關係哲學，與行為科學的發展當中去尋求，以便培養出民主素養的領導氣氛，而願意與員工進行意見溝通。是故，管理理念方面，至少包括：人群關係、行為科學、領導行為、意見溝通等部分。

七、勞資關係

勞資關係是企業經營中很重要的一環，也是人力資源管理上的一大課題。蓋勞資關係的和諧，能使企業經營屹立不搖，員工也有工作保障；相反地，勞資關係不能維持和諧，不僅企業無法繼續經營，而且員工也將失去維持生活的憑藉。易言之，勞資關係是「合則兩利，分則兩害」的。因此，維持與建立和諧的勞資關係，是人力資源管理的重點工作之一。

八、福利服務

員工福利服務，所包括的內容各有差異。狹義的員工福利，應僅只限於福利設施，更擴大點解釋尚可包括：保險、退休、撫卹、養老、資遣等項目。而廣義的福利則可包括：整個改善生活，保障安全的一切措施。由於後者所牽涉的範圍過於廣泛，且大部分已在前面各部分敘及，因此，福利服務部分就僅侷限於福利措施、保險、退休、撫卹、資遣與安全和衛生等項目。

當然，上述各項內容與範圍，並非截然劃分的，許多常是重疊的。且由於個人觀點的不同，其劃分方法也有所差異。吾人作如此的劃分，無非在求說明的方便而已。此外，人力資源管理的整體範圍，各家說法也不太一致，研究重點也各有差異。

總之，人力資源管理所指涉的範疇，幾乎已涵蓋了整個組織的管理。不過，它的重點主要在「人」的因素，一方面期其展現現有工作能力，發揮未來潛能；另一方面則希望其能完成工作目標，謀求人與事的配合。

附註

1.林欽榮，人力資源管理策略宜考量的環境因素，人事管理月刊，376期。

2.Donald P. Schwab and Larry L. Cummings, "Theories of Performance and Satisfaction: A Review," Industrial Relations, Vol. 9, pp. 408-430.

3.C. J. Fombrum, N. M. Tichy, and M. A. Devanna, Strategic Human Resource Management, N. Y.: John Wiley and Sons, pp. 3-18.

研究問題

1.有人說：人力資源是資產中的資產，試申其義。

2.何謂人力資源管理？試述其與人事行政、人事管理的同異之處。

3.試述人力資源管理的發展過程。

4.試比較人力資源管理在科學管理時代與人群關係時代的發展重點。

5.試述現代人力資源管理的發展重點。

6.試述人力資源管理的研究目的。

7.從事人力資源管理研究，何以有助於創造利潤和增進人類福祉？

8.人力資源管理可分為理論基礎與實務運作兩大部分，它們各包括哪些主要項目？

9.人力資源管理策略是人力資源管理工作的指導原則，何故？

10.管理發展最主要乃在求自我發展，何故？它是否侷限於管理人員？

11.管理理念能左右管理實務的運作，你同意否？試述你的看法。

12.試述員工福利的範圍，以及人力資源管理人員應如何服務其員工。

13.勞資關係是企業經營中很重要的一環，你同意否？試述你的看法。

個案研究

人性化管理的公司

林信興目前服務於春元公司，從事於螺絲工業產品的生產；比起以前在某飯店從事於服務業，他感覺到有尊嚴多了。最主要，他自認爲該服務業的工作性質比較沒有挑戰性。自從服務於螺絲工業生產的半年多以來，林信興覺得螺絲公司的人事管理和福利制度，比以前服務的飯店來得好，且富有變化性。因此，他對目前的工作很感滿意。

讓林信興工作帶勁的最主要原因，是春元公司對員工的態度很人性化，雖然他是個藍領階級，但公司對待白領階級和藍領階級是一樣的。舉凡薪資、升遷等都有一套合理的制度。在薪資方面，包括：伙食費、全勤獎金和各項津貼，都列在裡面。在升遷方面，完全依靠個人的工作表現。其他，各項福利都不輸給其他同類公司。當然，公司老闆的基本態度是賞罰分明的。

最令林信興激賞的是，該公司員工請病假，只要提出醫生證明，就不扣全勤獎金，這是許多公司所沒有的。此外，一旦員工有過度勞累的時候，都可到休息室休息。在工作八小時內，並無工作數量的限制。這樣的管理制度，很能激發員工對工作的認眞態度。

個案問題

1.你認爲讓林信興對目前工作感到滿意的主要原因是什麼？

2.你認爲人性化管理眞能激勵員工的工作態度和潛能嗎？

3.你認爲在目前台灣的環境中，實施人性化管理有效嗎？

人力資源管理策略

第2章

本章學習目標

讀者於讀過本章之後，應能瞭解：

1.人力資源管理策略之涵義。
2.影響人力資源管理策略的外在環境因素。
3.影響人力資源管理策略的內在環境因素。
4.人力資源管理策略宜由何人訂定，以及如何訂定。
5.人力資源管理策略的內容及其運用。

人力資源管理正如生產管理、行銷管理、財務管理一樣，都是企業機構的一大領域，這些管理內涵乃依據企業經營策略而訂定的。此種企業經營策略包括：企業的經營方針、競爭策略……等，都在激發本身能與其他企業競爭，並期能得到永續經營。人力資源管理即在透過人力資源策略的規劃和作業，而配合其他管理功能，以達成企業的整體目標。本章首先將討論人力資源管理策略的涵義，然後分析人力資源管理策略所面對的外在和內在環境，從而研討此種策略目標，以及策略的訂定；最後研析如何將之付諸實施。

人力資源管理策略的涵義

一家企業機構若僅設置一些部門，賦予員工不同的工作，並不能保證員工將會完成組織所交付的任務，其有賴於良好的管理措施；而良好管理工作的推行，更須依賴良好的管理策略作爲指導。正如前章所言，一切企業機構內部的活動，皆有賴人力資源管理的妥善推動。是故，人力資源管理須有良好的指導策略，以資運作。

然而，何謂人力資源管理策略？有關「人力資源管理」一詞，已如前章所述，此處不再贅言，今僅說明「策略」一詞的涵義，然後合併解釋「人力資源管理策略」。所謂策略（strategy），是爲計畫中的骨幹，界於目標和具體行動之間。它是爲達成某種特定目的所採用的手段，其表現爲對重要資源的調配方式。如公司爲達到快速成長的目的，而選擇併購其他公司的方式，即爲一種策略。有效的策略必須不斷地反應環境的變化，故是一種最具動態性的計畫。

策略和政策有時很難加以明確劃分。一般而言，政策是所有行動的總指導，它只是一種概述或一項協定，可用以引導部屬行動的方向。易言之，政策只在指示行動的方向，而不能對細節作明確的規定。組織機構在擬訂政策時，須以目標爲準。亦即政策的釐訂，須有助於業務的推展和目標的達成。組織機構乃在釐訂目標之後，始行擬訂政策，據以研訂策略。不過，有些策略具有政策性質，有些則只是實施和手續性質而已。然而兩者皆屬於一種計畫則是無可置疑的[1]。

綜上觀之，則人力資源管理策略乃是爲了達成人力資源管理目標所採用的手段，一方面具有人力資源管理政策的性質，用以作爲指導人力資源管理業務和活動；另一方面則可實施人力資源管理活動，以爲人力資源管理作業的程序。質言之，人力資源管理策略對人力資源管理活動，是具有方向性、指導性的，其可促進組織內部人力資源管理作業和活動的一致性，俾求各部門能相互搭配，彼此聯貫，以求組織能發展出一套適合自身的人力資源管理系統。

人力資源管理策略的環境

人力資源管理策略，既是人力資源管理者為求達成組織人力運用目標而採取的政策方針，則此種方針正是人力資源管理活動和作業的最高指導原則。有了良好的人力資源管理策略，組織才能順暢地推行人力資源管理程序與活動，進而提昇組織營運的績效。惟人力資源管理策略乃是依據組織所處的環境而訂定的，只有審慎瞭解影響策略的各項環境因素，才能釐訂可行的人力資源管理策略。至於組織環境，是指組織所處的外在與內在環境而言，本節將先討論影響人力資源管理的外在環境，然後再研析其內在環境。

一、組織的外在環境

所謂組織的外在環境，是指組織本身結構以外的環境而言。它是組織所存在的處所。組織必須適存於此種環境之中，始有存在的可能。蓋組織自外在環境中吸收資源，並將某些資源釋出，彼此可說是唇齒相依，相互為用的。因此，外在環境對組織內部人力資源的運作，是有相當影響的。尤其是人力資源管理策略的釐訂，更須配合外在環境因素而訂定。此種外在環境因素甚多，包括諸如：法律、政治、與經濟等因素。通常一個國家的人力資源數量和素質，多與其人口政策、教育計畫、經濟發展、就業結構、職業訓練等有密切的關係。舉凡政府有關「就業機會均等」的法規發生變動，或者經濟的繁榮或蕭條，必然會影響到企業僱用或解僱的人數。是故，吾人於探討人力資源管理策略時，必須自外在環境開始。其至少包括：

(一) 人口政策

組織人力主要來自於外界的供應，而整個社會的人口數量與素質，將決定組織人力甄補的難易與素質的高低。因此，組織作人力規劃，要考慮人口政策。如果人口政策主張大量生育，則組織人力需求將不虞匱乏；相對地，人口政策主張節育，則組織人力的來源必大為緊縮。又如人口政策主張提高人口素質，則組織人力必須講求精緻人力，而發展更技術性與專業性的人力計畫。當然，這些都不是單獨存在的，而必須與經濟發展、政治演變、教育計畫等相結合。不過，人口政策確會影響組織人力，則為不可否認的事實。是故，人力資源管理策略必須考慮人口政策，則為必然的。

(二) 教育計畫

教育政策與計畫很明顯地將影響人力的素質。一個社會的教育機構愈多或高等教育學府愈多，其人口素質愈高，則可供運用的人力資源也愈多；相反地，教育機構或高等學府愈少的社會，其人口素質愈低，可供運用的人力愈少。因此，組織的人力需求必須配合其社會教育政策，才能做適當的因應。倘若一個社會的教育發達，則在人力運用上可偏向高層技術人力的規劃；否則，只有偏向於低層人力的規劃了。

(三) 經濟發展

經濟發展狀況會影響人力資源的供應。有關經濟預測主要有三種方法：第一、外推法（extrapolation）預測，即以當前的情勢延伸到未來的預測方法。第二、領先指標與落後指標法（lead indicators and lag indicators）預測，前者是指每逢經濟發生上揚或下挫的變動時，總有某些指標變動得早，而領先其他經濟因素的變動；後者則指某些指標較為落後，比經濟的變動為遲。領先指標可預示經濟循環的變動，而落後指標也有助於變動情況的預示。第三、計量經濟學（econometrics）預測，將有關重要的經濟變數容納在一系列的數學方程式中，然後經由這些方程式，以各項假定為基礎，預測國民生產毛額的高低。此種情況有三：即樂觀情況、最可能情況、悲觀情況。根據計量經濟學預測的結果，若經濟發展的可能性高，則人力需求量高；相反地，若經濟情況不樂觀，則人力需求量低。因此，人力需求計畫必須考量經濟發展狀況。

(四) 勞動市場

勞動市場包括勞力的供給與需求，透過此種供需的交互作用，乃得以決定勞動數量與價格。從組織的角度來看，在一定期間內所需要的員工數量與種類，乃反應出該組織的勞動需求。一般而言，勞動力供給的變化，不僅受到勞動總人口數變動的影響，且也因勞動參與率、勞力素質而增減；而影響這些變數的因素，又包括：人口結構、經濟和社會的變遷。如在勞動參與率上，由於教育的普及和生活水準的提高，女性可能大量投入勞動市場。又隨著醫藥的發達，國民平均壽命的延長，都可能增長大多數人的工作年限。凡此都可能影響人力的供需，故而人力資源管理策略不能忽視勞動市場上的變化。

（五）科技發展

科學技術的發展，主要將影響人力素質的提昇。當科技發達時，組織必須改變生產結構與生產方式，並對人力重作規劃。蓋科技高度發展，工業必然走向精緻化，產業所需求的必然是專業性與技術性的人才，人力規劃就須趨向於勞心者與專技人才。相反地，科技發展落後，只須有大量的粗工和勞力者即可。因此，人力資源管理策略必須對科技的發展作預估。

（六）產業結構

產業結構及組織所處的競爭狀態，提供了組織整體經營競爭策略的主要方向；而該項競爭策略也反映了組織本身的條件與能力。透過產業結構和競爭的分析，組織可認清所處的環境，瞭解所應採取的策略和措施。此項策略不僅限於生產、行銷，尙包括人力資源的運用。且此種人力資源策略提供組織的管理文化、人力資源作業、以及合理的員工態度與行爲。是故，人力資源管理策略必須審視整個社會的產業結構，及其對組織競爭力的影響，使組織得以發展出一套合於自己的經營策略及方針。

（七）政府措施

政府措施常會影響組織的人力運用，故在做人力規劃時必須考慮政府措施，而事先作預測。政府措施，例如，勞工政策、經濟政策……等，無不影響組織的人力規劃。例如，政府的勞工政策趨向於保護勞工，則企業必須規劃某些勞工保障措施與福利措施，以誘使員工願意到廠服務，並使企業更容易徵補人才，或從中甄選更高素質的人才。再者，政治安定與否也影響人力供應，當一個國家的政治安定，民眾就業意願必然較高；反之，人民就業意願就會降低。顯然地，政府措施影響人力供應，因此人力資源管理策略必須預測政府措施。

（八）工會運作

工會是近代的產物，它對企業組織的影響可說是全面性的。早期工會發展乃是緣於對人力資源措施的不當而引發的，而工會努力的重點大多在經濟報酬方面，諸如：最低工資、福利設施等。但隨著時代的進步，工會已帶給人力資源管理者一些挑戰，其要求已涵蓋整個人力資源管理層面，包括：工作時間的減少、員工的心理需求……等。因此，在人力資源管理策略及其運用中，工會的運作實是必須詳加考量的。

總之，組織的人力資源管理策略，必須考慮組織外在環境的影響。組織若不能對外在環境作預測與評估，則不僅整個人力需求與外界脫節，而且整個發展計畫必也徒勞無功。

二、組織的內在環境

組織人力資源管理策略，除了須考慮外在環境的變化之外，尚須重視與內在環境的相互影響。所謂內在環境，乃指包含在組織內部足以影響組織運作的各項環境因素而言，這些因素包括：經營策略、組織文化、生產技術、財務實力、人員才幹、員工異動情況……等是。當然，組織內在環境與外在環境是有密切關聯性的，如外在環境可能影響經營策略、組織文化……等。惟為研討方便起見，今僅臚列個別內在環境因素探討之。

(一) 經營策略

所謂經營策略，亦即為組織競爭策略，其乃指組織內一連串有系統和相互關聯的決策或行動，務使其在與其他組織競爭時，能得到某種競爭優勢（competitive advantage）而言。通常競爭策略是一種較長期性與方向性的決策，是由高層管理人員所制訂的，其將影響人力資源管理策略的訂定，並受到人力資源管理措施的影響。該兩項策略在員工招募、甄選、培訓、評估、獎賞等措施上，都可能塑造和影響員工的思想、信念、和行動。亦即組織策略決定了其員工的一般特質。例如員工的特定技術、知識和能力等，都與組織策略中的科技、組織結構、和規模有關。一旦組織策略已確定，則必影響人力資源管理作業[2]。因此，經營管理策略乃是人力資源管理策略所應考慮的變數之一。

(二)組織文化

組織文化即代表該組織的價值系統，爲組織成員行事的依據和規範，它是組織所有成員行爲的社會化過程，說明了組織的傳統、價值、風俗、習慣，代表著組織的氣氛。每個組織都有它獨特的文化，此種文化氣氛對組織內部成員來說，可能感受不到而習以爲常；但對組織外界人士而言，則很容易察覺到。因此，人力資源管理策略必須配合組織的文化特性，發展一套適切的管理模式。此種模式通常在高層管理人員的強力運作下，而決定了員工對組織的價值觀念，以及組織對員工態度的假設，卒而形成組織文化，並決定了人力資源管理策略[3]。當然，組織文化可能影響組織形成特有的人力資源管理策略，而人力資源管理策略也可能塑造組織文化。

(三)生產技術

組織的生產技術或服務功能，也會影響到人力資源管理策略的釐訂。由於近年來科技日新月異，電腦的應用十分廣泛，生產技術或服務功能亦漸趨於自動化。因此，員工的技術水準、工作要求、工作內容、和工作滿足感等，都不斷地提高和變化，以致對組織的員工訓練和招聘工作產生了一定的影響。例如，生產自動化減少了體力活動，而增加了智力的運作；且自動化的結果使得員工難以瞭解和掌握全套操作系統，減少了自主性，增加了無奈感和工作壓力。凡此都是生產技術不斷增進所帶來的結果。人力資源管理策略不能不考慮這些因素，以作因應措施。

(四)財務實力

組織的財務實力，是構成人力資源管理策略的閾限之一。蓋財務規範了組織在人力資源管理和開發的能力。顯然地，組織的招聘能力、薪資政策、員工培訓、勞資關係等，都受到組織財務實力的影響。當企業競爭劇烈或經濟不景氣時，許多企業財務出現了困難，就必須大量裁員，而勞資關係也會有相當大的轉變。由此可知，組織財務實力的變化，也會對人力資源管理策略構成相當的影響。

(五)人力才幹

所謂人力才幹，就是組織現有人力的工作能力與才幹，以及未來發展的可能性。此種人力才幹的發展，可從未來教育訓練的可能性著手，諸如：個人進修計畫或個人接受工作訓練的意願，這些都是個人未來在組織中昇遷的根基。因此，人力需求計畫必須研析個人未來發展的意願，以作爲人力升遷計畫的參考；同時，對現有人力目前的工作才能作評估，也可提供作遷調的依據。

(六) 員工異動

任何組織常因內部員工退休、死亡、或辭職，而影響其人力運用。因此，對員工異動作預測，可提供人力規劃的依據。組織對員工異動的預測，可針對某段期間內，員工因退休、死亡、或辭職等原因，而作一統計，並詳加分析，以提供作爲人力遴補的參據。此項預測有助於人力規劃的周全與完善，吾人必須詳加考量。

總之，影響人力資源管理策略的內在環境因素，主要包括：經營策略、組織文化、生產技術、公司財務、人力才幹與員工異動等。此外，人力資源管理策略常由最高主管人員來帶動，以致高層主管的價值觀常決定了人力資源發展的成果[4]。是故，人力資源管理策略最常反映出組織高層主管的經營管理觀念。

人力資源管理策略的擬訂

就人力資源管理的內容而言，所有組織內部的各個部門主管都是人力資源管理的執行者，他們都要從事組織內部工作的設計、人員的規劃、甄選、任用、調遣、訓練、績效考核、報償等，並評估員工的工作能力，尤其是小型組織中的各部門主管更直接從事於這些作業活動。因此，組織的各級主管事實上都是人力資源管理活動的規劃者、推動者、執行者和考核者。當然，在大型組織中，人力資源管理作業和活動則可能成立專業的人力資源管理部門，擁有許多人力資源管理專家，並執行大多數的人力資源管理問題。

然而，不管組織是否成立人力資源管理專責部門，大多數的作業部門主管仍正式地執行，並處理許多人力資源管理職能。只是人力資源管理作業常透過人力資源部門的統籌規劃而已。因此，人力資源管理策略的擬訂，可委由人力資源管理部門依據前節所述的各種環境情況而訂定，最重要的是依循最高主管的經營管理理念和價值觀來規劃，以建立一套整個組織各部門可遵循的人力資源管理法則。

當然，人力資源管理事務仍需由組織內各部門來推行。因此，人力資源管理部門於訂定人力資源管理策略時，除了需審視各種環境之外，最好也能與各部門主管共同磋商。畢竟，各級主管才是執行人力資源管理工作者；而人力資源管理部門的主要職能，乃在所有人力資源管理事務上對這些主管提供支持與協助者。固然，人力資源管理部門都在履行傳統的用人角色，而實際上乃在扮演著磋商、建議、協調的顧問角色。

就人力資源管理策略而言，人力資源管理部門除了對業務管理者提供諮詢之外，尙在組織和協助僱用與訓練，維護人力資源記錄，扮演著管理階層、勞工、和政府間的聯絡者，以及協調各種安全方案。因此，爲了擬訂和推行人力資源管理策略，人力資源管理部門需與各業務管理部門之間作緊密的協調。

然而，對於人力資源管理有關的所有職能，在業務部門和人力資源管理部門之間，其究應如何精確地劃分，則每個組織都各不相同。有些公司可能由各個部門自行處理所有的僱用問題，有些公司則由人力資源管理部門實施僱用；有些公司可能只由業務部門處理僱用問題，而其它交由人力資源管理部門來處理；而有些公司則由各業務部門與人力資源管理部門共同處理所有人力資源的問題。凡此都會影響到人力資源策略的擬訂。

不過，就大部分情況而言，一般組織都將人力資源管理部門視爲下列三種支援的提供者：特定的服務、建議以及協調。如此，則人力資源管理部門乃正式扮演著顧問的角色，且沒有超越業務管理的權力。不過，如果業務管理者顯然忽略了人力資源管理部門的建議或建言時，往往就會發生衝突。除非人力資源管理部門是有效的，且其所訂定的管理策略能爲業務部門所接受，則可開啓與業務管理者的良好關係，並進而有效地運用人力資源管理部門的策略。

今日人力資源管理工作已經有了更進一步的擴展，其已超越了傳統的僱用、勞工關係、報償和福利等活動的行政事務。因此，最近的人力資源管理策略已更能整合組織的管理與策略規劃過程。此乃因組織環境已變得更爲多樣性和複雜化。它不僅表現在工作場所的多樣化與複雜性，更由於政府法令與法規的湧至，面臨了安全與健康、平等就業機會、退休福利的改善、以及工作生活品質等問題的衝擊，已自然增加了人力資源管理部門的責任。凡此都是人力資源管理部門於擬定人力資源管理策略所應加以深思的。

> 總之，人力資源管理部門為了迎合未來的挑戰，必須更為精練，充分扮演擴展性的角色，且能更成功地整合組織的策略和決策活動。假如人力資源管理部門要使其所訂的管理策略更為成功，就必須能瞭解公司策略與業務計畫，全面探討產業的特性，維持各項業務的需求，對直線業務工作人員花費更多的時間去尋求瞭解與溝通，並掌握企業組織的脈動。

人力資源管理策略的運用

人力資源管理策略是決定組織效能的主要因素之一，人力資源管理策略不僅影響到組織本身的效率，更決定了組織的整個成本效益。蓋良好的人力資源管理一方面可提高工作效率，另一方面也可降低組織的用人成本。因此，所有的組織包括政府機關和私人企業機構，都必須重視人力資源的管理策略。甚且，人力資源管理策略不僅爲人力資源管理部門必須重視，其他作業或生產部門更必須予以正視。蓋此種問題乃是最直接影響這些部門的。只有所有部門都能重視人力資源管理策略，才能達成人力資源的全面管理目標。至於人力資源管理策略的內容及其運用，有如下各項：

一、愼行工作分析

運用人力資源管理策略的第一項步驟，乃爲須對工作進行分析，以求能選用適當的人才來工作，期以提高工作效率，並完成企業任務。工作分析就是將工作的要素一一列舉，以建立科學化的標準。人力資源管理在僱用員工時，就必須依據此種科學基礎，以建立員工素質標準，才能決定用人的標準何在。惟有如此，才能使人事配合，提高工作效率。

人力資源管理之所以要進行工作分析的目的，乃在達成企業的生產目標，利用工作分析，而將個人實際工作情況與角色規範相結合，以顯現工作成果。此外，工作分析可進一步提供作爲工作評價的基礎，更據以釐訂合理的薪資制度。凡此無非在增進工作效率，而效率的提高有賴制度的建立，蓋人事制度爲人力資源管理的基準。至於制度的建立，必須從組織設計、工作分析開始；惟有完整的組織設計與周全的工作分析，才能有切實的合理化制度，而能使工作有所依循，按部就班，循序漸進，從而完成工作目標。

二、審愼人力規劃

人力資源是組織最重要的資產，人力能有適當的發掘與運用，則組織成功地達成目標的可能性就大增，否則將形成浪費。而人力資源的充分發掘與運用，則有賴於周詳的人力規劃。在人力資源管理上，首先爲對各項工作加以分析，其次乃爲對人力資源作詳盡的規劃，惟有如此，才能使人與事充分配合。

所謂人力規劃，就是人力資源規劃（human resource planning），它包括：人力資源的發掘、人力需求預測、人力結構分析、人力需求分析等。易言之，人力規劃是爲確定組織未來業務發展和環境要求，而對人力資源狀況展開規劃的工作。有效的人力規劃，不僅在深入地瞭解組織現有人力運用狀況及可能的人力結構變遷，而且還要預估未來在變動情況下組織對人力資源的需求，並設計出一套滿足此項需求的必要措施。因此，人力規劃就是在確保一個組織能夠適時適當地獲得適量適用人員的程序，經由此種程序可使人力獲致最經濟有效地運用。

三、縝密員工甄選

組織甄選員工須依工作規範，才能眞正爲組織工作選取適當的人才。因此，工作規範是組織甄選人才的依據。此外，在進行員工甄選之前，尙須作甄選規劃。甄選規劃即在確立各項工作的人員數量與資格，以求有效地發揮組織功能，此即爲前項所謂的人力規劃。

組織在決定人力需求時，即應對員工作最有效的甄選。有效的員工甄選，必須能羅致合於工作要求的員工，並滿足組織當前與未來持續發展的需要。一般組織甄選員工的來源，不外乎內在來源與外在來源兩種。前者是指工作有空缺，即由組織內部人員遴選遞補、調職或升遷；後者則由組織向外徵募。此處所謂的甄選，專指後者。組織對外甄選員工，可透過廣告徵求、就業服務機構、學校、工會、員工介紹等方式羅致人才，惟有透過各種途徑，並周密甄選計畫和方法，才能獲得眞正需要的人才。

四、合理任用遷調

人力資源管理在做好員工甄選之後，必然要將人力配置於工作職位之上，這就牽涉到任用與遷調的問題。所謂「工欲善其事，必先利其器」，人員的適當任用與遷調，與人力規劃、員工甄選環節相扣，是人力資源管理成功的基石。蓋有了適當的人事配置，才能達到人與事配合的境地。因此人員的適當任用與遷調，是成功人力資源管理的第一步，它能促使「人適其職、職得其人」，並使組織順利地完成其任務。

在人力資源管理作業上，員工必須經過任用，才能列管；必須遷調，才能調適作業的運行。是故，任用與遷調是人力資源管理作業上的一項重要環節。蓋人員考選的重點首在發掘人才的長處而善加運用，以達適才適用的配置。因此，不管是任用或遷調，都必須做到合理的地步，才能達到此種適才適用的目標。

五、推行員工訓練

員工訓練是組織在用人前或工作中，對員工進行工作指導或職業訓練，以協助員工對企業機構的歷史背景、工作現況及未來發展有基本的認識，進而能熟識工作業務，以完成工作目標。此外，員工訓練可提昇員工對企業機構的認同，從而與企業機構契合，一方面滿足員工個人的心理願望，另方面則可順利地達成工作任務。因此，人力資源管理必須重視員工訓練工作，用以完成人力資源管理目標。

至於，所謂員工訓練，意指有計畫、有組織地協助員工增進其能力的措施；亦即在幫助員工學習正確的工作方法，改善其工作績效，以及增進員工未來擔任更重要工作的能力。員工訓練的對象，一為新進人員或無法勝任目前工作的員工，一為被組織列為管理發展或人員發展的員工。員工訓練的目的，即在增進員工的工作知能，傳遞組織內的訊息，或修正員工的工作態度。

六、鼓勵管理發展

人力資源管理為求能培養人才，使其能為組織所用，必須注意管理發展問題。管理學家杜拉克（Peter Drucker）即曾指出：若干企業似乎頗為健全而確實充滿希望，但卻不能成長，其主要原因就是企業規模的擴展已超出高層管理能力。當企業需要一個高級管理階層時，卻缺乏這種人才，而終由創辦人把自己的事業扼殺。由此可知，管理發展對企業的重要性。凡是一位有遠見的企業家，無不重視管理發展工作。

至於所謂管理發展，是指一種有系統地訓練與成長的程序，透過這種程序可使員工獲致有效的管理知識、技能、見識與態度，從而加以運用而言。管理發展包含管理人才的培育與管理人員的自我發展兩部分。前者由組織進行有計畫、有系統的培育，後者由員工作自我進修與自我訓練而形成。一般而言，企業的成長與管理人員的需求是一致的。管理人員的素質和表現，是企業一項最珍貴的資產。雖然管理人才可向外界羅致，但此種來源並不可靠，有時反而使本身人才被挖角。因此，爲了保障企業未來的生存與發展，最可靠的還是自行培植。是故，無論企業的大小，企業主都必須重視管理發展的工作。

七、善用績效考核

績效考核爲人力資源管理中很重要的一環，它與員工甄選、訓練等相互爲用，相輔相成。如果績效考核不正確，其他人力資源管理工作亦難奏效。因此，欲健全人力資源管理制度，尙必須注意績效考核的完整性與正確性，期以建立客觀的合理標準。

績效考核（performance appraisal）是指主管或相關人員對員工的工作，作有系統的評價而言。它乃是以工作考績爲其主要範圍，避免涉及年資或人格特質的考量。當然，有時考績也深受年資及人格特質的影響。不過，後兩者不應是績效考核的主要範疇。是故，績效考核應能對某人在實際工作上，工作能力與績效的考評。它與一般員工評估著重人格特質優劣點的評估，略有差異。換言之，績效考核主要在強調實際工作的績效表現。

八、建立公平薪資

人力資源管理最重要的一項任務，乃在訂定公平合理的薪資。薪資制度可說是人力資源管理最重要的工作之一，蓋員工工作的目的不外乎在追求合理的薪資，用以維持個人和家庭的生活。因此，公平合理的薪資政策，實有助於組織的安定。且薪資問題爲自有組織以來，即已存在的問題，今日人力資源管理策略不能忽視公平而合理的薪資政策。

所謂薪資，係指由企業機構酬勞任職員工的服務，而定期付給其薪給與工資之謂。因此，薪資實包括兩部分，一爲薪給，一爲工資。一般而言，工作的報酬是以工作的品質要求爲主體的，稱之爲薪給；而以工作的數量要求爲主體的，稱爲工資。易言之，凡從事腦力工作所得的報酬，稱爲薪給；而從事體力工作所得的報酬，稱爲工資。當然，此種劃分並不是絕對的。從事腦力工作不見得只重視品質，而不重視數量；而體力工作也不只重視數量問題，而全然不重視品質問題。不過，在本質上，腦力工作是多變化的，是發展的，需有高度的知識與能力，故以品質的評鑑爲衡量標準；而體力工作多是重複性的，是標準化的，不需有高度的知識與能力，故以努力的程度和結果爲衡鑑的標準。然而，不管是勞心的工作或勞力的工作，都必須有建立其公平性的標準。

九、培養和諧氣氛

在人力資源管理上，組織有了良好而和諧的氣氛，組織才能提高其士氣，發揮團隊精神的作用。因此，良好的和諧氣氛是組織效率的指標，人力資源管理策略不能不重視組織的和諧關係。蓋人力資源管理目標，乃在求取個人能力的最高發展，期以發揮員工的潛能，使人力資源管理能作有效的配合。是故，組織內部和諧的工作氣氛，不僅有助於工作效率的提高，更有助於人力資源潛能的發揮。

惟良好工作氣氛的養成，需能激發員工的工作動機，培養員工良好的工作態度與士氣，建立和諧的人群關係，養成人性化行爲的理念；這些都有賴管理者作正確的領導，且能瞭解人性的需求，並進行雙向的意見溝通，才容易達成。尤其是正確的領導往往爲組織效率的決定性因素，蓋組織效率常取決於領導的良窳，組織中社會影響過程常受領導氣氛所左右。至於意見溝通實負有組織系統於不墜的功能，也是領導的手段之一。蓋有了意見溝通，企業內成員始得賴以交流互替，並消除歧見，產生團體意識，提高組織士氣，避免意外事件的發生，卒能達成整體使命。

十、健全勞資關係

勞資關係是人力資源管理策略的重要課題之一，此乃因一方面勞資關係和諧則有利於勞資雙方，另一方面人力資源管理人員常代表資方，執行管理員工的工作。因此，勞資和諧關係的建立，實是人力資源管理人員的責任。至於勞資關係，是指勞資雙方的爭執與合作關係。在企業管理上，為避免勞資雙方的爭執與衝突，可透過工會組織、勞資會議、團體協約、員工申訴等過程與途徑，來達成雙方的和諧合作關係，以增進其間的相互利益。

一般勞資關係乃泛指勞工與雇主間的一切相互關係，亦即指勞資雙方或勞工與代表資方行使管理權的人員之間相互交往的過程，包括：爭執、協議、調適、合作等的一連串活動，其最終目的乃在求取勞資雙方的相互利益。在企業上，也有人稱勞資關係為僱傭關係、勞動關係、勞管關係、工業關係等。此等關係都是指勞工與資方之間的交互行為關係，其目的乃在加強雙方的合作，增進工作效率，並謀求雙方的共同利益。

十一、重視安全衛生

工業安全的目的，一方面在維護員工對組織保持有利的態度，來增加產量，以提高品質，並增進工作效率；另一方面則為維護員工的身體健康，並降低疲勞，且提供安全舒適的工作環境。惟人在從事機器操作時，不免發生失誤，輕微者將影響產品品質，嚴重者將造成重大意外事件，常為勞資雙方帶來極大的傷害。因此，如何維護有效的工作力，以執行企業所交付的任務，乃是人力資源管理策略所必須重視的一項課題。

一般工業安全衛生工作，必須要執行工業安全衛生方案；而該方案必須建立在三「E」的基礎上，即工程學（engineering）、教育（education）、執行（enforcement）三者。工程學的任務，是在技術上指導如何工作，以及加強機具的安全防護措施。教育則在啓迪有關安全的各項基本知識，改正管理及執行工作者的錯誤不當觀念。至於執行方面，就工廠範圍而言，即在訂定安全方案，令全體員工遵守公司所定規則；就國家範圍言，執行的意義乃為對各工廠實施安全檢查，對違背法令者飭令其改正。

十二、確保完善福利

人力資源管理策略的另一項主題，乃是在確保完善的員工福利。一般而言，安全與衛生是為了維護員工的身體健康，而福利措施則在維持員工的精神與士氣，兩者都在促使員工對工作保持最高的效率。現代企業已能體認員工福利與生產效率的關係。因此，如何辦理員工福利措施，乃成爲人力資源管理問題所面臨的一大挑戰。

一般而言，員工福利是一種補助性的薪資。有些企業自知員工薪資待遇不高，乃設法加強福利服務，以吸引員工爲企業服務。因此，有人認爲福利措施是一種變相的待遇。根據研究顯示，有些企業所花費在員工福利服務方面的支出，其成長率遠超過薪資方面的支出。由此可知，員工福利對企業員工的重要性。至於員工福利，也可稱爲員工服務，是一種改善員工生活的重要措施。《牛津大辭典》解釋「員工福利」，爲「使工人生活得更有意義的一種努力。」因此，員工福利可說就是員工生活，員工福利改善了，則員工的大部分生活就解決了。是故，員工福利乃爲人力資源管理策略所要考慮的一大課題。

總之，人力資源是今日組織最寶貴的一項資產，所有的事物都有賴人力去推展、去完成。所謂「事在人為」、「惟人成事」，其意義即在於此，惟人力資源必須妥善地管理，才能充分發揮其潛能。因此，人力資源管理策略乃是全面性的，須所有各個部門能取得共同的做法，才能克盡人力資源管理的職能，進而完成組織的整體目標，並滿足組織成員的所有需求。

附註

1.林欽榮編著，管理學，李唐文化公司，台北縣，頁三十。

2.S. S. Randall, Personnel and Human Resource Management, N. Y.: West Publishing Co., pp. 18-20.

3.Ibid., Chap. I.

4.G. R. Ferris, D. S. Cook, and J. Butter, "Strategy and Human Resource Management," in Readings in Personnel and Human Resource Management, R. S. Schuler, S. A. Youngblood, and V. Huber (eds.), St. Paul: West.

研究問題

1.何謂人力資源管理策略？並說明策略和政策的差異。

2.吾人於擬訂人力貿源管理策略時，宜考量那些外在環境的因素？試說明之。

3.試說明政府政策及經濟發展狀況如何影響人力資源管理策略的訂定？

4.吾人於擬訂人力資源管理策略時，宜考量哪些內在環境因素？試列舉說明之。

5.試說明人員才幹和員工異動情況如何影響人力資源管理策略的訂定？

6.人力資源管理策略宜由何部門訂定？除了人力資源管理部門之外，其它部門負有何種角色？試說明之。

7.試就你所知的組織說明人力資源管理部門和其他業務部門之間的職能，究應如何劃分？

8.人力資源管理策略應包括哪些內容？

9.何謂管理發展，它是人力資源管理策略的一部分嗎？何故？

10.勞資關係可算是人力資源管理策略的一部分嗎？試說明其原因。

11.安全衛生可算是人力資源管理策略的一部分嗎？試說明其原因。

12.員工福利能算是人力資源管理策略的一部分嗎？試說明其原因。

個案研究

新人力資源管理方案

同慶實業公司的人力資源管理部門，最近推出了「新人力資源管理方案」，但卻招致了財務部門的強力杯葛。該方案的構想乃是來自於公司董事長的創意。該公司董事長深深地感受到公司經營已面臨了瓶頸，雖然公司的業績一直在同行中獨佔鰲頭，然而為了突破瓶頸，必須在人力資源發展上下功夫。

實質上，新人力資源管理方案只是在現有的人力資源管理基礎上，增加一些新措施而已。諸如人力資源的重新規劃，乃是為了適應新環境與新技術的變遷。在員工發展方面，加重了各級主管對員工生涯規劃上的責任。在員工激勵方面，則加強主管對人性化管理的進一步訓練。同時，在有關人事法規方面，也強化了各級主管對相關法令的教育。

就事實而言，該公司過去在人力資源管理制度上甚為健全，這也是該公司一直能在市場上搶得先機的緣故。該公司的人力資源管理制度，從工作設計、人員甄選……，一直到福利和退休制度，真可說是同業的楷模。只是今日由於經濟的不景氣，該公司在財務上已面臨了前所未有的困境，而今新方案可能又要增加許多管理費用，以致會引起財務部門的反彈。財務部門認為，此舉將會使公司財務更為惡化。

對生產和行銷部門來說，新方案的實施是喜憂參半。喜的是員工不管在福利或其他方面，有了更周全的保障；憂的是各級主管又要加重責任了。然而，對人力資源管理部門而言，新方案的施行乃代表著公司人力資源管理策略，它不但健全了公司人力資源管理制度，更重要的是對從事人力資源管理工作人員的最大肯定。

個案問題

1.你認為人力資源管理方案即為人力資源管理策略嗎？

2.你認為人力資源管理方案的推行，有助於公司的成長和發展嗎？

3.人力資源管理方案的實施，是否為公司各個部門的共同責任？

4.就本個案而言人力資源管理部門應如何尋求其他部門對新方案的支持？

第3章 工作分析與設計

本章學習目標

讀者於讀過本章之後，應能瞭解：

1.工作分析的意義及其內容。
2.工作設計的涵義。
3.工作分析的功能。
4.工作分析的程序。
5.工作分析的方法。
6.工作說明的意義及其內容。
7.工作規範的意義及其內容。
8.工作說明和工作規範不同之處。
9.科學管理的工作設計途徑。
10.人群關係的工作設計途徑。
11.現有的彈性工作時間制。

人力資源管理的主要目的之一，乃在發揮員工的工作潛能。惟此種能力的發揮，必然表現在工作上，此則有賴工作要件的明確化。因此，工作分析與設計，乃成爲人力資源管理工作所必須重視的課題之一。此外，人力資源管理固以「人」爲重，但人員在組織中必須完成其工作任務，始能達成組織的目標。是故，人力資源管理的範疇實始自於工作。爲了順利完成工作，人力資源管理必須從事工作分析，以便瞭解各項工作的性質，以及進行分析各項工作的要件，從而對工作加以設計，以求能得到最佳的工作效率。本章將先探討工作分析與工作設計的意義，然後研討工作分析的目的、程序、方法、產物，以及工作設計的途徑和實施。

工作分析與設計的意義

工作分析觀念早已存在工廠或組織中，只是有系統地對各項工作予以科學分析，則始自於泰勒（F. W. Taylor）的科學管理運動，他對時間與動作的研究實爲日後工作分析打下了最紮實的根基。其後，吉爾伯斯夫婦（Frank and Lillian Gilbreth）對動作的研究，更逐漸地擴展其基礎。早期的工作分析基本上著重在具有重複性的工作上，今日的工作分析無論在範圍與運用上，已不同於往昔的動作與時間研究；它對工作內容、條件、責任、價值等各項因素的分析，實較「動作與時間研究」更爲廣泛。隨著管理科學的進展，今日的工作分析已建立了工作說明書及工作規範。

所謂工作分析（job analysis），就是對某項工作以觀察或與工作者會談的方式，獲知有關工作內容與相關資料，以製作爲工作說明書，而便於作研究、蒐集與應用的程序。易言之，工作分析是根據工作的實際情形，分析其執行時所需要的知識、技能與經驗，及所需負責任的程度，進而訂定工作者所應具備的資格條件，以作爲工作指派的依據。人力資源管理爲了在科學基礎上僱用員工，就必須對員工素質先訂立標準；而建立員工的素質標準，就必須對工作的職務與責任加以研究。此種研究工作內容，用以決定用人的標準，就是工作分析。

在基本上，所有的工作分析都必須包括：第一，工作必須予以完整而正確的確定。第二，工作中所包含的事項，必須予以完全而正確的說明。第三，工作人員勝任該項工作所需的資格條件，必須予以明確指出。其中第二部分爲工作分析的最重要部分；缺少此部分，其餘部分都將顯得毫無意義。

同時，一項完善的工作分析，必須獲得與提出四項性質的資料，此四項資料已成爲衡量工作分析的規格，通稱爲「工作分析公式」（the job analysis formulae）。此四項資料就是：工作人員做什麼、工作人員如何做、工作人員爲何做、有效工作必備的技能。前三項就是說明各項工作的性質與範圍，也就是工作說明書所欲表達的內容。第四項是說明各類工作的困難程度，以及正確地確定工作所需技術的性質，這也是訂定工作規範的主體[1]。

所謂「工作人員做什麼」，就是就工作內容詳加分析工作人員的各項活動與任務，包括：適任該工作的思想、知識與技能。「工作人員如何做」，就是對工作人員爲完成工作所用的方法加以分析，包括：所使用的工具、設備及程序等。「工作人員爲何做」，就是指工作人員工作的動機與意願，提供工作人員瞭解擔任工作的經驗背景，以及將來可能的發展。至於「有效工作必備的技能」，乃爲說明工作人員適任某項工作所應具備的技術與能力，並規定該技術的水準。

至於工作設計（job design），乃在建構工作，並設計個人或個人所處群體之間特定工作活動的過程，以達成組織機構的目標。工作設計乃爲涉及執行工作的六何，亦即爲何執行工作、如何執行工作、由何人來執行工作、執行何種工作、何時執行工作，以及在何處執行工作等基本問題，故工作設計和工作分析具有直接的關聯性。在實務上，大多數的工作分析乃進行於早先業已設計過的現有工作上。然而，對一項工作而言，工作的重新設計亦爲工作分析的結果。

此外，不管是工作分析或工作設計，其常涉及許多名詞，諸如：要素、任務、責任、職責、職位、工作、職業、事業等。一般而言，工作最簡單的單元乃是細微動作（micromotion），它是最基本的動作，例如，伸手（reaching）、握取（grasping）、對準（positioning）、放手（releasing）等皆屬之。當兩個或兩個以上的細微動作合起來，就形成一個要素（element）。要素可視爲一個完整的動作，例如，拾起、搬運等是。其次，許多合組在一起的要素，即構成所謂的任務（task），而相關的任務又構成了一個責任（duty）。要劃分任務和責任是不容易的，任務可視爲次級的責任，例如，文書處理的責任是處理所有的信件，而回覆查詢信件即構成該責任的一部分任務。

再者，一個人所執行的責任或同類性質的一組任務，即爲一個職位（position）。在組織中有多少個員工，就有多少職位；組織即是由這許多職位組合而成的，由於責任是與職位相結合的，故又稱爲職責（responsibility）。至於工作（job），是指在一家工廠、企業機構、教育機構，或其他組織中，一組相類似的職位。在一項工作中，可能由一個人從事一項工作，或由許多人執行一項工作；不過，有的工作可能因性質特殊，而無類似的職位，以致一項工作只包括一個職位。最後，職業（occupation）是指在許多機構之間，同樣具有相似性的一組工作；而事業（career）是指一個人一生當中，所從事的一系列職位、工作與職業。

綜合上述各項術語的解釋，吾人可得到一些清晰而有系統的概念。組織爲了完成某種特定目的，必須使用人力或心力，而人力以「細微動作」爲基本單元；兩個或兩個以上的細微動作，就構成一個動作「要素」；幾個要素結合在一起，稱爲「任務」；而相關的任務又結合成「責任」。在集合足夠的任務，而又須任用一個工作人員時，則形成一個「職位」。因此，職位乃是一個人所負的各種作業、任務與責任的結晶，此又稱之爲「職責」。一個職位以一個工作人員爲依據，一個組織內有多少工作人員，就有多少個職位。再者，組織中一組相類似的職位，即爲一個「工作」。全國各機關之間，各種不同群組的工作，則屬於不同的「職業」。

工作分析的目的與功能

工作分析是所有人力資源管理職能的基石，從工作分析所獲得的資料，乃成爲各項人力資源管理活動的依據。人力資源管理之所以要進行工作分析，無非在確定工作的內容、要素和範圍，以確保員工實際工作情況和角色規範的相互配合，並顯現其工作成果，從而發揮人力資源的潛能。因此，工作分析的最主要功能，乃在應用於工作設計、工作考核和工作評價方面。當然，工作分析的功能並不限於此，它至少具備下列功能：

一、工作界定

工作分析的重要目的，乃在確定某項工作的實質內容與範圍，此即爲工作界定。由於有了工作分析，將使員工瞭解工作的責任和職權的內容，從而可就其責任和職權而展現其工作能力。工作分析的最終產物，乃在製訂工作說明書及其規範。因此，工作分析對現有工作者、未來工作者與其主管，都是相當有用的。

二、工作設計

工作分析的結果，可用於設計新工作或改變原有工作，使之趨於合理化。誠如前節所言，工作設計乃涉及何人、何時、何地、執行何種工作，爲何工作，以及如何工作的決策問題；而工作分析正可提供這些資訊，以作爲執行工作的參考。因此，工作分析可用來重新設計工作，乃是無可置疑的。

三、人才選用

工作分析可用來作爲甄補、選任與安置人才的標準。人力資源管理部門在選拔和任用員工時，藉著工作分析所得的資料，才能瞭解某項工作須具備那些知識或技術，依此而將適當的人員安置於適當的職位上。因此，有了工作分析的指導，成功選用人才的可能性就大增。蓋員工選用有了詳盡的工作分析資料，較能選用適當的員工，以達到「人適其職，職得其人」的理想。

四、訓練發展

工作分析可用作爲員工訓練和管理發展的指針。蓋有效的訓練或發展計畫，必須有工作的詳細資料，才能妥善地安排訓練或發展計畫。是故，工作分析可提供員工訓練和管理發展一個明確的目標，用以學習新技術，激發其工作動機和士氣。

五、升遷調職

工作分析的資料，可提供員工升遷調職的依據。工作說明和工作規範所顯現出來的資料，可確立組織的工作關係，以提供員工升遷或調職的路徑。甚且，依據工作分析所作的員工績效考核，亦可作爲未來升遷調職的參考。

六、工作評價

工作分析的重要目的，乃是作爲未來工作評價的參考。工作說明和工作規範通常可用來評定工作對組織的價值，然後用以配合工作要件，以便建立薪資報酬的給付標準。工作分析即在建立角色規範，而工作評價乃是爲了薪資給付而對工作的評定。易言之，工作分析決定了工作價值，是工作評價核薪的基礎。

七、薪資調整

工作分析有時可作為薪資調整的依據。工作說明可用來比較不同組織的職位間報酬的給付率。雖然各種組織不同，但某些工作職務極為類似，此時工作分析可以比較其間的報酬水準，以作為調整薪資的參考。

八、工作簡化

工作分析乃在研究各項工作方法，找出錯誤和重複的工作程序，藉以消除不必要的動作。依此，工作分析將可作為工作簡化其程序的依據。蓋工作分析乃在建立完整的工作資料，並對各項工作作明確而清晰的描述，如此方可改進工作績效與產出。

九、工作指導

工作說明書對一位新進的員工而言，可作為其工作的指導；透過工作說明書，可幫助他瞭解工作和組織的情形。此外，工業工程師利用各種工作分析方法，可作為指導員工工作的參考。

十、績效考核

績效考核的目的，旨在評估員工的工作績效，其先決條件乃在徹底瞭解員工做了什麼，才能公平地評估個人所完成的績效。而工作分析既確定了工作目標和客觀標準，則可使績效考核針對這些客觀標準而進行，否則即無法得到公平而合理的評估。

十一、生涯諮商

工作分析資料，可提供為員工生涯規劃的參考。工作分析所建立的各項工作內容和條件，可提供給員工比較各種不同工作的性質與需求，從而選擇其職業生涯。此外，它可提供管理人員作為與員工諮商其生涯，並作自我發展的參考資料。

十二、工作改善

工作分析可指出危險或不適宜的工作環境，並提供工作程序、方法、設備與人力的合宜配置，因而工作程序與方法得以隨時改善，以求合於組織期望與經濟效益。因此，工作分析可用以改進工作方法，並建立新的工作標準。

十三、勞資和諧

工作分析對每項工作的內容都有詳細的描述，一旦勞資雙方有了爭議，可藉此使雙方尋求共同的瞭解，甚或依據此種書面記錄作爲裁決的根據。有時，工作分析亦可作爲管理者與員工之間溝通的橋樑，以降低或消除員工的不滿情緒，尤其是薪資的訂定依據工作分析的結果而來，當可使員工接受其事實，從而促進組織的和諧關係。

十四、安全建立

徹底而完整的工作分析，可涵蓋著所有與工作有關的安全事項。此時，安全措施可從工作分析上所得到的資料著手。由於有了工作分析，將可說明工作的性質，謀求機器與人力的密切配合，並把意外事故的發生降低到最低程度，以確保員工的工作安全。

總之，工作分析是所有人力資源作業的基礎。有了良好的工作分析，則所有人力資源工作幾乎已奠定成功的根基。蓋所有人力資源管理作業，都始於工作分析，以致工作分析的重要性甚為顯著，人力資源管理者必須重視之。

工作分析的程序與方法

工作分析必須在組織體制確定之後，各項人力資源措施實施之前，對組織的各項工作或職位的性質、任務、內容、責任，和工作人員的資格條件等，予以分析研究，並作成各種書面記錄，以作爲各項人力資源管理的依據。只有透過工作分析，才能使組織內部員工的選用、訓練、績效評估以及其他各項人事資料，有了實施的依據。然而，工作分析本身必須有適當的程序與步驟，才能做得完整，其程序和方法如下：

一、決定工作分析計畫

所謂「凡事豫則立，不豫則廢。」任何事在進行之前，若有周詳的計畫，就比較容易成功；否則將招致失敗。工作分析亦然。在決定工作分析之前，宜先決定工作分析資料的用途和所欲達成的目標；並決定所須蒐集資料的方法。由於工作分析目的的不同，其繁簡亦有差異。例如，爲了改善工作方法的工作分析，其內容須比應用於人事管理上的更爲詳盡；前者最好能包括動作與時間研究的結論，而後者則可省略。又如在有限的時間之下，很難對所有工作都作分析，此時只有在許多類似的工作中，選擇具代表性的工作來分析即可。

此外，工作分析計畫應由最高行政首長或特設的委員會來決定，並向全體員工解釋，以期尋求組織成員的共同參與和合作。尤其是工作分析人員必須要求相關部門提供有關工作單位的劃分，各個不同單位的工作名稱，以及每項工作所僱用員工的數目等資料；然後加以編排，俾能顯示組織、單位與工作之間的關係；爲了便於達成工作研究的目的，可用圖表方式編排資料。但工作分析計畫只是一種預訂性質，必須將之和各單位的實際情況加以驗證，方不致產生錯誤。易言之，工作分析計畫必須是一個持續性的計畫，以求能適應組織工作的內容、程序和操作條件等的變化。

二、愼選工作分析人員

在進行工作分析之前，除了須有工作分析計畫之外，尙必須謹愼選擇工作分析人員。凡是工作分析人員都必須具備相當的學識經驗，以及相關的工作技能、知識、良好的記憶能力，能瞭解員工的工作心理，並能取得員工信任與充分合作的能力。工作分析人員的任務是在設計工作分析方案，蒐集及分析工作資料，撰寫工作說明書和工作規範。因此，工作分析工作須由人事專家、員工和主管人員通力合作完成。

三、蒐集各種背景資料

爲求工作分析的完整，則和工作有關的各項背景資料，是相當重要的。在決定工作分析計畫和選定工作分析人員之後，必須著手蒐集各工作有關的背景資料，這些資料包括：組織圖、工作程序圖、工作流程圖，和原有的工作說明書等。由組織圖可看出某項工作的職稱，及其在組織中的地位，以及其與其他工作之間的相互關係。由工作程序圖和流程圖，可獲知該項工作的相關程序與流程。至於現存的工作說明書，是原始的參考資料，工作分析人員可從中獲知某些訊息，以供作改善該工作的依據。

四、蒐集工作分析資料

蒐集工作分析資料，乃在實際收集所欲分析的工作之在職活動、員工行爲、工作狀況，以及必備的資格條件等資料。其須有高度的分析訓練與技術，如所須的只是簡單的工作說明，則分析人員可採取親自參與工作的方法。惟在實際上，大部分的工作分析都可採用下列各種方法進行：

(一) 觀察法

觀察法是相當簡單而率直的工作分析方法。所謂觀察法（observation），就是在工作現場實地觀察工作者的工作過程，將工作行爲有系統地記錄下來，以求對工作分析作眞實的瞭解。在分析過程中，應經常攜帶工作手冊，分析工作指南，以供參考運用。分析人員在觀察工作時，必須注意工作分析公式中的「做什麼」、「如何做」、「爲何做」以及工作所包含的「技術」，以探求工作的內容、記錄的方法，此可使用記述法或檢查列表法。

在實施工作觀察時，最好能在不影響工作的情形下爲之，才能作正確的觀察。同時，觀察者應對幾個工作現場作觀察，以證實和比較其工作內容，減少因個人工作習慣所可能產生的缺點，以保持員工工作的自然態度。工作分析者應確實注意研究的，乃是工作的特性，而非各個員工的特性。一般而言，觀察法所獲得的資料，往往無法提供撰寫工作說明書或工作規範之用。因此，此種方法應多瞭解工作條件、危險性或所使用的工具與設備等項目。

換言之，觀察法只適用於工作操作方面，而不適宜於行政工作的分析，蓋行政工作是一種心智活動，不是分析工作者所能觀察出來的，何況其中尚包含：

規劃、決策、考核等工作。

(二) 問卷法

問卷法（questionnaire）就是運用問卷調查。敘述實際行爲與心理特質，要求工作人員作業，並予以評定的方法。調查時，由分析人員製作調查表，要求工作人員書明姓名、工作名稱、單位名稱、直接主管姓名及有無監督專員；然後就其瞭解，書明其職務，使用的材料與設備，以及工作上所須的知識與困難事項。此種問卷調查法很難獲得行爲問題的眞正答案，只能取得有關事實資料，得到回答者的意見。因此，該法只適用於有書寫能力的員工，對於生產線上的員工則較不適合。此法的優點乃可藉著問卷調查多蒐集有關資料，擴大其參考價值。

(三) 晤談法

晤談法（interview）是與工作者、領班、專家等以面對面（face-to-face）的方式，對談有關工作任務、職責等，以獲得一切相關資料的方法。此種晤談著重晤談時的情境，講求晤談技術，使晤談者願意眞實地提供詳實資料，並排除抗拒或防衛的行爲。當然，要使晤談發揮最大功效，必須有周詳的規劃與考慮，晤談者事先把問題擬好，保持清晰的概念，隨時去蕪存菁。同時，晤談時要避免歪曲工作過程。

(四) 工作日誌

工作日誌乃是員工工作的實際記錄，此法是要求工作人員記錄每天所從事工作的活動，包括每項工作所花費的時間。此種日誌有助於工作分析人員充分瞭解某項工作的細節。工作分析人員在參閱工作日誌時，若能緊接著與工作者及其上司面談，則可得到更充分的工作分析資料。

以上各種方法雖不盡相同，但在使用時若能綜合運用，當能對工作分析的進行更有裨益。

五、分析各項工作資料

在工作分析時，若已蒐集到各項工作的充分資料後，就必須對各項工作資料加以分析整理，以便編寫成工作說明書和工作規範。有關工作資料的分析方法，可歸納爲下列方式：

(一) 文字說明法

所謂文字說明法（essay description），就是將工作分析所得資料，以文字說明的方式表達。列舉工作名稱、工作內容、工作設備與材料、工作環境以及適任員工的工作條件與具備的人格特性等。

(二) 工作列表法

工作列表法（job check lists）就是把工作加以分析，以工作的內容及活動分項排列，請實際從事工作的員工加以評等，或填寫所須時間及發生次數，以瞭解工作內容。列表只是處理形式的不同而已。

(三) 活動分析法

活動分析法（activity analysis）事實上就是作業分析。通常是把工作的活動按工作系統與作業順序一一加以枚舉，然後根據每項作業詳細加以分析。活動分析多以觀察和晤談的方法，對現有工作作分析，所得資料可作爲教育與訓練的參考。

(四) 決定因素法

決定因素法（critical incidents）是把完成某項工作的幾項最重要行爲加以表列，此種「重要性」在積極方面說明工作本身特別需要的因素，在消極方面則在說明極須排除的因素。

(五) 工時研究法

工時研究法（motion and time study）又稱爲動作與時間研究法。動作研究是爲改進作業的方法，將工作中每次重要動作求其一致的研究。時間研究則爲了對全部工作過程擬訂標準時間，對工作中每項動作加以時間限定的研究。從事動作與時間研究，多以觀察或攝製電影法決定之。

> 總之，有關工作分析及資料性質的處理方法，在企業界應用極為分歧。同樣的工作往往因不同職位，而使分析資料不盡相同，致有統一籌劃訂定共同標準的必要。目前工作分析資料的編製，以動作與時間研究最具成效。

六、編寫工作說明及規範

工作分析的最後步驟，即為編寫工作分析資料，其產物即為工作說明書及工作規範。工作說明書是以書面描述工作中的活動與職責，以及和工作有關的重要特性，如工作狀況與安全顧慮等因素，亦宜包括在內。至於工作規範，則在指出任職須具備那些特質、能力、技術和背景條件等。有關該兩者的內容，將於下節繼續討論。

總之，工作分析是組織中各項人事制度、措施及活動的基礎，所有的組織主管都應重視工作分析，才能建立適當的工作說明書及工作規範。同時，隨著組織目標、業務或員工工作內容與職掌的不斷變遷，原有的工作說明書和規範也必須隨之調整。因此，定期檢視工作說明書及工作規範，並作適時的修正，才可能反應出每項工作的實際狀況，發揮其效能。

工作說明與工作規範

工作說明書和工作規範，乃是工作分析的產物。一般而言，工作分析的目的就是在將所得資料撰成工作說明書與工作規範。工作說明書（job description）基本上乃為工作性質的說明文件，是由許多已有的工作相關事實所構成。工作說明通常包括：工作名稱、工作地點、工作概述、工作職責、所用工具與設備、所予或所授監督、工作條件以及其他各種有關的分析項目。

工作說明書的詳盡程度或項目多寡，須視使用的目的而定。如果工作說明書是用來教導員工如何工作，就要對工作如何做，以及為何做這方面的內容多加解釋。如果工作分析的目的是為了工作評價，則對如何做的部分，就不必作太詳盡的解說。另外，有些組織為了便於指派額外的任務，避免引起員工的抗議，而喜歡採用一般性的說明書。惟說明書內容含糊不清，常失去工作分析的意義。

事實上，工作說明書僅對工作性質予以說明是不夠的，它還應擴大到對工作者期望的行為模式。甚而不僅分析正式結構所決定的交互行為模式，而且要分析一個人所必要的感覺、價值和態度。例如，組織的領導哲學是民主的，就需要有說服的、歡悅的、諒解的與自由討論的行爲型態。雖然行爲型態的重要性無法否認，但在員工僱用程序中，還是很少被提及。此時，可透過面對面的晤談，注意環境在工作周圍的每項活動與職責的角色內容，使工作分析的正確性大爲增加。

至於如何撰寫工作說明書，才能符合組織的要求，須注意下列事項：

一、工作說明書須能依使用目的，反映出所需的工作內容。

二、工作說明書所需的項目，應能包羅無遺。

三、說明書的文字措辭在格調上，應與其他說明書保持一致。

四、有關文字敘述，應簡切清晰。

五、工作職稱可表現出應有的意義與權責的高低，如需使用形容詞，其用法應保持一致。

六、說明書內各項工作項目的敘述，不應與其他項目內的敘述相抵觸。

七、工作應予以適當區分，使能迅速判明所在位置。

八、應標明說明書的撰寫日期。

九、應包括核准人及核准日期。

十、說明書必須充分顯示工作的眞正差異[2]。

工作分析的另一產物是工作規範，或稱爲人事規範（personnel specification）。所謂工作規範（job specification），就是工作人員爲適當執行工作，所應具備的最低條件之書面說明。換言之，工作規範是指與工作表現有關的個人特性，此與工作說明書是根據對工作研究，所獲得的事實報告不同；前者著重「人」的特性，後者注重「事」的特性。亦即工作規範記載的是工作條件，工作條件必須能確實預測工作的效果與成敗，才能提供作爲選用員工的取捨標準。

通常工作規範包括：工作性質、工作人員應具備的資格條件、工作環境、學習所需時間、發展速度與晉升機會以及任用期限。其中以前二項爲最重要，列舉資格條件依組織和工作規範的使用而有所不同，不過教育與訓練是必要的。規範的各種特質應儘可能用數字表示，但有許多因素只能用主觀態度說明，尤其是人格特質方面只能作主觀評價。

一般工作規範可分爲兩種類型：一爲已受過訓練人員的規範，一爲未受過訓練人員的規範。前者所著重的是多種相關訓練的性質、時間長短、個人接受訓練的程度、個人教育程度，以及所要求的工作經驗等。此種工作規範，必須參照人員甄選的經驗，也要考慮勞工市場供需狀況。後者則須注意人員的特性，以求能在工作上發展最大的潛力。這些特性包括：各種不同的性向、感覺能力、技巧、生理狀況、健康狀況、個性、價值系統、興趣與動機等。此時，工作規範不能只包括幾個基本要件而已，必須從各種角度來看工作要件。

工作規範的建立既在爲某項工作甄選員工，則必須注意其方法與效度。一般而言，建立人事規範的方法有二：一爲判斷法，一爲統計分析法。判斷法是依據督導人員、人事人員、工作分析人員的判斷而來。此種判斷的資料可能以正式的文字記載，也可能非正式地存在督導人員的腦海中。顯然地，此種判斷是否正確，效度是否夠高，受到情境的不同、個人判斷方法，以及個人特性的影響。通常推理性的判斷，分析者具備豐富的經驗，其所獲得的資料愈多，判斷的正確性也愈大。當然，採取「人與機器間配合」的方式，所建立的工作規範，其工作規範的效力也高。

統計分析法擬訂工作規範，是將工作者的條件視爲獨立變數，而把工作者的作業成果當作依變數，分析兩者間的關係，以作爲訂定規範的依據。基本上，運用統計分析來建立工作規範時，要先決定個人特性和工作績效間的關係。雖然利用此種關係來說明工作規範，似嫌過於簡化；但惟有如此，才能把握工作要件的神髓。同時，統計分析法建立工作規範，是一種較爲精密的方法，較能建立客觀的工作標準。

工作規範雖然可由判斷法與統計分析法加以擬訂，但此二種方法彼此並不相互衝突。組織爲求對每項工作有深切的瞭解，似可以判斷法列具工作規範的各項條件，然後再以統計法鑑定其信度與效度。同時，在使用工作規範時，不能將某種工作規範，毫無保留地應用到每個情境裡面；必須注意各項工作的要件，才能眞正達成人與工作配合的境地[3]。

工作設計的途徑

在做過工作分析之後，組織必須從事於工作設計，使其能符合組織的要求，據以達成組織的工作目標。誠如前面所言，工作設計乃在建構工作和設計個人或個人所組成的群體之特定工作活動的過程。因此，工作設計必須能發展工作指派，以符合組織和技術的要求，且滿足工作者個別的需求。一項成功的工作設計，必須能平衡組織和個人的需求。依此，工作設計必然牽涉到兩個層面：一爲工作廣度，一爲工作深度。所謂工作廣度（job scope），是指工作者所執行不同任務的數目和種類。所謂工作深度（job depth），是指工作者能以自己的工作步調，或依自己的期望自由地規劃、組織、溝通或改變其工作的程度。依據此兩項標準，則工作設計有下列途徑：

一、工作標準化

所謂工作標準化（job standardization），是指所有工作的要求、內容與動作，都有一定的標準；員工很難依據自己的自由意識操作工作，他必須依據既定的程序與方法，有如機械人式地去操作工作。此種工作的廣度甚窄，深度亦不深。它完全依據科學原理所建構的程序去工作，以致員工多持消極態度，可能引發對工作的不滿，工作品質的降低，甚至於導致遲延、缺席或怠工怠職等情況。然而，此種工作設計的優點，乃是工作有了標準，員工則知所遵循，工作數量容易提高，重複性高，適宜於簡單勞力的工作。

二、工作簡單化

所謂工作簡單化（job simplicification），係指所從事的工作甚爲簡單，操作單元甚少。此種工作設計方法的用意，乃在減少不必要的動作，以求能提高工作效率。它與工作標準化一樣，都是科學管理運動所追求的目標，所依據的是動作經濟原理（principles of motion economy），爲今日工作研究或動作時間研究（motion and time study）的重點所在。惟工作簡單化極易引發枯燥乏味或單調感，容易招致員工的抗拒。

三、工作專業化

在科學管理運動追求工作標準化和工作簡單化之後，有逐漸形成工作專業化的趨勢。所謂工作專業化（job specialization），是指一些相類似的工作群組，由於工作性質的相同，而形成了一個專業領域之謂。工作專業化在工作廣度上並不寬闊，但在工作深度上則非常深入。由於此種特性，工作專業化乃能沿用至今日。且工作專業化的工作深度，給從事此種工作的人員甚大的自主性，對某些員工來說，會具有一些挑戰性，故能激發員工的工作動機與內在的成就感，並產生創造性，引發工作興趣。惟此種工作設計途徑，容易產生「見樹不見林，知偏不知全」的弊病；且在需要溝通時，常造成障礙。

四、工作輪調

所謂工作輪調（job rotation），是指組織定期地對員工的工作任務實施輪調之意。它是一種擴展職務範圍的措施，其工作廣度大，但深度淺，爲起自於一九六〇年代的一種工作設計；其方式爲使員工有機會輪流到不同職位上，從事於不同性質的工作。此可增進員工接受挑戰的機會，降低員工因長期擔任同一工作的單調感、疲乏與厭煩；並增進員工的工作經驗與歷練，增進其工作能力，甚而可培養其升任主管的機會。

五、工作延伸

所謂工作延伸（job extention），是指將員工工作範圍加以擴大而言，其乃爲工作廣度的擴展，亦即增加員工工作的項目，故其工作深度較淺。它亦爲起自於一九六〇年代的一種工作設計。工作延伸可增進員工的工作經驗，磨練其處理更廣泛工作能力；對具有高度成就動機的員工而言，是一種良好的工作設計。但對低成就動機的員工而言，可能會造成煩擾，引發其不滿，而認爲增加其工作負擔。

六、工作擴展

工作擴展（job enlargement），或稱爲工作擴大化，乃爲興起於一九七〇年代的工作設計。基本上，工作擴展與工作延伸並無甚大差異，只是在程度上有差別而已。它是指將某項工作的範圍加以擴大，所從事的工作任務較多，是屬於一種水平式工作領域的擴大。易言之，即爲某項工作項目增加更多的工作任務。據此，工作擴展乃是工作廣度的加大。雖然工作者被賦予更多的工作任務，但其困難度與職責並沒有重大的改變；其目的無非在消除員工工作的單調感與乏味感。

七、工作豐富化

在工作設計上，工作豐富化亦爲起自於一九七〇年代的工作設計。它乃是完全站在人性的立場，不僅擴展工作的廣度，同時也擴大了工作的深度，用以提昇員工的工作動機。所謂工作豐富化（job enrichment），就是使工作最富變化性，個人所擔負的職責最大，以增加更多的挑戰性，來激發員工個人的成長與發展。惟並非所有的員工都喜歡工作豐富化，對於成就感低的員工而言，他們可能比較喜歡簡單化的工作。顯然地，工作輪調、工作延伸、工作擴展和工作豐富化等，只適合於喜歡具挑戰性的員工；且這些名詞只是語意程度上的差別而已，在實質上的差異不大。

總之，工作設計在科學管理時代，其重心乃在追求效率，其目的乃基於追求最大利潤而來，以致把工作依標準化、簡單化、專門化而來設計，以求能產生最大的經濟效益。然而，此種經濟效益有時卻被員工不滿所造成的損失所抵銷。隨著人群關係運動的興起，人力資源管理活動所強調的是培養員工高度的滿足感，並認為滿足感可提昇生產力，以致有了工作輪調、工作延伸、工作擴展與工作豐富化等工作設計途徑的出現。

彈性工作時間的設計

工作設計不僅僅限於工作本身要素和工作範圍，並且常牽涉到工作時間的運用。固然，每天工作有一定的日程表，有助於當日工作進度的進行；惟近年來人力資源管理基於人性的需求，乃逐漸改變傳統的工作程序與方法，而採取較具彈性的做法，即實施所謂的彈性工作時間（flextime），此亦影響到工作設計的問題。本節所擬討論的，包括下列各項：

一、濃縮工作週

所謂濃縮工作週（condensed workweek），就是把每週工作天數加以縮短之意。在濃縮工作週制度下，每天工作的小時數可增長，但每週的工作天數則減少。通常員工每週的工作天數，可由六天或五天，改爲五天或四天。以每週工作四十小時計，若每週工作四天，則每天工作十小時，此在美國有些州已推行，即爲著名的4／40制。其他濃縮工作週的變型，尙可將每週工作降爲三十六或三十八小時等。此種制度的優點，可增加員工休閒的天數，從而降低缺席率和遲到等現象；且讓員工有較多的時間來處理自己的事務；同時可減少上班的前置作業和機器啓動的次數。不過，有些員工可能需要較長的工作時間，以賺取較多的工資；且對某些企業機構而言，此種制度可能須增聘更多的人手，以致增加了經濟成本。

二、彈性工時制

所謂彈性工時制（flextime），就是在每天上班或工作時間內，規定所有員工在中心時段都必須到班或工作，其餘時段則可自行斟酌提早或延遲上下班，只要每天或每週達到到班所規定的工作總小時數即可。易言之，彈性工時制容許員工在某種限度內，選擇其開始和結束工作的時間。此制的優點，可使員工適應自己的生活方式；並可避開交通尖峰的擁擠，因而降低缺席率或遲延。不過，其缺點是會產生工作單位或個人之間溝通和協調上的困難。此外，並非所有的工作都適合推行彈性工時制，若一旦實施則會形成其他單位間員工的不平。

三、工作分擔制

工作分擔制（job sharing）是相當新穎的工作設計概念，乃是由兩位或兩位以上的兼職員工，來執行一位專職人員所做的工作。此種制度適合於勞力短缺的環境，其優點是有利於不須全職上班的人，讓他們有充裕的時間一方面處理自己的事務，另一方面可避免失業之虞。但此制度的缺點，是容易造成工作交接或接續上的問題，甚或彼此推諉責任。再者，組織可能要增派人員監督工作上的銜接，而增加了人事管理費用的負擔。至於有關應如何處理福利分配上的問題，也可能形成組織的紛擾。

四、變形工時制

所謂變形工時制（change-time），就是將正常工作時間和天數加以變更之謂，此種工時的變動可隨著工作時數、天數、週數、季節而加以變動。企業採用此種變形制乃因生產常隨產量的增減，以致必須隨機上班之故。此種制度的最大優點，就是工作時間深具彈性，可酌予延長或縮短，極有機動性。然而其最大缺點則爲在安排上費時費事，且員工的收入常忽多忽少，以致影響生活的安定性，故宜採用較固定的薪資制，以爲補救。

五、部分工時制

所謂部分工時制（part-time），就是工作時間少於法定工作時間或企業所定工作時間，而加以縮短時數之意。美國加州科學院即規定每週工作四十小時者爲全職時間，而未滿二十小時者爲部分工作時間。推行此制的原因，有適應業務上的需要、迎合從業人員的意願。根據研究顯示，此制因每天工作時間短，故生產力、忠誠度高、缺席率低，但其工資低、工作時間不固定。

六、重疊工時制

所謂重疊工時制（overlap-time），就是將員工分爲二組或二組以上，於工作最繁忙時刻，兩組的工作時間相互重疊之意。此種制度乃在順應業務需要，如商店生意較佳時段，因所需人手較多，可採用此制。至於在較清淡時，則可輪流放假。

七、電傳通勤制

所謂電傳通勤制（telecommuting），就是利用電腦終端機與文字處理機在家工作，爲公司代打文件、書信、會議記錄、合約、統計資料等的制度。此亦可由公司在適當地點設置電子通訊中心，員工可就近上班。此種制度的優點，是員工較有彈性分配時間，省略交通往返時間，並可就近照顧家人。缺點是缺乏人際交往與溝通的機會。此外，此制必須員工能獨當一面，具有自動自發的精神。且企業主與員工之間須能互信互賴，否則將不易成功。

總之，工作設計不僅涉及工作本身內容的設計，有時也必須考量工作時間的配置，以致有了彈性工作時間制度的產生。由於今日社會環境的變遷，傳統的工作時間設計已逐漸不符合時代的需要。因此，彈性工作時間的設計，已成為今日人力資源管理上所必須面臨的問題。

附註

1.參閱吳靄書著，企業人事管理，自印，五七頁至五八頁。

2.參閱鎮天錫著，現代企業人事管理，自印，一四七頁。

3.引自林欽榮編著，人事管理，前程企業管理公司，八八頁至九一頁。

研究問題

1.何謂工作分析？工作分析公式？試述之。

2.敘述工作分析的起源及其要件。

3.何謂工作設計？其內容如何？

4.試分別解釋「要素」、「任務」、「責任」、「職責」、「職位」、「工作」、「職業」、「事業」等名詞的涵義。

5.試述工作分析的目的或功能。

6.有人說：工作分析是所有人力資源管理活動的基石。你同意否？何故？

7.工作分析能有助於勞資和諧、員工福利與安全等的建立嗎？何故？

8.試簡列工作分析的程序。

9.蒐集工作分析資料的方法有幾？試述之。並分述其優劣點？

10.試述分析各項工作資料的方法。

11.何謂工作說明書？其至少應包括哪些內容和項目？

12.何謂工作規範？其至少應包括哪些內容和項目？

13.試比較工作說明和工作規範的同異之處？

14.一般工作規範有哪兩種類型？其適用對象為何？試申論之。

15.建立人事規範的方法有哪兩種？其內容為何？

16.依據科學管理觀點，工作設計有哪些途徑？試說明其意義、優點、缺點。

17.依據人群關係哲學觀點，工作設計有哪些途徑或方法？其意義、優劣點為何？

18.試述近代實施彈性工作時間的各種制度及其優、劣點。

個案研究

工作資料的蒐集與分析

寶誠鐵材行爲一家鐵材的加工所，是從事於模具前置作業的上游工廠。該工廠係依照客戶訂貨所需要的尺寸，而生產各種鐵材。

如今，該工廠爲了推動管理革新，而擬訂定一份工作分析，希望能藉此在員工僱用或安置升遷上有所依據，以奠定工作評價或核薪的基礎。該工廠由作業部門進行工作分析，首先蒐集資料，以求能編寫正確的工作說明書，其所取得的資料如下：

「向鋼鐵公司購進鐵板，運至露天工場，用堆高機卸貨，以爲備料。接獲客戶訂單後，依客戶所需尺寸裁切鐵材；首先於鐵板畫上裁線，裁切師傅用含氧氣的乙炔氣進行燃燒熔割。

接續進行鐵床加工：先將切割好的鐵板搬進廠內粗加工，以平面砂輪機將鐵板邊緣模平；接著將鐵材置放於銑床機上，調整刀具、刻度歸零，把切割工具置於切割器位置，開動機器開關，按所需尺寸進行銑床；如此反覆進行，直到獲得客戶所指定的規格爲止；最後清理作業中所產生的鐵屑廢料。

從整個工作進行過程的記錄中，瞭解到從事銑床工作者，多爲國、高中畢業後當一年學徒的，通常第二年即可晉升爲師傅，經驗是最好的技術保證。四肢健全、視力良好，並擁有健康的體力，及正常的智力與反應，就能勝任這份工作。

放置鐵板處是露天廣場，在切割鐵材過程中，須防日曬，並戴墨鏡，以防強光及火花噴傷眼睛；銑床時須戴安全眼鏡，以防止鐵屑濺傷眼睛。

在搬運鐵板鐵材過程中，須穿安全鞋、戴手套，以免手腳受傷。

在工廠中，雖有充足的光線，但在切割鐵材及銑床的過程中，有噪音污染，故須戴耳罩；且須一直站立工作。」

個案研究

個案問題

1.你能依上述資料，作工作分析嗎？

2.依上述工作資料，應如何編寫工作規範？

3.依上述工作資料，應如何編寫工作說明書？

4.你能依上述資料，作更好的工作設計嗎？

人力資源規劃

第4章

本章學習目標

讀者於讀過本章之後，應能瞭解：

1.人力資源規劃的意義。
2.人力資源規劃的目的。
3.組織人力資源需求的外在因素。
4.組織人力資源需求的內在因素。
5.人力需求預測的方法。
6.人力結構分析的意義，及應分析的項目。
7.人力需求分析的意義，及應分析的項目。
8.人力資源規劃所必須具備的圖表。
9.組織置換圖、接續規劃、技能清單和管理階層清單等的內涵。
10.組織應如何進行長期人力規劃。

有效的人力資源管理，除了須對組織內的各項工作加以分析之外，尙須對執行各項工作的人員數量、素質與資格條件等有完整的規劃，才能有效地完成組織目標。再者，周詳的人力資源規劃，亦有助於人力資源的充分發掘與應用，期其能順利地提高工作效率，並迅速地完成組織所賦予的任務。因此，在人力資源規劃上，首先爲對各項工作進行分析，其次乃爲對人力資源作詳盡的規劃，惟有如此，才能使人與事充分配合。本章即將對人力資源規劃作更進一步的探討。

人力資源規劃的意義與目的

所謂人力規劃（manpower planning），又可稱之爲人事規劃（personnel planning）或人力資源規劃（human resource planning），乃爲確定規劃未來業務的發展與環境的要求，而對人力資源狀況展開規劃的工作，包括：人力資源的發掘、人力需求預測、人力結構分析、人力需求分析等。就實質作業而言，人力資源規劃就是在對組織中目前或未來的人力需求預爲估計，並擬訂人力計畫，預爲培養和羅致，以備組織執行工作之用，俾求能充分發揮組織的功能，並使有效地達成組織目標。

白爾士等（Lloyd L. Byars and Leslie W. Rue）即認爲：人力資源規劃是「獲取合格人員，因適當數目，在適當時間，進入適當工作」的過程[1]。易言之，人力資源規劃乃是將人員的供應，不管是來自於組織內部或外部，用來配合組織的期望，在特定期間用以塡補工作空缺的制度。一旦組織已決定了人員的需求，就必須進行人力資源規劃，以確保獲得所需的員工。基本上，所有的組織機構都已正式或非正式地從事於人力資源規劃，只是有些組織做得很好，而有些做得很差而已。

有效的人力資源規劃，不僅在深入地瞭解組織現有的人力運用狀況及可能的人力結構變遷，而且還要預估未來在變動情況下組織對人力資源的需求，並設計出一套能滿足此項需求的必要措施。因此，人力資源規劃就是在確保一個組織能夠適時適當地獲得適量適用人員的程序，經由此種程序而使人力獲致最經濟有效的運用。

具體言之，人力資源規劃乃在針對各組織目前及未來業務發展的需求，而運用科學的統計分析，以求出人力與工作負荷量的關係數値，期能適時、適地、適質、適量地提供與調節所需人力；進而採取有效方法，提高員工素質，激發其潛能，使所有的工作人員，都能朝向組織目標而努力，以達成組織目標的一種過程。因此，人力資源規劃至少有如下目的[2]：

一、規劃人力發展

人力發展包括：人力預測、發掘、維護、培育、運用與訓練等。人力資源規劃既爲對現有人力狀況的分析，用以瞭解目前的人事狀況；且爲對未來人力需求的預估，以求對人力的增減有所補充，則可作爲擬定員工甄補和訓練計畫之用。因此，人力資源規劃可作爲人力發展的基礎。

二、合理分配人力

人力資源規劃可據以作爲人力合理分配的計畫，主要乃是因它可看出現有人力配置情形以及目前職位的空缺情況。就目前人事情況而言，有了人力資源規劃可找出所有員工工作負荷的輕重，其中一部分員工的工作負荷可能過重，而另一部分員工的工作可能過於輕鬆；或某部分員工的能力可能不足，而另一些人則行有餘力，未能充分運用。因此，企業機構作人力資源規劃，可窺知現有人力分配的不均衡狀況，從而可謀求合理化的調配，期使人力資源得以獲得充分而有效的運用。

三、適應業務需要

組織爲適應由外在環境的變遷，必須在業務上不斷地謀求發展。此乃因現代科學技術不斷地更新，業務隨之調整或發展之故。人力資源規劃就必須針對各項業務發展的需要，而對所需各類人力預爲規劃培養，一方面爲組織謀求最大人力資源的發掘與運用，另一方面則維持員工工作的穩定和保障。

四、降低用人成本

人力規劃乃爲對組織人力資源的預估，故可避免人力浪費的現象。就人力運用成本而言，它可避免不適任人力的運用。就積極的觀點而論，人力規劃乃爲對現有人力結構作分析與檢討，如此可找出人力有效運用的瓶頸，排除無效人力的運用，故而降低了人力運用成本。

五、滿足員工需求

完善的人力資源規劃，不僅能爲組織找出適任適用的人員，而且也能滿足人員發展的需求。人力資源規劃能讓員工充分瞭解企業對人力資源運用的計畫，以便能根據未來的職位空缺，訂定自己努力的方向和目標；並按所需條件來充實自己，發展自己，以順應組織目前和未來的人力需求，從中獲得滿足感。

組織人力需求的來源

組織在作人力資源規劃時，首先必須考慮人力供應的來源。一般而言，人力規劃須依組織的整體策略和規劃來進行。蓋組織的策略規劃引導著各個部門和個人的長、短期工作目標和策略，而這些策略乃是受到組織外在和內在環境的影響。就組織人力的來源而言，組織未來人力需求的供應亦然，它除了可由組織內部現有人力供應之外，尙可向外界羅致人才，以尋求外部人力的供給；或依據人力發展訓練計畫，尋求所需人才，以使人力規劃能配合組織的發展。

一、組織外部人力的供給

組織所需求的人力類皆來自於外界環境。所謂外在環境，包括：政治、經濟、社會、法律、教育與科技等因素。通常一個國家人力資源的數量與素質，多與其人口生育計畫、教育計畫、經濟發展情況、就業政策、職業訓練等有密切關係。舉凡在政府有關「就業機會均等」的法規變動時，則必影響企業僱用和解僱的人數。因此，企業外界環境對企業發展具有重大的影響，其人力需求與發展亦然。因此，企業的人力需求預測，必須自外界環境開始；而外界環境的人力預測，至少包括下列各項：

(一) 經驗發展狀況

一個國家社會的經濟發展狀況，可說是影響人力資源素質與數量的主要因素。凡是一個國家的經濟發展迅速，則提供人口生存的條件較高，足以培養較高的人力素質與數量，如此則提供給組織的人力較爲充分；且經濟景氣時，人力需求量也較高。相反地，若一個國家的經濟情況不樂觀，則有壓縮人口成長的作用，即使人口數量增加，其所接受教育的機會必低，其人口素質很難提昇；且經濟處於蕭條的狀況下，企業機構必然要降低其生產量，則其人力需求量亦必低。因此，經濟發展狀況顯然會影響人力需求量，人力資源需求計畫必須考量經濟發展狀況。

(二) 政治發展狀況

政治發展狀況會影響企業人力規劃與運用，故在作人力規劃時必須考慮政治情勢。當一個社會的政治清明，有穩定而開明的政府，則有更開放、更文明的方向，可提昇多元化人才的發展，且國民就業意願會提高。此時企業人力的技術將更爲精進，所需精緻技術人力的要求必高。相反地，一個政治不開明的政府或激烈變動或不穩定的政治情勢，將限制人力的發展，則其所要求的專業技術人力不高，且國民就業意願也會降低。凡此都是人力規劃所必須考量的因素。此外，政府的政策措施如勞工政策、財經政策…等，無不影響人力的運用。

(三) 人口政策措施

人口政策常會左右整個社會人口數量與素質，而此又決定企業機構人力甄補的難易與素質的高低。因此，企業機構在作人力規劃時，要考慮人口政策。如果一個社會鼓勵大量生育，則企業低層人力必不虞匱乏；但大量生育的結果有可能降低人口素質，則不利於精緻工業的發展。再者，如果政府主張節育或實施人口精緻化目標，則有利於高級技術人才的培育與精緻工業的發展。當然人口政策的實施，常與經濟發展、教育政策、醫療服務、政治演變等同時並行。不過，人口政策確實會影響企業人力的運用，乃是無可否認的事實。因此，企業人力需求計畫必須考量人口政策的影響。

(四) 教育訓練計畫

一個國家的教育訓練計畫愈爲周全，則其可用的人力愈多，其人口素質也愈爲精良；相反地，如果一個國家缺乏良好的教育訓練政策，則其人口素質必低，可爲企業機構所用的人才必然不多。因此，一個社會教育訓練計畫的良窳，與其企業發展是息息相關的。企業機構在擬訂人力需求計畫時，必須審視整個社會的教育訓練情況，才能訂定更精確的人力需求計畫，以因應未來的發展。倘若一個社會中的教育甚爲發達，則可在人力規劃中訂定較多的運用人力，或偏向於高級技術人力的規劃；否則只有訂定較少可運用的人力，或偏向於低層人力的規劃。

(五) 科學技術發展

科學技術的發展，會影響人力資源的運用，乃是事屬必然的，尤其是對人口素質的影響尤為明顯。當科學技術有了高度的發展，則必能提高人口素質，而企業機構就有更多可用之才；相反地，科學技術落後，則企業機構可用的人才必不多。當然，科學技術發展與人口素質是相因相成，相互為用的。人口素質高，也有促進科學技術發展的可能；而科學技術的高度發展，也可促進人力素質的提高。因此，企業機構在擬定人力需求計畫時，除了必須審視自身的工業技術，以謀求與人力相互搭配之外，尚必須針對外界環境的科學發展狀況，作審慎的評估。易言之，當科學技術發展，則人力需求有偏向於勞心者和專技人才之趨勢；相反地，科學技術落後，則人力需求只有偏向於勞力者和一般性工人了。

(六) 社會文化變遷

社會文化的變遷，也會影響到企業人力的需求計畫。所謂社會文化型態，是指一切社會風俗習慣與價值觀。今日社會的風俗習慣與價值觀已不斷地在改變，人們如果不再相信「勞動是神聖的」、「勤勞是美德」的觀念，而逐漸有好逸惡勞的習性，將使企業勞動力不易找到適當的人才。此外，企業中，高層人員往往也要經過相當的歷練，才能適任其職務，因此也常造成斷層危機和人才不濟的現象。是故，社會形態的改變往往對現存企業人力發生若干影響，人力資源規劃不能忽視此種影響。

二、組織內部人力的供給

當企業機構在作人力規劃時，必須知道欲達成組織目標需要有那些人才來擔任工作；亦即應對組織現有人力及其結構有所瞭解和掌握，由此可預測未來人力的淨需求，以作為組織安排人才羅致和訓練發展計畫的基礎。易言之，欲瞭解組織內部人力的來源，就必須掌握現有員工人數、資格條件，以及流動情況並作預估，才能做出更佳的人力需求計畫。企業機構所需評估的內部人力狀況，為：

(一) 現有人力數量

影響組織內部人力供給的來源之一，乃為現有人力數量的問題。企業機構之所以要檢視現有人力數量的目的，一方面乃在瞭解現有工作力的狀況，另一方面則可作為人力調整的依據。有關現有人力可從人事檔案中獲知，此種資料通常可包括：個人姓名、年齡、學經歷、專長、所受訓練、前途抱負、工作績效記錄、晉升可能性等，凡此皆可作爲未來升遷調遣的依據。保存現有人力資料的方法，可建立健全的人事資料庫、職位置換卡（position replacement card）、人力置換圖（manpower replacement charts），依此乃可預先安排人力升遷流動的路徑，作爲掌握未來人力供給的來源[3]。

（二）現有人力素質

現有人力素質的評估，最主要乃爲人力才幹，是人力資源規劃所必須重視的內部人力供給來源評估。所謂人力才幹評估，就是對公司現有人力的工作能力與才幹作評估，以預測其未來發展的可能性。此種人力才幹評估，可從員工未來接受教育訓練的可能性，以及員工個人未來的生涯規劃與發展著手。倘若員工個人有完整的生涯發展規劃，或有接受工作訓練的意願，則比較有在企業內發展的可能性。因此，企業人力需求計畫必須能兼顧個人未來發展的意願，從而可作爲人力升遷調遣的依據。是故，人力需求預測可針對現有人力才幹或未來發展的可能性作調查，並加以評估，如此當可提供作人力規劃的參考。

（三）員工異動狀況

員工異動的狀況，有時亦可提供作人力需求預測的參考。任何組織內部都可能有員工的退休、死亡或辭職，據此可瞭解員工異動的若干狀況，從而可對員工未來的異動作預測，以便提供作爲人力規劃的依據。人力資源需求計畫，可針對某段時間內，員工因退休、死亡或辭職等，作一些統計，並詳細加以分析，則可預知某些可能的空缺，以作爲人力遞補的依據。是故，對組織內部人力異動狀況作預測，可協助作較周全而完整的人力規劃。

總之，人力資源規劃必須對組織內外在環境的人力情況作預測，才能有效地發展與運用人力。對外而言，人力資源規劃必須配合外在人力資源特性，例如，經濟發展、政治發展、人口政策、教育訓練、科學技術以及社會文化變遷等的影響因素，才能做好人力資源需求預測。對內而言，人力資源規劃，也必須瞭解組織本身的現有人力數量、人力素質與異動狀況，才可能做好人力規劃。此外，在做好人力需求預測之後，尚需瞭解人力需求預測的方法，分析現有人力結構與需求，以下將接續討論之。

人力需求預測的方法

人力資源規劃必須考量組織外在環境的影響及其變遷，以及組織內部結構和業務的改變等因素，所可能導致本身人力需求的改變。此時，組織必須對人力需求作預測，其預測方法主要有：

一、數學經驗法

數學經驗法是根據過去的經驗，以數學式包括各種統計和模型方法等為基礎，來預測人力資源需求的方法。亦即組織根據過去的歷史資源，配合業務發展趨勢，找出某些因素的變動與人力需求數量的關係，據以找出未來人力需求數量。在估計人員需求數量時，所使用的統計分析技術，包括：時間系列分析、人力資源比率、生產力比率、迴歸分析等；以及運用電腦輔助，來作人力數量預測的工具，以求得客觀而準確的人力需求數量。

時間系列分析，乃是使用過去用人的次數和人數，以取代工作負荷指標，來預測未來的人力資源需求。該法乃在檢視過去用人的次數和人數，以預測季節變動、循環變動、長期趨勢和隨機變動的人力需求。然而，長期趨勢尚可使用移動平均法、指數平滑化法、或迴歸技術，來推測或預測。

其次，人力資源比率法乃為在檢視過去人力資源資料，以決定在不同工作或工作類別中員工數目之間的歷史關係。然後，使用迴歸分析或生產力比率，來預測整個或主要群體的人力資源需求；且人力資源比率可用將整個需求分配於不同的工作類別，或評估非主要群體的人力需求等方法。

再者，生產力比率乃為使用歷史資料，來檢視過去生產力指標的層面。生產力等於工作負荷除以員工人數，此可顯示出常數和系統化的關係，依此可運用預計的工作負荷除以生產力，而求得人力資源需求。

最後，迴歸分析是使用各種不同工作負荷指標的過去層面資料，例如，銷售、生產，和附加價值等，來檢視用人層面的統計關係。當在發現明顯的關係中，就可導出迴歸或多元迴歸模型。此時，若能將指標的預測層面導入結果模型，即可用來計算人力資源需求。

綜上觀之，數學經驗法可依據過去歷史經驗所得的數據，而比較客觀地求得人力資源需求；但任何數學模式所得的資料，都只是近似值而已，而無法求得絕對值。且此種方法必須假定原有的各項關係之間的比率都不變，否則所得結果就不準確。例如，當生產力改變時，其人力資源需求數量必然隨之改變。因此，此種方法並不適宜於作長期人力需求或新增部門所需人力的預測。

二、管理判斷法

管理判斷法是以人爲判斷的方法，利用與工作最直接者的直覺與經驗，來估計企業未來所需人力的方法。通常主管基於多年的工作經驗，對企業內部情況及影響企業的外部因素，往往有相當程度的瞭解，故不採用任何數學模式，單憑其對實務的經驗而作判斷。因此，根據主管直覺與經驗所預測的人力需求，有時常能得到滿意的結果；尤其是在缺乏足夠資料時，它不失爲一種簡單而快速的方法。

就歷史性而言，管理判斷法比數學式基礎的預測，較廣爲人所使用。此乃因判斷法比較簡單，不需要有精細的分析。即使在今日可運用各種科學方法，例如，趨勢分析、比率分析、與相關分析等，都仍然有賴於人爲的判斷加以補充或修正。蓋員工工作效率、服務品質、管理變遷與激勵方式等，皆非數學方法所可完整顯現，此時就只有依靠人爲判斷加以估計和調整了。然而，由於善於使用電腦者的逐漸擴展，以數學式爲基礎的方法將更廣爲人們所使用了。

三、德爾費技術

德爾費（Delphi）技術預測，乃爲運用過去無經驗可資遵循的一種預測技術。其乃是透過以事先統計的一系列問卷，分別詢問特別選定的專家群，由他們在無任何限制的情況下，就某些類別的未來人力需求數量自由表達其看法。在進行過程中，由一位負責人回收專家所提供答案的問卷，再經由資料整理，提供專家群各項答案預測的結果，並作下一次再徵答；如此經過若干回合的預測和修正，直到獲致滿意的結果爲止。

此種方法所得結果，往往與實際情況甚爲接近。該法特別適用於沒有歷史資料或突發性狀況的預測。其缺點是相當費時費事，使用成本甚高；且不斷試用的結果，容易使參與人降低其興趣。

總之，人力規劃使用人力資源預測方法時，最好能同時採用上述各種方法，否則就只有因情況之不同而個別選用單一方法。就事實而論，上述各種預測方法都各有其優、劣點，若能同時運用則具有相互補足的作用。

現有人力分析

人力資源規劃除了須瞭解人力資源可能的來源，並對組織所需人力作預測，且選用適當的預測方法之外，尚必須對現有人力進行分析，才能明瞭未來有哪些人力須再甄補，哪些人力可作升遷調遣之用。有關現有人力的分析，可分為兩大項進行，其一為人力結構分析，其二為人力需求分析[4]。

一、人力結構分析

人力規劃必須進行人力結構分析，才能確知需才若干，須用何種條件和能力的人力。所謂人力結構分析，就是對企業現有人力的盤點與清查，瞭解現有人力的才能、資格、條件及某些素質等。企業惟有對現有人力有充分的瞭解，才能確知須補充哪些人力，並作有效的運用，否則一切人力計畫將陷於空談。至於人力結構分析，主要包括下列各項：

(一) 人力數量分析

所謂人力數量分析，不僅在瞭解企業現有人力數量，最重要的乃在探求現有人力數量是否能配合企業機構的業務量；亦即探討現有人力配置，是否合乎一個企業機構在一定業務量內的標準人力配備。今日科學管理技術用來計算工作時間與人力標準的方法，計有：動時研究（motion and time study）、業務審查（operation audit）、工作抽樣（work sampling）、相關與迴歸分析（correlation and regression analysis）、以及績效與成本評估方案分析（PACE program analysis）等方法。

人力資源規劃在經由上述各種方法，可建立人力標準的資料，從而分析計算現有的人員數目是否合理；如不合理，必須作調整，務必使現有人力數量能確實配合組織業務的需要，以消除勞逸不均的現象。不過，有了人力標準的計算，只是確定了標準的人力配備，並非意指已完成了人力運用。蓋人員在工作中所表現的效能，才是實現工作的要件。因此，企業機構必須繼續作其他分析，以求能眞正瞭解人力結構。

（二）人員類別分析

企業機構進行人員類別分析，可顯現出企業機構的重心所在。在人力結構分析中，大致可分爲人員工作職能別分析與人員工作性質別分析兩種。就工作職能別而言，一般企業機構的工作職能可歸類爲技術人員、業務人員、和管理人員。以上三類人員的數量和配置，就代表了企業機構內的勞力市場結構。有了這項人力結構分析資料，就可研究各項可能影響結構的因素，例如，技術與工作方法、產品市場和勞力市場等是。

其次，在工作性質方面，企業內工作人員可分爲：直接人員和間接人員。前者乃爲直接從事於與某種生產品、某件工作或勞務有關的工作人員；而後者則指與某種工作無直接關係，但卻爲生產過程所必須的人員，例如，監督性、行政性與服務性人員均屬之。有關直接或間接人員的配置比率，常隨企業性質而有很大的差異。不過，其配置的適當與否，與企業成本有密切的關係。今日企業的間接人員常有不合理的膨脹，不僅影響用人成本，且過多的冗員常會造成管理上的問題。是故，企業機構必須注意此種人力結構的調整。

（三）人員素質分析

人員素質分析就是在分析現有工作人員的教育程度與所受訓練。一般而言，教育訓練的高低，正可顯示工作知識和工作能力的高低。任何企業機構都希望能提高工作人員的素質，以期人員能對組織作更大的貢獻。惟事實上，人員教育與訓練的高低，應以切合工作需要爲最主要考慮。蓋爲了達成適才適所的目的，人員素質必須和企業的工作現況配合。管理當局在提高人員素質的同時，也應積極提高人員的工作素質，以人員來創造工作，以工作發展人員，才能使工作與人員配合。

今日企業發展人才的顯著趨勢，乃在不斷地施行教育訓練。惟在人力素質分析中，教育訓練只是代表人員能力的一部分。任何企業中某一部分人員能力可能不足；另一部分人員則感能力有餘，未能得到充分運用。因此，企業對現職人員與職位不相稱的情形，必須設法加以解決。其途徑不外乎：變更職務、改變現職人員、和更動現職人員。當然，此亦必須考慮調整的職位與其他職位的關聯性，情況是否緊急而必須立即加以改善，是否會影響員工本人和他人士氣等問題。

（四）年齡結構分析

人力結構分析除了對人員數量、類別、素質等作分析之外，尚須對員工的年齡結構作分析。在對員工做年齡分析時，可按年齡組別統計全公司人員的年齡分配情形，進而求出全公司的平均年齡，以發現公司人員的年齡結構是否有老化的現象。至於個人方面，可按工作人員的性質，例如，職位、學歷、工作性質等，分別分析其年齡結構，以供作人力規劃的參考。

一般而言，年齡是衡量個人能力的尺度之一，年齡增加乃表示由經驗而獲得的知識也增加；但從另一方面言，年齡的增加則顯示吸收新知識的彈性降低了。這在一個求新求變的企業環境裏，將可能難以適應環境變遷的需要。此外，工作人員年齡的增加也表示能力的降低，且其慾望也愈來愈高。因此，企業機構在分派職務與責任時，必須確實分辨工作人員難以勝任現職的原因，探究其到底是業務增加的緣故，抑係爲員工年齡的增加或體力的衰退所造成的。一個企業的理想年齡結構，應是三角形的金字塔，頂端代表即將退休年齡的人數，底層則代表剛就業年齡的人數。

（五）職位結構分析

根據控制幅度原理顯示，主管職位與非主管職位應有適當比例。因此，分析職位結構，有助於瞭解組織中控制幅度的大小，以及部門和層級的多少。如果一個企業機構主管職位過多，乃表示：

1.組織結構有欠合理，控制幅度太小，部門與層級太多。
2.由於部門太多，將形成過多的社會性團體，造成本位主義，使得工作相互牽制，將影響工作效率。
3.主管職位多，將使組織層級增多，不但延長了工作程序，增添了意見溝通的環結，除了增加工作處理的複雜性、浪費更多時間外，並易導致誤會與曲解。

4.主管職位增加而非主管職位不增，做事時迂迴曲折，將使官樣文章增多。

綜上觀之，企業組織必須對職位結構進行分析，並作合理的調配與調整，從而訂定合理的職位結構。

二、人力需求分析

企業機構要做好人力規劃，除了要進行人力預測、人力結構分析之外，尚必須對企業本身作人力需求分析。一般人力需求分析，涉及兩大要項：一爲工作負荷分析（work-loaded analysis），一爲工作力分析（work-force analysis）。前者是要建立明確的人力數量，以處理某項工作負荷；後者則在分析除去缺勤、異動、中斷等因素後，每天所能實際工作的人力。

(一) 工作負荷分析

工作負荷分析以銷售預測爲起點。在未來一定期間內，若無法估計銷售量，將無以訂定生產數量與目標。因此，銷售預測是人力需求預測的基礎。有了銷售預測，就可將之轉化爲各部門的工作計畫，並據以擬訂出生產和作業進度，配合銷售的波動，以排定生產日期，此際就可計算出各部門的工作負荷。工作負荷計算的難易，常視各部門的工作性質而定。如果一個部門只負責一種業務或產出，則工作負荷可以很快就估算出來。然後，各部門將工作負荷量依產品設計藍圖和過去生產實績記錄，以及時間研究的結果，即可計算出一件產品及其組合每一零件的單位人時，進而計算出所需的人力；而各部門生產人力的總和，即爲公司全部生產力。

即使如此，工作負荷分析所得的人力數量並不是很準確，因爲每個人力的產出常受到許多因素的影響，例如，方法改進、激勵工資等都會影響人員需求量。同時，有些工作量的增加，不一定就要增加工作人員，例如，加班及臨時調用人員，也可解決問題。這些都是從事工作負荷分析所必須注意的。

(二) 工作力分析

所謂工作力分析，就是分析現有工作人員，究竟有多少人可實際參與工作而言。吾人作人力需求分析時，固可從工作負荷分析中，瞭解現有工作人員的數目；惟這些人員並非全部實際參與工作，如缺勤與離職必須予以扣除，才是眞正的工作力。因此，在工作人力需求分析時，就必須考慮工作力分析，才能得到正確的結果。而工作力分析，就是在某個階段中，將缺勤與離職人數，從現有工作中扣除，那才是眞正的工作力。

所謂缺勤就是個人在原訂工作時間內未到工的情況。缺勤率是指員工未到工日期與工作總日數之比。缺勤率太高，將對公司構成很大的損失。太多的缺勤會改變，甚至於耽誤整個工作日程，以致引起緊急調用、加班和不能準時交貨的混亂情況。因此，管理當局應儘可能地設法降低缺勤率。至於，離職是指員工因退休、死亡、辭職等因素，而脫離公司而言。就廣義言，員工流動代表組織工作力的衰退。因此，員工流動過於頻繁，對企業是很不經濟的。

人力資源的規劃過程

人力資源規劃在對整個組織未來的人力作過預測，及對現有人力作過分析之後，緊接著就是進行規劃活動。一般企業機構對組織人力進行規劃時，可準備組織置換圖（organization replacement chart）、接續規劃（succession planning）、技能清單（skills inventory）、和管理階層清單（management inventory）等，以便組織隨時能對人力資源作選用、甄補、調職、訓練等活動，以因應人力資源與組織的所有變化[5]。

一、組織置換圖

所謂組織置換圖（organization replacement chart），是指整個組織內部所有部門的職位未來人選的接替圖；亦即一旦任何職位有空缺，可立即選任適當人員加以接替的計畫書。由組織置換圖中，可明顯地看出某個特定職位的在職者和潛在的接替者。附圖4-1即爲簡單組織置換圖的一部分。

由圖4-1可知，乙是接替總經理的最佳人選，而辛又是接替乙的最佳人選；而寅是接替丙的最佳人選，庚爲甲的次佳接替人選。此種置換圖的最大優點，乃是簡明而清楚。此外，根據組織置換圖，則在組織某個層級缺乏適當接任人選時，可加強對較低階層人員的訓練，或考慮自外界羅致符合該職位的最佳人員，以塡補其空缺。當然，此種人選均須經過一些任用標準的評估而來，此種評估計

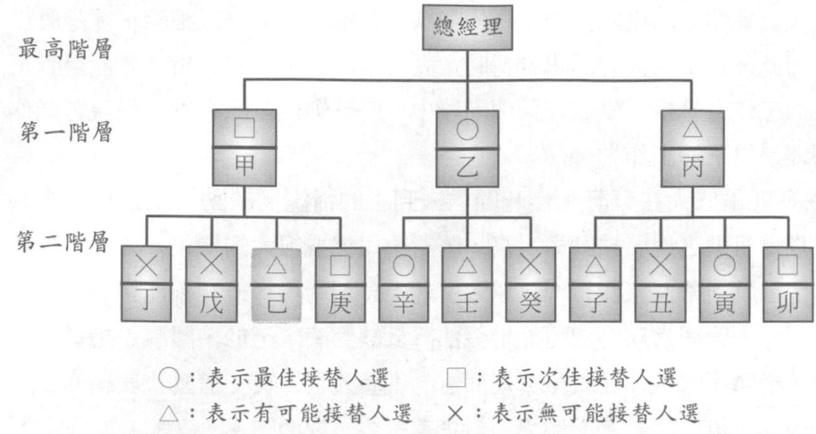

圖4-1 簡單的組織置換圖

畫乃要作接續規劃。

二、接續規劃

所謂接續規劃（succession planning），乃在確定特定人員以充任上一階層職位的計畫。在最佳接續規劃體系下，原本有許多候選人都經過評估其個人資料，例如，年齡、學經歷、所受訓練、工作績效、管理能力、潛在發展性……等，然後確定後，經由管理階層任命而晉升。此亦爲人力資源規劃的工具之一。此種接續規劃，乃在確保有資格的候選人不致被遺漏。

接續規劃可提供人力資源規劃下列資訊：

（一）員工的供給來源，以及每位員工的可能晉升性和安置的位置。
（二）預知每項工作職稱的新職位、流動率與空缺。
（三）尋求人力供給與需求的平衡，包括所有適於升遷者的姓名、工作、和職位。

凡此都有助於管理者思考其人力資源規劃，並協助部屬作生涯規劃。

三、技能清單

技能清單（skills inventory）的目的，乃在加強組織人力資源的資訊。它是指提供員工的基本資訊，包括：員工名冊、員工的特性與技能等。由於技能清單的資訊乃為用於作為升遷與調遣決策的資料，故宜包含每位員工技能所組合的資訊。完整的技能清單應包括下列資訊：第一、個人資料，例如，年齡、性別、婚姻狀況。第二、技能，包括：教育、訓練、工作經驗。第三、特殊資料，例如，團體會員、特別成就。第四、薪資與工作歷史，例如，過去和現在的薪資、所從事的不同工作、升遷日期。第五、在公司的資料，例如，福利計畫資料、退休資訊、年資。第六、個人能力，例如，身體狀況、心理測驗成績。第七、個人特殊嗜好等。

由於今日電腦的普及，技能清單已普遍地快速增加，其可代替傳統的人事檔案。其主要優點為快速而準確地提供評估員工技能，協助決定員工升遷和調動的決策。技能清單也可協助規劃未來的員工訓練與管理發展方案，並甄補和選用新員工。

四、管理階層清單

由於管理階層所需人力資源的資訊，並不同於一般員工，致有必要另外建立管理階層清單。所謂管理階層清單（management inventory），乃為記載有關管理者過去的工作績效、優點、弱點、和升遷潛能，以為評估未來升遷遞補的參考資料。管理階層清單除了評估管理者的一般資料外，尤重管理能力的評鑑。

> 總之，人力資源規劃必須作組織置換圖、接續規劃、員工技能清單、管理階層清單等，才能明確地瞭解組織內部員工的流向，此不僅可提供給人力資源管理部門或主管部門作規劃的參考，且能作為員工作個人生涯規劃的依據。

長期人力規劃

企業機構之所以要作長期的人力規劃，乃是希望能對未來人力的供需有良好的配合。企業機構一旦未能對未來的人力供需，預作全盤性的規劃，很容易導致人力的脫節。然而，所謂長期人力規劃，究應爲幾年，並無明確的標準。一般企業對時間的長短之選擇，多基於一般性的假設，時間愈長，愈難作準確而合理的規劃。在原則上，長期人力規劃宜和長期業務計畫配合，一般經驗多爲五年至十年。

一般而言，長期人力規劃須具有下列特質：第一、它是全盤性的，其重點放在企業內的全體職位和人員。第二、長期人力規劃著重在企業未來人力空缺的補足，而不僅在於目前的空缺。第三、長期人力規劃的執行時間較長，故要有充分的時間來培訓相關人員。

至於長期人力規劃的進行，宜包括下列各項：

一、預測未來組織結構變化

長期人力規劃的第一步，乃是要預測未來組織結構的變化。一家企業的營運環境總是經常變動的，例如，新產品的推出、技術設備的更新、生產程序的變動、銷售方法的改變等，都將對企業的人力需求發生影響，從而須調整公司的職位結構加以配合。

就生產數量而言，一旦公司的生產數量有了變化，就可能造成業務的膨脹或緊縮，此時就必須調整組織結構，並影響了人力的需求。其次，如自動化設備的引進，將導致原有工作人員的裁撤、再教育、工作調整，以及新人的引進。凡此都可能造成組織結構的變化，故而企業在制定長期人力發展方案時，都必須針對各種情況加以分析，俾求人力供需的均衡。

二、制定人力供需平衡計畫

企業在做長期人力發展規劃時，既對未來組織結構變化作過預測，接著就必須制定人力供需平衡計畫。人力供需計畫首需對現有人力進行清查，調查在計畫期間內因退休、辭職、服役及其他原因離職所可能減少的各類員工人數；再將現有人數減去此項人數後，再考慮因員工人事異動所產生的內部人力結構變化，最後可求得預估的未來人力供應數量；然後將之與預估的需求量作比較，以確定人力究係爲短缺或過剩，再依此作成人力供需平衡計畫。

至於，在制定人力供需平衡計畫時，應考慮以下各項：因業務擴展或技術更新所需要增加的人員數目；因員工異動所需補充的人員數目；因內部員工升遷而發生的人力結構變化。

企業機構若能隨時注意上述情況的變化，才能制定完整的人力供需平衡計畫。同時，企業機構的長期人力規劃應於每一開始的前一年編製，並於每年加以修訂，期使在每個年度終了時，均能對未來數年所需人力作較完整的預測。

三、研訂人力處理計畫

根據人力供需計畫，可發現人力不平衡的情形，此時可研究人力不平衡的原因，然後研訂各種長短期的人力處理計畫。如果企業面對的是人力短缺，則在短期方面可採取加班、提高生產力、發給不休假獎金、調整職務、僱用臨時人員、外包、轉包、指派臨時工作等措施；而在長期力面，就必須採取對外徵僱、人員訓練、調動人員等方式，予以補救。如果企業所面對的是人力過剩問題，則在短期方面，可採取減少加班、人事凍結、減少工作時數、調出人員、臨時性停工等方式來處理；在長期方面，則可採用調職、資遣、獎勵退休、人事凍結等方式處理之。

當然，企業在採用上述各種方法時，必須先就其成功可能性對企業或人員的整體影響，以及各項相關利益與費用進行評估，才不致有顧此失彼之虞。

四、制定人力甄補計畫

人力甄補計畫是針對組織調整其人員後，實際所需增補的基層和各類人員而訂定的。此可依據人力預測，估算出每年所需增補的各級各類人員。一般而言，企業機構中的人力增補除了新技術職位之外，其較高職位應儘可能由內部人員調升，其有不足之數才向外甄僱。企業在訂定人力甄補計畫之前，應先確立人員甄補政策，決定所需人員的補充原則，諸如是否採取公開考選，訂定最低資格條件等等。有了原則，再進行規劃。不過，在訂定人力甄補計畫時，對於就業市場的人力供需狀況必須深入研究，以確定哪些類別人力可自社會中取得，哪些類等人力必須與教育訓練機構合作，並預爲聯繫培植。如發現某些類等人力無法獲致，則只有自行建立人力發展計畫。

五、制定人力發展計畫

企業的長期人力規劃，須注意人力發展計畫的制定。人力發展計畫的內涵，一方面在遴選現職人員，施以補充教育，使其在專業知識與技術方面，得以逐步發展成事業的幹部，並加速其升遷調職的機會；另一方面也在針對業務發展需要及技術改進方面，積極培訓社會上難以羅致的人力，以免未來發生人力匱乏的現象。一般人力發展計畫，可包括下列訓練計畫：

(一) 養成訓練

爲避免對熟練技工羅致的困難，可直接招收有志青年，或與職業學校合作辦理技藝養成訓練。

(二) 提高素質訓練

爲提高人員素質，可訓練企業內人員的工作技能與知識，使其能勝任工作及獲得更高的發展。

(三) 第二專長訓練

爲使企業人力作更合理的調配運用，可訓練有關人員獲得工作技能以外的第二技術專長，俾對人力遞補預作準備。

(四) 職業訓練

爲配合因組織結構的變化，而將業務緊縮的人員，亦即剩餘人力，施予技術訓練，俾輔導其從事新擴展的生產工作。

(五) 在職訓練

爲使工作人員因應科學技術與管理知識的發展，可實施在職訓練，以培育在職人員的知識技能，增進其工作效率。

總之，長期人力規劃乃是針對一個企業機構的業務發展需要，參酌國內外科學發展與技術革新因素，而來估算未來所需的人力。同時，在估算人力時，尚須考慮組織變革、人力新陳代謝以及國內人力市場供應等狀況，來決定人力供需計畫，進而確定人力方案與人力發展措施。因此，企業倘無長期人力規劃，則其人才延攬與訓練等措施，必雜亂無章，其結果將是無效率而浪費的[6]。

附註

1.林欽榮譯，人力資源管理，前程企業管理公司印行，一〇三頁。

2.林欽榮編著，人事管理，前程企業管理公司，六九頁至九七頁。

3.Garry Dessler, Personnel Management, 4th ed., N. J.: Prentice-Hall International. 1988, p.115.

4.同註二，一〇一頁至一一七頁。

5.參閱同註一，一一二頁至一二四頁。

6.同註二，一一七頁至一二三頁。

研究問題

1.何謂人力規劃？有效的人力規劃是否要兼顧未來的人力需求？試述之。
2.人力資源規劃的目的何在？
3.通常企業人力的主要來源爲何？試就組織內外環境分別加以列舉？
4.試述一個國家的經濟發展和政治發展狀況，如何影響企業的人力資源。
5.人口政策和教育訓練計畫和企業的人力資源有關嗎？
6.社會文化變遷和科學技術發展會影響到企業機構的人力資源需求嗎？
7.企業機構應如何從其內部評估其人力資源需求？
8.企業人力需求預測的方法有哪些？各有何優劣點？
9.數學經驗法用於估計人力需求，可分爲哪些方法？
10.管理判斷法比數學經驗法廣爲人所用的原因何在？
11.何謂德爾費的人力需求預側法？其優劣點何在？
12.現有人力分析可分爲哪兩大項？試略述之。
13.人力結構分析可包括哪些要項？試略述之。
14.企業機構何以要做人員類別分析與人員素質分析？
15.何謂人力需求分析？它可包括哪些分析？試分別說明之。
16.何謂組織置換圖？它有何作用？
17.何謂接續規劃？它有何作用？
18.何謂員工技能清單？它應包括哪些資訊？
19.何謂管理階層清單？企業機構何以要另外建立管理階層清單？
20.一般企業的長期人力規劃應爲多久？如何訂定？它應包括 哪些特質？
21.在長期人力規劃之下，應包括哪些計畫？試分別說明之。

個案研究

人力需求的困擾

明洲冷凍食品公司是負責人陳群鵬白手起家所創立的。在他的苦心經營下，業績正蒸蒸日上，發展至今，已粗具規模。該公司係以批發進口冷凍牛肉和海鮮爲主。專售對象是高級西餐廳、飯店和啤酒屋。

在陳群鵬手下，有四位得力的助手。一是業務主任陳嘉榮，自公司成立即跟隨陳群鵬至今，從基本職位做起，而升到今日的職位。另一位是業務員，由公司自外界徵得，負責開發市場和客戶。第三位是成本會計員，負責計算公司的營業成本、利潤和貨品售價的精算，也是公司缺一不可的人員。第四位是掌管公司銷貨、應收帳款和收帳的會計。以上四人，分工合作，掌握了公司的所有狀況。

最近，由於公司業務不斷地擴展，人員已有不敷使用的現象，極思增添人手。但是半年來，雖然不斷徵用人員，但新手只待幾個月就走了，以致員工流動率很高。在經過一番研究之後，發現員工流動率高的原因，乃爲該公司採用電腦一貫作業，新人無法勝任工作，而有失去信心、無法適應環境……等現象。另外，現今社會有許多人喜歡正常休假，不喜歡加班；而該公司乃是從事銷售餐廳的生意，遇到假日更須加班，以致眞正放假日甚少。

於是，該公司在人事上乃研訂一些規則，如提高員工素質在一般水準之上，個人須能於假日加班或輪班，月底時須能配合公司自由彈性調整上班時間……等，然而這些規則在現今社會中是很難解決的。因此，到目前爲止，公司仍無法找到合乎這些條件的人員，公司負責人正爲此而深感困擾。

個案問題

1.你認爲該公司有周全的人力資源規劃嗎？

2.人力需求規劃是否應隨著社會環境的變遷而作調整？

3.你認爲該公司應如何解決其問題？

第5章 員工甄選

本章學習目標

讀者於讀過本章之後，應能瞭解：

1.員工甄選的意義。
2.組織甄選員工的來源。
3.甄選員工的效標。
4.甄選員工的程序。
5.甄選員工的方法及其優、劣點。
6.近代甄選員工的新方法。
7.晤談法的類型及其優、劣點。
8.晤談法的實施過程。

人力資源管理在做過工作分析和人力規劃之後，即應依據工作說明書與人力規劃作業，來展開員工甄選的工作。在進行員工甄選之前，尚須作甄選規劃。甄選規劃即在確定人力需求，亦即明瞭各項工作所需員工的數量和資格，如此才能使甄選工作不致有浪費，或所甄選人力有不足的現象。本章首先將討論員工甄選的意義、來源、標準、程序與方法，然後研討員工甄選最常用的晤談方法之運用。

員工甄選的意義

所謂甄選（recruitment），是指企業機構爲了尋找符合待補所需條件的人員，吸引他們前來應徵，並從中挑選出適合人員，且加以任用的過程。有效的員工甄選，必須能羅致合於工作要求的員工，並滿足組織當前與未來持續發展的需要。對大多數的組織機構來說，員工甄選工作類多由人力資源管理部門掌管。然而，小型組織機構的員工甄選都由直線工作人員及其主管來從事。站在今日管理的立場而言，員工甄選應由直線與幕僚共同合作完成。蓋直線（line）人員乃是最清楚工作內容和所需人力才幹的；而幕僚（staff）人員則爲從事甄選作業和掌握甄選過程的。

員工甄選計畫與活動，必須依人力資源規劃和待塡補的特定工作需求來進行。當有了人力資源需求時，組織機構就必須主動地進行員工甄選。員工甄選必須能吸引或找尋到合適的工作候選人，否則就不是成功的員工甄選。不管員工甄選是否依據現有的或新設的職位而進行，都必須儘可能地加以確定工作需求，如此才能作有效的甄選活動。

此外，員工甄選與工作分析、人力資源規劃都是一脈相承的。工作分析給予特定的工作本質和需求，人力資源規劃決定了所要塡補的工作之特定數目，而員工甄選則在選定一些合理人員以塡補職位空缺。在甄選過程中，人力資源管理部門應考慮合格人員的來源，甄選的標準及其程序，以及甄選方法的運用。蓋甄選工作的良窳，將影響到用人是否適才適所。有效的甄選可幫助組織機構找到最適任的人員，來擔任空缺的職位。

總之，員工甄選乃為組織就職位空缺而選取人才的過程。任何組織機構若無空缺，則無所謂的甄選問題之存在。因此，員工的甄選乃是針對職位空缺而來。不過，本文所指的甄選乃是針對人員的選取係取自於外界者，亦即為由外界而徵募人才之意。

員工甄選的來源

人力是組織最珍貴的資產，組織在決定了人力需求時，即應對所需員工作最有效的甄選。惟有效的員工甄選固有賴於甄選方法的運用，最重要的乃在掌握人力的正確來源，以便從中選取最有用的人才。一般組織甄選員工的來源，不外乎內在來源與外在來源兩種。前者主要是指工作有空缺，即由組織內部人員中加以遴選，以作爲遞補、調任或升遷的依據，此將於下一章討論之。至於後者則由組織向外徵募，此處所謂的甄選來源，即以此爲限。通常，組織向外徵募員工的途徑不外乎[1]：

一、廣告徵求

廣告徵求的主要對象是社會大眾，其主要內容包括：企業機構的性質、工作內容、資格條件，以及待遇和可能的升遷發展機會。廣告徵才的優點，爲能收到廣泛求才的效果，且運用方便；但其缺點是應徵者常抱著姑且一試的心理，增加甄選時間、人力、物力、財力等的浪費。因此，採用廣告求才的方式時，宜先設定甄選標準，以淘汰顯然不合條件的人士。

二、就業服務機構

企業機構透過就業服務機構徵求人才，可使應徵者經過一次初步審核，故可減少本機構的一部分甄選工作。目前政府爲輔導國民就業，充分運用人力資源，協調人力供需，於各地均設有國民就業輔導中心，專責辦理就業輔導工作。該等服務機構可爲企業提供基層員工和技術人員；至於較高級人力，則可透過青年輔導會協助。此外，若干私立就業服務機構也可提供服務，但成效不彰。

三、職業訓練機構

目前政府為協助企業發展，並輔導國民充分就業，乃由行政院勞委會職訓局與青輔會等機關分設職業訓練中心，負責對有意願就業人士進行各種職類人員的訓練，此可提供國民就業的途徑，亦開闢企業尋求人才的管道。此等訓練班有些在訓練前，即已進行甄試，然後施以訓練；有些雖未作事前的考試，但經過職訓之後，亦具有某些第二技術專長。凡此都可提供企業選才的來源。

四、網路徵才

由於近來電腦網路的發達，幾乎人手一部電腦，使得透過電腦網路徵才，更為快速而便捷。此種網路徵才的方式，同樣可羅列企業機構的性質、工作內容、資格條件，以及待遇和可能的升遷機會等等資料；甚而在網路當中即可立即進行對話，進行甄補工作。但該種途徑最好能輔以其他方式，例如，當面晤談、實務操作或提出各項資料等，以為徵信，並避免虛假。

五、員工租借公司

近代社會由於急劇的變遷，以致失業人口比例不斷地提高，員工租借公司或臨時協助機構乃應運而生。通常此等公司或機構都擁有一些人力資料，一旦某些企業組織缺乏某方面的人力時，常向該等公司或機構徵調所需人力，並以短期工作為主，這是不必花費人力成本而最快速的甄補方式之一。此種途徑的實施，乃是由員工租借公司或臨時協助機構支付企業組織所需人力的薪資與福利，而透過與企業組織的合約收取協議的租金。當企業組織在業務擴展時，可大量向員工租借公司或臨時協助機構徵用人力；而在業務緊縮時，可退回部分或全部人力；又在需要時，可召回所需人力，故在人力運用上甚具彈性。但此種途徑的最大缺點之一，乃是員工對企業組織缺乏承諾與忠誠。

六、向學校徵募

由於現代企業的工作技術日趨複雜，企業徵募人才可向學校徵募，或透過建教合作的方式徵才。企業可安排學生參觀實習、提供假期工作機會、設置各類獎學金、開設特別建教合作班次，或派遣人員到學校徵募等方式，提供企業的有關資料與工作詳情。此種方式不僅可長期而有計畫地爲企業求才，也可爲教育界所培植的人才求職。採用此種方法固然較爲費時費錢，但也較易吸收眞才。

七、向工會羅致

由工會代爲羅致人才的優點，乃是因爲工會對會員資歷有較爲完整的登記，故可羅致到所需人才。且若干工會設有徵僱服務部門，可爲需才單位服務。工會組織愈健全，則此種情況將愈爲普遍。

八、由現職員工介紹

由現職員工介紹新進人員，亦不失爲一種良好的方法。蓋現職員工若對本機構不滿意，就不會介紹其親友至本機構應徵；同時，他也不會不顧及自己在本機構內的地位，介紹才能或品格低下的人員前來應徵。故現職人員在介紹之前一定會愼重考慮，就等於經過了初步甄選。然而，採用此種方式，容易在機構內形成非正式團體，影響組織的安定性；但有時也可能對組織產生關切感，此有助於士氣的提高。

九、引用親屬

引用親屬是家族式企業羅致人才不可避免的一種方式。就羅致優秀人才而言，這未必是一種良好的方法；但對於激起員工對組織的認同感和一體感，以及建立忠誠感而言，卻不失爲一種有益的途徑。此爲「內舉不避親」的道理。

十、自我推薦

有許多企業也鼓勵自我推薦的方式，蓋自我推薦者通常是具有某些才能和自信的人員，他們大多持有肯定自我的能力，以致在公司或組織內部能有所表現。同時，此種方式可節省招募成本、廣告費用、仲介費用和時間。當然，公司本身的形象與信譽，常是影響自薦者信心的根源。其他報償政策、工作環境、勞資關係、以及對社會的責任等，都可能是影響外界人士自我推薦的影響因素。不過，此種方式最好也能作審愼的甄選程序。

十一、借調人才

企業有時為了配合短期的人力需求，可考慮向外界借調人才。此種方法對工作特殊的專技人員，尤為適用。如企業需要某項技術或管理革新，可向其他機構洽借人才，以研擬相關的方案。此舉可使公司只要付出短期代價，就可得到優秀的精選人才，並可免除退休金、保險、或福利方面等各項支出的費用。

十二、向同業挖角

許多企業機構在急需某種特殊人才時，有時會採取挖角的方式，以求取所需的人才。惟此種方式常造成企業之間的競爭與衝突，也是不合乎企業倫理與社會規範的，故是不值得鼓勵的徵才方式。

十三、儲備登記

企業對於嚮往或尋覓工作的人員，可將其個人有關管理經歷、專長、能力、性格等資料登錄，並予以函覆，俟有適當職缺時，即予考慮遴選[2]。

總之，企業遴選人才的來源甚多，其可透過各種可能的途徑，達到甄選人才的目的。此外，員工甄選工作的有效實施，還應該對應徵者選擇職業之評定因素有所瞭解，這些因素大致包括：公司聲譽、升遷機會、薪資數額、有興趣的工作、公司對員工工作與事業的關懷、訓練發展的機會、工作環境、共同工作的人員、工作保障、公司所在地、直屬主管、企業前途以及福利設施等。至於高級人才，則以工作本身、工作滿足感、個人成長滿足感以及晉升機會等為其中心目標[3]。是故，組織在甄選員工時，應將應徵者所關心的這些因素坦誠相告，才能做到正確甄選員工的目標。

員工甄選的效標

員工甄選的有效性，乃取決於摒棄甄選成績過低者，或應徵者多於僱用者與否。若錄取者的績效過低，或應徵者少於所需僱用人數時，則此種甄選技術就失去效能。通常甄選技術是否有效，必須考量四項效標：即信度、效度、錄取比例與錄取者工作績效的優良程度。其中尤以前兩者爲員工甄選的主要效標，今分述如下：

一、信度

所謂信度（reliability），是指甄選結果須具有一致性而言，亦即甄選結果必須相當可靠。一般而言，甄選信度最直接的乃是表現在測驗上。通常決定測驗信度的方法有好幾種，即測驗再測驗法、交替法、折半法等。所謂測驗再測驗法（test-retest method），是在兩個不同時間施測於同一組受測者，而求得該兩次測驗得分的相關性之方法。交替法（alternate form method）乃爲在同一組受測者於兩個相互獨立，但相互類似的測驗中求其得分的相關性之方法；此種相互獨立而相似的測驗，亦稱之爲複式測驗法。至於折半法（split-halves method），即在無現成的複式測驗時，可將測驗依原來程序施測，而將原來全部題目分成相等的兩個部分，並採隨機或交叉方式而求其相關性的方法。

上述各種方法的信度並不完全決定於測驗本身，有時也受到受測者本身穩定性的影響。如果受測者本身不穩定，測驗得分即無法穩定。因此，使用測驗來甄選員工時，除了要求測驗信度外，尚須求得受測者的穩定性。此外，測驗信度高，並不能保證其效度必高。有時測驗具有高信度，但效度卻很低，甚至毫無效度。不過，若測驗信度低，則效度必也很低。因此，吾人仍須注意測驗效度。

二、效度

所謂效度（validity）是指測驗達成它所期望目標的程度。通常效度可分爲三種：內容效度（content validity）、效標關聯效度（criterion-related validity）、結構效度（structure validity）等。在員工甄選或安置上，最常用的效度指標是效標關聯效度。

至於建立測驗效度的方法，可分爲現有員工法、追蹤法、工作現狀法、工作成分法。所謂現有員工法（present employee），係以現職員工爲受測對象，而施測其特質與工作績效相關性的方法。追蹤法（follow-up）爲對現有員工在應徵時的受測資料和現有受測資料加以比較的方法。工作現狀法（job-status）為將不同工作員工的測驗得分加以比較，從而找出不同工作員工的測驗得分是否有差異的方法；其所使用的效標為工作績效。至於，工作成分法（jobcomponent）乃在測得具有同樣工作特徵或工作成分的一組工作，是否具有所要求的同樣特質之方法。上述各種方法所得的測驗效度愈好，其指導正確性也愈大。

三、錄取比例

所謂錄取比例（selection ratio），是指一家公司實際錄取人數和參加應考人數之間的比例，此又可稱為錄取率。錄取比例的高低，會影響測驗的效度，和實施測驗聘僱員工的功能。一般而言，凡是錄取比例愈低，其測驗效度愈高，而實施測驗以聘僱員工的功能就愈顯著；相反地，錄取比例愈高，其測驗效度愈低，而實施測驗以聘僱員工的功能就愈不顯著。

四、工作績效優良程度

影響員工甄選的另一效標，即為現有員工中績效優良的百分比。大體而言，若一切條件不變下，現有員工之績效優良百分比愈低，則可經由測驗而錄取員工績效的百分比就愈高；亦即現有員工中績效優良的百分比愈低，則測驗的功效就愈為顯著。易言之，凡是一個機構或公司現有員工不稱職人數所佔比例愈大，就表示可實施測驗作為聘僱目標的功能就愈高，所得利益也愈大，故值得運用測驗方法來取才。

總之，在實施員工甄選時，凡是測驗的信度愈高，效度愈大，錄取比例愈低，現有員工績效優良比例愈低，則採用測驗以甄選員工的功效愈高；相反地，凡是測驗信度愈低，效度愈小，錄取比例愈高，而現有員工績效優良比例愈高，則以測驗為甄選員工的功能愈低。

員工甄選的程序

所謂員工甄選程序，是依據既訂工作規範中所列舉的工作條件，從應徵者個人資料中加以評鑑，以物色適當人員加以僱用的過程。此時，主持員工徵選工作者，必須就工作條件與應徵者的個人資料充分的比較與分析，然後再作選用的決定。通常員工選用程序的標準，可分爲單一選用及多重選用。前者乃指一項工作要在眾多應徵者中，甄選一個最合適的人員去擔任。單一選用的情況雖比較單純，但是想要在很多應徵者中挑選最理想人員，作最有效度的決定，並非易事。至於多重選用，乃係在一次招考活動中，於眾多應徵者中分別測定其條件，然後分配錄取於多種不同性質的工作；此牽涉到「人」與「事」的複雜因素，必須作動態分析，分別從公司、個人與社會的立場加以考慮。

至於甄選程序中，究應包括那些步驟，必須視公司規模、空缺工作性質以及人力資源管理哲學而定。一般企業常用的步驟如下[4]：

一、初次面談

員工甄選計畫愈無選擇性，初次面談愈爲重要。初次面談通常都很簡短，淘汰了顯然不合要求的人員。在初次面談時，儀表與說話能力可以很快被評估出來。面談時，多問以爲何應徵此項工作？希望待遇如何？以及學經歷資料等。不過，有些公司不舉辦初次面談，改以直接填寫申請表作爲初審。

二、審查申請書表

申請書表是蒐集應徵者事實資料最常用的方法，例如，應徵者的姓名、地址、性別、年齡、婚姻、家庭狀況、教育、經驗、嗜好、身體特徵以及其他有關資料，例如，政治、社會關係等，都可在申請書表中獲得。當然，申請書表應以需要爲原則，有些書表可認定若干事實資料和工作成功間的關係；有些書表也可比較優秀員工與普通員工間素質上的差異，通常在審查申請書表時，必須設定目標，資供採擇。

三、查核參考資料

查核參考資料的目的，是在瞭解應徵者過去的人格和行爲，以作爲個人未來工作的指引。此種資料的來源有：學校、過去的雇主、應徵者所提供的參考資料，其他如應徵者的鄰居、警察局等。至於調查方法，可由甄選機構或應徵者自行向有關人員請求寄送參考資料，或由甄選機關以電話或親自訪問有關人員。其中，以親自訪問最爲有效，因爲一般人在面對面談話時，較爲坦白自在，所提供資料更具價值。

四、舉行測驗

舉行測驗以測試應徵者能力，常依公司規模大小而有所不同。有些公司所用測試方式極爲詳實嚴密，有些公司則極爲簡略；有些公司甚至不舉行測驗，而直接以面談代替。至於測驗種類也不大相同，某些公司除了測驗知識能力之外，並要求作心理測驗。由於人事測驗較爲複雜，本節擬不作詳論。

五、任用面談

面談是一種最古老的評估方法，雖然它極爲主觀而且不正確，但在一般企業中最爲常用。由於面談具有相當的重要性，將於第六節中另行討論。

六、主管部門批准

現代企業大多由人力資源管理部門掌管以上各階段的甄選工作。當應徵者合格通過後，即已取得聘僱條件。雖然有些人力資源管理單位有權予以聘僱，但鑑於幕僚與直線間的權責關係，仍需要主管部門批准。蓋有關實際工作條件和部門人事情形，主管部門比人力資源管理單位更爲瞭解。

七、體格檢查

體格檢查有三項目的：第一，可確知應徵者的體格能力是否符合工作需要；第二，爲避免僱主日後可能遭遇的工人賠償問題，員工一進入公司即保有其健康記錄，可瞭解其身體變化情況；第三，避免僱用有傳染病的人，以免影響現職員工。依此，在甄選員工時應要求應徵者繳交體檢表。

八、引介入廠

過去企業多不重視新進員工的引介工作，僅告知錄取人員何時報到，由錄取人員自行前往工作部門，經由直屬主管略爲說明，即自行開始工作。現代企業已視引介爲一種有效融合個人與組織目標的工作，故多派適當人員將公司的哲學、政策與習慣在引介時，告知新進人員。通常引介工作都由人力資源管理部門爲之，使新進員工認識公司的性質、產品、歷史和業務情形，以及其他和員工有關的事項，例如，福利、退休、安全衛生計畫等。成功的引介不僅要使新進員工能接受組織、主管和工作團體，而且也要使現職人員接受他。在引介入廠數週後，最好再由部門主管或人力資源管理人員作追查，以瞭解員工對工作是否勝任愉快。至此，全部甄選程序始告完成。

員工甄選的方法

現代企業機構甄選員工的方法甚多，其運用科學技術與工具已日漸普遍。雖然我國遠在三千年前，即以各種考試方式，作爲選才的依據；然而隨著時代的變遷，許多選才方法已日愈精進。本節除了說明一些傳統的選才方法之外，將再進一步研析近代的一些遴選方法，茲分述如下[5]：

一、筆試法

所謂筆試法（wirtten examination），是甄選人員以文字解答的方式，由應徵者作答，以推斷其知能，從而加以取才的方式。筆試法又分爲舊式筆試法與新式筆試法。前者又稱爲論文筆試法或主觀筆試法，係標出廣泛性或原則性題目，由應徵者以議論文、記敘文解答申論之。後者又稱直答式筆試法或客觀筆試法或測驗法。只須就編妥的試題中辨別、選擇或補充的填答即可。

筆試法的優點爲：容易管理，可節省時間及人力，合於經濟原則；在同一時間內可集體受試，辦理較爲迅速；試卷彌封，試務人員與應試著無直接接觸，不致因私人關係或偏差印象，而造成舞弊或不公平現象；應試者的答案有文字依憑，較面試法客觀而有具體的評審依據。

至於論文式筆試法的優點：乃爲試題的編製與施行，較爲容易；作答文字沒有限制，可自由發揮，考試其分析、綜合、組織、推理、判斷、創造與表達能力與記憶能力。它的缺點乃爲：缺乏客觀性，評分無一定標準，評審結果差異很大；命題範圍太過狹義，違反廣博性；記分時易受其他因素，例如，書法、別字、整潔、或個人喜好等影響，而失去公平性。

直答式筆試法可分爲：正誤或眞僞測驗、完成或塡空測驗、對偶測驗、選答測驗、綜合測驗以及雜式測驗。該法的優點爲：能排除記分上的主觀成分，而收公平客觀之效；可免除模稜兩可的取巧答案；能免除不相干的拉雜話；所包括的材料與範圍，較爲廣博，有充分的代表性；有精密客觀的記分單位與方法，評分者無法任意上下其手；評分有標準，無寬嚴不一的毛病等。不過，該法的缺點是只能測量記憶能力，不能考察推理與創造能力；且容易猜度或作弊；在問題的編擬上較爲費時費力。

二、口試法

所謂口試法（oral examination），即爲口頭考試，由主試者口頭提出問題，由應試者以語言表達方法來答覆問題。雖然一般人將口試與面試合而爲一，本文仍將分別討論。蓋所謂面試，又可稱爲晤談（interview），係指在面對面的洽談中，瞭解應試著的學經歷、家庭狀況、個性、工作經驗、抱負、興趣、嗜好、社交能力、談吐儀表等多方面資料，作爲遴選的重要參考，其所論列的範圍較廣。至於口試法，在形式上雖亦係面對面考試，然考試內容則偏重於與工作有直接關係的專長、知識與語言能力；亦即側重於工作因素的瞭解。由此可知，口試在方式上與面試相同，但在內容上則與筆試相近。

一般而言，口試法具有下列優點：第一、可立即測試出應試者的語言能力，作爲筆試法的輔助。第二、在考試過程中，如有任何疑義可立即追問，因得正確結果。第三、可測驗應試著的急智、反應與組織表達能力。至於它的缺點乃爲：第一、只能對一人或少數人施試，費時費事。第二、口試過程的彈性相當大，很難確定結果的可靠性和正確性。第三、口試的內容侷限於語言能力、思想觀念與簡易知識，較繁雜的問題很難測知。

由於口試法受到相當限制，通常只是補充筆試法之不足，不能單獨作爲決定性的考選方法。不過，口試實施的若干技巧，實與筆試法相輔相成。

三、實作測驗

實作測驗（performance test）或稱爲現場考試（job miniature），或技術測驗（technique test），或演作試，乃是以實際工作表演測量受試著是否具有職務上所需的知能與技術。其特性是工具或機械的操作與使用，以實際操作表現能力，而非以文字或語言作答。此種測試應用甚廣，從簡單的機械操作及文書模擬測驗，以至於複雜的太空模擬飛行以及高級經理的「案頭作業」（inbasket test）

均屬之。

實作測驗包括有：實物測驗、模型測驗、作業測驗、經驗測驗與體能測驗等。測驗內容係依個別狀況的需要而異。有些著重於難度，測驗時間甚為充裕，可讓應試者有充分時間思考解答其中的難題；有些則重於速度，即操作內容甚為簡單，但數量甚多，以測驗應試者操作的速度。不過，一般情形均為能力與速度並重，使應試著無法在預定時間內全部完成，成績則以所完成的正確答案數量多寡為準。

總之，實作測驗屬於專業性或技術性的測驗，以特殊的工作技能為主，而非僅依憑既有學識、思維、推理、判斷為準，必須實際動手去做。由於這種能力的評估，無法經由筆試或口試方法來達成，實作測驗適足以補充其不足。因此，員工甄選如能施以筆試、口試，再輔以實作測驗，則甄選結果更臻於理想。

四、晤談法

所謂晤談法（interview），是在甄選過程中，藉由相互交談的方式，以瞭解受試著的過去、現在與未來，探討其觀念、思想、學識、性格及態度等，作為羅致與否之參考的方法。一個人是否適合擔任某項工作或職位，將來是否能安於其位，有無發展潛力，常可透過晤談而得知其家庭狀況、經驗、性格、抱負、興趣、嗜好、社交能力、舉止儀表等資料，以作綜合的分析鑑定。同時，應徵者對求才單位的狀況、發展與工作性質等，亦可藉晤談而獲得瞭解。因此，晤談法亦被普遍採用為甄選方法之一。

晤談法的優點，是經濟、迅速、簡單，可不受人力、物力、時間等限制，舉辦較為容易。其次，主管在任用員工前，可考察其儀態、舉止、言行、個性、動機等，作為任事的參考。再者，透過晤談可使應徵者對本機構產生親切的瞭解與情感，並促進公共關係。

當然，晤談法也有其缺點：如果受試者過多，採取晤談法就不太經濟；晤談主持人的經驗、性格、偏好、印象等，都可能產生評斷結果的偏差；有些人格特質，很難在短時間內利用晤談予以鑑定。總之，要使晤談得到正確的結果，必須在實施前作充分的準備工作。

五、心理測驗

心理測驗（psychological test）是一種經過標準化的測量工具，可客觀地用來瞭解人類的心理現象，並衡量個人的行爲表現。因此，心理測驗是「一種經過組織和選擇的刺激物，用以列出個人的心性對它所作的反應」，或是「一連串經過組織的刺激物，用以測量或評估某些心理的過程、特性或特徵的量數」。

心理測驗在甄選的應用上，實具有預測與診斷兩大作用。所謂預測，乃爲根據心理測驗的結果，顯示出受測者將來在某些工作上可能的行爲或成就。在員工甄選方面，運用心理測驗可淘汰某些不適任人員，保留那些可接受訓練，或者擔任某種工作的人員。尤其是，在大規模甄選時，由於不可能對每個應徵者作個別注意，且還要作迅速決定，則應用心理測驗最爲適當。同時，根據心理測驗尙可將每個挑選出來的人員，安排在最適合於他們能力、興趣及性格的職位上，使每個人將來都能有最大成就。

至於所謂診斷，則依據心理測驗的結果，分析應徵者的行爲特性，並發現某人可據以發展的優點，或須加以矯正的缺點。診斷與預測不同，預測著重在分析個人間的差異，或個人與某些標準間的差別；診斷則側重在個人特性上的差別，發現某人的優點或缺點，以便據以發展或矯正。

診斷與預測有很大的不同。如果某項測驗可預測某種行爲，而某人在此測驗中得分很低，此即表示某人將來在此方面的成就一定不會太高，但並不需要分析他得低分的原因。但是診斷就不同了，診斷需找出某人的何種特性在此測驗中得低分，瞭解癥結所在，就可研擬矯正方法，或確定其是否無可補救而無法擔任此方面的工作。

由於心理測驗具有預測及診斷作用，故可減少甄選與派職的費用與時間，尤其是在大規模的甄選工作中，常能增加甄選結果的正確性，並發現被忽視的人才。對於一些缺乏學經歷的人員，可根據測驗結果，來決定他們是否具有相等的知識與技能。同時，在企業界的升遷作業上，常以現有的工作成績作爲升遷的標準，很容易忽略了新工作所應具有的能力；此時，如果能利用心理測驗，常可鑑定應徵者所具有的能力是否符合新工作的要求。因此，心理測驗在晉升和調職方面甚爲有用，可避免主管的偏見或過分重年資輕能力的弊病。

六、藥物測驗

藥物測驗（drug test）是要求應徵者事先作藥物反應的檢查，以求過濾具有陽性反應者，從而淘汰不當使用藥物人員，以免僱用到可能發生問題的員工。

七、筆跡分析法

筆跡分析法（handwriting analysis）乃為依據個人的筆跡來分析其性格或特性的技術，此種方法已廣泛地應用於歐洲各國。筆跡分析的內容，包括：字體正斜、大小、輕重等的鑑別，俾求對員工性情、認知能力等人格特質做出判斷。

八、生物分析

生物分析（biadata analysis）係透過一份特殊設計的申請表格，由應徵者回答問題，並填寫個人傳記等資料，再由專業人員從自傳內容及所附資料中，來發掘其與工作成功之間的關聯性。

九、學經歷品評

當甄選員工不能或不適合舉辦考試或測驗時，可採用學經歷品評的方式。所謂學經歷品評，乃是根據應徵者所受教育或訓練與工作經驗，以鑑定其學識才能，以為取捨與否的依據。此種甄選方法，雖未具備考試形式，實具有實質考試的意義。此方式係依據應徵者所填送的申請表資料與有關證件，予以評定。此種方法可應用在高級人員或具有專門技能人員的甄選上。

十、管理才能評鑑

前述各種方法，大多偏重於非主管人員的甄選。至於主管人員可以應用管理才能評鑑法，來甄選人才。所謂管理才能評鑑，乃為「有效達成管理目標，獲致管理知識、技術、態度與遠見，所實施的有系統培訓過程」。亦即針對具有管理潛力的非主管人員，加以拔擢或甄選，隨時灌輸管理新知，磨練實際管理經驗的方法。推動的程序可分別自組織分析、業務分析、人力清查與評估、管理訓練、成果考核等循序漸進。評鑑方式可採取工作輪調、主管輔導、派任專案工作、參加委員會工作、出席有關業務會議、見習或代理主管工作或自行研讀管理書刊、參加短期管理訓練或講習、參加長期進修、參加學術團體、參觀訪問管理優越的企業機構等評鑑之。是故，管理才能評鑑爲甄選管理人才適用之。

總之，人力資源管理所使用的各種人員選取方法，可幫助人力資源管理人員有效地選取所需員工，這些方法有簡單的或複雜的，有考驗心理特質或生理反應的，有長時間觀察或短時間運作的，其可依據使用的需要和目的來選用。在員工甄選上，有時固可只使用單一的方法，但在大部分情況下，都會同時採用多種方法，以便求得更正確的選才目的。然而，不管員工甄選方法為何，其最終目的皆在期望能真正有效地達成甄選人才的目標。

晤談方法的應用

員工選用方法雖然很多，但晤談法卻是企業界最常用的方法。最主要是因晤談法可用來彌補各種測驗的不足，同時將靜態資料延伸爲動態資料。從心理的觀點言，員工甄選的主要目的，乃爲瞭解員工的人格特質，包括：情緒反應、工作動機、社會適應、語言能力等。因此，晤談法不僅應用在員工甄選上，而且也可運用於員工輔導、管理評估、態度測量、市場研究等方面。

就實質而論，晤談是主試著與應徵者之間的一種雙向溝通。透過晤談，一方面可瞭解應徵者的相關資料，例如，學經歷、經驗、個性、抱負、興趣、嗜好和家庭狀況等，以決定其學識、能力、性格是否適任某項工作，將來是否安於其位，是否有發展潛力等；其他方面，應徵者亦可瞭解組織狀況、工作性質，以促進雙方面的瞭解。

不過，在晤談過程中，由於主試者個人的經驗、性格、偏好、印象等，很容易引起評斷結果的偏差。至於應徵者有時無法適當而充分表達自己的才華，或採取僞裝和說謊的態度，以致引起晤談結果的偏誤。因此，實施晤談必須講究晤談技術。同時，須針對不同需要採取不同方法。以下將先討論晤談法的種類，然後研討晤談法的一般過程。

一、晤談法的種類

一般晤談法可分為下列幾種類型：

(一) 模型式晤談

所謂模型式晤談（patterned interview），又可稱為結構式晤談（structured interview），是一種有計畫的晤談。在晤談前將晤談內容以詳細表格列出所欲提出的問題，並將應徵者的反應記載在答案的空格上。主試者可根據資料表所列事項，逐一提出詢問；至於問題提出的先後順序，完全由晤談人員自行決定。模型式晤談的功用，主要在以具體的參考標準指導晤談者，排除主觀的見解至最低限度，所得資料可用統計方法加以整理比較，較有可靠性。惟此法很容易流於刻板，缺乏彈性，有些重要資料常無法取得。

(二) 無方向晤談

無方向晤談（nondirective interview）是指晤談的問題不受任何引導，由主試者與應徵者自由地交換意見。此種晤談方式可使應徵者顯露眞正的自我，能得到有關情緒、態度與意見上更詳細的資料。同時，可得到應徵者過去經驗、早期家庭生活、人際關係等狀況。惟有些資料可能與甄選目標沒有太大關係，加以主試者的晤談技巧不夠熟練，經驗不足時，常使晤談過程過於鬆懈，失卻重點。

(三) 多面式晤談

多面式晤談（multiple interview）或稱複式晤談，是指在同一時間內由兩個或兩個以上的主試者共同和同一應徵者晤談的方式。此種方法的效度相當高。同一應徵者可同時與一組主試者晤談，由此主試者可提出不同問題。由於每個主試者有自己一套評估，所獲資料比較豐碩而周詳。惟此法在人力、時間上耗費甚鉅，一般只用於甄選高級主管人員而已。

(四) 系列式晤談

系列式晤談（serialized interview），是指多位主試者與同一應徵者，在不同時間內的晤談方法。此種方式可使每位晤談者依一系列問題與應徵者作個別的面談，並依個人觀點提出獨立的評估。由於在系列式面談中，每位晤談者皆以標準化的評分格式對應徵者作評分，故可得到更客觀性的比較，且評分者之間沒有直接接觸而不會相互影響評分，故其信度和效度較高。惟此種方法所費人力、時間、成本更高，爲其主要缺點。

(五) 團體式晤談

團體式晤談（group interview）是由一群應徵者在同一時間與地點，就同一問題共同討論，而主試者並不參與，只在一旁觀察應徵者的行爲表現。此種討論團體的領導者，可以事前指定或相互推選。此種方法首重在應徵者相互間的活動，很容易發掘具有領導能力的應徵者，並發現其主動、應變、交誼、合群、語言能力等，對拔擢督導性或主管職位，效果甚佳。

(六) 壓力式晤談

壓力式晤談（stress interview）是有意安排壓迫情境，製造應徵者的緊張情緒，用以觀察其性格與態度。通常晤談的氣氛與壓力的情境，各有不同，在晤談進行中，主試者突然表現得具攻擊性，顯現出敵意，或對應徵者加以激怒，以觀察應徵者的應變能力。然後，再設法使氣氛恢復到原來的平靜與友誼，以恢復對方的自信，再行觀察對方的應對能力。如此可窺知應徵者的耐性、適應性、自制力與果斷力，對於一些特殊需要極端控制情緒的工作，甚有幫助。惟運用此法需於晤談結束前，設法恢復其正常情緒，並說明一切情況均爲虛構，以免發生誤解。

二、晤談的過程

晤談的實施除了需考慮應用的方法外，尚需注意其實施的過程。通常晤談可分爲下列五個階段：

(一) 晤談前的準備

晤談前的準備工作，往往是決定整個晤談成敗的關鍵。因此，晤談者必須對晤談事項作充分分析與瞭解，查明應徵職位的資格條件、工作內容、衡量因素等，以便事先決定晤談的內容。同時對應徵者的個人資料如申請書、測驗分數等加以查閱，以免晤談時重複。然後，再從工作規範與個人資料作比較分析，決定應採取的晤談方式及重點，並安排足夠的晤談時間。

(二) 安排適當氣氛

晤談場所應選擇安靜地方使人感覺自在，最好在分隔房間與應徵者個別談話，才能使雙方坦誠交談。同時，設施乾淨、光線充足而舒適，使應徵者留下良好印象。晤談態度應和善親切，但不能過度親熱，以免流於造作；或過份冷淡和公式化，才能建立和諧友善氣氛。

(三) 開始進行晤談

進行晤談時，最重要的工作是要引發應徵者的談話，及其所欲知的事項。因此，問題必須具有誘導性。一個好的晤談人員就是一個好的傾聽者，讓應徵者在晤談時間內，充分表達自己；並隨時對應徵者表現充分瞭解的表情，以促進晤談時坦誠暢言的氣氛。晤談者應儘量不使自己的偏見影響判斷，以客觀態度承認每個人都有優點和缺點，常常要求自己以證據作爲判斷的依據。在晤談進行中，要使應徵者的話題保持在有關的主題上，且在繼續發問時，給予應徵者有充分說明的機會。

此外，在同一時間最好只問一個問題，而且具備明確性；在沒有建立良好的友誼氣氛前，不宜問及高度個人（私事）的問題。當應徵者的話題扯遠時，不宜突然扭轉其話題。在態度上宜表示有興趣，注意不要受到任何干擾，不宜表示批評或不耐，或對答話表現嚴重的態度。最後，在晤談所用的語言與詞彙要適合應徵者的程度。凡此都是晤談進行時應行注意的事項。

(四) 結束晤談時機

晤談即將結束時，主試者更應態度謹慎，趁機檢視一下資料是否遺漏。同時，對應徵者作更留心的觀察，並保持自然而有禮，最好在結束前作些暗示。結束晤談時，主試者可以將工作詳情告訴應徵者，或指出將來要採取的行動。如果認爲此人可以錄用，可告知大概獲得錄用通知的時間；對於尚未決定錄用者，則應告知如果錄用，將會接獲通知。無論應徵者是否被錄用，結束時宜保持良好態度，以建立良好公共關係是大有必要的。

(五) 評估晤談結果

在晤談中或晤談後應將有價值的事項，迅速記錄下來；如此可提高晤談的可靠性與準確性。如果在晤談前先做好品評表，到時劃記，可減輕記錄的負擔。

此外，評估應徵者的優點與缺點，應根據客觀的工作需要，切勿依照自己的價值觀感評斷，才能獲致正確資料。同時，對所獲資料作判斷時，必須參考應徵者的其他資料，才能有較確切的遴選結果。

總之，成功的晤談除了要有充分的準備外，晤談人員還需具備熟練的技巧，能控制自己情緒，並具有辨識能力與洞察力，以求獲得充分資料，予以正確分析與品評，故選用合適的晤談人員，實為晤談成功與否的要件。

附註

1.請參閱吳靄書著，企業人事管理，自印，一〇二頁至 一〇四頁。林欽榮編著，人事管理，前程企管公司，一二七頁至一二九頁。

2.李茂雄著，企業界人才遴選之方法，大行出版社，六頁至七頁。

3.經濟部國營事業委員會譯印，「高級人才運用」，三九頁。

4.吳靄書著，前揭書，一一八頁至一二三頁。

5.同註二。

研究問題

1.何謂員工甄選？員工甄選宜由哪些單位或人員來做？

2.試列述五項員工甄選的來源，並說明其優劣點。

3.評定員工甄選是否有效的效標何在？試分述之。

4.何謂信度？何謂效度？兩者的關係為何？

5.何謂員工甄選程序？其應包括哪些步驟？

6.何謂筆試法？其有何優點和缺點？

7.何謂口試法？它有何優點和缺點？

8.何謂實作測驗？其可包括哪些內容？且其優點和缺點何在？

9.何謂晤談法？其優點和缺點何在？

10.何謂心理測驗？其功能為何？

11.試列舉五項近代化的員工甄選方式，並說明其意義。

12.試述晤談法的類型，並分析其優劣點。

13.試比較模型式晤談和無方向晤談的優劣點。

14.試比較多面式晤談和系列式晤談的同異、優點、缺點。

15.何謂壓力式晤談？從事此種晤談方式宜注意哪些事項？

16.試述實施晤談的步驟。

個案研究

外籍勞工的選用

同元雷射精機公司的員工，主要是從事於重機械操作的工作。直接人工對該公司而言，是相當重要的。因此，該公司對員工的甄選偏重於肯吃苦耐勞的年輕人。但今日我國的人力市場上，要找到這樣的人力已不多。

在急需人力的狀況下，該公司乃於民國八十三年中，向國民就業輔導中心辦理求才登記，而藉由人力仲介公司介紹了一批外籍勞工。然而，該公司並未直接與外勞有所接觸，在經過種種申請手續之後，僅以簡單的書面資料引進了外勞。

就在民國八十三年底，一批外籍勞工被引進了公司工作。見面的當天，公司以見面禮的方式給每位外勞陸佰元的紅包；每位外勞面露著萬分欣喜的表情，對他們來說，這陸佰元確是很多。然而。好景不常，就在工作三天之後，其中有一人逃跑了，什麼也沒說地只留下一封信，說是不習慣這裡的工作。至於到底是不習慣或是惡意潛逃，至今仍情況不明。

此外，該批外勞在公司內工作，也出現了許多問題，諸如：語言不通、酗酒、吵鬧、偷竊、傳染疾病、引發群體衝突……等，著實爲公司帶來了不少困擾。

個案問題

1.該公司在對外勞的甄選上是否周全？

2.你認爲對外籍勞工的甄選，是否能依正常程序進行？

3.該公司應如何甄選外籍勞工才適當？

第6章 任用與遷調

本章學習目標

讀者於讀過本章之後，應能瞭解：

1.任用的意義、條件和目的。
2.遷調的意義及其型態。
3.組織由外界選任人才的過程與步驟。
4.平調、升調與降調的意義、條件及其目的。
5.遷調的實施步驟。
6.良好遷調計畫的要件及其限制。
7.內升制的意義及其利弊。
8.外補制的意義及其利弊。
9.內升與外補應如何求其平衡。
10.年資制的利弊。
11.功績制的利弊。
12.年資制與功績制應如何求其平衡。

人力資源管理工作在選定員工之後，接著就是要加以任用，使其發揮工作潛能和工作效率。惟員工發展也是個人和組織所期望的，此種潛能的發展有時可透過遷調而完成。當然，員工發展也可能透過員工訓練、管理發展和生涯規劃而達成，此將於後面幾章繼續研討之。不過，純就遷調而言，其目標不外乎是在求得「人適其職、職得其人」的目的。然而，遷調有時係基於不適任之故，而將之改調至其他適當職務；有時則爲在工作能力已有了充分發揮之後，而加以升遷。基本上，遷調仍屬於任用的問題，故合併於本章討論之。

任用與遷調的意義

在人力資源管理上，員工必須經過任用，才能列管；必須遷調，才能調適組織作業的運行，以及充分發展人員的能力或潛能。因此，任用和遷調乃是人力資源管理作業的一個重要環節。廣義的任用，實包括：新進人員的任用，組織內部舊有員工的升遷、調遣與降調，故本章乃合併一起討論。惟爲求明確起見，本章所謂任用，乃概指新進人員的進用；而遷調則包括舊有員工的晉升、平調和降調等而言。今分述如下：

一、任用

所謂任用，專指新進人員的進用而言；較廣義的任用，則可包括：徵募、選任、配置等過程。易言之，任用乃爲考選合格人員，派以適當職務，擔任某種職位或工作，而冠以一定的職稱之謂；亦即在將人員配置於某個空缺的職位，或一個新設的職位上，其目的乃在求事得其人、人盡其才、才盡其用。

根據前面各章所言，人力資源管理工作首先必須審視其管理策略，然後分析與設計工作結構，進行人力資源規劃，據以甄選適當的工作人員，其目的乃在將人與事作適當的分析，俾能選任適當的人才，將之安置於適當的職位上，此即爲任用的過程。易言之，人力資源管理工作的第一步驟是先確定工作的本質，第二步驟爲確定工作的經濟價值，然後依此考選適任人員，最後把考選得來的人員安排在工作上，這就是任用。

至於任用的產生，一方面乃是因工作的需要或業務的變遷，而產生了一個新職位之故；另一方面也可能因人事的變動，致使某個職位虛懸，而需要加以遞補。不管任用問題係來自於新職位的產生或原有職位的空缺，人力資源管理工作者都必須設法自外界或內部尋求人才，加以任用。因此，廣義的任用乃為整個人事的調整，包括：任用、升遷、調遣和降調。是故，所謂升遷、調遣或降調只能說是另一種形式的任用而已。不過，嚴格地說，一般所謂的任用乃係專指新人的任用，而所謂遷調則為舊人的指派。

準此，任用的條件必須為：由於新職位的產生，或某個職位的虛懸；須經由組織首長或主管的派任；須為經過法定的程序，甄選合格的人選；須派以適當的職務；目的乃在求事得其人，人得其職，人盡其才，才盡其用[1]。

綜上觀之，所謂任用，就是組織基於工作內容的變更或業務的需要，而有了新的或空缺的職位，並經過甄選的程序，而選定合格的適任人選，由首長或主管派以適當的職務，以達成「人適其職，職得其人」的目標之過程。

二、遷調

誠如前述，遷調是另一種形式的任用，它乃係組織為順應業務、管理者、員工等的需要，而對其內部原有人員的工作之重新指派。它至少包括平調、升調和降調三種。所謂平調，是指將員工調任至同職等、同薪資的職位、工作、職稱者而言；所謂升調，是指將員工調至較高職等、薪資的職位、工作、職稱者而言；至於降調，則為將員工調任至較低職等、薪資的職位、工作、職稱者而言。此種遷調乃發生於組織業務的變遷或個人的工作表現上。亦即組織對員工的遷調，乃係為了適應業務、管理與員工個人的需要上，其目的則在強化人力運用、發揮員工潛能、提高工作情緒與增進工作效率。

遷調有時可稱之為人事異動或人事調整，在管理上亦可稱為異動管理（reshuffle management）[2]。它係指將一個人自某個職位轉移至另一個職位而言。此種職位轉移有三種基本型態，第一種是兩個職位在工作上的職責輕重難易、職稱地位等級完全相似，轉移的結果並不發生職責變化，也不影響工作者的薪給，這就是平調。第二種是職位轉移時，工作上的職責加重，職稱等級提昇，工作者的薪給隨之增加，此即為升調或晉升。第三種是職位移轉時，工作職責減輕，職稱等級下降，工作者的薪給隨之減少，這就是降調。此外，如組織有了臨時性的工作，一時找不到臨時工作人員，只有從其他職位上抽調工作人員，其職責雖改變了，但薪給不變，此為臨時調用。再者，一個人由低職位晉升至高職位，但薪給不予增加，此稱之為權宜調用或權任[3]。以上都在求人力的更佳運用與發展，期以獲得更佳的組織效果。

準此，遷調乃係指一個企業為適應業務、管理與員工需要，而對所屬員工的職務，包括：工作、職位、職稱，作有計畫的平調、升調或降調，以加強人力的有效運用與發展，一方面獲得組織的更佳利潤和效果，他方面在提高員工工作情緒，使其獲致滿足感與榮譽，以增進其工作效果。就組織而言，遷調乃在將人員安排在最具有生產性的職位上，使人盡其才，才盡其用，藉以提高工作效率，增進組織效益，促成組織成功的機會。就個人而言，遷調可帶來更高的報酬、個人的滿足與威望[4]。

外選任用

組織在職位出缺或新增時，必須自外界增補人力，或由考選初任，或由外界轉任，都必須經過一定的程序。在任用時，企業必須遴選合格人員任以職務，且使工作人員和組織開始發生權利、義務及責任關係，主管人員必須作有效的工作指引。整個任用程序可分為下列步驟：

一、提出職缺申請

當用人單位在進用人員之前，必須依人力規劃先查明有多少員額編制，即何種職務可用多少人；且必須為業務確有需要或列有預算者為限，以期所進用人員有適當業務可處理。在組織法規或員額編制表中，多有規定各單位實用人員數；申請人員時不得超過編制員額，如有超過則人力資源管理單位將不予認可。亦即各單位職位出缺或新增時，用人單位應即通知人力資源管理單位，請求舉辦招考，或就以往儲備人員中提出名單，以憑遴用。

用人單位的申請通知必須說明所缺職位、所需要人數、及其職別、地位、薪額等。人力資源管理單位於接到通知後，即按照：成績高下次序；登記先後次序；抽籤法決定次序等，將人員名單提出給用人單位。

二、分發通知到職

當職缺已確定遴用人選時，即進行分發工作。分發時可採用一職一人方

式，也可採一職多人方式，當視業務需要而定。如係一缺多人的分發，則用人單位須經由約談而選定需用人員。約談的程序，通常須以書面通知被分發人員，告之以約談時間和地點。在約談時，可簡單說明擬任職務性質與工作情況及薪給報酬等；並對受約談者的身世背景與志趣等，作進一步的瞭解。如受約談者提出問題，亦應作簡要的答覆；而後根據約談結果，由用人單位選定適當人員，並另以書面通知到職日期。如有未被選定的人員，人力資源管理單位應將約談結果運用報名書表及有關資料，保留在分發名冊中；並將已被選定人員自分發名冊中刪除。

三、引導職前訓練

當初任人員報到就職時，爲期一方面能於最短期間內即能進入狀況，免除心理恐懼，並能安心工作；另一方面使新進人員感受到主管對部屬的關愛，以提高其工作情緒，增進工作信心，實有舉辦新進人員的引導或職前訓練的必要。

如進用人員人數不多，或所處理業務非屬於高度專業或技術時，可採用引導方式使其逐次適任新職。爲期引導之有效，必須：第一、接見新進人員時的態度要自然，表示適當的關切。第二、相互介紹時，先從家常話開始，避免因陌生而感到心理緊張。第三、詳細說明本單位工作概況，所屬單位名稱、主管、屬員、同事等關係，以瞭解本單位全貌。第四、根據新進人員背景、專長及個別特性，指派最適當的工作。第五、指定辦公地點及座位時，將新進人員介紹給同事；並說明彼此的工作之相關性，以利工作上的聯繫與協調。第六、告知一切作息時間以及一般規定，應塡的各項書表、福利設施等。第七、指定工作指導人，告知其工作標準，說明工作所需資料，工具設備的使用方法，經常給予工作指導，並訓練其工作安全習慣。第八、主管人員經常查核新進人員的工作情形，如發現缺失即指導其改正，如表現進步即予嘉勉，以鼓勵其工作興趣與情緒。

至於進用人員爲數甚多，或所處理業務具有高度專業或技術時，則須以較長時間舉辦各種職前訓練，使新進人員對專業和技術有深切的瞭解，避免在工作時發生困難。有關職業訓練及其實施方法將在下章員工訓練中研討，在此先不贅述。

四、實習或試用

用人單位對新進人員可施予實習或試用。通常實習或試用期間，可為三個月或六個月，亦有多達一、二年者，其須視業務性質與員工能力而定。實習或試用的目的有三：

（一）使實習或試用人員，在正式被任用之前獲得職務上所需的實際知能與技術，並瞭解有關的工作程序與規劃。

（二）使實習或試用人員，對所服務單位的情形及內部關係等，有較詳細的瞭解。

（三）在實習或試用期間，可視察新進人員的優劣長短，以為正式任用派職時的依據或參考。

一般而言，當實習或試用期滿，應由主管人員塡具實習或試用成績考核表，經考核認為合格始予正式任用；如考核成績不合格，將延長實習或試用期間；如經延長，其成績仍不合格者，即予以停止其試用或予以解職。

五、正式派職任用

當新進人員經實習或試用成績合格或優良者，即予以正式任用。任用時，可發給派職令或任用書，以激發其積極進取，向上努力的信心與決心。新進人員一旦予以正式任用，其職務應予以保障；除非犯法並依法定程序，而加以撤職或免職者外，否則在職務上應給予永業發展的機會。這就牽涉到管理發展、動機激勵等問題。

內部遷調

員工一旦被正式任用，經過一段期間的工作之後，必成為組織編制上的人員。此時，基於工作業務的需要，或個人能力、興趣與工作表現的轉變，必然發生遷調的問題。根據本章第一節所言，遷調有三種情況：平調、升調與降調三種。由於其需要性與辦理程序各不相同，茲分項敘述如下：

一、平調

平調或稱調職，是指員工在組織中的平行調動，即未加重其職務責任，也未增加其薪給的職務調整而言。此乃係基於企業業務或員工的請求，而將員工工作做合宜的變換，使員工能人盡其才，學以致用，而提高工作效率；且在工作中，獲得更高滿足感與成就慾，使組織人力資源得以做有效運用的妥善措施。平調的情況有三：第一、與原有職務地位或層次相當職務的調動。第二、與原有職務的職責程度相當職務的調動。第三、與原有職務可支薪給幅度相當職務的調動[5]。一般而言，平調的目的乃在：

(一) 適應業務需要

組織為應付緊急任務的需要，有必要將現有人力作適當的調配。就組織目標而言，工作有輕重緩急之分，如遇業務變動而須增減原有業務，或因產品與作業項目變動，則原有員工必須予以調整，以減少勞逸不均的現象。

(二) 適應學識才能

現代組織甚為重視人員與工作的配合，也就是組織儘可能地指派適合個人學識與才能的工作。惟有如此，才能發揮個人才智，對組織作更大的貢獻。如員工所具有的學識才能，不能適應工作需要，則工作難有成就，且將浪費人力。因此，將員工調任適當工作，使其學識才能得以充分發揮，對組織或個人都將受益。

(三) 增進經驗歷練

調任員工從事多種職務，可擴大其工作面，增加實際工作經驗，讓其瞭解各方面工作的任務，不僅可以培養其工作歷練，且能促其與各方面的人員接觸，從而達成培養人才的目的。

(四) 調劑工作情趣

員工擔任同一職務過久，常產生厭煩感，故而改換工作，可以調劑其心情，培養工作情趣。且員工在新環境中工作，會有新鮮感，進而激發其對工作的開創精神，重做新的努力，懷抱新的希望。

(五) 解決人際關係

員工長久地在同一單位工作固可培養情感，惟一旦發生利害衝突，不僅個人會感覺到不愉快，且會影響整個單位的工作效率。因此，調整員工職務，有時是消弭其間衝突的有效方法。

(六) 防止弊端發生

員工在同一單位工作過久，人地過熟，常受人情困擾，致難以切實執行職務；甚或對某種業務過於熟悉，以致日久生玩，矇蔽上級，容易鑽法律漏洞，從而營私舞弊，故可定期實施平調，以預防弊端的發生。

(七) 補救考選缺失

新進人員雖經甄選程序任用，但不能保證對所任職務均能百分之百勝任，實施平調制度可彌補考選上的疏漏。

(八) 配合性向需要

員工性向若與原任職務不符，可權宜調任至與其性向相符的職務，以免影響其工作情緒與工作效率。此外，員工基於某種需要，有時以平調方式調任其他職務，也可安定其生活。

至於平調的程序，首先要瞭解員工現況，例如，員工是否勝任工作，工作成績如何，對現職是否感興趣，任現職多久，與同事相處是否和諧，所具有的學識、才能、性向與現有職務是否相符等。其次，考慮是否平調，諸如：久任現職而成績是否優良，人地是否相宜，與同事是否能作有效配合，對工作是否厭倦，學用是否相符，與組織編制是否宜作人事調整等是。再次爲研究調至何種職務，如爲增進經歷而平調，以不同職務爲原則；爲改變工作環境而平調時，所調職務應以不同單位而工作內容相同者爲原則；爲調劑工作情緒而平調時，以不同內容的職務爲原則；爲學以致用或符合性向而平調時，以符合員工專長和性向爲原則；爲配合組織編制而平調時，以業務需要爲原則。最後乃爲辦理平調，平調可由員工申請而辦理，也可由用人單位辦理；在時間上可定期辦理，也可隨時辦理。

二、升調

所謂升調，方可稱為晉升或升遷，就是將工作人員由較低職位，調升至較高的地位與職責而言。亦即員工在服務一定年限之後，經由考核而成績優良者，使其獲得較高的待遇、地位、權力，以激勵員工恪守崗位、負責盡職。它包括升等與升級。升等是指職位較大幅度的晉升，升級是指職位小幅度的晉升，這些都是可促使員工承擔更多的工作責任，並獲得加薪。通常，所謂升調，係指員工由原任職務，調任至：第一、較原任職務的地位或層次為高之職務。第二、較原任職務的職責為重之職務。第三、較原任職務可支薪給幅度為高的職務。一般而言，調升職務係基於下列需要：

(一) 拔擢優秀人才

升調的目的即在使學識才能或工作績效優異的員工有升遷的機會，可作為增進員工能力與績效的工具，並發展其技術潛力，期使對組織作更大貢獻。

(二) 鼓勵工作情緒

對學識才能及工作績效優異的員工予以升調，可鼓勵員工進修及努力工作，以提高其工作情緒與效率。

(三) 安定員工心理

企業若能依憑學識才能以及工作績效，實施升調制度，可免除員工請託、鑽營、迎逢、奔走的風氣，使員工能安心久任，從工作表現中爭取升調的機會，如此可降低員工流動率。

(四) 加強人力運用

升調制度可加強人力的充分運用，使學識才能以及績效優良的員工，擔任更繁重的工作，從而使其學識才能獲得更高度的發揮。

(五) 激發潛在能力

升調制度可吸引具有才能人士前來公司任職，且使較高才具員工，經過適當進修訓練後，在較高職務上發揮更多的潛在能力。

（六）肯定員工成就

升調制度可作爲對員工過去成就的獎賞，可鼓勵員工在現職上突破，以尋求個人能力的更進一步發揮。

（七）發揮激勵效果

升遷制度的建立，乃在確保員工在工作崗位上的公平競爭，此有助於組織的正常發展，並達成激勵員工的工作效果。

至於升調制度，是根據什麼標準來選拔人才，也就是以什麼基礎作爲晉升條件的呢？升調的合理基礎，至少應包括下列條件：具有擬予升調的資格、具有相當的年資與績效、具有相當的才能、必須經過考核或甄選、必須合於組織的要求、必須能勝任更高的職務。此外，影響升調的因素，例如，教育水準、家庭關係、人際相處能力、儀表等，都必須列爲考慮。升調制度必須確保最具成功性的人員獲得升遷機會，惟有如此組織才能保持工作效能與有效的領導。否則，一旦晉升發生錯誤，都會對組織構成嚴重的破壞性。

此外，升調的程序方面，首先要設定升調人員的資格條件，例如，學歷、經歷、才能與工作績效等的最低條件。其次，是設定升調人員的範圍，如組織單位人員的限定，職務類別的限定等，都要求其適當；如設定範圍太大，則浪費考選時間與人力；如範圍過小，則難以升調到眞正優秀的員工。第三，爲設置升調甄選委員會，其委員應包括：各單位主管、公正人士、人力資源管理專家等。第四爲決定甄選方式，包括：筆試、面試、年資或績效評分等。第五爲辦理甄選，由甄選委員會規定日期、時間、地點及甄選方式，予以甄選升調人員，並報請首長決定人選。最後由首長基於自己的判斷，決定升調人選。

升調制度固可鼓舞員工努力工作，惟有些職缺是不宜辦理甄選的，例如，組織副首長、一級單位主管、機要人員、特種技術人員等，都不可經甄選程序，而由首長逕自決定進用或調升。

三、降調

所謂降調，是一種特殊型式的調遣，即將員工重新指派至地位和薪水較低的工作崗位或工作部門而言，其中包括：削減被降調人員的薪資、地位、特權等。亦即將員工由原有職務調到：第一、較原有職務的地位或層次爲低之職務，第二、較原有職務的職責爲輕之職務。第三、較原有職務可支薪給幅度爲低的職務[6]。通常降調後的工作難度和責任都較減輕，同時降調員工職位或職務是不得已的做法，也是員工最無法控制和感覺最無奈的事[7]。一般降調多係基於下列需要：

（一）配合緊縮計畫

當組織結構因業務緊縮須裁併某些單位或員額，或因裁併部分高級職務而增列部分中低級職務時，則其主管有時非降職不可，此時只有予以降調。

（二）資格條件不符

現職員工所具資格條件，不能符合工作要求時，只有將之降調至與其資格水準相當的較低級職務，以期適應。

（三）對員工的懲罰

員工若違反規章對所處理業務犯有過失，其情況尚未嚴重到須解僱的程度，可實施降調，以作爲懲罰的措施。

（四）補救不當調派

員工若經晉升或調派到某職位工作，但經過一段試用期間，而發現其不能充分有效地執行職務或考績不良，則只有實施降調，以作爲對過去不當調派之補救。

（五）工作績效低落

現職員工在某工作崗位上，若無法勝任職務，致工作成績低落影響其工作效率時，則予以降調至其他較低職位。

（六）適應員工需要

降調的實施，有時是因個人健康不佳，無法勝任繁重的工作；有時則因個人興趣改變，志願降調以求變換工作；有時乃因希望改變工作環境或地點，而又無其他相當職務調任，乃在自願的情況下，改調至較低職務。凡此都在適應員工個人的需要。

降調多爲一般員工所不願，因此在處理上必須愼重。一般而言，除非降調是由於員工興趣改變或健康不佳的原因，由員工自行要求者爲限；否則降調措施會引起被降調員工的不滿，以致產生心理挫折感，而影響其工作情緒。蓋任何員工在組織中都有被尊重和被接納的需求。降調措施會引發員工若干防衛性行爲，諸如：抱怨、情緒混亂、效率降低、甚至辭職；嚴重者甚至會損害工作團體的士氣。是故，一般組織在人力資源管理上很少採用降調的方法，尤其是懲罰性的降職，更不是一件妥當的方法。有些管理人員不願面對降調所引起的問題，而寧可採取解僱的措施，以作爲解決問題的方法。

遷調的實施

員工一旦被任用相當期間後，基於某些原因，不免發生遷調的問題。誠如前述，遷調有平調、升調與降調三種。一般而言，降調很少實施，故本節僅限於討論平調或升調，其中尤以升調爲主。本節所擬討論的，包括：遷調計畫的實施步驟、有效遷調計畫的要件，以及遷調晉升的限制。

一、遷調計畫實施步驟

一個完整的遷調計畫，至少需包括下列三項步驟：第一步驟爲工作關係計畫。第二步驟爲選擇適當員工計畫與政策。第三步驟爲記錄與報告計畫。

(一) 工作關係計畫

遷調的實施，首先必須建立在工作關係上。所謂工作關係，就是工作與工作間的縱橫關係。工作關係計畫，就是工作間縱橫關係的一種原則與標準。有了這種縱橫關係，則員工遷調與晉升的方向就可看得出來。因此，如果一個單位人員的遷調與晉升，能依循制度或計畫行事，則每個員工都能瞭解他的工作關係，也可預料他在工作上可能的遷調與晉升。

至於工作關係計畫與工作分析有相當程度的關聯性。工作分析是決定工作關係的工具，它可提供有關工作技能、經驗、訓練、責任與環境因素等資料，從這些資料中來分析、研究工作，就能決定某項工作與其他相關工作的縱橫關係。當工作關係決定後，可用圖表顯示出來，而從圖表上就可明顯地看出某項工作可能的遷調與晉升情形。

(二)選擇適當員工計畫與政策

遷調的第二個大步驟，乃在建立適當選擇員工的計畫。當職位發生空缺時，欲行遷調或晉升那些員工，是一項很重要的步驟。對員工而言，這一步驟具有重要意義；對組織的遷調計畫而言，則是一項相當的考驗。因此，在考慮遷調或晉升員工的時候，要儘可能地選出最合格的員工，且作充分的準備，以應付一切可能發生的問題，去除歧視與偏見，力求公平合理。在企業組織中，對考績與資歷的評審，最好組織人事評斷委員會來從事，進而核定遴選名單，甚至准許員工提出申訴。

一項良好的遷調計畫，必須有適當的員工評估程序。每個員工工作數量與品質的績效，均應予以記錄，並定期加以公平評估。諸如：合作性、負責任、善與人相處、創造能力、工作努力程度等因素，都必須詳加評估，並作決定。在遷調計畫中，須有諮商或職業指導的安排，並訂定定期的人力評估發展方案。當職位發生空缺時，與主管和部屬面對面地討論員工的優點和弱點；一方面對有進取心的員工，建議其發展方向，使之追求自我充實；另一方面，從記錄資料中引述實例，查明過去未能獲得滿意遷調的人員。

一項遷調計畫在遴選遷調員工時，最好能使用諮商的方法，事先說明遷調的可能後果，使員工做心理準備，並產生深刻印象，以鼓勵其調整個人品格、學識、才能，來適應新的工作需要，達成遷調的目的。組織如在遷調之後，才與員工面談，很難得到員工的接納；因爲對遷調感到失望的員工，即使被公平的評估，總難以令他信服。因此，在實施遷調時，最好能事先與員工面談。

至於遷調所要考慮的評估項目，至少要包括：員工的工作績效、服務資歷、品德學識以及年齡體力等。遷調的目的，對企業機構而言，是在期望更有利地達成與發展企業目標；對員工個人而言，則含有獎勵與答謝的意味。因此，績效優良的員工，服務資歷深，有較多累積經驗、基本學識條件、高尚品德以及年齡體力等，均應列爲遷調晉升的考慮因素。然而上述因素的衡量，孰輕孰重，則爲必須作更進一步探討的問題。此將在第六節中作進一步研討。不過，績效、年資、學識、品德、年齡、體力諸因素的考慮，必須以企業的工作要求與當時的環境，以及工作性質、職務高低等而作適當的因應。

(三) 記錄與報告計畫

建立遷調計畫的第三個重要步驟，就是設計周詳的記錄與報告，至少要包括下列各項：

1.工作空缺預測：對工作可能的空缺作預測，可掌握一旦發生空缺時的所有狀況，諸如：可事先培植適當的遞補人員，保持組織的穩定，減少誇張晉升機會的危險，即以後者而言，如果某個員工在有意無意間，被指引走向晉升的方向，但其結果卻不能實現；此種對晉升機會的誇張，會被認爲是一種欺騙，其對組織士氣具有破壞作用。工作空缺的原則，並不是一件困難的事。只要準備員工異動率的資料，預期的生產作業，可靠的經營計畫，以及人力需求的估計，自可獲得一個正確空缺的數字。例如，一個企業的基層監督人員共有四十人，年異動率爲百分之十，則在一年當中有四個可能的監督人員空缺；同時，生產量預期增加百分之五，若因生產量增加所需空缺爲二人，則整個基層空缺將有六個。因此，就可預先培養所需的接替人員。

2.空缺報告：空缺的集中報告，是遷調或晉升程序的主體。如果所有的空缺，沒有集中通知辦理的單位，則當空缺發生時，將很難找到遞補人選，將破壞組織的秩序，並影響組織的承諾與員工的信心。爲了避免此種情況的發生，應規定所有人員的僱用，都必須透過申請的手續。而所有的僱用申請，都必須經過遷調晉升單位的會簽。惟有如此，才能使所有的空缺遞補，不致遺漏；且先從內部升調著手，一旦內部無適當人選，始行考慮外界的來源。如此，在緊急需才時，或有延誤的現象；但就長期而言，可導致士氣的提高，或減少不滿情緒的發生。

3.候選人的尋找：找尋適於遷調晉升人員的方法很多，比較適用的方法是將員工履歷表調閱，並設計遷調晉升的記錄，待遷調晉升的條件決定後，根據這些條件將適於條件的人員找出，再予以成對的比較，就可編製出候選人員名單。另外，一種由各級主管申請或建議遷調的人員，只要將申請建議的記錄保留，屆時取出候選即可。還有一種作法，就是在空缺發生時，將空缺條件於公告牌上招告徵求，在一定期間屆滿後，即行甄選；若組織內部無人應徵，則只有求之外界。

4.遷調晉升的核准與通知：遷調晉升的核准與通知，也是一個重要的程序。人力資源管理單位在找到合格人選之後，必須會簽，獲得用人單位主管的核准。如果備有候補人選，也應徵求直線主管的同意，讓他保留選擇屬員的最後決定權；且被選定遷調晉升的人員，應由其主管通知。如此，一方面可保留主管人員的權限，另一方面讓主管能爲其所賞識的部屬謀求利益。至於有關變更的通知，也要送達薪給單位、人事資料單位，以及其他需保持員工記錄的單位。

5.正式遷調與追查：良好遷調程序的最後一個步驟，就是正式遷調與追查。正式遷調乃爲就任新職。至於追查，就是校核遷調晉升後的實際效果，並調查遷調員工或主管的滿意程度，或運用非正式方式探查其他有關人員的反應。追查的方法，就是在遷調後相當期間，與遷調的員工及其主管進行面談，以決定是否需採用若干改正行動；並審察其他員工的反應，以決定是否採取某些措施，期能消除批評、嫉妒與隔閡。

二、良好遷調晉升計畫的要件

一個良好的遷調計畫，應該注意下列各點：

（一）良好的遷調計畫必須能選拔具有進取心與眞正合格的人員，蓋遷調晉升計畫的目的，乃在拔取人才，以達成對組織的目標。

（二）遷調晉升計畫必須具有鼓勵員工的作用，諸如：薪給、聲譽與權益的增加，工作環境的改良，使得被遷調晉升人員感受到眞正的實際益處。

（三）遷調晉升計畫必須經由一定的程序與組織結構，作審愼而周詳的分析、研究，首先要調查實際空缺，然後研究工作情形，以決定工作關係，並制定選擇候選人計畫，同時要有個人的記錄與報告，計畫由人力資源管理單位執行。

（四）遷調晉升計畫要能取得主管的合作，並促其樂意成全優良屬員的遷調。蓋遷調計畫的目的乃在激發員工效率，提昇其水準與品質。

（五）遷調晉升計畫要建立公正平等的信念，爭取員工對遷調晉升的信心，不因遷調晉升而影響其他員工的情緒，甚而引起懈怠的後果。

三、遷調晉升的限制

組織實施遷調晉升計畫，有某些限制如下：

（一）遷調晉升計畫的實施，必須要有足夠的空缺，才值得施行。假如企業的組織不大，或異動率極低，則制定遷調晉升計畫，將是一種時間與資源的浪費。

（二）遷調晉升計畫的施行，要避免循私不公的現象。如果遷調晉升不能免除裙帶關係，將損害其公信力。

（三）遷調晉升計畫的實施，必須針對組織的工作要求，員工需有創新的觀念，具備創造力，否則寧可自外界遴選。

（四）實施遷調晉升計畫，必須能確立工作關係。如果所有的工作均不相同，必須在實施遷調晉升之前，對擬予遷調人員進行訓練，俾能適應工作要求。

（五）遷調晉升的最大限制，就是難以對各項資格條件，例如，生產品質、工作效率、合作程度、負責態度、工作能力等作有效的衡量，且其結果又難爲人們所瞭解。

（六）遷調晉升計畫，除了以年資爲優先條件外，其他方法都很難建立客觀的標準，以致常引起爭議。

內升與外補的平衡

在人事任用上，企業中遇有職務出缺時，不外乎兩種方式：一爲內升，一爲外補。所謂內升，即爲升調或晉升，就是凡組織職位有空缺或出缺時，由在職的低級人員升任補充者。至於外補，即爲外選任用，就是凡組織職位遇有空缺或出缺時，由組織外界遴選合格人員任用之。內升與外補各有其優劣利弊，組織職缺若全由內升或外補任用，均將發生弊端，故宜予求其平衡。

一、內升制的利弊

（一）內升制的優點

組織由現職人員升調，最明顯的優點爲：

1.合理的內升制度，可鼓舞員工的工作情緒，提高其工作效率。
2.晉升制度使員工只要有良好績效表現就可晉升，自然樂意安心地工作。
3.內升使員工有上進機會，發展前途，則可鼓勵其久任，且視其職務爲終身職業，而不見異思遷。
4.升遷制度使組織業務能循序漸進，不致產生脫節現象。
5.內升可眞正地瞭解員工品德、工作精神，實現因事選材，因材施用的原則。
6.晉升人員的工作經驗豐富、技術嫻熟，比較利於處理新職。

（二）內升制的缺點

組織內所有職缺，若完全採用內升制，必發生下列缺點：

1.內升制不足以吸收卓越人才，或特別才具或較高資格的人員。
2.內升制不能增添新血輪：不易吸收新知識與新技術，並爲組織帶來保守氣氛，顯得暮氣沉沉。
3.內升制使員工多循舊規，不願改變現狀，難作突破性開展與創新。
4.內升制使原有員工，除了年齡與經驗增加外，不易提高素質，人力結構更加老化。
5.內升制使選拔範圍侷限一隅，難依廣收愼選原則，拔擢眞正理想人才。

二、外補制的利弊

(一)外補制的優點

組織自外界甄選人才,最明顯的優點為:

1.足以吸收卓越人才,為組織效力。
2.增添新血輪,引進新知識新技術,為組織帶來蓬勃朝氣。
3.外補員工較不墨守成規,會用新觀點解決老問題,利於組織內部革新與開創作風。
4.外補制可保持組織的青壯人力,常保人力結構的常新。
5.因事選材,因材施用,足收適材適所之效。

(二)外補制的缺點

組織有所缺額,若均採外補制,必將產生下列弊害:

1.員工少有晉升機會,自無法提高其工作情緒與效率。
2.外補員工不易深入瞭解業務狀況,處事易生困擾,業務較易發生脫節現象。
3.職缺均採外補制,使員工自感發展有限,必無法久於其任,難以安心工作。
4.外補員工易受原任員工的歧視或抵制,容易引發不合作的現象。

三、內升與外補的平衡

組織在任用或遷調人才時,若完全採用內升制或外補制,當有所偏頗。蓋內升制或外補制都各有其利弊得失,為求組織用人的完整,最好能維持內升與外補的平衡。至於求取平衡的方法,有時可將第一職缺外選任用,第二職缺才以現職內升;有的則在一定期間內的職缺,以一半採用外選任用,另一半採取內部升調;此兩種方法雖不失為保持內升外補的平衡方法,但卻過於刻板而缺乏彈性,很難適應組織用人的需求。

因此，求取內升與外補平衡的方法，最好從職缺之高低、職務的性質、人力的供需等角度來考慮，然後再決定到底應運用內升或外補的方式：

(一) 考慮職缺高低

一般職務可分為：高等、中等、低等三種，因此若從職缺高低的情況來看，內升或外補的運用需依下列原則：

1. 高級職務比較注重經驗，故遇有職缺宜以內升為主；如確無適當人選可升任，始考慮外補。
2. 中級職務強調學識與經驗並重，若遇有職缺宜以內升與外補並行，原則上一半內升，另一半外補。
3. 初級職務比較重視基礎，故有職缺宜以外補為主；如外補確有困難，始考慮內升。

(二) 考慮職務性質

由於職務的性質不同，其所需人才自有差異，則其任用方式當然也有所不同。其情形如下：

1. 凡職務所需學識、技能發展甚為快速的諸如：科學技術或研究的職務，其職缺以外選為主；若確無適當人選時，始考慮內升。
2. 凡職務所需法規、制度甚為定型的，如一般行政管理或法制性質的職務，其職缺宜以內升為主；如確無適當人員可資升調時，始考慮外選。

(三) 考慮人力供需

由於人力資源供需的情況不同，組織到底要採用內升制或外補制，也必須加以考慮：

1. 凡所需優秀人員，很容易從學校或社會中羅致者，其職缺宜以外選為主，以內升為輔。
2. 凡所需人才，不易從學校或社會中羅致者，則其職缺當以內升為主，以外選為輔。

總之，人事任用上的內升制或外補制，都各有其優劣利弊。人力資源管理單位在實施用人政策時，必須考慮各種可能的情況，並因應不同情況而選擇最適當的任用或遷調制度。

年資與功績的平衡

在人事任用與遷調中，另一項很重要的問題就是到底遷調的標準應以年資為準呢？還是應以功績為準？這也是值得探討的問題。本節先行分析年資制、功績制的個別利弊，然後探討其在何種情況下，宜以年資或功績為優先。

一、年資制的利弊

（一）年資制的優點

組織用人以年資為考慮因素，其優點如下：

1. 年資是決定人事優先順序的最客觀標準，以年資衡量人事既明確又簡單。顯然地，一個在企業任職達十年之久的員工，要比僅服務九年的員工具有更優先權。
2. 就人群關係而言，年資最為員工所信服。通常員工比較信服年資較久的人，認為年資較久，其經驗也較豐富。
3. 年資制度可給予員工安全的保障。一般服務年資較久的員工可享受較多的福利，也受到其他員工在地位上的確認與承認。
4. 年資制度可減少員工的異動率。由於員工有年資的保障，縱使外界有較好的工作機會，也不易輕言離職，以免失去已有的年資。故可鼓勵員工久任其職。

（二）年資制的缺點

企業組織如純以年資作為決定人事的因素，也可能產生不利的影響，其缺點如下：

1.年資常忽略了員工的功績和能力，年資久的員工並不能保證即爲具有績效的員工。因此，依年資爲任用標準，常引起爭議。
2.由於年資制度過於重視經驗，使員工耽迷於舊經驗當中，而忽略了創新的意念與作爲。
3.由於年資制度鼓勵員工久任其職，但也因此而缺乏新血輪的注入，將使組織顯得暮氣沉沉，缺乏朝氣與開創性的作風。
4.年資制度使得員工久據其位，將阻礙有能力、有才幹的人前來公司工作；且進取心強、自我發展迅速的人將裹足不前。
5.年資制無法提昇人力的素質。年資制固可鼓勵員工久任其職，惟過份安定的結果，很容易使員工喪失奮鬥的意志力，以致無法改善人力素質。

二、功績制的利弊

(一) 功績制的優點

企業組織採用功績制，具有下列優點：

1.功績制可鼓勵員工創造的精神，去引進新知識與新技術，突破現狀，克服工作上的種種障礙。
2.功績制可鼓勵員工發揮現有的工作能力與未來的潛能，以求建立優良的績效。
3.功績制依憑個人的工作能力達到升遷的目的，可避免無謂的人事紛擾，健全人事制度。
4.功績制可增進員工工作效率，員工爲爭取較好的待遇與升遷，自必努力工作，爭取更好的績效。
5.功績制可強化主管的領導，增進主管與部屬的關係；健全合理的績效制度，可使部屬信任長官，無形中增進上下的關係。

（二）功績制的缺點

企業採用功績制，具有下列缺點：

1.功績制固可作爲人事衡量的標準，但其衡量甚爲複雜，不易爲人所瞭解。

2.就人群關係而言，員工過分表現高度績效，常引起其他員工的忌恨，以致人事關係不和諧。且一般員工很難信服功績制，致功績制的實施常受到懷疑。

3.功績制使潛力平庸或安於現狀的員工，缺乏心理上的安全感，反而挫折其心智。

4.功績制有時不易建立客觀的標準，如受主管刻板印象或暈輪效應的影響，難免會存有偏見或個人的好惡，無形中破壞主管與部屬的關係。

三、年資與功績的平衡

企業遷調員工若純以年資或功績爲取捨標準，難免發生偏頗。因此，在實施遷調晉升時，必須求取兩者平衡，其應視下列情況而定：

（一）考慮工作性質

由於組織職務性質的不同，故對年資與功績的考慮也應有所不同。例如，科技性、專業性與研究性的工作，應以功績爲主，以年資爲副。又如一般性、行政性與事務性的工作，由於它不具備任何特殊的性質，故可考慮以年資爲主，以功績爲副；此外，開創性的工作，需以功績制爲主，年資制爲副；而保守性較強的工作則可以年資爲主，功績制爲副。

（二）考慮職位高低

凡職位愈高者，愈具有開創性，故宜以功績爲主，以年資爲輔；職位中等者，可考慮以年資和功績並重；職位愈低者，可考慮以年資爲主，功績爲輔。

（三）考慮升遷目的

當企業在升遷員工時，若年資相同，以有功績者爲優先；若功績相同時，以年資較長者爲優先。惟升遷職位的性質，若需具有突破性或開創性，且以升遷作爲獎賞的目的者，當以功績爲主，以年資爲輔。

(四) 考慮機構大小

一般而言，大型企業較重視年資，而小型企業較注重功績。蓋大型企業力求穩定中成長，故多以年資爲主，以功績爲輔：而小型企業力求突破與發展，故宜以功績爲主，以年資爲輔。

(五) 考慮工作要求

當工作以達成特殊任務爲優先時，可考慮以功績爲主，而以年資爲副。若工作不具任何挑戰性時，則可考慮以年資爲主，以功績爲輔。

總之，企業以年資或功績為晉升的基礎時，要依各種情況的不同而異。同時，必須考慮當時各種情境的變化，而選擇以年資或功績為升遷的標準。凡單方面以年資或功績為重的升遷制度，都可能產生副作用。因此，升遷制度必須注意年資與功績的平衡問題。

附註

1.傅肅良著，人事管理，三民書局印行，一九七頁至一九八頁。

2.廣義的人事異動包括：升遷、調職、降調、臨時解僱、辭職、免職、資遣、留職停薪、退休、死亡、離職等。狹義的人事異動又稱爲遷調，係指企業爲因應業務變動或成長，管理職能須加強以及員工需要，而又有缺額、預算等情況下，將現職人員之職務包括：工作性質、工作部門、職位、職稱，作有計畫的調升或調任等，本章即指此而言。至於退休、資遣、死亡等，則另列爲離職管理，此將於本書最後一章討論之。

3.鎭天錫著，現代企業人事管理，自印，二一三頁。

4.Michael J. Jucius, Personnel Management, Richard D. Irwin, Inc., pp. 180-181.

5.同註一，二〇八頁。

6.同註一，二一五頁。

7.Dale S. Beach, Personnel: The Management of People at Work, New York: McMillan Publishing Co., Inc., p. 362.

研究問題

1.何謂任用？廣義的任用和狹義的任用，各何所指？
2.任用的條件為何？其目的何在？
3.何謂遷調？它包括哪些情況？並分別說明之。
4.何謂異動管理？其狹義和廣義的定義各為何？
5.試述任用的程序。
6.試述職前訓練的重要性及其過程。
7.實習或試用的目的何在？
8.何謂平調？其目的何在？
9.何謂升調？其目的何在？
10.試述升調的條件及程序。
11.何謂降調？其目的何在？
12.一般組織多不常實施降調，其原因何在？
13.一般實施遷調的步驟為何？
14.良好遷調制度的要件為何？試分別說明之。
15.遷調計畫有何限制？
16.何謂內升制？它有何優劣點？
17.何謂外補制？它有何優劣點？
18.一般組織應如何求取內升制與外補制的平衡？
19.何謂年資制？它有何優劣點？
20.何謂功績制？它有何優劣點？
21.一般組織應如何求取年資制與功績制的乎衡？

個案研究

調職的反彈

達寬五金有限公司主要在銷售機械五金零件及一些消耗品。年前，由於公司決定將業務部加以擴展，以求能增加生力軍，提高營業額；且決定從現有行銷人員中，挑選一位主管。經過評估的結果，乃決定提攜曾明哲充任業務主任。曾員是一位工作努力的青年，且其業績也是最好的。

由於近來的顧客多較不穩定，其產品忠誠度低；加以同業間又削價競爭，使得行銷額日漸降低。由於行銷不易，許多新業務員在正式上線不久就離職了。當然，除了行銷上的挫折之外，最主要是對主管曾明哲的不滿。曾明哲雖然在行銷方面功力不錯，但在帶人能力方面似有不足；他不但無法在新人遭遇到困難或挫折時加以協助，甚且不太關心他們，也不會給予適當的輔導和指點。

由於公司在招募新人方面已投入了不少時間和金錢，然而卻成效不彰。爲此，公司認爲曾明哲無法達成營業的策略性目標，且他似乎不適任主管職務，乃決定將之調職。然而，此舉卻引起曾明哲的反彈，他聲稱如果眞把他調職，他將帶走公司的客戶，而引發了一場風波。

個案問題

1.你認爲公司當初對主管的評估是否正確？

2.一位績效優良的人員是否就適任主管的職務？

3.依此案例，該公司應如何解決曾明哲的調任問題？

第7章 員工訓練

本章學習目標

讀者於讀過本章之後，應能瞭解：

1.員工訓練的意義，及其與教育的區別。
2.員工訓練的功能。
3.學習的意義及基本理論。
4.學習的基本原則。
5.員工訓練的類型。
6.職外訓練與外界訓練的同異之處。
7.員工訓練的各種方法及其優、劣點。
8.員工訓練的實施步驟。
9.確定員工訓練需求及其實施對象。
10.評估訓練效果的標準與方法。

人力資源管理在從事員工任用之後，尚須對員工進行訓練。蓋人力要得到充分利用，除了須依賴員工的努力之外，尚須對員工進行技能上的訓練。一般而言，員工要做好其工作，必須依賴訓練始能具備足夠的知識與技能。雖然員工在進入組織之前，就已具有相當的知識與技術，但經過訓練才更能適應組織的工作程序與企業文化。因此，人力資源管理必須重視員工訓練，用以完成其目標。本章將討論員工訓練的意義與功能，訓練的基本理論，訓練的類型、方法與實施過程，以供作從事人力資源管理人員的參考。

訓練的意義與功能

所謂訓練，乃是針對組織內員工所實施的一種再教育。它是指企業促使員工學習與工作有關的知識與技巧，用以改進其工作績效，進而達成組織目標的人力資源管理的措施[1]。易言之，訓練是組織透過有計畫、有組織的方法，以協助員工增進其工作能力的措施。訓練的目的即在幫助員工學習正確的工作方法，增進其工作知能，改善工作績效，傳遞組織內的訊息，修正員工的工作態度，以及增進員工未來擔任更重要工作的能力。

一般而言，訓練和教育都是透過教導與學習過程去發展人力的方法。惟訓練和教育是有區別的，訓練是屬於特定的塑造，是一種比較短期實用性技能的灌輸[2]。它可幫助員工透過思想和行動，以發展適當的知識、技能和態度，促使員工的表現能達成工作的預訂目標。教育則具有廣泛性、基礎性與啓發性，著重於知識、原理與觀念的灌輸，以及思維能力的培養。教育可使人增進一般知識，瞭解周圍環境，形成健全人格，並爲個人奠定日後自我發展的基礎。因此，訓練是短期的，教育則爲長期性的工作。訓練以工作爲主，教育則以課程爲重。兩者雖同屬學習，但前者直接使工作更加精通，亦即使人更直接應用工作所需的知識與技能；後者多屬基本性，較少涉及特殊性的實用知識[3]。當然，訓練和教育的關係十分密切，兩者具有相輔相成的作用。

再者，訓練與教育都是論述有關人類學習與行爲改變的歷程。就目的來說，訓練基本上是針對特定的職務而言，始於各種組織與工作上特殊的需要，其目的在使目前或未來擔任某項工作者，能夠克盡其職責。教育則以個人目標爲主，較不考慮組織的目標；雖然吾人可設法使該兩項目標求得某種程度的一致，但教育是由個人開始著手的，其在幫助個人成長，以學習在社會上扮演多種角色。簡言之，教育以個人爲主，而訓練以組織職務爲重；前者重「人」，後者重「事」。

此外，教育乃爲期望獲得個人意欲得到的日常生活經驗，訓練則爲協助個人攫取工作上的技能。教育所涵蓋的範圍較爲廣泛，訓練所包含的範圍較爲狹窄。教育較具個人取向，訓練則較具組織取向。就組織立場而言，人力資源管理措施與改善必須有整套的訓練計畫，以提供員工增進工作知能，作爲擔任未來工作的基礎。因此，員工訓練的實施，一爲增進員工平日工作經驗，一則有賴於擬訂有系統的訓練計畫。

訓練計畫的擬訂必須基於健全的理論與有效的措施，才能幫助員工學習正確的工作方法，改進工作績效，增進員工未來擔任更重要工作的能力。訓練計畫不外乎具備下列功能：

一、傳遞組織訊息

任何訓練計畫都是爲了傳達組織內的一般訊息而設計的。組織所欲傳達的訊息包括：組織的一般狀況，組織程序、產品及勞務，以及組織的政策與目標等。

二、增進工作知能

很多訓練計畫是爲了針對員工工作知識與技能的增進而擬訂的，此類計畫可稱之爲工作傾向（job-oriented）訓練。廣義的技能不僅限於操作性的技能，並且也包括一切人際關係、監督、組織及計畫等其他活動。

三、傳授工作經驗

有些訓練計畫是爲了傳授工作的實際經驗而擬訂的。此種經驗的傳授係針對新進員工，或缺乏工作經驗的員工而設，用以培養完整的工作知能，期其對所擔任的職務能發揮最大的效能。

四、提高員工素質

有些訓練計畫的目的，乃在提高員工素質。當組織發現現實環境已有了變遷，或過去員工平均素質尚待提高，或某些員工工作表現未盡理想，此時乃可經由訓練而提高其素質。

五、修正員工態度

有些訓練計畫的內容是爲了修正員工的各種態度，例如，培養員工的積極工作態度，增強其工作動機，並提高管理者對他人反應與情感的敏感性。

六、儲備優秀人才

有些訓練計畫本身即爲了儲備優秀的管理人才而設計。一般而言，優秀的管理人才常須具備某些特殊的才能，例如，豐富的知識、社會成熟性、良好人際關係態度、整合能力、果斷力……等，這些都可透過訓練而加以培養。

七、提高生產能量

有些訓練計畫是爲了提高生產能量而設計的。蓋生產品質與數量，乃是員工有效執行工作，並表現能力與意願的直接結果。此種員工生產技能的增進，非賴充分訓練不爲功。

八、降低意外事故

有些訓練計畫是爲了灌輸員工的安全意識與培養安全觀念而設。很多意外事故的發生，乃是由於人爲的疏忽與工作程序不當所造成的。因此，適當的員工訓練，乃可降低意外災害的頻率與傷害率。

訓練的基本理論

員工訓練基本上乃是屬於一種學習的歷程，訓練的成果即係基於有效學習的結果。因此，吾人在討論員工訓練之初，必須對學習特性、理論、原則與學習遷移等問題，有概括性的瞭解。學習歷程爲實驗心理學家與教育心理學家所研究的課題，其研究結果很多可提供給工業心理學家或人力資源管理人員擬訂工業訓練的參考。

一、學習的意義及理論

人類無論在日常生活或工作中，常能運用過去經驗以適應環境；並活用此種經驗以改善當前行爲，此種因經驗的累積而導致行爲改變的歷程，心理學上即稱之爲學習。惟學習常依靠人類的感覺器官，由外界吸取刺激，再透過大腦的聯合作用與認知，而由反應器官作反應，終而達成學習的歷程。因此，學習不僅是一種不斷刺激與反應的結果，而且也是一種透過認知的選擇而來。準此，心理學家對學習的看法，常有兩種主要的解釋：一爲增強論，一爲認知論。

(一) 增強論

增強論（reinforcement theory），又稱爲刺激反應論（stimulus-response theory）或聯結論（association theory），認爲學習時行爲的改變，是刺激與反應聯結的歷程。學習是刺激與反應的關係，由習慣而形成的。亦即經由練習，使某種刺激與個體的某種反應間，建立起一種前所未有的關係。此種刺激與反應聯結的歷程，就是學習。員工訓練的目的，即在一定的刺激與可欲的反應間建立一種聯結。當然，此種刺激不只限於一個，而可能由好幾個刺激所共同構成。不過，此種增強作用是形成學習的主因。

(二) 認知論

認知論（cognitive theory）者認爲：學習時行爲的改變，是個體認知的結果。此種看法是將個體對環境中事物的認識與瞭解，視爲學習的必要條件。亦即學習是個體在環境中，對事物間關係認知的歷程，此種歷程爲領悟的結果。換言之，學習不必透過不斷地練習，而只要憑知覺經驗即可形成。因此，學習是一種認知結構（cognitive structure）的改變，增強作用不是產生學習的必要條件。是故，認知學習就是個體運用已有的經驗與認知，去思考解決問題的歷程。

以上兩種立論，似乎是對立的。事實上，人類學習行爲是相當複雜的，不可能受單一原則所支配。大體言之，較陌生或較困難的事物之學習，多依「刺激與反應」的不斷嘗試錯誤之歷程；而較熟知的問題，較易採用「認知」的領悟學習。在員工訓練上，訓練者可掌握這些原則，以求能發揮訓練效果。此外，有一種學習是可經由模仿而來的，此即爲模仿學習（modeling learn）。雖然模仿學習缺乏創造性，但在工業訓練上可用來從事產品或作業的組合之訓練。

二、學習的原則

通常學習受到很多因素的影響，致使學習效果並不一致。影響學習的因素，大致可分為三大類：一為學習材料的因素，一為學習方法的因素，一則屬於學習者個人的因素。今僅就三大因素中，與訓練效果較具關係的原則，列述如下：

(一) 學習結果的回饋

學習的第一項原則，就是學習結果必須得到反響。學習結果的回饋，不但可修正錯誤的工作行為，而且可增進學習者的學習興趣與動機，以尋求有效地解決問題。根據研究顯示：提供學習者行為的回饋愈具體，其表現在作業上的進步與速度愈快；提供行為回饋太多，反而增加學習者的負擔；有關行為的回饋，應在工作完成時立即提出，時間愈遲延，效果愈為遞減。因此，在實施員工訓練時，應隨時對訓練效果加以回饋，以加強學習，並減低學習者的厭煩感。

(二) 學習動機的激發

學習的第二項原則，就是激發個人學習動機。有動機的學習者比缺乏動機或無動機者的學習效果要好。個人的學習動機，常因人而異。一般動機可分為內在動機與外在動機，前者與工作本身有密切關係，學習者的目標與工作本身有直接關聯，個人可直接由工作中得到滿足感。後者則與工作無直接關係，工作只是一種求得另一目標的手段而已，個人可能透過工作追求生活上所需要的金錢。因此，內在動機一般比外在動機有效能，因為它提供了從事工作所獲得的樂趣。一般組織的新進人員，極少具有內在動機，故訓練者必須激發其內在動機，提供一些可用的誘因（incentives），包括：各種獎勵，良好的工作環境，和諧的人事關係，優厚的報酬，福利設施，工作安全，多讚美少責備等措施。

(三) 獎懲的適當運用

學習的第三項原則，就是對好的行為給予獎勵，對不好的行為施予懲罰。一般言之，獎勵的效果高於懲罰。嚴厲的懲罰不僅不能消除不良行為，有時反而固化不良行為，產生許多不良副作用，諸如採取敵對態度，憎惡懲罰者。不過，如果懲罰用得適當，可以得到很好的效果，但必須針對錯誤行為而發，方能收到制止的功效。

（四）學習時間的安排

學習的第四項原則，乃爲對學習時間的適度安排。一般而言，學習時制可分爲集中練習與分散練習兩種。所謂集中練習是指在某段時間內一鼓作氣，前後一貫的練習方式。分散練習則在練習時，把某段時間分爲若干段落的練習方式。根據許多實驗證明，分散練習的效果優於集中練習，且在練習一段落後，休息時間愈長，學習效果愈好。此外，休息時間的長短需視學習材料的性質而定，材料較難又較長時，學後的休息時間就需較長。

惟根據研究結果顯示，學習機械記憶式的材料與技能時，分散練習固優於集中練習；但學習較複雜或特別需要思考的問題時，學習者則必須一次採用較長時間固著在問題上，始能將問題解決。因此，就一般情形而言，若所學材料較易、學習者興趣較濃、動機較強時，以集中練習爲佳；但材料較難，較缺乏興趣以及易生疲勞的情形下，則以分散練習爲宜。

（五）學習方法的選擇

學習的第五項原則，乃爲對學習方法作適當的選擇。學習方法可分爲整體法與部分法。整體法乃爲學習者在某一段時間內，學習某種材料或技能時，對材料的整體從頭到尾一遍一遍地練習，直到全部學會爲止。若學習者將材料分爲若干段落，在第一段熟練後，再練習第二段，直到全部學完爲止，則稱之爲部分法。整體法與部分法孰優，迄無一般性原則。大體言之，有下列情況：

1. 若所學習的材料有意義、有組織，且前後連貫者，宜採用整體法；若所學的爲無意義或無組織的材料，則較宜應用部分法。
2. 用分散練習時，整體法較部分法爲適宜。
3. 學習者的智力較高，且對所學的已具有相當經驗，又材料不太長或太複雜時，較宜採用整體法；若學習者智力較低，對所學欠缺經驗，且材料較長，不易維持其興趣時，宜採用部分法。
4. 在實際學習時，初學可採用整體法；而對特別困難部分，再加強其部分學習。

其他，諸如：員工主動地積極參與，使用輔助教具，知識的活用，容易理解，不斷地重複練習，學習目標的適度性，有意義的材料，良好的作業秘訣，愉悅的學習情緒等，都有助於學習的效果。

三、學習的遷移

學習遷移涉及到一種情境中學習的知能，是否能轉移或應用到另一種情境的問題。員工訓練就是一種學習遷移的作用。工業訓練即在人爲或模擬情境中，希望其訓練成果能遷移到實際工作中，最早研究學習遷移的是心理學家桑代克（E. L. Thorndike）和伍渥斯（R. S. Woodworth），他們認爲遷移是由於兩項活動間具有共同元素所造成的結果[4]。工業訓練採用職外訓練的方式，即假定學習結果是可以遷移的，在訓練中所學得的知能可有效地運用在實際工作中。

至於遷移的程度爲何？一般而言，訓練情境與工作情境的刺激與反應完全相反，遷移量最高。當兩個情境無關時，就沒有學習遷移。若刺激相同，而反應相反，遷移量即呈現負值，呈現相反的學習遷移作用。此外，個人對訓練與工作情境的靈敏度不同，其遷移效果也有差異。通常「靈敏度」（fidelity）有物理的和心理的之分，心理的靈敏度涉及人員的操作與活動，在學習遷移上極爲重要。所謂心理靈敏度，是指訓練與實際工作情境中，在操作或活動上的相似程度，是學習遷移的關鍵因素。物理靈敏度，是指訓練與實際情境中，物理設備的相似程度。當心理靈敏度高時，物理靈敏度必然很高，可以產生滿意的學習遷移；相反地，物理靈敏度高，並不一定保證心理靈敏度必高。此乃取決於模擬情境的原則，是否與眞實的情境相同而定。

總之，員工訓練是一種學習遷移。在實施訓練過程中，必須在訓練情境與實際工作情境中建立共同的元素，並培養高度的靈敏度，才能得到良好的學習遷移，獲致優良的訓練效果。

員工訓練的類型

有效的員工訓練除了要注意學習的原則與學習遷移問題之外，尙須針對訓練需求而採用不同的訓練類型。有關訓練的種類，各家說法不一，致其分類亦甚爲分歧。本文僅按訓練計畫的觀點，分爲下列各類[5]。

一、職前訓練

職前訓練（orientation training），或稱之為始業訓練或引導訓練，其實施對象悉為新進員工。它乃為對新進員工在進入企業之前，由主管教導其認識企業的組織，所應擔任的職務，相關工作單位及其他各種有關的權利義務之一切活動。職前訓練應使新進員工瞭解該企業的產品或服務項目，以及其對社會所產生的貢獻，和個人工作績效與企業的相互關係。

就訓練目標而言，職前訓練乃在指導新進員工對組織沿革、歷史、產品、政策、程序與人員等有初步的認識，以建立員工的積極態度，並增進其工作效率。職前訓練本身的目的，就是在幫助新進員工及早適應組織，提供與工作績效有關的訊息，並建立對公司的美好印象，且緩和新進員工的焦慮情緒。是故，一般組織在招考、錄取新進員工之後，多立即於派職前施予短期的職前訓練。

二、在職訓練

多數訓練常在工作中進行，此稱之為在職訓練（on the job traininc，簡稱OJT）。此種訓練常由督導人員，或由專任輔導人員加以指導。在職訓練的方式不一，有的只是隨機加以指導，有的則非常正式而有組織，特別舉辦訓練班。通常，在職訓練依其實施目的，可分為：補充知能訓練、儲備知能訓練、管理發展訓練等。其目的在幫助員工更加認識組織，提供學習新工作知識與技能的機會，藉此發掘員工之才能，以儲備人才；或藉此加強團隊工作效率。

在職訓練的最大優點，是在實際工作情境中進行，可使訓練與實際工作密切結合。員工可藉此熟悉工作時，所必須使用的原料與機器設備等。同時，在職訓練不需要花費太多的精神去安排，也不需要額外的儀器設備；並且在學習階段，可使受訓者從事一些生產工作。它是一種主動練習，因為學習材料非常有意義，而增強了學習動機。但在職訓練若只是偶然性的缺乏組織或專業人員指導，由於沒有明顯的目標，往往收效不大，以致敷衍了事；且由初學者操作機器，常有損壞設備之虞。同時，意外事件發生的機會也較多。

三、職外訓練

有些訓練為了不影響正常作業或工人安全起見，不宜在工作中進行，而實施職外訓練。例如，對生疏的新進員工若貿然實施在職訓練，可能造成設備與原料的損壞，傷及人員或影響正常作業效率，此時較適宜施行職外訓練。所謂職外訓練（off the job training），就是在模擬的工作情境中，其設備與條件和實際工作情境極爲類似或完全相同的一種訓練。職外模擬訓練重視訓練本身的教育效果，不太重視生產量的因素。此種訓練方式，尤適用於監督或管理人員的訓練。其目的有的是在改進現職人員的工作效率，有的則在增進員工本身能力，以爲未來擔任更重要的責任。

當然，職外訓練與在職訓練可以同時進行，其目的在使受訓人員瞭解眞實的工作情況，而有實習的機會，以加強訓練效果的學習遷移。

四、外界訓練

有些訓練是委託外界機構代訓者，此稱爲外界訓練（outside training）。外界機構包括：大學，或企業學校及專業訓練機構等是。此項訓練完全視專業工作性質而定，有時亦發生學習遷移的問題。

五、其他訓練計畫

其他訓練計畫（other training program）甚多。就人員訓練而言，有些訓練是針對高級管理階層而設，稱之爲高級管理人員訓練；有些爲中級管理人員而設，稱之爲中級管理人員訓練；有些爲基層管理人員而設，稱之爲基層管理人員訓練；有些爲一般員工而設，稱之爲一般員工訓練。有些訓練爲領班工作而設，稱之爲領班訓練；有些訓練爲學徒而設，稱之爲學徒訓練。

就工作內容而言，可以冠上訓練內容的名稱，例如，安全衛生訓練，會計人員訓練，人事人員訓練，工程師訓練……等。

就職業訓練而言，可以分爲：基本訓練、升等訓練、再訓練、轉業訓練等。

總之，訓練計畫甚為複雜繁多，其類型不一而足，常因對象的不同，訓練方法與重點的差異，而有所不同。

員工訓練的方法

一般言之，員工訓練的方法與技術很多，每種方法都有其優劣點。這些方法包括：講演法、示範演練法、視聽器材輔助法、模擬儀器及訓練器材輔助法、討論法、敏感性訓練法、個案研討法、角色扮演法、管理競賽法、編序教學法、電腦輔助教學法等。茲分項說明如下：

一、講演法

講演法（lecturer）在一般訓練場合中應用最廣，在某些情形下，它是一種相當有效的訓練方法。當學習材料對受訓者而言完全新穎，或受訓者人數過多時，或講解一種新教學法時，或授課時間很有限時，或教學場地不夠大時，以及當總結一些教學材料時，採用講演法可得到適當效果。此外，講演法可降低因工作改變及其他改善，所產生的焦慮感。不過，講演法受到的批評也很多。它的最大缺點，是受訓者無法主動地參與訓練，亦即僅有教師的活動，教學的好壞無法立即獲得反響。

二、示範演練法

所謂示範演練法（demonstration），乃指由訓練者實地操作，由學習者按照實際程序學習操作的一種訓練方法。該法運用在工業訓練上，乃爲學習一種新的操作過程，或運用新的設備與工具時爲最適宜。它的最大優點，乃爲學習者可立即得到實際練習的機會，以增強學習效果。不過，如果設備與工具不足，或學習人數過多時，不易得到明顯的教學效果。

三、視聽器材輔助法

由於科技的進步，各種視聽器材如電影、幻燈片、放映機、錄影機及電視等，可幫助訓練。此種訓練法的效果，一般比其他方法爲優，可協助受訓者做有效地學習，此乃因其可吸引受訓者注意力之故。同時，視聽器材若大量廣泛地使用，價格低廉，且可重複使用，適合做爲工業訓練教材。惟視聽器材輔助法（film and T.V.）的缺點，是在放映教材時，無法給予受訓者積極參與活動的機會。不過，如能在放映後實施團體討論，則可彌補上項缺失，增強其教學效果。

四、模擬儀器及訓練器材輔助法

模擬儀器及訓練器材輔助法（simulators and training aids）主要在訓練期間，提供和工作情境相類似的物質設備，以協助訓練。採用該法訓練有的是爲了避免危險，有的是爲了節省經費，有的是爲了不影響原來的作業程序。此種訓練的價值，不在外表設備與原來機器的相似性，而是在實際操作中學會反應原則，作正確的反應，此即爲訓練學習遷移的核心所在。不過，該法的最大缺點，乃爲使用輔助器材時，會被看作爲「半玩具」的性質，以致妨礙了訓練目標。

五、討論法

討論法（conference）可提供受訓者充分討論的機會，即針對觀念及事實加以溝通，以驗證假設是否正確，俾從討論及推論中得到結論。該法應用在改進工作績效與管理發展方面，可發展員工們解決問題與決策的能力，學習一種新穎而複雜的材料，並改變員工態度。它的最大優點，即在符合心理的原則，使員工有充分而積極參與的機會，因而增強學習的效果。但討論時容易流於形式或謾罵，討論會的主持人易失去超然而客觀的立場。

六、敏感性訓練法

敏感性訓練法（sensitivity training）是根據團體動態學（Group Dynamics）的理論而設計的。該法又可稱之爲行動研究（action research）、T團體訓練（T-group training）或實驗室訓練（laboratory training），其目的乃用來訓練管理人員或發展人群關係的技巧。訓練時，將一個小團體帶離工作場地，有時由訓練者指定討論題目，有時連題目都不指定，一切由小團體作內部的交互行爲，以求瞭解他人行爲，敏感於他人的態度。整個學習及行爲改變的過程，即爲一種「解凍－轉變－重新凍結」的週期。此法的效果主要爲受訓者帶來工作上的轉變，對「個人」的幫助較大，對「組織」的貢獻較小；在改變受訓者的自我知覺，較其他訓練法爲優。但對某些受訓者則感受到許多壓力，侵害其個人隱私權。

七、個案研討法

個案研討法（case study）是以眞實或假設的問題個案提出於團體中，要求團體尋求解決問題的方法。個案研討法的程序爲：研讀個案、瞭解個案問題、尋求解決問題、提出解決方案，最後爲品評解決方案。其目的爲幫助受訓者分析問題，並發現解決問題的原則。此法的優點乃爲根據教育「做中學」（learning by doing）的原則，可鼓勵受訓者作判斷，尋求解答的方法；瞭解同一問題的不同觀點；淘汰不成熟的意見；訓練討論的方式；訓練受訓者能考慮周全而落實等。

個案研討法最適用於：當員工需要接受訓練，以分析及解決複雜問題，並作爲決策參考時；當員工需要瞭解企業的多樣性，以解釋或面臨多種方案，且員工的個性各有不同時；當要訓練員工從事實際個案歸納出原則，以運用自我問題的解決時；當組織面臨變革，需要訓練員工的自信心時。不過，當受訓人員是初學者，或不成熟未具經驗，且焦慮感高、嫉妒心強時，則不宜採用此法。

八、角色扮演法

角色扮演法（role playing）就是一種「假戲眞做」的方法，意指在假設的情境中，由參與者扮演一個假想的角色，體驗當事人的心理感受。此法主要在修正員工態度，發展良好的人際關係技巧，適宜於訓練監督、管理及銷售人員。此法的優點乃爲訓練受訓者「易地而處，爲他人設想」，體驗對方的感受以瞭解其行爲。同時，可以發現自己的錯誤，或利用別人人格上的特性而改善人際關係。惟該法的花費龐大，模擬的情景很難完全符合事實上的問題。

九、管理競賽法

管理競賽法（management games）是一種動態的訓練方法，即運用企業情境來訓練管理人員。實施時，由數人組成一組，仿照實際工作情境，做一些管理或決策，各組之間相互競爭。各組代表一家「公司」，對有關原料盤存控制、人員指派、生產管理、市場要求、勞力成本……等各項問題，各自擬訂決策與採取行動；並將決策數量化，加以公開決定勝負。此種競賽有時需數小時、數天或數月才能完成，最後由專人講評，並由各組作檢討。

此法的優點是情況逼眞，每人都有主動參與的機會。同時，對自己決策的後果可以得到反響。競賽者可把握幾個重要因素，作有效的決策。個人的注意力可集中於整個決策過程，有高瞻遠矚的目光，而不會短視。個人知道運用決策工具，例如，財務報表與統計資料，作較佳的決策。個人可自結果的反響當中，學會了決策深深地影響了一切狀況及後果。可惜到目前爲止，仍然無法證實管理競賽法是否眞能產生正性遷移的學習。不過，經由競賽以後，如果競賽情境與實際工作情境相似，在眞正面臨問題時，仍可收到事半功倍的效果。

十、編序教學法

所謂編序教學法（programmed instruction），是指將要學習的材料分成幾個單元，或幾個階段，並依難易的程度編排，由簡入繁，循序漸進。在每個階段裡，學習者必須對學習材料做反應，同時會得到回饋，以便瞭解其反應是否正確；如果反應錯誤，則必須回過頭來學習正確反應，以便進行下一個階段的學習。因此，編序教學對每個人的適應，是不相同的。

編序教學法的最大優點，是學習者可以積極地參與活動，並可立即得到反饋。其次，編序教學法平均比傳統方法爲節省訓練時間；對傳授正確的知識方面，也以編序教學法，較佳。不過，編序教學法計畫，對訓練者而言，是一件相當費時的工作，擬訂編序教學計畫的人必須受過良好的訓練。同時，編序教學法的費用頗高，要擬訂一套完整的編序教材頗不簡單。顯然地，編序教學法的主要益處，乃在於訓練效果上，尤其是在時間方面的效果。

十一、電腦輔助教學法

電腦輔助教學法（computer asisted instruction），乃是由編序教學法演變而來。電腦輔助教學法的主要好處，是在於電腦的記憶與儲存能力。由於電腦的記憶與儲存能力很大，因而可做各種編序安排，這是編序教學法所無法做到的。在目前，教育機構已大量採用電腦輔助教學法；但在人事訓練上，只有費用負擔能力較大的公司，才能使用它。也許將來，人事訓練過程非常複雜，或電腦輔助器材低廉時，即非採用電腦輔助教學不可。

總之，員工訓練的方法甚多，在實施員工訓練時，宜針對工作性質、員工層級等各項因素加以考慮，慎選訓練方法，才能得到訓練效果。

員工訓練的實施

一般員工訓練的實施，需考慮三項步驟，即確定訓練需求，選擇訓練方法，評估訓練效果。今分述如下：

一、確定訓練需求

在組織中，需要接受訓練者包括兩類人員：一是新進員工或無法勝任目前工作的員工，一是被列爲管理發展或人員發展的員工。前者即在增進對現成的工作效率，後者則爲培養員工擔任未來更重要職位的才能。此乃因現有工作能力水準與未來所需效能水準間存有差距，以致產生訓練的需求。至於現有水準與未來效能水準間的差距，則始自組織與人員的不斷變遷，以致此種差距不斷擴大。是故，訓練工作是永無休止的例行事務。訓練主管部門的主要任務，既在縮短此種差距，自必早做人才培育計畫，用以發展人才。

訓練計畫的實施，首先要考慮的是訓練需求，亦即爲什麼要辦訓練？訓練的目的，一方面在對現有員工協助其熟悉現有工作，一方面則對現有員工加以適當訓練，以發揮其未來的潛在能力。故辦理員工訓練，其訓練需求可分爲下列二大項：

（一）工作訓練需求

所謂工作訓練需求（job training needs），是指組織對目前缺乏工作經驗的員工，有實施訓練的需要而言。其目的在協助員工獲得工作上所必須的知識、技能與態度，以便在工作崗位上有好的表現。工作訓練需求所著重的是「工作分析」。訓練的內容都是依據對工作本身的研究，包括各種工作特性與職務方法的指認在內。最淺顯的例子是職務說明書。職務說明書包含各項職務要件（requirements of task）。亦即說明書上都會說明執行一項職務時，所表現的外顯活動，或各種可觀察到的活動。

根據彌勒（R. B. Miller）的看法，職務說明書上的說明，至少應該包含下列各項：引起反應的「線索」或「指示」；執行職務時，所用的「器材」或「設備」；人員的「活動」與「操作」；適當反應的「回饋」與「指示」。

此種說明書所包括的是個人在何時做何事？執行的工作內容是什麼？要使

用何種工具？採用何種方法？個人做出正確反應後，有何種結果或「回饋」？此種分析方式很適用於較簡單，有結構性的工作；但對於複雜性，沒有結構的工作，則不太適用。

因此，籃克斯（E. A. Rundquist）指出另一種描述個人職務的方法，應能指出訓練的工作與內容。他將工作層次化，把工作細分爲幾大類，再將每大類的性質加以細分。細分的程序是根據邏輯分析過程而來。工作經過層次化後，整個職務的細分圖有如一個金字塔，塔的上方爲較大的工作類別或職務性質，塔的下方則細分爲許多工作單元。一般來說，塔的層次大約有六、七層之多，此法對分析複雜多變的工作，具有不可磨滅的功能。

綜合言之，職務說明書的主要功用，乃為將各種工作加以細分，俾能指出員工需要接受那些「單元職務」的訓練，然後說明這些「單元職務」應具備何種知識與技巧，如此受訓者才能學以致用，訓練工作才有成效可言。易言之，職務說明書可說是職務與技巧和知識間的橋樑，透過這座橋樑的溝通，才能發展出適切的工作訓練課程。

（二）員工發展訓練需求

所謂員工發展訓練需求（employee developmet training needs），是指針對員工未來的工作潛能之發展，所施行的訓練而言。員工發展訓練的目的，乃在提供一些經驗給工作者，使工作者在組織內的工作績效，永遠保持最高的水準。其訓練的重點不在探求員工擔任現職的缺點，而是爲了培養員工擔任未來工作的條件，這就涉及所謂的「人員分析」。換言之，員工發展訓練，不但可達成組織的生產力目標，且可使工作者獲得工作滿足感。員工發展訓練的對象，絕大部分用來訓練管理階層，有時也可用來改變其他工作團體，例如，專業知識落後的科技專家，無法適應工作環境的閒置人員，以及年老的工作者；藉以協助他們取得新知識，適應工作環境，以及對自己工作能力的信心。

至於有關工作訓練需求方法的決定，首先要確定訓練的對象是個人或團體。如果是個人，要指出需要接受什麼訓練？如果是團體，要決定該團體需要那方面的訓練，使團體成員都接受訓練，以改進整個團體績效。其次，決定訓練需求方法的，都是來自於人們的判斷與觀察，諸如：工作者、督導人員、管理者、人事主管……等。此種個人的判斷與觀察常常失之主觀，但有時也會帶來很大的效果。此種決定訓練需求的方法很多，依據詹生（R. B. Johnson）的看法，即有卅四種方法。本文僅列兩種方法說明：

一爲列表法（checklist）。採用列表法來決定訓練的例子，如表7-1所示。該表係人事管理員觀察督導人員行爲得來的。亦即人事管理員仔細觀察督導員的行爲，將之記錄下來。表中所列督導人員無表現的項目，即爲需要實施訓練的項目。

表7-1 利用列表法決定督導員是否需要接受訓練

人事管理員記錄的項目	督導人員的表現		可能需要接受訓練
	有	無	
製作工具盤存的記錄	×		
準備新進人員的訓練列表		×	×
把不安全的機器移開	×		
檢查已修護好的用具	×		
製作工作時數記錄表	×		
定時檢查產品品質		×	×
叮嚀工人不要消耗物品		×	×
擬定工作場所佈置計畫		×	×
教導工作者學習原料成本的計算		×	×
向工作者解釋公司政策		×	×

另一爲重要事例法（critical incident technique）。此法乃爲著名訓練專家佛列（J. D. Folley）用來決定百貨公司的售貨人員，是否需要接受訓練。所謂「重要事例」乃是依照顧客對售貨人員的描述而來的。這些顧客對售貨員的描述乃係出於自願。在獲得顧客對店員的描述資料後，必須加以分析，以求指出績效好的店員與績效差的店員有何區別？如此提供訓練者一些訓練售貨員的資料，讓訓練者知道那些店員行爲是顧客喜歡的，那些行爲是應該避免的。

二、選擇訓練方法

實施員工訓練的第二個步驟，乃爲選擇訓練方法。員工訓練的目的，不外教導受訓者獲得工作知識，或如何更經濟有效地把工作做好。因此，員工訓練究竟應採用那種方法，當視各組織及訓練內容而定。有關員工訓練方法，已於前節討論過。在此，吾人擬研討受訓人員、訓練人員、與訓練方式的選擇。

(一) 受訓人員的選擇

訓練是一項投資，其成果需透過增加生產量，提高品質以及降低成本等，以獲得回收。對於不宜發展或無進取意願的人，施予訓練是無益的。因爲訓練後，不能在工作上有所表現，不僅訓練投資形成浪費，而且易形成人事包袱，故受訓人員的選拔宜愼重爲之。換言之，受訓人員需以具備某項工作動機或意願的人員爲主，最好需爲具有某項工作性向的員工，才能收到訓練的效果。

(二) 訓練人員的選擇

訓練人員可由具有某項專門學識的專家，或管理人員爲之。訓練人員的資格，至少需具備下列條件：第一、要有相關的知識、技術或態度，並能勤於研究。第二、精於教學方法，知道如何有效地去教導員工。第三、需要有教導員工的意願，富於熱誠與耐力。訓練人員可以是全時專任，甄選受過專業訓練，且具有相當學位的人員擔任；也可以是部分時間制，由教育或其他政府、企業機構借調而來；也可以在工作範圍許可內，權充教導工作的監督、幕僚、管理人員或優秀員工，凡此均需視組織狀況及工作性質而異。

(三) 訓練方式的選擇

基本的訓練方式，可分別爲正式訓練與工作中訓練。所謂正式訓練，另訂有講授、閱讀與指定一定課程作業的計畫，每一定時期內規定多少時間的課。而工作中訓練則先對員工說明所擔任的工作，在工作開始後，由有關人員加以監督或指導。至於訓練方法必須針對工作性質、種類以及組織的設備、需求狀況等條件，加以選擇，以作最適切的訓練。此已如前節所述，不再贅述。

三、評估訓練效果

實施員工訓練的最後步驟，乃爲對訓練效果的評估。一般而言，多數組織

都認爲辦理員工訓練，且已收到預期的效果。惟事實上，訓練效果是需要有系統的評價過程，才能確知。所謂評價，乃是評定訓練計畫是否能幫助員工或團體，獲得所預期的工作技能、知識和態度。訓練評價應以「受訓者」與「未受訓者」兩相比較，並對不同訓練方法的效果加以比較。

(一) 訓練評價的基礎

訓練評價應採取適當標準，並注意標準的相關性、可靠性與明確性。可用來評估訓練效果的衡量標準很多，諸如：工作的質量、操作的時間、作業的測驗及考核等是。根據卡特列羅（R. E. Catalanello）與克白萃（D. L. Kirpatrick）的看法，認爲訓練的評價標準，包括下列四項：

1.反應標準：即受訓者對訓練的反應，此種反應資料可作爲決定下次訓練計畫的參考。此種反應資料多於訓練結束後，以問卷或面談的方式取得。它包括受訓者是否喜歡訓練計畫？喜歡的程度如何？

2.學習標準：此即爲受訓者對所授內容、原則、觀念、知識、技能與態度等的學習程度。該項標準在於獲得受訓者對課程的學習方面，而不在於是否能運用所學於工作上。對於知識、內容、原則、觀念等，可以各項測驗或考試方法，加以評估。對於技能可以實作測驗評估，至於態度則可施予態度量表評估之。

3.行爲標準：此爲評估受訓者在接受訓練後，工作行爲改變的程度。有關用手操作的工作，運用有系統的觀察法，即可得到完整資料。但對複雜的工作，就得分別採用其他適當方法，例如，工作抽查、主管考核、自我評核、自我記錄等，才能得到完整的工作行爲資料。當然，上述各種方法也可綜合運用。

4.結果標準：此乃爲評估受訓者的工作行爲，是否影響到組織功能的實施，最後的結果是否已達成？這些評估範圍包括：工作效率、成本費用、生產質量、員工流動、態度改變、目標認知、業務改進等。結果標準評估的困難，乃爲如何認定這些改變是訓練成果所形成的。蓋效能的提高和經驗也有關係，工作的進步是經驗與訓練的共同作用。如果經過訓練後，工作成效有立即的改變，才能確定訓練的價值，否則很難正確地評估出訓練的成效。

上述評估標準的選擇，應按訓練目標而定，該四項標準可以共同評估，但也可個別評估。不過，共同評估時，必須注意其間的相關性。例如，一位受訓者反應良好，但可能學習不好；或者學習雖好，但無法應用到工作上；或者可能改變了工作行爲，但對組織的功能未具實效。理想上，最好對此四項標準都各自設定一個目標，予以評估。

總之，目標訂得愈精確，訓練評估也愈正確。因此，訓練評估標準，即為目標設定標準。

（二）訓練評價的方法

評價訓練的方法很多，最主要可歸爲三大類：第一種方法稱爲控制實驗法，即應用二組員工，一組爲實驗並對該組加以訓練，另一組爲控制組不加訓練，以該兩組在訓練前後所得的測量資料加以比較，以瞭解實驗組是否比控制組爲進步。第二種方法只是一個訓練組，比較測量該組在訓練前後的成績。第三種方法也是一個訓練組，但僅測量其訓練後的成績。以上三種方法以第一種最爲適當，可有效地評估訓練成果。

通常第一種訓練評價方法，可稱之爲「控制式的驗證」。它不但可比較訓練組與控制組的成績，也可比較訓練「前」「後」的表現，故可有效地評估訓練效果。假使缺乏控制組，或缺乏訓練前的資料，便很難作評價。此種方法能運用科學、實驗的技巧，來評價各種訓練方法與訓練計畫優劣。

總之，訓練效果的評價，是實施員工訓練的一環。它可促使員工訓練計畫更進步、更精確，是一種訓練計畫的「回饋」。如果訓練評價正確，可提高訓練效果，否則不但不能正確評估訓練效果，且將危害整個訓練計畫的進行。

附註

1.K. N. Wexley and G.P. Latham, Developing and Training: Human Resources in Organizations, Glenview, Ill.: Scott, Foresman, p. 3.

2.W. McGehee and P. W. Thayer, Training in Business and Industry, N. Y.: John

Wiley & Sons, Inc., 1961, p. 2.

3.吳靄書著，企業人事管理，自印，一三三頁至一三四頁。

4.C. P. Otto & O. Glaser (ed.), The Management of Training, Reading, Mass.: Addison-Wesley Publishing Co.

5.李序僧著，工業心理學，大中國圖書公司，一四四頁至一四五頁。

研究問題

1.何謂訓練？試比較其與教育的同異。

2.試述訓練的功能與目的。

3.何謂學習？基本的學習理論爲何？試分述之。

4.何謂模仿學習？它可用來從事於訓練嗎？

5.試述學習的一般原理。

6.何謂學習遷移？它如何運用在工業訓練上？

7.何謂職前訓練？它有何優劣點？

8.何謂在職訓練？它有何優劣點？

9.何謂職外訓練？它能有助於工作的訓練嗎？

10.何謂外界訓練？它與工作訓練有關嗎？

11.試就訓練對象、工作內容等，列舉訓練的類型。

12.試列舉員工訓練的方法。

13.試說明講演法的意義、優點和缺點。

14.何謂敏感性訓練法？其優點、缺點爲何？

15.何謂個案研討法？其優點和缺點何在？

16.何謂角色扮演法？其優點和缺點何在？

17.何謂管理競賽法？其優點和缺點何在？

18.何謂編序教學法？其優點和缺點何在？

19.試述員工訓練的實施步驟？

20.吾人在實施員工訓練時，應如何確定訓練要求？

21.吾人在實施員工訓練時，應如何選擇受訓人員、訓練人員和訓練方式。

22.吾人應如何評估訓練效果？其標準爲何？

個案研究

欠缺訓練的員工

最近，東聯證券股份有限公司的內部發生了幾項管理上的困擾。

首先，該公司於三月份僱請了一些新進員工，他們都是從事櫃檯和電腦輸入的工作；但到四月份爲止，由於櫃檯人員的工作知識不足，常引發與客戶的衝突，且有些客戶抱怨櫃檯人員服務態度不佳；而電腦輸入員也多次發生技術上的不熟練，而導致公司發生錯帳損失。

由於狀況頻出，公司乃召集各部門主管參加檢討會，而在會議過程中，各主管都各自袒護其部屬，以致有了意見衝突，而無法對所發生的事情研討出完善的改進辦法。

最後，該公司總經理乃提出一項決定，即所有的員工都必須隨時充實有關證券的知識，除排定每半年參加訓練課程之外，且所有員工均須參加證照考試，以取得證券服務證照。凡在三年後，未取得證照者，將予以淘汰。至於主管方面，也要求能以公司整體爲重，各項業務均須確實相互協調；而凡是本單位發生差錯，主管將負起連帶責任。

個案問題

1.你認爲該公司是否已實施職前訓練？應如何實施？

2.你認爲取得證照就能提昇服務品質嗎？何故？

3.你認爲公司是否應自行安排員工訓練計畫？

4.你認爲員工應如何加強自我的專業知識？

管理發展

第8章

本章學習目標

讀者於讀過本章之後，應能瞭解：

1. 管理發展的意義及其內容。
2. 管理發展所應包含的程序。
3. 管理職位說明書和一般工作說明書不同之處。
4. 管理職位說明書、管理程序手冊等名詞的意義。
5. 管理發展各種書表的內容。
6. 工作中發展的方法及內容。
7. 工作外發展的方法及內容。
8. 個案研究、角色扮演，企業演練、案頭作業、感受性訓練等名詞的涵義。
9. 管理發展的效益。
10. 理想的管理發展之過程及考核方法。

人力資源管理爲求能培養人才，使其能爲組織所用，必須注意管理發展的問題。管理學家杜拉克（Peter Drucker）即曾指出：若干企業似乎頗爲健全而確實充滿希望，但卻不能成長，其主要原因就是企業規模的擴展已超出高層管理能力。當企業需要一位高級管理階層時，卻缺乏這種人才，而終由創辦人把自己的事業扼殺。由此可知，管理發展對企業的重要性。凡是一位有遠見的企業家，無不重視管理發展的工作。本章將討論管理發展的意義、程序、內容、方法，以及對它作評估。

管理發展的意義

所謂管理發展，是指一種有系統地訓練與成長的程序，透過此種程序可使員工獲致有效的管理知識、技能、見識與態度，從而加以運用而言。肯茲等人（H. Koontz & O'Donnell Cyril）曾說：管理發展乃是管理者學習如何管理的過程與步驟[1]。佛蘭西（W. French）也說：管理發展乃在增進管理者現在與未來管理能力和工作績效的過程[2]。由此可知，管理發展乃是屬於管理人員的訓練，其目的即在避免管理人員的斷層。

就實質而言，管理發展實包含管理人才的培育與管理人員的自我發展兩部分。前者是由組織進行有計畫、有系統的培育，後者則由員工作自我進修與自我訓練而形成[3]。一般而言，企業的成長與管理人員的需求是一致的。管理人員的素質和表現，是企業一項最珍貴的資產。雖然管理人才可向外界羅致，但此種來源並不可靠，有時反而使本身人才被挖角。因此，爲了保障企業未來的生存與發展，最可靠的還是自行培植。是故，無論企業的大小，企業主持人都必須對管理發展投注最大的關切。

早期管理發展也稱之爲管理訓練，實則兩者仍有若干差異。蓋訓練大多是指教導新進員工工作所需的知識，而發展則含有幫助員工不斷成長的意義；甚而管理發展計畫必須建立在自我發展（self-development）的觀念上。凡是在管理發展中的員工，都必須有動機、有能力去學習，並自求發展，才會有成長可言。過去那種以教室爲主的訓練方式，已轉變爲使用各種不同的發展技術，以求適應個人的發展需要。是故，凡是能夠從工作中或工作外吸收管理知識與技巧的方法，都屬於管理發展的範疇。

此外，自我發展固爲管理發展的主要觀念，但企業欲求管理發展的有效，還必須建立一個良好的組織環境，例如，重視管理發展工作、提供管理發展設施、給予發展者適當獎賞等是。尤其是管理發展者的直屬主管，更是影響管理發展成敗的主要關鍵。他必須支持管理發展工作，建立管理發展水準，並適時地加以指導，使發展者有更大的發展餘地；同時在工作指派中指導其發展，使其獲得廣泛經驗，鍛鍊其承擔重責大任的才能與毅力。

傳統上，認爲管理只是普通常識的運用與個人經驗的累積，任何人只要略具智慧都可擔任管理工作，並在工作中學得管理之道，因此工作經驗比管理發展計畫要重要得多。實則，管理乃是一項極爲複雜的工作，它是一項專業，需要某些技能、知識和態度，才能勝任。當然，一個人也可能自經驗中學得管理技巧，但光憑經驗是不夠的，還必須輔以其他訓練方法，才能具備眞正的管理才能。是故，管理發展計畫有其存在的必要性。

管理發展既有其必要性，然而企業在辦理管理發展計畫時，必須具備正確的認識，否則將流於形式。爲了釐清管理發展的本質，應注意下列各項觀念：

一、管理發展並不等於上課

固然，課程是管理發展的一項工具，但有些流行的課程並不一定就具有價值。只有可供受訓者運用的課程，才是眞正管理發展的一部分。

二、管理發展並不是一項晉升遞補計畫

管理發展計畫是一種全面性的工作，它固可發展員工才能，從而加以晉升遞補；但其目的乃在發展管理才能。亦即管理發展的目的，是爲了未來的工作與組織發展的需要。如果發展計畫是爲了晉升遞補，則只需訓練其晉升所需知識與技能即可。何況管理發展者爲了晉升的目的，將使多數人感到沮喪與失望。

三、管理發展並不意指在氣質的變化，或員工個性的改造

企業欲改變一個已定型者的個性是不容易的。因此，管理發展的目的，不在改變一個人的氣質與個性，而是在使個人能充分發揮其能力，以期在工作上有所表現或成就。

四、管理發展的基本原則是自我發展

管理發展並不完全是企業的責任，員工個人也必須具有自我發展的欲求。不過，每位企業經理人都有責任去鼓勵個人作自我發展，並協助與指導個人作自我的努力，以接受管理發展的經驗和挑戰。

總之，管理發展的目標，一方面在使現有管理人員具有更好的管理技能，另一方面則在求充分地運用人力資源，使企業能經常獲得所需的人才，以適應企業的需要，達成企業的目標。因此，人力資源管理的主要責任就是從事管理發展，因為它是組織效能的主要因素之一。

管理發展的程序

在現代競爭激烈的社會中，管理人員的素質和表現，常決定企業的成敗，也決定企業的生存與發展。因此，管理發展理論很受到社會的重視。在某種程度上，幾乎所有的企業員工都或多或少和管理發展有相當的關聯。今日企業主和管理人員必須擬定完整的管理方案，選擇有能力的管理人才，以創造並維持組織的效能。而完整的管理方法，係基於周詳的管理發展程序，其步驟如下[4]：

一、擬定管理目標

在擬訂管理計畫之前，必須先訂定管理目標。目標是一切計畫的張本，有了管理目標，才能據以瞭解管理發展的未來趨向。同時，員工對目標有了認同，才能據以展開共同的行動。管理發展既然涉及人力資源運用，則企業內的人力資源包括各階層的管理人員，必須要和企業所欲達成的目標相互關聯。易言之，每個管理人員、每個團體、每個人都應該各有目標，而這些目標要和企業的總目標密切配合。因此，一個企業機構必須使每個員工都瞭解目標及其重要性，並成爲整個管理發展計畫的一部分。

二、擬定發展計畫

企業有了管理目標，乃可據以訂定管理計畫。目標僅說明未來管理發展的方向，而計畫則可用來說明管理發展策略、途徑以及應該如何去做。管理發展計畫應包括：多少管理職位、需有多少人才進用，以及未來管理職位所需人員的資格條件等，以為執行管理發展的張本。

三、分析工作職能

有了管理發展目標和計畫，下一步驟就是將每個人或每個職位予以確定，然後根據督導原則設置督導職位，以建立管理發展組織。在分析每項工作時，要詳細查核該項工作是否適合管理發展的目標和計畫。假如有不適合的地方，就要加以修正，並需保證人力運用的最高效率。

四、分析管理人力

在瞭解工作人員的工作後，就要找出多少人能夠擔當管理責任；還有現有多少管理人員？應該要有多少？是否能適應企業發展的長短期目標？其次，現有的管理人員都是屬於那一類那一級的？再者，管理人員的水準如何？企業要求他們的條件如何？他們有無能力從事管理工作？最後，將所需要人員加以訓練以達到所需標準，要花多少經費和多長的時間？這些問題都不容易找到正確答案，但是對所有管理人員作深入分析研究，總可得到較正確的結果，而這些都是管理發展計畫的基礎。

五、設定職位說明

管理職位說明書，是在說明管理者在從事什麼工作。本來，工作說明書大多由人力資源管理部門或專業人員來訂定，但這些說明書常與實際作業脫節，且此種說明書都以薪資管理為主。因此，管理職位說明書必須重新設定，以個人為對象，並隨時加以修正，以瞭解在職者在做什麼？通常此種說明書，包括：工作的本質和目標、工作者和其他人或部門的工作關係、工作者所需參加的活動和所擔負的任務、工作者的職權限制，以及工作者的上司衡量其盡責程度的標準。管理職位說明書，是管理發展的根本，它是對每位管理人員進用、甄選、訓練、督導、評估與持續發展的藍圖。

六、建立管理手冊

管理職位說明書，只是把工作者必須知道什麼和做什麼等，一一予以說明，其中並沒有說明應該怎麼做。因此，提供有關管理程序手冊，可增進就任者的工作知識，並幫助他把責任轉換爲實際行動。此種書面文件，對未受過完整管理訓練的新進管理人員，有應急的作用；而對已長久從事管理工作的人員，亦可作爲辨清問題的指引。

七、製作人力規範

不同的管理階層常有不同的性質，因此人力管理規範也應有所不同。有關管理人力規範必須不斷地檢討其工作內容，也應該不斷地檢討在職者所應有的特質。如此，有了管理人力規範，管理當局就可選擇眞正合適的管理人員，而免於以年資、人格或不相關的經驗等因素，來甄選管理人員。

八、進行人員甄選

有了管理人力規範，則管理人員的資格條件都有了明確的規定，在甄選管理人員時，就可查看現在管理人員是否和其工作條件符合，或是否需要甄選新的管理人員。假如企業內已有詳細的人力儲備名單，那麼要甄選所需管理人員，就比較容易辦理；否則將成爲一件極爲緊迫的事。當然，在進行管理人員甄選時，對其天賦、才智、興趣和經驗，必須作詳盡分析，才能確定每位管理人員發展的方向。

九、重視發展作業

當對管理人員做好了甄選工作後，就要重視管理發展的作業。當新進管理人員接任新職時，往往都會受到若干抵制。因此，使其感到受人歡迎是很重要的。主持管理發展人員應使新進管理人員覺得主管和同仁都很樂意與他相處，他之接受該項職位是正確的決定。同時，在始業訓練時，就應使新任管理人員瞭解其責任與企業目標或計畫的相關性，以及與其他人員間的相對關係。

十、推動管理訓練

在管理發展中很重要的一項步驟，就是對人員接任管理職位前的管理訓練，此為有效工作的重要條件。管理職位說明書可作為人員訓練的藍圖，它是以工作為重點的訓練方法和程序，教材教法應比一般性訓練為靈活。管理訓練方式至少要包括三項：即工作中訓練、自我發展訓練、研討個案訓練等。其中以啓發式的討論和個案實例研究，較有成效。此種訓練不但可幫助發現有潛力的管理人員，而且有助於減少新進管理人員都會犯的錯誤。

十一、給予適當監督

管理發展計畫的觀念，應能注入各階層管理人員的心中，惟有如此才能使管理發展有效。各階層的直接主管和新進管理人員最為接近，且對發展的好壞有巨大的影響。因此，給予適度監督，是進行管理發展有效與否的關鍵。企業必須將發展部屬的責任，加入管理職位說明書中；同時在任命一位管理人員時，應訓練他承擔這種職責；在選擇管理人員時，應重視他承擔該項職責的領導才能；且在任用後，隨時不斷地監督與注意。

十二、施行有效激勵

激勵是任何管理發展活動中不可缺少的部分。不過，大多數都將激勵的重點，放在金錢與福利方面。實則最有效的激勵，乃為滿足人們內心的需求與願望。當然，每個人的慾望都是不相同的，但對一個管理人員最好的激勵，就是使他感覺到工作有勝任感，能適合他的興趣、創造力；其次才是金錢的激勵，因為金錢也是一種地位的象徵，或高成就的代表。當一個人受到了激勵，就會產生進取心，向上力爭發展的機會，並不斷地自我發展，期為企業帶來更大的貢獻。

十三、持續管理訓練

如果新的管理發展知識有助於工作效能的提高，就應對有關人員施以訓練。現代企業很多管理發展部門，都很重視新知識方面的學術訓練，並常選派人員參加大學、社團、或顧問公司研討會等活動。這些訓練活動內容廣泛，有時或不切合特別需要，但有時可相互刺激，產生新觀念，並結合所累積的經驗，以發展管理才能。

十四、查核發展績效

查核發展績效可以管理職位說明書爲基礎，由管理人員和有關人員共同擬出對人員改進與發展的明確目標，以及達成這些目標的方法與程序。查核績效應具有建設性，含有未來的計畫，並明確劃分那些範圍可由管理人員自行發展，那些範圍需要發揮團體作用才能達成。績效查核是管理發展的最終程序，可用以瞭解管理人員工作的好壞，同時也是一項開始，由此可看出企業應從那方面發展管理人員的才能。此外，從高層管理觀點而言，績效查核可掌握企業人力資源狀態，據而訓練或發展所需要的人員。

總之，管理發展程序是相當複雜的，而且其花費不易立即從現實中得到回收。然而，管理發展卻是促動組織發展的原動力。有健全的管理發展，才能確使企業在競爭的環境中求生存與成長。因為管理發展實際上是一種生活方式，組織的高層管理人員必須將之視為一項主要職能，而努力去推展。

管理發展的內容

一家企業欲求發展，必須能選擇最優秀的人員予以升遷；同時它必須激起企業內的人員對自我發展的願望，並給予員工做最大貢獻的機會，使其願望和能力能獲得實現與成長。當個人已成爲管理人員時，必須透過眞實與完全的授權，使其發揮高度的創造力、想像力與判斷力，去完成每項工作。再者，企業必須使管理人員，建立高水準的領導，確立動態與彈性的管理制度，幫助每位管理人員能透過與員工參與的制度，激起團體的工作效率。

因此，管理發展計畫必須從考選新進管理人員時，就開始注意其未來可能的發展。且管理發展計畫的對象，應以一切在職員工爲主；只有自內部發展管理人才，才能激發高度的工作情緒。此時，考核將爲管理發展的重要課題，一切人力資源管理工作以及人事記錄，都以配合考核並運用考核結果爲要點。綜觀前述，一項完善的管理發展制度，必須建立以下各項書表，據以作爲管理發展的依據：

一、職位說明書

欲使管理人員瞭解其所負職責，首先必須有詳盡的科學化工作指示與說明。此項工作職責的說明與指示，並不是簡短或匆促的講解或會談所可以完成的，故必須由直屬主管予以擬訂，綜合而爲企業內完整的職位分類制度。

此項職位說明書（position specification），至少應包括某職位的一般性與特殊性職責，以表示該職位的管理人員工作範圍的基礎，由直屬主管加以審訂，並依工作需要而加以修正，以作爲從事管理工作人員的工作準繩及參考。其內容不僅需包括工作範圍，而且要表明其對公司貢獻的價值之大小。其意義並不在限制其工作範圍，且應容許該管理人員能在職位上充分發揮其才智。

二、職掌授權書

一個具有工作效率的企業機構，對員工間的關係以及職權，都能有明確的劃分；尤其是管理人員與其上級間的關係，更需詳爲規定。一家企業若不能充分建立授權制度，則在工作上常易發生責任不清、工作重複或職權上的衝突問題。因此，有了職掌授權書（degree of authority procedure），可以使上級對下屬授予適當的權限，此時下屬當可當機立斷，提高工作效率。此種授權項目與職能，需依公司的管理政策、過去傳統以及個人能力，而由上級與下級間個別訂定；且此種工作上的關係，需爲雙方徹底瞭解，並經過長期工作後始能認定。

一般授權的程序及限度，係與指定的工作及職位同時建立，其可分爲下列三種：第一種爲授予全部權責，得依職位規定的工作自行處理，毋須向上級請示或報告。第二種爲授予全部權責，以處理其工作，但需向上級呈報。第三種爲授予有限權力，該管理人員需將其建議呈報上級獲得許可後，始能採取行動。上列授權的項目及權責限度，由各管理人員與其上級商定，並在授權書上一一列明。企業建立了職掌授權書，當能提昇工作效率，使管理人員隨時作爲處理工作的準繩；並將副本留存人力資源管理單位，以作爲未來的參考。

三、定期績效報告

管理人員在工作當中，必須定期提出管理績效報告（managerial performance report），此即爲定期績效報告。一項周全的定期績效報告，應有適當的資料俾便統計，且各項目之間亦有相互關係。其項目應包括：生產數量、品質控制情形、員工異動、缺席率、申訴事項的多寡、意外事故的頻率、建議事項次數、及其他有關生產管制與管理工作人員工作效果資料。這些項目可依管理人員職位與責任而有所不同。

企業由於訂有定期績效報告，故能產生定期檢討作用。管理人員定期提出報告時，需提出日常工作中的要點，此有助於某些工作的嚴格要求。一個企業有了定期績效報告，可使管理人員瞭解並注意上級所交待任務，並負工作成敗之責，避免因疏忽而造成工作損害；同時可提高企業機構的工作效率。

四、工作考核書

管理發展的目標之一，就是希望管理人員的知識與能力能向上發展，這也是企業和個人共同努力的目標。欲達成此項目標，必須對管理工作績效和潛能，定期地加以考核與檢討。此種考核書和年終考績表的格式與內容，是不相同的。前者乃爲對管理人員的領導才能與努力情況加以敘述，並作綜合的考評，俾使管理人員瞭解自身的優點、缺點，以及進修的方向。且根據本考核書，可對各個員工加以分析，研訂個別訓練計畫。

工作考核書（review of serviced）的塡列，包括兩項步驟。第一個步驟，就是對工作績效與發展計畫加以分析，然後由直屬上級主管和其本人討論分析結果以及有關訓練計畫。在作分析時，先對職位說明書的內容是否適當加以討論，再將直屬主管的意見列出，並附以各種事實根據。在綜合結論中，不但需指出優點，也必須列明需加改進的地方。第二個步驟，是由直屬主管運用面談的方式，與被考核者議訂一項發展計畫的進度表，並將考核書副本送交人力資源管理部門歸入個別檔案作參考。

五、個別訓練計畫

個別訓練計畫（individual training plans）的實施，必須針對各個管理人員的需要，不具形式地做日常輔導與協助，而非僅集中在教室裡做集體講授。蓋個別訓練是管理發展中對工作分析的最終目的，且為管理發展上需與其他方法綜合推行的重要措施之一。企業若能認識個別訓練的重要性，當能善加利用各種方法，以適應管理人員個別訓練需要。此可稱之為工作中學習，亦即在工作中隨時訓練。

工作中訓練的方法，有：由直屬上級特別指導、指派在其他有關單位擔任短期工作、參加夜間補習、赴其他工廠或公司訪問考察、指派參加職業性或技術性社團的會議或研討會、對指派職位訂立長期性的職掌和計畫、參加集體訓練班、應用各種訓練教材或資料，提供其自修或閱讀。

由於訓練方式極多，且每個人的需要不同，如無預先計畫，常導致顧此失彼而難以掌握其要點之弊。因此，為使各種訓練方法有效利用，且能針對個別需要，應實施個別訓練計畫，訂定詳細進度表，並指定負責執行的人員，以與工作考核書中的訓練需要相結合，以求確實實施。如此則各管理人員將有遵行的指南，而上級主管也能針對計畫實施，以適應本公司短期與長期管理發展的需要。

六、個別檔案資料

人事檔案（personnel folder）資料的重要性，並不亞於其他資料的建立。一般企業於營業情形、成本、設備、材料，以及其他有關營運狀況資料，均製作準備記錄，但對僱用人員的記錄常未加注意。實則，今日企業的成敗，乃取決於員工的素質，故而員工個別檔案資料的建立，乃為當務之急。蓋機器設備可運用資金在短期內購得，但優秀員工則需作長期培養，即以高薪自他處挖角，也未必能與其他員工配合。因此，一個良好企業多能注重人事檔案資料，此種資料可作為員工遞補晉升的完整參考資料，並可作為個別訓練發展計畫的基礎。

一般個別人事檔案資料，應包括：工作申請書、受僱解僱記錄、試用報告書、職掌授權書、職位說明書、定期績效報告、建議書、升調情形，以及個別訓練計畫等。此種個別檔案資料，如能長期搜集，並作規律化的整理，可對全部員工的詳細學經歷以及工作成效，提供完整的參考資料。為使此種個別資料作有效利用，可將其中部分製成副本，留存有關單位參考；而將資料正本送交人力資源管理單位收存，並由人力資源管理單位繼續收集其資料，以備隨時參考之用。

總之，管理發展的最終目的，乃在使最適當的人員擔任最合適的工作，亦即所謂「人適其職，職得其人」。以上各項措施，即提供管理發展內容作詳細的記錄，以作為管理發展的依據。當然，各公司的狀況不同，其所可參採的書表可能有異，其必針對各自的需要自行設計與採用。

管理發展的方法

一般企業由於本身管理哲學與發展觀念的不同，以致其所使用的管理發展方法常有差異。大致上，管理發展的方法，可分爲兩大類：一爲工作中發展，一爲工作外發展[5]。

一、工作中發展

所謂工作中發展，是指在工作進行中直接發展員工的管理才能而言。大部分的企業喜歡運用工作中發展的方法，其原因乃爲管理發展與工作愈接近，對受訓者的激勵效果愈大。如發展訓練遠離了工作，則受訓者不容易把握發展的原則，甚而與實際工作環境脫節；何況工作外所教導的方法，也不一定適合本身的工作。因此，有人主張進行工作中發展，比較能收到實際運用的效果，且能維持長久。至於工作中發展的方法，約有下列各種：

(一) 工作授權

所謂授權（delegation），就是由上級授予下屬對工作所應負的職責，並激起部屬負起職責的意願。授權包括三種基本步驟，即：第一種爲對部屬指派職責。第二種爲對部屬授予遂行其職責的職權。第三種爲激起部屬的義務，使部屬對其主管負責，以圓滿地完成任務。不過，主管與部屬對於何種工作屬於授權範圍，屬員爲完成該項工作需要什麼職權，以及預期應獲致的成果等，均需有明確的認識。因此，在授權前，最好由上級與下屬明訂授權項目與限度；而在授權後，上級需隨時對下屬提供必要的協助，並隨時給予部屬應有的讚賞。

工作授權在管理發展領域中，是一種管理訓練。亦即訓練個人，使之學習成爲管理人員。因此，主管在對下屬授權後，應對被授權者的工作進展，始終保持聯繫，在必要時隨時指導下屬；但應避免養成下屬的依賴性。同時，主管亦應隨時充分明瞭有關工作的進行情況，以免下屬鑄成大錯；但應避免處處干涉，否則將阻礙工作的進行。

(二) 工作教導

教導（coaching）或多或少包括：經常不斷地指點、說明、批評、詢問和建議。這些都是主管用以領導或鼓勵部屬的方法。由於教導具有勉勵與協助部屬發揮更大潛能的作用，故在管理發展上甚爲重要。正確的教導應該鼓勵個人嘗試各種不同的處事方法。主管在教導中只需加以提示，而不必指出應採取什麼行動。當發現工作偏差時，主管應協助下屬發現問題所在，並啓發他去發現並矯正錯誤。

工作教導的方式很多，諮商式管理就是其中之一。所謂諮商式管理，就是主管與部屬就某些問題加以研商，以訓練部屬承擔未來的更大職責。如此，不僅主管可得到有價值的建議，而且可促使部屬基於主管立場審視問題，擴大其視野。另一種教導方式，是主管以身作則訂定較高標準，加以實現，使部屬學習，以瞭解自己對公司的責任。教導雖是一項有效的發展技術，但其成效全視主管而定。只有對自己及其部屬有信心的主管，才是一位優良的教導者。

(三) 職位輪調

職位輪調（position roation）可拓展員工的見識與視野。由於今日組織分工專業化的結果，員工只熟悉專門性工作；及其升任主管往往對所負責部門的各項管理職掌所知有限。因此，實施職位輪調，可提供員工學習機會，並擴大工作經驗。

有計畫的職位輪調，具有下列優點：

1.可提供廣泛的工作背景。
2.可在實際工作中磨練員工。
3.可促進員工的學習精神。
4.可體認他人的問題和觀點，有助於合作態度的加強。

惟其缺點爲：

1.剛輪調時，工作生疏，影響生產效率。
2.時常輪調，使員工心存敷衍或不願負責。
3.調任時間過短，未能眞正取得工作經驗。
4.接受輪調人員，易被視爲內定晉升候選人，受到排擠，影響員工情感。

由於職位輪調有上述缺點，故在管理發展上應注意這些問題的存在。

（四）特別指派

當企業內有非經常性的工作，可特別指定具有抱負，或需拓展其經驗，或需加以考驗的員工去做。如參加某些特別會議，分析或研究某些實際問題，或對組織營運提出研究報告等。這些任務可附加在正規工作上，而成爲額外任務；也可讓其放開其他工作，而專責處理此類任務。此種特別指派（special assignment），不僅有助於工作的完成，也是一種有價值的管理發展技術。

（五）任務小組

特殊任務不一定只指派給個人，也可以指派給一個小組，此即所謂的工作小組（task force）或委員會。此種工作小組所處理的問題，多爲涉及部門與部門間的關係。在選擇工作小組成員時，應自各不同部門或單位中平均推選。由於成員背景的不同，使一起工作的小組成員都能獲得彼此經驗，不僅學習尊重別人才能，而且因工作密切合作而培養出情感，使部門與部門間的聯繫更爲順利。因此，任務小組的指派，不僅具有管理發展方面訓練與考驗的意義，而且更使小組成員相互砌磋學習，而有助於企業的發展。

（六）複式管理

由於任務小組多爲臨時性質，係爲解決某項特殊問題而設立。故而有些公司乃建立複式管理（multiple management）制度，爲經常性組織。此類組織並不賦予任何行動的權力，其職掌只限於調查、分析、建議，所完成的報告可提出於業務單位。由於各委員在該管理制度下，所面臨的問題比其在工作崗位上的要廣泛得多，以致他們有機會獲得許多可貴的經驗，並發展其才能。故複式管理制度可視爲管理發展的方法。

（七）接替計畫

接替計畫（under-study plan），就是在高級主管之下，指派一名副手協助主管工作。這個副手除了其本身正規工作外，還要分出一部分時間去瞭解或代行主管職務。一旦主管出缺或離職，此副手就是計畫的接替人。因此，這種接替計畫就是含有資淺管理人員向高級主管學習的意義。不過，此種接替計畫的缺點，就是接替訓練的人員自視爲晉升，而一旦長久未實現，將造成失望或怨恨；在另一方面，由於同事間的忌妒，常破壞人際間的情感，引起人事紛擾。是故，目前企業界很少採用接替訓練計畫，多以輪調或休假代理方式行之。

（八）研讀資料

研讀書面資料（written materials），也有助於管理才能的發展。這些資料包括：專業性的書刊雜誌、有關公司事務的報告、管理人員所作的談話記錄、管理文粹摘要、會議記錄等。在良好的發展氣氛下，組織成員將這些資料加以討論，常會形成新的計畫或改進意見。

二、工作外發展

工作中發展雖然可以培植管理人員，但僅用工作中發展方法，很難滿足管理發展的全部需求。因此，工作外發展方法乃成爲必要。當然，工作外發展可由外界訓練機構或大學主辦，也可由公司自行籌備。一般而言，工作外發展多以舉辦訓練課程的方式進行。目前企業界最常使用的工作外管理發展方法，乃爲參加短期管理訓練或講習。其方法如下：

（一）講解法

講解法（lecture）是最古老、最基本的教學方法，也是使用最廣的教學法。目前企業在實施各項訓練時，多運用講解法，此乃因受限於受訓人數過多，教學資源不足，或訓練時間不很充裕，則捨講解法別無他途。因此，講解法可說是最經濟有效的方法。

講解法的缺點是在將知識作機械式的灌輸，學員處於被動的地位，其是否已接受了知識，講師很難瞭解。因此，講解法完全是一種講授知識的方法，並不適用於技能訓練，也不適宜於用作促進行爲或改變態度方面的教學，而後者尤爲管理發展的重要課題。惟講解法在各種訓練方法中，依然占有非常重要的地位。

講解法若經過縝密的規劃，加上講授者有充分準備和學員的專注，亦不失爲良好的方法；至少它能獲致傳達知識的效果，且具有若干啓發的作用。

(二) 討論法

講解法對知識的傳授來自於講授者，而討論法（discussion）對知識的傳達則來自於小組成員相激相盪的結果。因此，討論法在於確認成員間彼此的相互學習，指導者的主要任務只在將討論的內容加以組合，使個人在受訓期間均能提供最大的智慧與貢獻。討論法的目的著重於增加學員的知識和能力，與改變學員的態度。學員在討論中，可探討問題，並提出解決問題的方法。

企業要使討論法發揮良好訓練效果，必須在事前有縝密的思考和策劃。由於討論問題時，往往會得到超越訓練的眞正目標，故要考慮如何維持討論的進行，並保持逸趣橫生，並有建設性的發言。一般性的集體討論，應包括各種經驗的人員，使所有成員都能接觸到各種不同的思想和觀點，以擴大成員間的見識。至於專題討論則可選派同一專業領域的專家，以求得到更高深的專業知識。

此外，討論法可訓練成員主動的發言，並促進學習效果；且此種知識的增進，來自於同濟的工作經驗，可能比講解法更易爲人所接受。又討論對於鍛鍊口才和合理的思想方面，頗有助益。這些都是管理人員所應具備的才能。不過，成功的討論必須具備：第一、事前周詳的策劃。第二、參加人員必須爲有經驗的人員。第三、參加者是肯用心投注的，否則討論便流於閒談，而無法得到眞正的效果與目標。

(三) 個案研究

管理訓練的首要目標，就是在改進主管的工作能力，使他們能夠作明智的決策。個案研究法在本質上，就是爲了達成上述目標。因此，個案研究法乃是一種極爲有效的訓練方法。管理訓練使用個案研究，可以幫助學員學習現代企業實務，使其熟練而能運用自如，培養分析解決問題的能力。

所謂個案研究法（case study），就是從管理實務中收集有關的事實資料，然後予以編撰成個案報告，讓每個學員研究個案內容後，大家集合在一起討論分析；並由每個人從個案的各方面提出問題，或提出對問題的解決辦法，並舉出證據，以支持其理由。個案討論時，領導人必須鼓勵發言，使辯論能繼續進行。由於個案並沒有正確的答案，故領導人無需加以綜合，或引向某一個結論。

個案研究可訓練學員運用思想，來練習蒐集所需資料；並養成多方面思考的習慣，面對問題作全盤性的考慮。此外，它也有助於訓練表達意見和爲他人設身處地著想的能力，同時因個案材料取自實際情況，對管理人員也深具吸引力，而引發研討的興趣。但個案研究法的缺點，是案例編撰費時費力，對未受過這種訓練的人，很容易感到沮喪。

(四) 企業演練

企業演練（business game）就是由一個小組模擬一家公司的有關情況，例如，財務狀況、生產情形與市場狀況等，並分派各個學員扮演不同的管理角色，有的擔任推銷工作，有的擔任生產角色……等，依此而「經營」某家公司，一面作決策，一面採取行動，以獲得利益爲訓練目標。此種訓練必須假設與其他公司發生競爭，一再地分析結果採取行動，一直到達成目標爲止。

企業演練和個案研究一樣，必須模擬眞實情況，並考慮各種情況的諸多因素，然後採取進一步的分析與行動。從技術上來說，它是一種具有驅動力的訓練方法，模擬眞實情況不僅在強化學員的組織能力，使其承擔管理重責，以處理有關問題；而且可幫助學員學以致用，增強學習效果，有助於主管人員發展多方面的管理才能。同時，該法可作爲評估學員工作潛能與工作績效的工具。惟其缺點，僅適用於「事」方面的演習，忽略了「人」的變數；且企業演練僅能提供一種生動的學習經驗，不能依靠演練去傳授新的知識。

(五) 案頭作業

案頭作業（in-basket exercise）是衡量主管行政才能所發展出來的模擬方法。所謂案頭作業，就是在主管人員辦公桌置兩個文件籃，一個用以收文，一個供作發文，用以觀察主管人員處理文件的能力。此種演練乃用以模擬主管人員每日處理工作的情況。在開始演練前，要向參加者說明演練的性質，並模擬公司的情況，諸如：組織、財務報表、產品性質與種類、工作說明書或其他人員的個性等資料。此時參加者以此爲背景，在一定時間內處理完那些複雜紛亂的文件資料；然後舉行評判會議，由大家相互比較處理的方式以及所作的決定。

案頭作業演練，可使受訓者徹底瞭解眞實生活的各種問題與解決方法。由於它模擬眞實情況，可使受訓者獲得應用原則與磨練技巧的機會，有益於發展人員對工作的態度。惟此種訓練必須要有眞實感，教材的編撰需愼重其事，場所設

備必須作特殊的安排。

(六) 感受訓練

感受訓練(sensitivity training),又稱爲T小組訓練法(T-Group Training)。在基本上,它是在使學員能夠省察自己對他人或他人對自己的反應,從而增進對人對己的警覺性。訓練時,將學員編爲幾個小組,每個小組都無固定的討論題目,也無明確的領導人。在開始時,常常遭遇到尷尬的場面,由於參加受訓者可自由發言,成員間可感受到彼此的情感反應,而導致自我的省察,逐漸地體會到別人對自己的感受與自己對他人的感受。

一般而言,感受性訓練乃用在人群關係與組織發展的訓練上面。在管理發展上,它適用於增進自我的省察能力,這是一種特殊的訓練方法。惟感受性訓練相當費時費事,其效果很難作明確的評估。

(七) 現場研究

現場研究(field study)也是一種廣被採用的訓練方法。訓練時,必須選擇一家具有引人注意條件的公司,再組團前往參觀。在參觀前,事先將該公司的有關資料與問題,作妥善的研究規劃,俾能屆時提出適當的問題。待到了現場作實際參觀後,再與現場的最高管理人員會晤,並提出問題;然後,參與人員還必須共同討論,擬就研究報告,並與該公司負責人先作討論,經其同意後定稿。

此種訓練是藉著妥善規劃的旅行,參觀某特定公司,以瞭解其優點和缺點,作爲改善學員本身經營業務的參考依據。不過,這種研究必須事先有妥當的準備,依照計畫規定實施,愼重撰寫研究報告,並作細節的討論,才會有所價值;否則走馬看花式的參觀,其價值將極爲有限。

管理發展的評估

管理發展在今日管理範疇中,已很受重視。各種發展計畫日益增加,惟管理發展計畫是否有價值,必須作評估。不過,管理發展計畫不能利用金錢來衡量它的價值,且無法以成本來計算。因爲它牽涉到非常複雜的因素,以致很難判斷它的價值。因此,要評估管理發展的價值,只有限定於某些定點上。本節只討論管理發展的效益、管理發展的過程,以及管理發展的考核等三項。

一、管理發展的效益

管理發展是長期性的工作，且很難運用統計數字來表示發展計畫的績效，惟管理發展至少具有下列效益：

（一）協助組織培養人才，發展員工的工作潛能。
（二）能使主管和部屬預估工作成績，並作最佳的瞭解。
（三）可促進主管和部屬間的意見交流，經常作非正式的交談。
（四）使更多的主管瞭解一部分部屬的弱點，乃是由於監督不良所造成的。
（五）在執行工作時，如非某部門所能解決的問題，可促使更高階層來瞭解，並加以解決。
（六）許多平常被疏忽的員工，可得到應有升遷的機會。
（七）使各級主管有更佳考核和發展部屬能力的機會。
（八）可改善直線人員與幕僚人員間的關係。
（九）可改善不勝任工作人員的調動。
（十）加重各級主管幫助部屬發展的責任。
（十一）使資格不合的人不能得到升遷。
（十二）促進各部門間人員的升任與調動。
（十三）可以發現有才能的人，作合理的升遷。
（十四）可發現不良的經辦訓練人員，並加以淘汰。
（十五）可建立更佳的人力資源管理政策。
（十六）可發現才職不相稱的人，儘早予以調整職位。

總之，企業必須隨時注意管理發展計畫，而發展計畫的長期目標乃在發展人才，它是一個相當緩慢的過程，不是一蹴可幾的。一個優良的管理發展計畫，必須要有正確的目的和觀念，再講求有效的方法，才能使管理發展獲致成功。

二、管理發展的過程

管理發展計畫有相當多的效益，惟此有賴發展過程的運用。一個理想的管理發展過程，必須注意下列事項：

（一）管理發展計畫必須要依照企業本身管理發展計畫的目的而設計，切不可抄襲其他公司的發展計畫。蓋各公司的業務狀況與環境均不相同，某公司的發展計畫並不完全適用於其他公司。

（二）管理發展計畫要有秩序、合邏輯地去計畫、執行和控制其人力的運用，應避免過分呆板，而產生偏差或失去彈性。例如，員工的升遷必須考慮其才識、能力、經驗等，作彈性的因應。

（三）直屬主管考核部屬後，其上級主管應避免再與被考核人面試。如果認為直屬主管的考核不正確，應該責成直屬主管改正，不應不信任直屬主管，而與其屬員作越級的面談考核。

（四）企業主持人必須支持管理發展計畫，或親自參與發展計畫的執行。企業主持人若不能參與其事，或不加以重視和支持，將使管理發展計畫失敗。惟有加以重視，或親自參與，才能使管理發展計畫圓滿地執行。

三、管理發展的考核

管理發展計畫成敗的關鍵因素之一，乃為管理考核是否準確和公正。要做到這一點，則在實施管理考核時必須注意下列各點：

（一）考量各項考核內容

以往管理發展考核，只注重個人工作成績、能力、個性，認為這些是構成主管人員的要素。實則，但憑工作成績、能力與個性來考核員工，所得效果極其有限。因此，管理發展考核必須綜合分析員工的各方面條件，並配合工作性質與環境，才能得到正確的結果。

（二）實施客觀考核方法

管理發展考核不同於一般考核，故宜組成考核小組或委員會，來實施考核。至少可由各直屬主管對部屬作考核，然後移交考核小組或委員會來分析比較，以消除偏差，期能獲得更正確的結果。例如，分析員工的全部工作情況，總比單考核某項特性更爲完善。因此，考核時可參酌各項情況，如屬員擔任什麼工作？此種工作是否經過組合？屬員是否知道工作要求？屬員需以何種方法表現工作績效？如何自我要求改進？直屬主管是否應該幫助他？公司可以採取什麼措施？

(三) 建立自我發展觀念

管理發展的主要目標，乃爲要求員工的自我發展。因此，眞正的管理發展考核，必須要求員工作自我發展。員工有責任分析自己的工作成績，並建立自我發展計畫，期以改進管理效能。

(四) 訂定發展考核目標

管理發展考核的目標之一，就是希望員工能自行訂定發展計畫。首先，企業可採用自我考核法，或稱爲雙重考核法，就是由員工自己和其主管分別考核其工作，然後比較結果，再根據考核結果，由員工自行訂定發展計畫。另外，也可實施預定目標法，即由主管和員工在年度開始時，共同訂定一年的工作目標，到年終時再共同檢討所完成的工作，與原訂目標相比較，從而決定下一年度的工作目標。此種由員工參與考核的特點，就是員工自我發展，自我考核，主動採取發展措施。

總之，管理發展的評估頗不簡單，且其為長期性的工作。由於管理發展牽涉到許多複雜的因素與技術，以致常為許多企業所忽略。實則，管理發展工作常影響整個企業的發展，企業主持人與人力資源管理單位絕不能忽視它的存在。

附註

1.H. Koontz and O'Donnell Cyril, Principles of Management: An Analysis of Management Function, N.Y.: McGraw-Hill Book Co., pp. 471-472.

2.W. French, The Personnel Management Process, Boston: Houghton Miffin Co., pp. 494.
3.吳靄書著，人事管理，自印，一六〇頁至一六二頁。
4.鎮天錫著。現代企業人事管理，自印，四一二頁至四一八頁。
5.同註三，一六三頁至一七六頁。

研究問題

1.何謂管理發展？它包括那些項目？且何以企業的成長與管理人才的需求是一致的？試分別說明之。
2.管理發展是否即爲管理訓練？試申論之。
3.有人認爲管理是一項專業，故要重視管理發展。你是否同意？試申論之。
4.以管理發展的本質而言，企業辦理管理發展計畫應有哪些認識與觀念？
5.完整的管理發展程序應具備那些步驟？試說明之。
6.管理職位說明書與一般工作說明書有何不同？又管理職位說明書與管理程序手冊有何差異？試分別比較之。
7.試舉五種可以說明管理發展內容的書表，並述其內容。
8.何謂工作中發展？何以大部分企業喜歡採用工作中發展的方法？
9.試舉五種工作中發展的方法，並述其內容。
10.何謂接替計畫？何以目前企業界很少採用接替計畫？
11.在工作外發展方法中，講解法何以受到企業界的重視？其優、劣點何在？
12.試解釋下列各名詞：個案研究、角色扮演、企業演練、案頭作業、感受訓練。
13.試述管理發展的效益。
14.一個理想的管理發展過程，應注意那些事項？試說明之。
15.一家企業應如何做好管理發展考核工作？試述之。

個案研究

員工的自我發展

北山人壽保險股份有限公司成立於民國五十二年七月，並於五十九年改組為僑資保險公司，由國際保險鉅子朱先生出任董事長，並獲美國國際保險集團協助，成為國內最具專業化的壽險公司。

近年來，由於國內經濟的高度成長，國人所欲追求的已不僅限於物質層面，更重要的乃希望能確保未來生活的遠景。該公司六合營業處為了達成高度專業化水準要求，處經理鍾先生乃施行一種「協助從業員充實自我」的方案。該營業處內部有個「個人發展小組」，由該小組協助從業員設定他們自己的職業生涯目標；在目標設定後，由該營業處出錢幫助他們達成目標。該營業處給從業員的幫助是這樣的，處經理給每名從業員一筆業務訓練費用，任由從業員決定自己要學什麼。

剛開始時，很多從業員去學烹飪或插花。有些人則學開車。可是，在經過一段時間後，越來越多的從業員選擇與職業相關的訓練課程。如今有65%的從業員利用正規的訓練，不斷地充實自己，在回任工作之後，類皆已具備擔任現職所需的知識和態度。此項制度已提高從業員的工作士氣，並降低了流動率，不但為自己也為公司賺到了錢，且也使被保險人得到良好的服務。

個案問題

1.你認為學習烹飪、插花、開車等，對保險從業員有用嗎？

2.對保險從業員來說，是否必須選擇與工作直接相關的訓練，才能真正達成自我發展與成長的目標？

3.一個能作自我發展的員工，是否必能奠定成功的基礎？

生涯規劃與管理

第9章

本章學習目標

讀者於讀過本章之後，應能瞭解：

1. 生涯的意義。
2. 有效生涯的效標。
3. 生涯管理的重要性及功能。
4. 生涯發展的各個階段。
5. 生涯高昇期和高原期的特性。
6. 個人應如何去規劃其生涯。
7. 組織應如何協助員工做生涯規劃。

生涯管理是近代人力資源管理相當熱門的課題之一，蓋生涯不僅是屬於個人的，且也是組織管理的一部分。當個人的生涯有周詳的規劃與發展，不僅有利於個人的職業生涯，且對組織的人力資源管理有正面的作用。因此，一般個人或企業機構實不宜輕忽生涯管理。本章首先將討論何謂生涯，然後闡明生涯管理的功能或重要性，再據以分析生涯發展的階段，最後說明個人和組織究應如何從事於生涯管理。

生涯的意義與效標

當個人自呱呱墜地以來，即已進行其生涯。所謂生涯（career）簡單地說，就是一種生命的過程。該名詞起自於一九七〇年代，是指一個人的生活目標，亦即爲透過個人生活的範圍，而由個人知覺到與工作有關的經驗和活動之態度與行爲的順序。依此，生涯一詞涵蓋著下列含義：第一、它是由態度與行爲所構成。第二、它顯然與工作有關。第三、它不僅是與工作有關的活動，且是正在進行中的順序。

霍爾（Douglas T. Hall）曾說：所謂生涯，是指個人在一生中從事與工作有關的歷程和活動時，所表現在態度和行爲上的認知[1]。韋德和戴維斯（William B. Werther & Keith Davis）則認爲：生涯是個人在工作壽命期間所擁有過的一切工作[2]。比席（Dale S. Beach）則主張：生涯爲個人一生中所從事和經歷過的工作，以及他在投入這些工作時所持有的態度和動機[3]。

顯然地，上述定義都把生涯和工作聯貫在一起，似乎把「生涯」和「工作」定爲同義詞，並附加一些對「工作」的認知、態度和動機。惟在事實上，一個沒有工作生活的人，仍可扮演著部分的生涯角色。當個人在沒有工作時，仍可規劃其生涯，然後朝其所規劃的目標邁進。質言之，生涯亦是一種規劃，它是一種對未來的計畫。例如，一位在學的學生可對其未來做規劃。一個中間生涯的個人，仍可對未來工作升遷的態度做規劃。一位即將退休的人仍可對退休之後的生活和工作作規劃，以便能重新出發。凡此都是生涯的一部分。

準此，所謂生涯乃隱含著需要訓練和學習的要素，蓋人並不是一出生就知道一切的，他是需要學習的，尤其是要在生活過程中學習。因此，生涯乃是一種爲生活而從事的過程。不僅如此，一個人爲了生活必須選定其工作，且在工作崗位上有向上爬升的意念；亦即要求更多的薪資，取得更高的地位、特權、和權力，以及擔負更大的責任。這正是生涯的目標。

綜合前述，則生涯乃是一種以「工作」爲中心的生活歷程，它不只是員工個人的問題，且也是企業機構的問題。它固屬於一種個人生活的歷程，但也是組織人力資源發展的一部分。組織協助員工做生涯管理，不僅有利於個人的成長與發展，且也有助於組織人力資源的開發與運用。再者，生涯不只是管理人員所獨有的，且也是全體員工所應有的。最後，個人生涯不僅限於工作期間，並應兼及於工作前和退休後的生涯規劃。

誠如前述，生涯是一種與工作有關的生活歷程，它不僅是個人的，且是組織的。然則，何謂有效的生涯？一項有效的生涯須具備四項指標：

一、良好績效

所謂績效是指一個人完成其工作的程度而言。通常，薪資和地位乃是生涯績效的指標。一個人的薪資和升遷愈快速，表示其生涯績效愈佳。且一個人升遷愈快，薪資愈高，其職責也愈大。個人之所以追求生涯績效，其目的即在於此。至於，組織之所以對生涯績效有興趣，乃是因其與組織目標的達成有關。蓋個人的生涯績效，乃表示個人對組織目標達成的承諾與貢獻。一般而言，個人在工作上所花時間愈長，至少可提高其生涯績效。當然，所花時間於工作上愈長，不見得即表示績效愈高。其所牽涉的因素甚多，諸如：個人的能力、工作意願、組織的環境條件、組織對員工履行報酬的承諾……等，都可能影響生涯績效。

二、積極態度

所謂態度，是指個人對任何事物所持的知覺和看法。生涯的有效性，部分乃取決於個人知覺到和評估其生涯的方式。這些知覺與評估愈是積極，生涯愈爲有效。此乃因個人持積極的正面態度，將更能對組織作承諾，且更有興趣於工作之完成。相反地，若個人持消極的負面態度，而對組織不具有認同，不僅對工作的完成沒有任何興趣，且將影響其生涯的進展。

三、適應性

任何職業生涯都是變遷的，而變遷須有新的知識與技能，才能作良好的適應。例如，醫學和工程都會持續使用新知識和技術，而個人必須能不斷地吸收新知識和技能，才能適應這些變遷，且在生涯中採用它們，否則將受到淘汰。因此，生涯的適應性，乃意味著必須在生涯中運用最新的知識與技能。

四、同一性

生涯的同一性有兩項重要的要素，一爲個人瞭解其利益、價值、和期望的程度；一爲個人生活的態度，即個人對自己過去發展的看法之程度。亦即我需要做什麼？我已做了什麼？凡是對該等問題能找到一致而滿意答案的人，就比較能擁有有效的生涯，且對組織做較大的貢獻。

> 總之，生涯是一個人生命的過程，它是與工作有關的，一個不具工作的個人雖然也是一種生涯，但不算是一種有效的生涯。任何一種生涯都必須經過妥善的規劃，才能算是一種有效的生涯，其可依據績效、態度、適應性、和同一性而作規劃。

生涯管理的重要性

在整個生命的歷程中，每個人都有其生命的過程，此種過程是要經過規劃和管理的。有了規劃和管理的人生，才不致於迷失了方向與目標。否則，個人只有庸庸碌碌地終其一生。因此，生涯管理對個人來說，是相當重要的。此外，個人既爲社會的一份子，其必然有賴於整個社會的協助，尤其是組織的支持，此亦有助於社會和組織的成長與發展。因此，生涯管理不僅是個人需要的，且也是組織所需要的，其功能和目的如下：

一、維繫個人與組織的相互承諾

生涯規劃基本上是屬於個人的，但若能透過組織的協助，則個人的生涯發展將與組織發展相互結合，此舉將有助於個人需求和組織目標的融合。蓋透過了生涯的規劃與管理，在組織和個人之間彼此有了互信的基礎，將使一方認同他方的努力，卒而願意爲對方付出心力；否則缺乏了互信的基礎，將無以產生共同的行動。因此，有了生涯管理，將足以維繫個人與組織的相互承諾。

二、協助個人培養長期的事業觀

個人有了生涯的規劃和管理，等於爲個人訂定了長遠的目標與方向。此種長遠目標和方向，可引導個人作長期的努力，以求一步一步地完成其目標，則個人的事業發展將逐步實現。因此，生涯規劃與管理可爲個人建立長期的事業觀。

三、幫助員工達成短期工作目標

通常短期目標的實現，是完成長期工作目標的基礎；只有短期工作目標逐步完成，才有達成長期目標的可能。誠如前述，生涯是一種長期的生命歷程，它是要經過規劃和管理的，它是屬於一種長期的目標與方向；而惟有個人在目前的工作目標之完成，才能有助於此種長期目標之實現。因此，個人有了長期的生涯規劃與管理，實有助於個人完成短期的工作目標。

四、可協助員工發揮其工作潛能

員工有了生涯規劃與管理，等於奠定了工作目標和方向，依此而發揮其工作能力，從而可發掘其工作潛能。一般而言，員工工作能力和潛能的發揮，必須建立在既定的工作基礎之上；而生涯規劃與發展乃是逐步建立的，此當有助於個人發揮其工作潛能。

五、可以加強員工再教育的基礎

生涯規劃與管理本來即需與教育訓練相配合，蓋它乃是一種工作學習的過程。惟有個人在工作之時，能同時學習，以取得必要的工作經驗，才能有成功的生涯。因此，生涯管理就必須與訓練和學習相互配合，才是一種有效的生涯管理。因此，從事生涯規劃與管理，可加強員工再教育的基礎，尤其是處於生涯高原期的員工，若能接受新式的教育訓練，當可突破其生涯上的困境，而從事於再造的生涯。

六、可確保企業機構的有效運作

一家企業機構若能從事於生涯的規劃與管理，當能有助於其內部的有效運作。一般而言，企業機構所從事的生涯規劃與管理，主要在於對人力資源需求的規劃，以及提供事業生涯發展的階梯及管道。前者乃為人力資源規劃的一項重要因素，後者則為組織內的各類工作系統。一個從事生涯規劃和管理的企業機構，必然會安排員工的生涯發展路徑，從而可確保其內部人力資源與工作系統的順利運作。

七、減少人力聘僱和流動的成本

一家從事於生涯規劃和管理的企業機構，可減少其在人力聘僱以及人員流動上的成本。此乃因生涯規劃已確定組織內部人員的流動方向，此可減低人事上的不確定性因素，從而得到人事配置上的便利性之故。當企業機構內部有了人事上的空缺，而需聘僱或任用新人，或者須對舊有人員加以職務調整時，可從生涯規劃的系統中加以抉擇，如此當可節省人力成本。

八、協助企業機構完成組織目標

生涯規劃與管理的另一項功能，乃在於能協助企業機構完成其總體目標。對企業機構而言，生涯規劃和管理乃是全面性的，其可統籌整個企業機構內部員工的生涯期望，從而訂定整體性的生涯管理目標。因此，規劃與管理整體員工的生涯期望，並開拓其生涯發展途徑和管道，當有助於員工需求和組織目標的融合，卒而達成整體性的組織目標。

> 總之，生涯規劃與管理，不管是對個人或組織來說，都具有相當的功能的。它不僅有助於個人完成其生涯的發展，且能有助於組織本身目標的完成，甚而更能使個人和組織融合為一體。因此，不管是個人或是組織，都必須重視生涯的規劃與管理。

生涯的發展階段

誠如前面所言，生涯是一種生命的過程，故是一貫的，沒有任何人的生命歷程會是中斷的，除非他已不存在。根據心理學的研究顯示，一個人現在的行爲，都是過去經驗累積的結果。因此，生涯乃是具有連續性和聯貫性的。然而，個人整個生涯過程仍有其階段性。易言之，個人在其生涯中，都會經歷數個不同但卻是相互關聯的階段。吾人大致可將之分爲下列階段：

一、工作前階段

此乃爲求學階段。大多數人的工作都會以在整個求學的歷程，而選擇其職業生涯。雖然，一個人在求職過程中，工作技能並不只是獲得就業的先決條件；但求學階段所獲得的技能和機遇，在就業機率中是不可或缺的。通常組織在甄選員工時，常從個人的求學經歷中去搜集有關個人的資料。而個人在工作前所獲得的知識、技能、與機遇，常是日後工作的基礎。因此，求學階段乃是生涯過程的儲備期（preparation stage）。

二、初次工作階段

一個人一旦完成工作前的準備階段，即進入了初次工作階段。此階段的個人由於初次接觸工作，對任何事物不免感到好奇新鮮，且有一種需加探索的慾望，故此階段最重要的乃是學習和聽從指導。若用另一種術語來說，他是處於一種「學徒」地位。一個在初次階段成功而有效學習的人，在日後成功的機會較大，否則將危及其生涯。故此時期的心理特性是一種依賴性。此階段可稱之爲建設期（establishment stage）。

三、工作高昇階段

一個人在有了工作經驗之後，可能由一項工作轉換到另一項工作，或由一種行業換到另一種行業，或由一個組織轉換到另一個組織，或在組織內部作不同職位的調動與升遷。此階段可稱之爲高昇期（advancement staged）。一個人即使固定在一個職位上直到退休，其整個生涯都會持續改變，但每個人都要經歷過此一階段，只是其改變有大小之別而已。該階段的主要特性，乃是關心安全需求的滿足、成就、自尊、和要求自主權。個人對工作晉升和高昇充滿著期待，且附隨而來的乃是責任與訓練獨立判斷和自主的機會。

在經過前階段的依賴性之後，個人乃進入要求獨立自主工作的階段。透過該階段，員工可在某種特定技術領域內發揮其才幹。此時，個人的主要活動乃在其所選定的領域內，成為一種理念的獨立奉獻者。此時期，他不會企求他人的指導。獨立的心態是此階段的主要特徵，此與前期階段是相反的。

四、穩定工作階段

此乃為長久地維持一項工作，故可稱為維持期（maintenance stage）。亦即個人會努力維持穩住過去所獲得工作能力的一個時期。此時期，個人的自尊與自我實現可能超越前期。

該階段的個人已在某種領域內有了專長，此時乃極思擴展與他人的關係，而成為一位「指導者」。因此，個人在此階段的中心活動，乃為與他人之間的互動。他們擔待了為他人工作的職責，而有了相當的心理壓力。一位不能適應此階段的個人，可能會倒退回到前一階段；而能適應此階段的個人，則可能升遷到更高更佳的職位上。他們會滿足於停留在此階段，一直到退休為止。

該階段的個人可能對新人做重要奉獻，協助其學習成長。例如，推薦其升遷，指導其學習新技能，幫助他解決問題，並提供若干程度的保護。換言之，該階段的個人能提供諮商、指導、支持、和保護缺乏經驗者。此種關係可能非正式地發展，也可能正式地開展。當個人指導新手的生涯規劃愈多，其本身所得也愈多，且更能滿足於自己的生涯規劃。

五、準備退休階段

此階段可稱之為高原期（plateau period），亦即對個人來說，已沒有任何事物可獲得了。但這可能是一個創造期，此乃因個人滿足於早期的心理與財務需求之故。由於個人處於生涯的高原，故有構思新事物的經驗與能力，因此常有新理念的產生。

個人在此階段會直接注意策略計畫。他們在此階段開始扮演管理人、開創人、和產生理念人的角色。他們主要的責任乃在確定和負責其繼承者的生涯，其與組織外界關鍵性人士進行交互行為。個人在此階段的最大變動，乃是接受意志堅定者的決策。該階段人士乃透過間接的方法，例如，組織設計、遴選人員、和傳播理念，來影響他人。這些變動對過去直接從事監督工作的人來說，可能是困難的。

六、退休階段

退休階段（retirement stage），乃指個人已完成一種生涯，但仍可由一個階段轉移到另一個階段，如重新規劃新生涯，或從此不再有職業生涯。一位退休者可透過某些活動而經驗到自我實現，這是在工作中所不可能追求得到的。諸如：繪畫、做園丁、義工服務、或安靜地度日等，都是可能的。但依據個人的財力和財富地位，退休時可能最需要滿足的，乃是身體上和安全上的需求。

總之，個人的生涯發展是一種連續不斷的過程，但這種過程是有階段性的。求學階段是生涯規劃的蘊育期；而一旦開始工作有較多的不確定感，此時充滿著好奇，屬於工作的學習階段；其後，隨著工作經驗的累積，工作能力愈強，而逐步高昇；直到維持其工作成就而步入高原期，乃進行多元化的生涯途徑。最後才是準備退休和進入退休階段。如此乃完成了一個生涯循環週期。當然，有些人仍可繼續其第二個生涯過程，直到死亡為止。但對大多數人來說，整個的生涯途徑之過程，可能僅止限於一次而已[4]。

個人的生涯規劃

生涯規劃在本質上是屬於個人的，因此個人必須審慎規劃其生涯途徑，而選擇有效的生涯途徑。所謂生涯途徑（career path），是指一個人在其生涯期間所持的工作順序；而有效的生涯途徑，是指一個人能有效地實現其生涯途徑之謂。由於此種生涯途徑與一個人整個生涯過程的成敗有密切的關係，因此個人必須對生涯途徑作妥善的規劃，如此才有致勝的可能。當然，此種途徑與個人選擇組織和行業，也有其相關性。是故，個人在做生涯規劃時，也不能忽略了組織的影響。吾人首先將討論個人因素，而組織因素則留待下節探討。

至於個人究應如何去規劃其生涯呢？首先，個人必須做一些有關生涯的分析，例如，個人資源分析、生涯偏好分析、和生涯目標設定等。所謂個人資源分析，即為個人自我能力的評估，例如，個人需求、技能、經驗、性向、能力、和自己的優點與缺點。其次，所謂生涯偏好分析，是指個人的興趣和偏好何在，其主要涵蓋個人的需求和期望，例如，對工作地點、機構業務、和工作性質等的選擇均屬之。至於，生涯目標設定即爲完成生涯目標時間的設計，例如，特定工作項目、薪資目標、工作經驗、預期的生活型態、希望承擔的職責等，均應預爲規劃。

在個人做過生涯分析之後，他已瞭然於未來生涯的目標與方向，此時個人在做法上必須遵循下列原則：

一、及早規劃

一個人的生涯能愈早規劃愈好。當然，在規劃個人生涯時，首先應認清自己的生活目標，審視自己的興趣和能力，諸如：我可以做什麼？我能夠做什麼？我想要做什麼？我應該做什麼？對這些問題有了清楚的認識之後，做生涯規劃才不致迷失了方向。然而，這必須在早期，尤其是求學階段，就搞清楚自己的性向能力，用以認清自我、發現自我，如此在生涯過程中才能順利，不致因困難或阻礙而灰心喪志。是故，及早規劃是相當重要的。此即所謂的「未雨綢繆」之意。

二、尋求自主

個人一旦從事於生涯途徑，基本上就要有尋求獨立自主的特性；亦即要瞭解自己的個性和獨特性，在群體的群性中發展自我的風格，不因群體而埋沒了自己的獨特性。所謂獨特性，並不是要「離群而索居」，而是要在群體中不依賴。惟有養成獨立自主的習慣，才能眞正地瞭解自己的需求，才能確立生涯發展的方向。因此，追求獨立自主乃爲成功生涯所具備的條件之一。

三、專業成長

專業領域是個人在追求職業生涯中成功的基石。因此，個人在擬定生涯規劃之前，就必須先充實自己的專業內涵。蓋生涯規劃乃涵蓋著個人的成長。爲了求生涯之成功，個人必須能夠應付壓力與不確定性，處理許多不同的人際關係，以及有效地運用有限的資源。這些都是將來生涯中所必然會遭遇到的。個人若無法具備專業知識與技能，則在追求生涯的過程中必會遭受到挫敗。

四、開發創意

生涯途徑是發展和變遷的。個人唯有隨時開創新觀念、運用新領域，才有致勝的可能。創意是一種工作的突破，它是維繫個人努力工作的原動力。個人在生涯途徑中有了新的創意，才能追求新的成長與發展。須知個人在職位上的升遷，往往是有了創意，而對組織目標的達成有所貢獻之結果。因此，開發創意乃是生涯途徑中不可或缺的要素。

五、積極作為

個人在從事生涯的過程中，有了積極的態度和作爲，對其生涯的成功有很大的影響。一個人工作態度是否積極，常可從其行爲中發現。持正面積極工作態度的個人，對人生充滿著憧憬，比較會有成功的生涯規劃與發展；相反地，持負面消極工作態度的個人，比較悲觀，很難發展其個人生涯。因此，個人態度與作爲乃是影響個人生涯的要素。一種有效的生涯途徑，實有賴於個人培養積極的人生態度與作爲。

六、培養信心

信心與態度是息息相關的。個人之所以能持積極的態度，通常都是比較有信心的；相反地，一個持消極態度的人，比較沒有信心。根據心理學家馬斯勞（A. H. Maslow）的需求層次論主張，人類第四個層級需求乃是自尊（ego esteem），自尊固可由群體中他人的尊重而獲得，但最重要的乃爲由自己所建立。因此，自尊與自信心乃是相生相成，互爲因果的。一個人能多培養信心，自然有了自尊；而有了自尊，自然產生了信心；該兩者都是一個人成功的墊腳石。因此，個人不管在從事生涯規劃，或已投入生涯途徑的過程，培養信心乃是必要的。

七、持之以恆

一個人有了專業知識與技能、新的創意、自尊與信心、且能持積極的態度，仍然是不夠的。個人在從事生涯途徑當中，最重要的仍須有恆心、耐心。一個能持之以恆的個人，總是比較有成功的機會的。也許，這已是老生常談的事。

但衡之世俗，有幾人能長久持之以恆的？雖然，我們都知道這個道理，但有不少人卻是短視近利的。一種成功而有效的生涯，絕無法速成的，這得依靠穩定的人格，長久地按部就班去實現才行。

八、掌握機遇

有時，成功而有效的生涯途徑是要靠機遇的，機遇有時是不可捉摸的，有時卻是可以掌握的。世上有許多吾人無法掌握的機遇，誠如曾文正公在「致諸弟書」中所說的「富貴功名，悉由命定，絲毫不能自主」「早遲之際，時刻皆有前定」；然而，有些機遇並不是全然無法掌握，例如，個人可透過資訊的搜集，建立良好的人際關係，培養良好的溝通技巧，以及運用自己的專業知識與技能等途徑，而掌握機先，自較容易獲致成功。

總之，生涯規劃與途徑基本上是屬於個人的。因此，唯有個人多加努力才有成功的希望，他人是無法玉成其事的。當然，個人既是群體的一份子，個人之所以有其生涯，乃是群體力量所促成的，惟群體只是扮演一種協助的角色而已，此將在下節繼續討論之。

組織的生涯管理

對組織來說，生涯途徑的管理對其人力資源的規劃，是相當重要的。一個組織未來的人力資源需求，乃取決於個人沿著途徑所設計的通道而來。易言之，組織生涯管理就是安排員工生涯發展的途徑，而其適當與否乃取決於企業機構考量何人、何時、如何變換員工的工作，以及變換的頻率如何而定。

通常，組織可透過人力規劃、聘僱、任用、訓練及評估，一方面滿足企業機構用人的需求，另方面確保員工發展潛力的機會，並實現其個人事業生涯目標。質言之，組織必須將員工生涯規劃與發展，融入人力資源規劃與發展系統中。組織發展員工生涯的方法，可能採取舉辦生涯訓練與研討會的方式，將其重點用來改善員工現在的工作滿足感。同時，組織可將員工的喜好和才能作較佳的配合，且賦予其更多的職責。其方法如下：

一、雙重生涯途徑

所謂雙重生涯途徑（dual career path），乃爲員工在本業之外，再開創一種專業途徑，此可提供給科學家、工程師、研究發展專家，亦可用之於銷售人員、服務人員等。此種途徑需由組織和選擇該途徑的專業員工進行較大的溝通，並確保其在該途徑上的報酬。在某些組織中，處於高原期的員工具有強烈的專業背景，其較有可能取得雙重生涯途徑之機會。就此觀點而言，他們重新開始其專業工作，且存有向上晉升的企圖心。

二、媽媽軌跡途徑

媽媽軌跡途徑（mammy track path）乃爲美國Catalyst公司於一九八九年首先採用的一種女性員工之生涯途徑。其乃爲確保女性員工於生育和養育子女期間暫停其工作或實施部分工時制，使其有充裕時間兼顧家庭與生涯之措施。如此，組織可保有有才幹之婦女，以免此種有才幹的婦女可能因家庭需求而離職，以致喪失了生涯發展的機會。在許多情況下，組織若不能推行此種途徑，常導致較高的離職率和流動率，以致損失了在訓練和發展上的投資。

至於組織在推行個人生涯發展的工作方面，可舉辦：生涯諮商、生涯發展訓練、生涯研討會、自我評鑑、生涯教學輔助、進行人事規劃、實施工作輪調，以及做生涯績效考核等，以發展和充實組織未來的人力資源。

一、生涯諮商

組織的人事部門或人力資源發展部門可設置員工諮商中心，用以評估員工的能力與興趣。假如諮商可測定生涯的有效性，則可列爲人事業務之一 。此乃爲一種對員工的服務。當然，生涯諮商也可能包含著績效評估。對已在組織中工作的員工，此種諮商當然有其必要性。事實上，在績效評估中當可涵蓋生涯資訊的內涵，顯現出生涯規劃的現有興趣。就某種意義而言，有效的績效評估確能使員工知道他們應如何做好其工作，以及在未來應保有什麼工作績效。

二、發展訓練

發展訓練可爲組織培養未來的管理人才。通常，組織發展目標不外兩項：一爲針對具有潛力的未來管理人員之培育；一爲員工之自我發展。前者需由組織進行有計畫、有系統的培養，以求其能獲致有效的生涯管理。後者固係出自於員工的自動自發，而進行自我進修與自我訓練；其尤有賴組織之協助，蓋此種主動學習之效果可能更容易顯現。因此，爲確保組織人力資源之不虞匱乏，組織實有必要推行發展訓練，以協助員工之成長，並促進組織之發展。

三、生涯研習

組織舉辦生涯研習會可訂定一些標準，例如，問題分析、溝通、設立目標、決策與處理衝突、工作能力、時間的運用等，而由一群人來參加。每位參加人員都模擬眞實情況，然後檢討他們自己的生涯規劃，而研習會鼓勵實際的自我評估。接著，由參與人員配合其直屬主管來建立其生涯發展規劃。

四、教學輔助

教學輔助方案的實施，乃是一種最古老而運用最廣的方法。它是組織選定鄰近的學校，遴派員工接受教育與訓練課程，而由組織支付學費，或採建教合作的方式實施。如此不但可增進員工的工作技能與生涯規劃，且足以協助組織提昇工作績效與目標的達成。

五、自我評鑑

組織運用自我評鑑措施，其目的無非要協助員工瞭解自己的生涯規劃與途徑。如此當可改善其缺失，增進其優點，進而能做較完善的生涯發展。一般而言，自我評鑑大多施行於管理階層，此乃因其層級較高，且較懂得作規劃之故。再者，管理階層對組織的影響較爲深遠。管理階層有了完善的生涯途徑，其不僅影響到個人，且足以帶動組織之風氣；尤有進者，其可指導員工之生涯規劃。因此，自我評鑑乃爲任何組織之所必須重視者。

六、人事規劃

組織除了須協助員工做生涯發展計畫之外，尚須對本身人力資源作妥善的規劃。蓋人是組織最寶貴的資產。世上絕無對人力資源規劃不當，而能成功的組織。組織中人力資源的發掘與應用，必先始於人力之規劃；而人力規劃必始於重視員工的生涯計畫與發展。因此，組織的人事規劃乃是事屬必然之事，且其必須有助於員工生涯的規劃與發展。

七、工作輪調

工作輪調可促進員工生涯規劃與發展的活絡。一般組織對員工實施工作輪調，可增進員工多方面的工作經驗，尤其是對管理發展的助益最大。此外，工作輪調對處於生涯高原的個人，可擴展其工作技能，並接受新職位的挑戰。同時，水平式的調動也可能開展一種向上升遷的途徑。因此，組織實施工作輪調，可提供員工更多的生涯途徑，此有助於員工做生涯規劃與發展。

總之，生涯規劃與發展不僅是屬於個人的，而且也是屬於組織的。組織絕不能將生涯規劃視之為個人的事。事實上，生涯規劃和組織發展具有密切的關係。是故，組織實宜為員工開創生涯發展途徑，並協助其做生涯發展，如此才能有助於組織的成長與發展。一位有遠見的管理人，不僅會做自我生涯規劃與發展，而且也會協助員工做生涯規劃與發展。職是之故，當員工為其前程而做生涯規劃之時，組織亦應站在協助的立場來輔導，以求能開發組織的人力資源，達成互利共生的境界。

附註

1.Dauglas T. Hall, Career Organizations, Santa Monica, California: Goodyear Pub., p. 4.

2.William B. Werther Jr. & Keith Davis, Personnel Management and Human

Resources, 2nd Ed., N.Y.: McGraw-Hill, Inc., p. 258.

3.Dale S. Beach, Personnel: The Management of People at Work, 2nd Ed., N.Y.: MacMillan Book Co., pp. 319-320.

4.本節取自林欽榮，生涯規劃在管理上的重要性，人事管理月刊，第三十一卷第二期。

研究問題

1.何謂生涯？並任舉三位學者的見解說明之。

2.生涯必然會和「工作」有關嗎？又工作期的前後，能算是一種生涯嗎？試說明你的看法。

3.一般評定生涯是否有效，常依據哪些標準？試說明之，

4.生涯管理對個人具有哪些功能？試闡釋之。

5.生涯管理對組織來說，有哪些重要性？試解釋之。

6.生涯規劃與管理能同時增進個人和組織的成長與發展嗎？試述己見。

7.試簡述生涯的發展階段。

8.試比較生涯的高昇期和高原期的特性。

9.試述個人究應如何規劃其生涯。

10.個人在規劃其生涯時，應遵守哪些原則？

11.組織應如何協助員工做生涯規劃與發展？

12.組織從事生涯管理的途徑和方法如何？試述之。

個案研究

生涯的失落

陳奇思是某家公司的高階主管，最近被公司策略性地裁員了，家裡頭平白地少掉了一份主要的收入來源。對於這樣的景況，陳奇思並沒有足夠的心理準備。他最擔心的是家庭少了一大半收入，儘管太太的收入也不低，但他認爲這不是長久之計。

陳奇思在失業之後，曾與太太有過告知性的談話，但後來卻每天下午與同樣失業的老同事們聚會聊天；久而久之，那個聚會突然變成了他的生涯重心。雖然，太太曾百般地安慰過他，並要他到國外走走，然而他卻要她少管閒事。

今年已五十四歲的陳奇思曾經想過，要在短期內找到像原來一樣的高職與高薪，恐怕已不是容易的事了。他總覺得他的尊嚴與價值，已日漸削減了。他無法忍受自己做個「閒夫涼父」，而寧可做個「賢夫良父」。

陳奇思從五專畢業後，已投入工作超過了卅年。他一生當中最精華的日子都奉獻給了事業。他曾憧憬能做個大公司的董事長，而今卻深深地覺得自己已是個沒用的人了。

個案問題

1.你認爲陳奇思的想法對嗎？何故？

2.你認爲陳奇思有了周全的生涯規劃嗎？

3.陳奇思在工作三十年之後突然失業，是否可重新規劃其事業生涯？

4.陳奇思若可重新規劃其事業生涯，那麼他應如何規劃？

5.陳奇思若不能重新規劃其事業生涯，則應如何安排日後的生活？

績效考核

第10章

本章學習目標

讀者於讀過本章之後，應能瞭解：

1.績效考核的意義。
2.績效考核的目的。
3.績效考核的效標。
4.建立績效考核各個標準的優、劣點。
5.績效考核的方法。
6.評等量表法的類型及其內容。
7.員工比較系統法的類型及其內容。
8.重要事例技術法的內容。
9.績效考核的知覺偏誤及其調整。
10.暈輪效應、刻板印象、投射作用，第一印象、集中趨勢、類似偏誤、極端傾向、膨脹壓力、分化差異、不當替代等名詞的涵義。
11.主管人員應如何做好績效考核。

績效考核是人力資源管理中很重要的一環，它與員工甄選、訓練等相互為用，相輔相成。一般而言，員工都會很重視績效考核的結果，因而影響其工作意願與態度。因此，人力資源管理人員應注意考核結果的公平性與正確性。如果績效考核失卻公平性與正確性，則其他各項管理工作亦將難以發揮其功效。是故，建立客觀、合理而完整的績效考核制度，乃是刻不容緩的。本章將對績效考核的意義、目的、標準、方法，可能產生的偏差以及適當地應用等，作詳盡的探討。

績效考核的意義與目的

績效考核（performance appraisal），是指主管或相關人員對員工的工作，作有系統的評價而言。此種評價的名稱甚為複雜，例如，功績評等（merit rating）、員工考核（employee appraisal）、員工評估（employee evaluation）、人事評等（personnel rating）、績效評等（performance rating）、績效評估（performance evaluation）等是。本章採用「績效考核」一詞，意指以工作考績為討論的主要範圍，避免涉及年資或人格特質的考慮。當然，有時考績也深受年資及人格特質的影響。不過，後兩者不是本章研討的主要範疇。

依此，本文所謂「績效考核」，乃指針對某人在實際工作上工作能力與績效的考評。它與一般員工評估著重人格特質優劣的評價，略有差異。質言之，績效考核主要在強調實際工作的績效表現。是故，績效考核的目的，不外乎在提醒管理階層對績效考核應加以重視，且將之作為員工改進績效的依據。茲將重要目標列述如下[1]：

一、作為改進工作的基礎

績效考核的結果，可使員工明瞭自己工作的優點與缺點。有關工作優點能提昇員工工作的滿足感與勝任感，使員工樂於從事該項工作，幫助員工愉快地適任其工作，並發揮其成就慾。至於績效考核所發現的缺點，能使員工瞭解自己的工作缺陷，充分體認自己的立場，從而加以改善。當然，這必須依賴考核者與被考核者的充分溝通，最好能於考核後，立即進行商談，始能奏效。

二、作爲升遷調遣的依據

績效考核的結果，可提供管理階層最客觀而正確的資料，以爲員工升遷調遣的依據，並達到「人適其職」的理想。不過，績效考核若欲作爲升遷調遣的依據時，亦應對未來欲調升的職務作預先的評估，以求兩者能相互配合。同時，績效考核固可作爲升遷調遣的依據，亦可用作選用或留用員工的參考，更可用來淘汰不適任的冗員。

三、作爲薪資調整的標準

績效考核的結果，可用來作爲釐訂或調整薪資的標準。對於具有優良績效、中等績效或缺乏績效的員工，可分別決定其調薪的幅度。通常，績效常與年資、經驗、教育背景等資料，同爲核定薪資的重要參考。

四、作爲教育訓練的參考

績效考核的結果，可應用於教育與訓練上，一方面透過考核瞭解員工在技術與知能方面的缺陷，作爲釐訂再教育的參考；另一方面則可協助員工瞭解自己的缺點，而樂意接受在職訓練或職外訓練。

五、作爲研究發展的指標

績效考核可發掘員工不足的技巧與能力，用作爲釐訂研究發展計畫的指標。企業機構在釐定研究發展計畫時，可參酌績效考核所顯現的缺點，而加以修正或補強。績效考核既可指出員工的工作缺點，則研究發展計畫的有效性，亦可經由績效考核加以確定。因此，績效考核可作爲研究發展的部分指標，殆無疑義。

六、作爲獎懲回饋的基礎

績效考核可作爲獎懲員工的標準。企業機構可根據績效優劣，訂定賞罰標準：對工作績效優良者，加以獎賞；而對工作績效不良者，加以懲罰。同時，員工可據以瞭解企業評估其績效的標準。而作適時的回應，修正其工作行爲表現。

七、作爲人事研究的佐證

績效考核可作爲各種人事研究的佐證。有些績效考核可用來維持員工工作水準，積極有效地改進其工作績效。有些績效考核可促進主管用來觀察員工行爲。有些績效考核則可作爲研究測驗效度，或其他遴選方法效果的工具。

總之，績效考核的目的，不僅在考核員工工作績效而已，它常用來作為加薪、訓練、遷調以及其他人力資源管理項目的參考。

績效考核的效標

在企業機構中，每項工作都應有明確的標準，以爲員工行事的依據。這些標準愈清楚、客觀而具體，且能被瞭解和測量，則工作績效愈有提高的可能；甚且績效考核有了明確的標準，可提高其公平性和客觀性。此則有賴建立起信度和效度。

一、考核效標

(一) 信度

有效評估的先決條件，是它的考核結果需具有一致性，亦即考核結果必須相當可靠，此即爲信度（reliability）。信度實際上和績效資訊的一致性、穩定性有關。所謂一致性，係指搜集同一資訊的交替方法，應有一致的結果。穩定性則指同一考核設計在考核的特性不變下連續幾次的應用，都會產生相同的結果。惟在實質上，員工被考核時，各種情境與個人因素都會發生變化，以致常有不一致和不穩定的現象。這些因素包括三種情況：

1.情境因素：績效考核時，情境因素會影響其信度，例如，考核時間的安排、對照效應（contrast effect）對考核結果的比較等是。

2.受考者因素：受考者暫時性的疲勞、心境、健康等個人因素，常使考核者所得印象不同，致有不同的考核結果。

3.考核者因素：考核者個人人格特質或心態，對績效考核意見的不一致，常造成考核的不穩定。

基於上述因素，為了增進績效考核信度，可藉由多重觀察，或從多項因素加以比較，或由多個觀察者進行評估，並在短期內作數次判斷，以提高績效考核的信度。

（二）效度

信度雖是效度的必要先決條件，但只有信度並不能保證評量一定有效，其仍需注意考核是否具有效度。所謂效度（validity），是指考核能否達成所期望目標的程度，其有三項需考慮的因素。

1.績效向度：在考核績效之前，應先確定影響績效的各種行為向度，並找出可代表行為的標準。譬如，員工的職務、責任不同，則其設定的績效標準常會有所差異。因此，績效標準最好能力求周延，相互為用。

2.組織層次：績效考核效度的達成，除了需考量績效向度外，尚需配合適當的組織層次，使組織、群體或個人間能有所關聯。

3.時間取向：績效考核的效度，有時受到時間長短的影響。有些標準具有短期取向，有些則具長期取向。譬如，特定的個人工作行為，可以短期方式測定；但團體性的利潤市場佔有率，則需長期方能顯現出來。

總之，考核效度愈高愈好，蓋考核效度愈高，其指導的正確性愈大。雖然考核信度高，並不能保證其效度必高。有時考核具有高信度，但效度卻很低，甚至毫無效度。不過，若測驗信度低，則效度必也很低。由此可知，信度和效度是有相當關聯性的，是整個考核過程良窳的關鍵，可能決定員工績效的適當性。

二、績效標準

信度和效度為績效考核本身的效標，實際上在作績效考核時，必須制定三項績效標準：

（一）絕對標準

絕對標準（absolute standard），就是建立員工工作的行爲特質標準，然後將達到該項標準列入考核範圍內，而不在員工相互間作比較。考核者可用評語描述員工的優、劣點。絕對標準的考核重點，在於以固定標準衡量員工，而不是與其他員工的表現作比較。

絕對標準法的優點，是可用好幾個標準來獨立考核員工的表現，而不像比較法傾向於整體特性的評價。另一個優點，即該法具有十足彈性。不過，此法很容易犯錯，準確性頗低；且考核結果偏高或偏低時，不易看出相互間績效的差異程度。同時，暈輪效應、歸因傾向、一般評價心向，以及自覺的偏見與誤差等，都可能發生。

（二）相對標準

所謂相對標準（relative standard），就是將員工間的績效表現相互比較；亦即以相互比較來評定個人的好壞，將被考核者按某種向度作順序排名；或將被考核者歸入先前決定的等級內，再加以排名。

相對標準法之優點，是較爲省時，並可減低過高或過低評估的主觀偏差。然而其缺點，乃爲員工過多時難以排名，也許對最好或最壞的幾名很容易找出，但中間的員工則很難配對。又被評估的員工太少，或被評估者之間只有些微差異時，相對標準會造成不符實際的考核結果。此乃因比較是相對的，一個平凡的員工可能會得高分，只因爲他是「差中最好的」。相反地，一位優秀員工與強硬對手比較後，可能居於劣勢；但他在絕對標準中，可能是相當優秀的。此即爲歸因傾向或暈輪效應的問題。

（三）客觀標準

所謂客觀標準（objective standard），就是考核者在判斷員工所具有的特質，以及其執行工作的績效時，對每項特質或績效表現，在評定量表上每一點的相對基準上予以定位，以幫助考核者作評價。此法最適用於程序明確、目標導向的組織。

該法的優點，是強調結果導向，把焦點集中在行爲與績效上，可激勵員工。其次是考核者間評估相關性較高，即一致性高。同時，它可提供受評者良好的回饋，以修正其行爲，並求符合上級的評價。不過，該法必須耗費較多的精力與時間，必須隨時作修正，以保證特定行爲和工作與績效的預測有關。

總之，績效考核的標準是多重的，就考核本身而言，必須具備相當的信度和效度。就執行績效考核方面，則宜建立一些標準，例如，絕對標準、相對標準或客觀標準，以資供選擇。同時，欲建立績效考核的公平性與合理性，尚需慎選考核方法。

績效考核的方法

績效考核方法會影響評估計畫的成效，和考核結果的正確與否。通常考核方法須有代表性，必須具備信度與效度，並能爲人所接受。一項好的考核方法應具有普遍性，並可鑑別出員工的行爲差異，使考核者以最客觀的意見作評估。目前組織所採用的績效考核方法，差異雖然很大其基本型式則不外乎下列方法[2]：

一、評等量表法

評等量表（rating scale）是最常見的績效考核方法。該法的基本程序，是評定每位員工所具有的各種不同特質之程度。它的型式有二：一爲圖表評等量表（graphic rating scale），是以一條直線代表心理特質的程度；評定者即依員工具有的心理特質程度，在直線上某個適當的點打個記號，即可得到評定的項目分數。二爲多段評等量表（multiple-step rating scale），是將各種特質的程度分爲幾項，且在各項特質的某個程度打個記號，然後將各項特質的得分相加，即爲員工個人工作的總分。

至於評等量表所用的心理特質之種類與數量，依組織及工作性質而各有不同。史塔與葛任里（R. B. Starr and R. J. Greenly）發現績效考核項目至多有廿一項，最少的只有四項，平均以十項左右最多。一般最常用的特質爲：生產量、工作品質、判斷力、可靠性、主動性、合作性、領導力、專業知識、安全感、勤奮、人格、健康等。當然，有些特質間常是相互關聯的。不過，依因素分析結果發現，基本上的特質可分別爲擔任現有工作的能力與工作品質兩大因素。

二、員工比較系統法

評等量表是將員工特質依既定標準評等，缺乏相對的比較，以致多偏向好的或壞的一端評等，使考核效果不彰，無法辨別優劣。員工比較系統（employee comparison）則可把某人的特質，與他人加以比較，而評定其間的優劣。此種比較系統有三種不同的型式，如下所述：

(一) 等級次序系統

等級次序系統（rank-order comparison system）即在實施考核時，先由考核者加以評等，然後再排定其次序。通常每個被考核者以一張小卡片記載姓名，加以試排或調整其次序。每次評等及試排次序時，僅限於一種特質；若評定多種特質時，須分別評定之。

(二) 配對比較系統

配對比較系統（paired comparison system）該法是相當有效的績效評估方法。不過，該法相當複雜而費時。該法的程序是先準備一些卡片，每張卡片上寫著兩個被考核者的姓名，每位被考核者都必須與其他一位配對比較，考核者自卡片上兩個姓名中選出一位較優良者。如有n個被考核者，則配對數目共有：

配對數=n（n－1）／2

若有廿位員工接受考核，則配對數爲20（20—1）／2=190；若有一百位員工，則配對數爲4,950，數目大得難以處理。因此，解決配對數過多的方法有二，其一是將員工分爲幾組，由各組內作配對比較。若員工不易分組，且考核者相當熟悉員工的工作績效，可以採用第二種方法；即從所有配對中，挑出有系統的一組樣本，供作參考。依此作爲評等標準，據以研究其準確性；其與完全配對結果比較，相關性高達0.93以上[3]。

(三) 強制分配系統

強制分配系統（forced distribution system）此法多於組織龐大，而主管又不願意採用配對比較系統時運用之。該法是將被考核者的人數採用一定百分比，來評定總體工作績效，偶爾亦可應用於個別特質的評等。應用此法時，需將所有員工分配於決定的百分比率中，如最低者爲百分之十，次低者爲百分之二十，中級者百分之四十，較高者爲百分之二十，最高者爲百分之十。分配適當的比率，主要在防止考核者過高或過低的評等。不過，此法對有普遍存在很高或很低的工作績效之評核，並不適用。

三、重要事例技術法

重要事例技術（critical incident technique）爲費南根和奔斯（J. C. Flanagan & R. K Burns）所倡導。它的主要程序，是由監督人員記錄員工的關鍵性行爲。當員工做了某種很重要、具價值或特殊行爲時，監督人員即在該員工的資料中做個記錄。通常這些關鍵性行爲，包括：物質環境、可靠性、檢查與視導、數字計算、記憶與學習、綜合判斷、理解力、創造力、生產力、獨立性、接受力、正確性、反應能力、合作性、主動性、責任感等十六項。該法由於涉及人格因素，故而缺乏客觀計量的比較。不過，它的最大優點，乃爲以具體事實提供主管作爲輔導員工的資料。

四、其他方法

其他績效考核的方法尚多，諸如：行爲檢查表與量表法（behavioral checklist and scales），該法又可分爲：加權檢查列表（weighted checklist）、強制選擇檢查列表（forced choice checklist）、量度期望評等量表（scaled expectancy rating scale）等，這些方法大多用來評定工作行爲，或人格測驗。由於這些量表製作不易，且耗時過久，應用不廣。本文不擬詳加討論。

再者，瓦滋渥斯（G. W. Wadsworth）採用實地調查法（field review method），由人力資源管理單位派出專人訪問每位被考核者的直接上司，詢問其意見，然後再綜合各有關人員的考評作成結論，送請各相關人員參考。另外，羅蘭德（V. K. Rowland）提出團體評估計畫（group appraisal plan），即召集被考核者的直接上司及相關上級主管共同作團體評估；該法的優點可免除直接上司的獨斷[4]。另一種方法是自由書寫法（free-written），即考核者對員工做文字描述。其他尚有同僚評等（peer rating）、個人測驗、個人晤談等。

總之，選擇適當的績效考核方法，是件相當複雜而困難的工作。每種考核方法都有其特性與優劣點。吾人採用績效考核方法時，最主要的必須注意其適用性與公平性，才能真正地做到有效的考核目標。

績效考核的偏誤與調整

理想的績效考核，除了要建立標準與愼選方法之外，尙需注意科學的正確性。惟沒有一種考核方法是完美無缺的。站在組織的立場，當然希望績效考核是一種客觀的過程，如此可免除個人偏好、偏見與癖性，使之能達到更客觀合理的境地。只是測量技術上的困難與個人的心理傾向，常有一些偏誤產生，吾人必須加以探討，並設法調整[5]。

一、考核的偏誤

一般而言，績效考核常發生下列偏誤：

(一) 暈輪效應

所謂暈輪效應（halo effect），是指考核者對受評者的某項特質作評價時，常受到對受評者整體印象的影響。例如，考核者在考核某人的工作表現，常因他對受評者的良好印象，而給予較高的評價；相反地，若對他整體印象不好，則給予較低的評價。暈輪效應常使績效考核產生扭曲的現象，故而增加評估次數或作不定期的評估，可減少此種主觀的偏誤。

(二) 刻板印象

所謂刻板印象（stereotypes），是指考核者對受評者的考核，常受到受評者所屬社會團體特質的影響。易言之，當考核者評價某個員工時，常選擇該員工所認同的團體特性，加諸於該員工身上，並作同樣的特性評估。例如，某人信仰某種宗教，則考核者將以該種宗教的特性，而認爲某人同樣具有此種特性。此種現象乃是考核者對事物或現象，予以過於簡單分類，所形成的偏誤。爲解決此種偏誤，可實施交叉考評（cross rating）與同僚互評（peer rating）以輔助之。

（三）投射作用

所謂投射作用（projection），是指考核者往往會從別人身上看到自己所具有的特質。也就是說，他會把自己的感受、心理傾向或動機，投射在他對別人的判斷上。當個人具有某種自已不希望有的特性，且自己不承認時，這種傾向尤為明顯。譬如，一個衝勁不足的人，可能會把某人看成是懶惰的；一個不誠實的人會對別人產生懷疑，且認為別人有不誠實的傾向，由此而形成偏差。當然，某些主管也會將自己的良好特質，投射在對部屬的考核上。為了解決此種偏誤，除了考核者應自行調整心態之外，尚可運用員工比較法、交叉考評和強制分配等方法調整之。

（四）第一印象

第一印象也可能引起評價上的考核偏差。通常個人的第一印象常會持續下去，以致影響績效考核上的評價。所謂第一印象（first impression），是指個人最先對他人形成的看法，此種看法所得到的訊息，常決定個人對以後訊息的知覺和組織方式。但人們會將早期的訊息看得比較重要，而認為以後的訊息較不重要；即使當後者與前者發生矛盾時，亦然。個人對某人的第一印象，會使個人產生知覺準備。調整此種偏差的方法，只有隨時不斷地或定期作考核。

（五）集中趨勢

所謂集中趨勢（central tendency），是指考核者不願或無法確實區分受評者間的實質差異，而採取集中於中度評估的現象。此種集中趨勢的績效考核無法分出優劣，不易建立公平的評估，很難達成「賞罰分明」的效果。為避免集中趨勢的偏誤，可實施員工比較法和強制分配法。

（六）類似偏誤

所謂類似偏誤（similarity error），是指考核者在評定別人時，常給予具有和自己相同特性、專長者，以較高評價。例如，某考核者本身是進取的，他可能以進取性評估他人，此則對具有此類特徵的人有利，而對沒有該項特徵者不利。此種類似偏誤的評估標準，其信度很低。此時可利用交叉考評或委員會評估方式，以補救之。

（七）極端傾向

所謂極端傾向（extremity orientation），是指考核者將績效考核定在同一極端的等級，不是失之過寬，就是評定得太嚴。考核過寬者稱之爲寬大偏誤（leniency error），由於其考核的分數偏高，又稱之爲正向偏誤。考核太嚴者稱之爲嚴苛偏誤（strictness error），由於其評分偏低，又稱之爲負向偏誤。極端偏向若發生於所有組織成員均由同一人評估，將不致發生問題。但如不同的人在不同的監督者之下，做相同的工作，而又有相同的工作表現，將發生不同的評估分數，而造成偏誤。在這種情形下，可利用強制分配法，或以平均數或標準分數調整其偏誤。

（八）膨脹壓力

膨脹壓力（inflationary pressures），是指隨著時間的遷移，考核者對受評者的考核分數有逐年提昇的趨勢。此種趨勢易形成壓力，實質上可能意味著考核者的評估標準降低，而不是受評者的程度愈來愈高。此種長期現象，考核者宜自行注意，並調整之。

（九）分化差異

分化差異（differentiation），是指不同的考核者有不同的特質，所採用的考核尺度也不同，以致造成考核的差異。一個高度分化的考核者，常使用廣泛或多方面的尺度來評估績效。而一個低度分化的考核者，則使用有限或極少的標準來評估績效。如此自然造成考核上的偏誤。一般而言，低度分化者傾向於忽視或壓抑個別差異，而高度分化者傾向於利用可參照的資訊來作評價。因此，低度分化考核者的評估需作進一步的檢核，而高度分化考核者的評估較符合實際。

（十）不當替代

不當替代（inadequate substitution），是指考核者在作績效考核時，不選擇實際績效的客觀標準，而以其他不當的績效來替代。例如，考核者以年資或熱心程度、積極態度、整潔等個人主觀觀點，作考核標準，致使考核結果失去精確性。此外，考核者以主觀態度去搜集一些客觀資訊，以支持其決策，亦是一種不當替代：蓋主觀態度已失去客觀標準，將會產生偏誤。

由以上的討論與分析，可知績效考核的結果，常因各種情況的不同，而有極大的差異。有的來自考核者不可避免的錯誤與偏見；有些則因受考核者所屬單位、職務、工作難易等而受影響。

二、偏誤的調整

爲了導正績效考核的偏誤，除了可運用針對各種偏誤的補救方法外，尙可利用下列二種方式調整之：

（一）以平均數值調整偏誤

假若各個考核者所採取的寬嚴標準不同而發生差異，則宜先求出全部考核者的總平均分數與個別考核者的平均分數，然後加減其差數，予以比較之。此種方法使用在各考核者評估效度相等的情形下，極爲有效。

（二）以標準分數調整偏誤

就是把所有考核者的評分，都變爲共同的數量尺度，以消除其偏誤。其中以標準分數最爲常用。標準分數有好幾種，最常見的是Z分數。標準分數表示個別分數在整體分配中的相對位置，是以個別分數與全體平均分數之差，除以標準差而得。標準差是每個分配內所有個別分數變異程度的指標。在一個近似常態分配線的分配中，約有2／3的個體分佈在平均分數與±1個標準差內；約有95%分佈在±2個標準差內，99%分佈在±3個標準差內。因此，不管一個分配的平均值或其標準差的大小，吾人都可將一個個別分數以標準分數表示之。

現在吾人以標準分數的觀念，來比較「寬鬆考核者」與「嚴苛考核者」所做的評定值。在圖10-1中，甲、乙兩個考核者分別評分從60到120與105到135，則吾人可看出：甲的評定值爲110之Z分數爲＋2，乙的評定值110之Z分數爲－2，則甲評定值100約等於乙評定值125，蓋他們的Z分數都是＋1。由此，吾人可推算不同評分的相同績效。

> 總之，績效考核宜由多人評分，然後再加以核算，始能成為一個綜合分數；且評估項目的比重，必須予以特別重視，才能求得公平的考核結果。

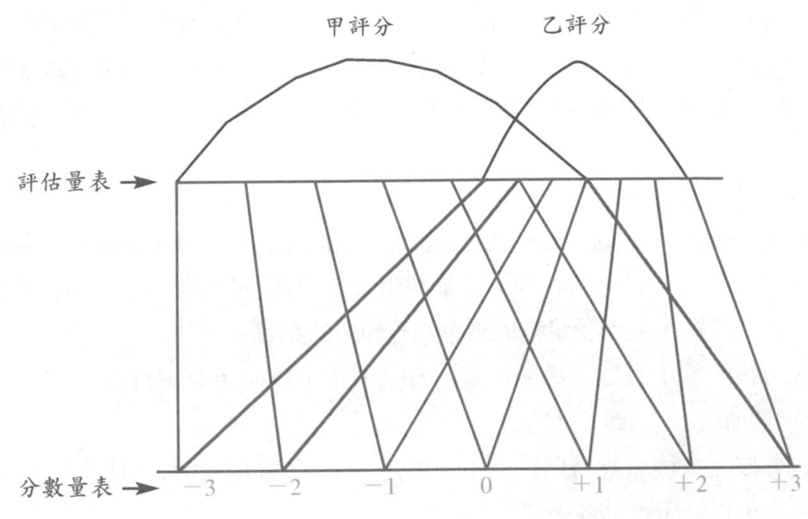

圖10-1 標準差

有效運用績效考核

績效考核是主管對部屬的一種有系統的工作評價，可作爲人力資源管理資料的一部分，以爲員工升遷、調補、薪資核定，以及教育訓練的重要資料，更可作爲員工自我瞭解與工作改進的依據。因此，績效考核必須求其正確、公平而合理。惟管理者對員工作績效考核時，難免受主觀知覺的影響，而造成考核的不正確性與不公平性。爲了避免此種現象的發生，必須講求考核的技術與原則，鑽研考核的正確方法，然後才能期其求得準確性。

理想的考核必須從純科學與心理學的觀點著手，它應具備下列原則：

一、考核表的內容必須具備相當信度與效度，亦即考核結果要眞正地代表員工實際工作成效。

二、考核項目雖然無法避免文字的敘述，但是考核結果要能作量的比較，最好可運用統計方法加以處理。

三、選擇考核的項目不宜過多或過少，各項目間的關係亦能加以統計處理。

績效考核的擬訂是一項專門的知識與技能，宜多聘請熟悉工作情況的各級主管，以及心理統計專家共同擬訂考核的方法與程序，將考核的結果作數量的統計分析，診斷各項業務的優點與缺點，提供組織及員工各項有關工作的積極改進意見。

一個組織欲實施有效的績效考核制度，避免知覺偏差，宜注意下列事項：

一、對考核者施以專門訓練，儘量利用評分差距，以客觀的行為作為考核的依據，避免受暈輪效應等知覺傾向的影響。

二、考核的程序應以會議或監督的方式進行，以避免草率行事、敷衍塞責的弊病。

三、考核完成後，應特別注意不同單位、不同職位的比較，作誤差的校正，以避免過高或過低的評分。

四、解釋任何評分結果，應按實際職務上的要求，不宜以考核結果作為處罰的依據。

五、多與被考核的員工檢討考核結果，且以積極態度誘導或嘉勉之。

六、考核評分前，應儘量搜集許多客觀資料，作為評分的參考。

至於為了避免績效考核知覺偏差，除了運用平均數值和標準分數調整差異之外，其基本方法，有比較評價法、絕對標準評價法與行為定位評定量表法[6]。茲簡述如下：

一、比較評價法

該法係以相互比較來評定個人的好壞，即將被考核者按某種向度作順序排名；或將被考核者歸入原先決定的等級內，再加以排名。比較評價法的優點，就是較為省時，同時可減低過高過低評分的一般評價心向。然而其缺點乃為：員工過多時難以排名，也許對最好或最壞的幾名很容易找出，但其餘的員工就很難配對；其次，比較評價法很難消除歸因傾向或暈輪效應的問題。

二、絕對標準評價法

絕對標準評價法，就是建立工作的絕對標準，然後將達到該項標準的被考核者列入該評定範圍內。該法的優點就是可用好幾項標準來評價員工的表現，而不像比較法傾向於整體特性的評價。另一優點即該法具有十足彈性。不過，此法很容易犯錯，準確性很低。暈輪效應、歸因傾向、一般評價傾向，以及直覺的偏見與誤差等，都可能發生。因此，行爲定位評定量表，乃應運而生。

三、行爲定位評定量表法

所謂行爲定位評定量表，就是考核者在判斷工作者所具有的特質，以及其執行工作的績效時，對每項特質或績效表現，在評定量表上每一點的相對基準予以定位，以幫助考核者作評價。此種評定量表有許多優點。首先，它把焦點集中於行爲與績效上，而不是針對個人人格。其次，利用這種量表時，評定者間的評量相關性較高，即一致性高。再者，它可提供受考者良好的回饋，告訴受考者應該做哪些事，或避免哪種行爲表現，以求符合上司的評價。

不過，行爲定位量表的發展必須耗費很大的精力與時間。就像其他評價工具一樣，它必須隨時給予適當修正，以保證特定行爲和工作與績效的預測有關。如果好好地發展與修正，這種量表可消除許多知覺偏差，增加績效考核的正確性。

當然，績效考核是人爲的，吾人很難作完善的評價。即使它已建立了一些標準與原則，訂定正確的考核方法，仍然無法完全掌握其準確性。不管吾人如何去提昇其準則，只要管理者存有某些私心或偏見，都會破壞評價的公平性。是故，績效考核的公平與否，絕大部分仍掌握在主管手裡。只有管理者建立客觀的心理標準，培養豁達的胸襟，多觀察、多思考，避免主觀的知覺，才能使績效考核運用有效。所謂「觀其所以，察其所由」，多與員工接觸，瞭解其工作性質與職務關係，採用正確的評量方法，始能臻於公平而合理的境界。

總之，績效考核是一種對員工作定期考核與評價的工作，考核的公正與否影響員工工作情緒甚鉅，故不能草率從事，而引起員工的不平與憤懣。惟績效考核常受知覺的影響，而發生不公平的現象，此為管理者所應注意的問題。管理者在作績效考核時，固可依憑個人的主觀意識，更應參酌當時的工作環境與條件，作詳實的審視；尤其宜聽取他人的意見，方能做到更公平更合理的地步。

附註

1.參閱李序僧著，工業心理學，大中國圖書公司，一〇三頁。

2.鄭伯壎、謝光進編譯，工業心理學，大洋出版社，二〇八頁至二一八頁。

3.E. J. McCormil & J. A. Bachus, "Paired Comparison Ratings: The Effect on Ratings of Redutions in the Number of Pairs," Journal of applied Psychology, Vol. 36, pp. 123-127.

4.V. K. Rowland, "The Mechanics of Group Appraisal," Personnel, Vol.34 (1958), pp. 36-43.

5.鄭伯壎、林詩詮合譯，組織行為，中華企業管理中心，一七二頁至一八〇頁。

6.同前註，一九〇頁至一九四頁。

研究問題

1.何謂績效考核？其目的何在？試述之。

2.績效考核的效標何在？試分述之。

3.績效考核應建立哪些標準？其優劣點爲何？

4.績效考核主要有哪些方法？試簡述之。

5.評等量表法可分爲哪幾種型式？內容爲何？它一般可用來評量哪些特質？

6.員工比較系統法的績效考核，可分爲哪些型式？試述其內容。

7.何謂重要事例技術法？它可用來測量哪些特質？

8.試列舉五種績效考核的偏誤及其調整方法。

9.何謂暈輪效應？刻板印象？其如何影響績效考核？

10.試解釋投射作用、第一印象、集中趨勢、類似偏誤、極端傾向、膨脹壓力、分化差異、不當替代等名詞的涵義。

11.依據上題各名詞，請說明它們對績效考核的影響。

12.績效考核何以會發生偏誤？其可運用何種方式加以調整？

13.理想的績效考核應具備哪些原則？宜注意哪些事項？

14.爲避免績效考核產生知覺偏差，基本上有哪些方法？其優、劣點何在？試分別說明之。

15.績效考核是否因建立科學化的標準，就可運用無誤？試述你的看法。

16.身爲主管人員應如何作績效考核，才能做到公平合理的地步？試申論之。

個案研究

績效考核真能提昇工作效果嗎？

興泰公司在每年終了前，都會像其他公司一樣，舉行例行的年終考核。然而，這項考核並不受大部分員工的重視，其主要原因是員工並不知道評核的標準，也不知道自己的考績，且公司從未公開比較每位員工的考核。因此，多年來員工每於領完年終獎金，對公司有所抱怨的，都會因此而離職他去，以致公司流動率很高。

多年前，公司管理當局有鑑於問題的嚴重性，乃聘請管理顧問爲公司設計一套考核制度，並將年度考核改爲績效考核，且把標準訂得很清楚：每個月的考核成績都加以公布，以獎勵優秀人員和警惕績效不良的人員。

另外，公司常利用每年動員月會的時機，將績效考核對員工未來的升遷和薪資調整的影響，向員工說明。在該項制度實施後的第二年，公司的業績成長了33%，且員工流動率降到了12%。只是，有些管理人員仍然懷疑，這是否全是績效考核的結果，因爲第三年業績只成長12%，而員工流動率則又提高到了14%。

個案問題

1.你認爲績效考核如何才能引起員工的重視？

2.績效考核制度眞能提昇員工的工作態度和績效嗎？

3.你認爲興泰公司業績成長和員工流動率降低，與績效考核有關嗎？

4.請針對上題，再說明你的理由。

第11章 薪資管理

本章學習目標

讀者於讀過本章之後，應能瞭解：

1.薪資的意義及其特性。
2.企業給付薪資的目的。
3.影響薪資的外界因素。
4.影響薪資的內部因素。
5.薪資制度的種類及其適用情況、優點和劣點。
6.本薪的意義。
7.津貼、獎金的意義及種類。
8.薪資調查的步驟。
9.訂定薪資的步驟。
10.良好薪資政策的條件。
11.決定薪資結構的不同模式。
12.如何設計薪資結構。
13.各種獎工制度的內容、優點和缺點。

人力資源管理從事薪資管理工作的目的，即在訂定公平合理的薪資。薪資制度可說是人力資源管理最重要的工作之一，蓋員工工作的目的不外乎在追求合理的薪資待遇，用以維持個人和家庭的生活。因此，公平合理的薪資政策，實有助於組織的安定。且薪資問題爲自有組織以來，即已存在的問題。今日薪資政策的目標，最主要在求其公平而合理。本章首先將討論薪資的意義與目的，其後探討影響薪資的因素、薪資制度與種類、薪資的調查，然後據以訂定合宜的薪資。最後，研討涉及薪資的獎工制度。

薪資的意義與目的

所謂薪資，係指由企業機構酬勞任職員工的服務，而定期付給其薪給與工資之謂。因此，薪資實包括兩部分，一爲薪給，一爲工資。一般而言，工作的報酬是以工作的品質要求爲主體的，稱之爲薪給；而以工作的數量要求爲主體的，稱爲工資。易言之，凡從事腦力工作所得的報酬，稱爲薪給；而從事體力工作所得的報酬，稱爲工資。當然，此種劃分並不是絕對的。從事腦力工作不見得只重視品質，而不重視數量；而體力工作也不只重視數量問題，而全然不重視品質問題。不過，在本質上，腦力工作是多變化的，是發展的，需有高度的知識與能力，故以品質的評鑑爲衡量標準；而體力工作多是重複性的，是標準化的，不需有高度的知識與能力，故以努力的程度和結果爲衡鑑的標準[1]。

基於上述，則薪資必具有如下特性：

一、薪資爲現職員工的給付

薪資的給付是以任用與在職爲前提。凡未經任用或已離職的員工，均不付給薪資。至於依退休規定支給的退休金，並不是屬於薪資的範圍。

二、薪資爲組織定期的給付

薪資爲組織的人力資源管理單位編列預算所支付，且員工的給付是定期支給的。至於支給的時間間隔，可爲按月支付，按週支付，或按日支付，其依各組織狀況及工作性質而有所差異。

三、薪資包括各項加給給付

薪資除了全面性的經常給付，例如，職員的薪俸、工人的工資之外，也包括較特殊的工作職位，或工作地區，或特殊員工等激勵性的加給。

四、薪資為地位高低的給付

凡地位高者，所得薪資較高；地位較低者，所得薪資較低；此乃因地位高者所需要的能力、經驗，都比地位低者為高。其主要目的，乃在以薪資的高低來激勵員工。

五、薪資為責任輕重的給付

凡地位高者，其所負責任較重，自應得到較高的薪資；而地位較低者，其所負責任較輕，其所得到的報酬自應較低。

六、薪資為工作多寡的給付

凡工作量多者，其薪資所得較高；而工作量少者，其薪資所得較低。

七、薪資為技術精粗的給付

凡擔任工作的技術較精細者，其薪資所得應較高；而技術較粗略者，其薪資自應較低。

企業給付員工薪資，其目的不外乎：

一、酬勞其服務

員工一旦經過任用，即依規定為企業組織服務；而組織為酬庸其服務，必然提供薪資，以答謝其貢獻與辛勞。

二、安定其生活

員工努力工作之目的，乃在安定其個人與家庭生活，維持生活之所需。此種需求的滿足大部分來自於薪資的報酬。至於企業組織既要求員工全心全力地提供服務，自必給予相當薪資，使員工生活無憂，以求更安心地爲組織服務。

三、維護其地位

員工工作的目的，不僅在保持其一定的生活水準，更重要的乃在希求維護其相當的社會地位，以及獲得應有的尊重。此乃因員工有固定的工作，憑其心智或體力的勞動，能贏得他人的敬仰，此種敬仰常需仰賴較高的薪資而獲得。因此，組織付給員工較高的薪資，常能維護員工地位。

四、滿足其需求

薪資給付不僅爲員工帶來地位的肯定，更能滿足其生理與心理上各方面的需求。薪資能提供員工購買物質慾望的滿足，同時使其在心理上有安定感，更進而能達成高成就需求的滿足。

企業給付員工薪資，除了具備上述作用之外，對企業組織而言，未嘗沒有作用。一個企業欲求穩健發展，必須訂定公平合理的薪資制度。一個公平合理的薪資制度，可提高員工生產力，並創造更高的效率與利潤。薪資不僅是激勵員工努力工作的一大要素，而且也是組織發展與否的決定因素。對企業而言，薪資訂得太低，無法吸引員工，將失去人力市場上的優越競爭地位；而若薪資訂得太高，將使生產成本增高，或影響盈餘，或削弱產品的市場競爭地位。是故，凡有遠見的企業主與管理階層，無不重視薪資問題，以求適當地提高員工工作情緒與效率，共謀事業的發展。

影響薪資的因素

企業組織在擬定薪資政策之前，必須先分析影響薪資的因素，這些因素有些是來自組織本身的，有些始自於外界環境的影響。不管影響薪資的因素，是來自內在或外界環境，其與企業本身的薪資成本，對員工的要求、勞力供應，以及薪資結構等都有密切的關係[2]。

一、內在因素

所謂內在因素，是指與職務特性及狀況有關的因素，其主要有：

(一) 工作質量

每個工作之間質量都有差異，同工同酬、異工異酬，是訂定薪資的基本原則。工作的質與量是兩個不同的問題。如果要比較工作間的相互關係，必須把兩個問題中的一個固定起來，才能加以比較。工作評價的方法，就是假定工作的量是一個常數，然後比較工作的質之間的高低程度，而訂定其間的相對等級，等級高的給予較多的薪資，等級低的給予較少的薪資，這樣的工作報酬才合乎合理的原則。

(二) 職務權責

一個職務權責的輕重是影響薪資高低的因素。凡是權責較重的職位，必給付較高的薪資；而權責較輕的職務，則給付較低的薪資。此乃因權責重的人，其判斷力正誤對企業產品的品質、市場、信譽與盈虧，有較大的影響。且權責輕重給付不同的薪資，可鼓勵員工負責較煩瑣的工作，給予較高的薪資實爲建立其職務尊嚴的工具。

(三) 技術訓練

技術和訓練較高的人，應領取較高的薪資；技術和訓練較低的人，則領取較低的薪資。蓋較高薪資不但包含著工作報酬，且有種積極激勵的作用。所謂薪資，乃在補償學習技術所耗費的時間、智慧和體能；而所謂激勵，乃在鼓勵員工從事更艱難的工作，並使員工願意接受訓練，並從事技術性的工作。是故，不同技術與訓練的人，應給付不同的薪資。

(四) 工作時間

工作時間不同，所得薪資也有所差異。如夜間工作者的薪資高於日間工作者，此乃因前者生理性的耗費高於後者。又季節性或臨時性的工作，其薪資高於長期性或經常性的工作。其原因爲：第一、保障失業期間的無收入。第二、比較沒有社會保障。第三、無法享受福利，例如，紅利、休假和一定日數的有給病假等。

(五) 危險與否

從事危險性的工作，其薪資給付較高；而從事一般性的職務，其薪資給付較低。蓋前者所從事的工作具有風險，需忍受一般人所無的痛苦。且從事危險性工作的人，需有較高的膽識、體力、耐力、和韌性，故給予較高的薪資，可補償他們體能、耐心和冒險的精神；從心理的觀點而言，這也是一種安慰和勉勵。

(六) 福利政策

企業的福利措施，乃在補充薪資的不足。因此，薪資的訂定必須考慮福利措施。一般所稱福利設施，係指康樂活動、醫藥設施、理髮、物品供應等服務。其他如養老、退休制度、疾病互助、互助金、獎金分紅、免費食宿、優惠購物、自由入股等的實施，都能增進雇主與員工之間的情感與關係，並消除勞資隔閡，建立融洽的勞資關係。此外，單身或有家眷不同，也必須列入考慮。

總之，福利措施的實施必須配合薪資政策。凡是沒有福利或優惠的企業，就必須在薪資方面設法作適當的彌補，以維持人力的穩定。

(七) 企業能力

倘若一個企業的資本雄厚或產品銷路很廣，其盈餘必豐厚，企業主對薪資的負擔能力增強，此時薪資可提高。相反地，若企業經濟陷於恐慌，或入不敷出，或雇主已虧損累累，則薪資不易維持較高水準，自然談不上提高薪資。因此，企業的負擔能力常是決定薪資高低的因素之一。

(八) 工人團結

薪資的高低固受各種因素的影響，惟有些僱主少有自動調高薪資的可能，此時工人的團結力往往是決定薪資高低的因素。有些薪資能得到合理的調整，是由於員工團結力量的結果。員工運用集體談判的方式，很能爭取到薪資的調整。因此，員工本身的團結與否，有時也是決定薪資高低的因素。

二、外在因素

所謂外在因素，是指組織外界環境足以影響組織薪資政策的因素，這些因素包括：

(一) 勞力供需

在一個工業發達的社會裡，工廠林立，各企業都需要大量的員工，當勞力感到缺乏時，薪資必須提高，才能吸引員工到企業機構來工作，並發揮其工作潛能。相反地，在工業不發達時，勞力過剩，供過於求，則薪資必然下降。此外，某些行業的專業人才的多寡，也影響其薪資的高低。如技術人員較少，則其薪資必高。有時粗工人數稀少時，其薪資可能高於技工；又發展特別快之行業的薪資，比其他行業從事同樣工作者的薪資高；又新工業區的薪資，也可能比舊工業區的薪資為高。

(二) 生活水準

所謂生活水準，是指一個人日常生活中所需的金錢總數。當然，每個人的日常生活之所需，其差異甚大。這種生活水準是指一般人或平均的生活，也就是最低的生活。且生活水準是隨著物價指數而變動的，物價上漲了，生活水準就降低了，如要維持生活水準於不墜，就必須增加金錢的開支，此時薪資就必須調高。此外，在訂定薪資時，不但要根據物價指數的變化，且需判斷生產供需與其他社會原因的變動。最好能按照生活的最低要求，提高百分之十至百分之卅，來訂定最低薪資，以激發員工的工作意願與士氣，並謀求最高的工作成效。

(三) 產品需求

薪資影響物價，但薪資也受到消費意願的影響。例如，女裝裁縫的薪資要比男裝裁縫的薪資富有彈性，因為不少婦女自己會做衣服。女理髮師的薪資比男理髮師的薪資富有彈性，因為有些女性自己洗頭做頭。如果工資、商品或服務的代價，高於大多數人不願支付時，人們可能寧可不要這種服務。因此，產品需求彈性會影響薪資的高低。

(四) 當地環境

薪資的訂定，有時必須考慮與企業所處地區和所屬行業環境的關係。一個企業過高的薪資，常引起其他企業的反對；而過低的薪資無法與其他企業匹敵，將引起企業內部員工的抵制。因此，在訂定薪資時，必須配合當地的環境與當時的行情，切不可獨樹一幟，自陷孤立。現代國家政府對就業市場都有詳盡的報導，且按月發表全國或地區各行職業的工資消息，這是任何企業必須詳加參考與研究的。為了使薪資有充分的彈性，現代企業人員對於薪資的訂定必須考慮員工對事業的忠忱，並使之趨向於競爭的工作態度，期以激發其潛力，並提高生產效率。

(五) 風俗習慣

風俗習慣常影響員工的心理狀態，從而左右了企業的薪資。因此，有些薪資差異，是社會風俗習慣所造成的。例如，同工同酬的原則，在某些社會中是不存在的，如男女薪資的差異即是。又如不同的社會往往風俗習慣的不同，以致薪給制度也有所不同，如我國年終獎金制度的實施，在外國是不存在的。又如外國的週薪，我國的月薪也是不同的。

總之，薪資的高低常取決於組織的內外在因素，且常受多種因素的綜合影響。

薪資制度與種類

一般薪資制度，大體上可分為：計時制、計件制、包工制、年資制、考績制、獎工制等，而其中以計時制與計件制為最古老，行之最久，而又最普遍、最簡單的基本薪資制度[3]。今簡述如下：

一、計時制

所謂計時制，係以工作所費時間為支給薪資的標準，亦即以小時、天數、週或月份發給薪資的意思。如以小時計，即以工作時數乘以每小時的工資額，即為所得之工資數。計時制適用於下列情況：

(一) 產品品質重於數量的工作。
(二) 工作不便以計量計算，或不能限於一定時間者。
(三) 主僱之間關係密切。
(四) 生產工作常受阻礙或遲延，而不適用獎工制度。

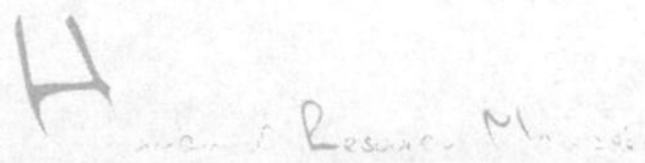

（五）規模較小或工作簡單的企業單位。

（六）上級可對下屬施行嚴密控制的單位。

計時制薪資的優點為：

（一）員工工作情緒不致過分緊張。

（二）計時工資數額確定，計算簡便。

（三）企業主容易計算全部工資的支出，員工亦能預知工資的收入，勞資雙方均稱便利。

（四）員工可專心提高產品品質，不致粗製濫造。

計時制的缺點為：

（一）工作與報酬無法一致，缺乏鼓勵作用。

（二）單位產品的成本很難確定，容易造成困擾。

（三）將使技術優良與工作努力的員工，降低工作情緒，使生產效率蒙受損失。

（四）為保持工作效率，必須多設監督人員，增加管理上的支出。

（五）缺乏對員工的鼓勵，易養成因循保守觀念，不合現代企業精神。

（六）不適用於現代化大規模企業。

二、計件制

計件制，是以工作成果作為支給薪資的標準，亦即以完成工作數量或產品件數為計算報酬的標準，其工資數額隨著產品的增減而有高低的不同。凡生產量多，工資隨之增加；反之，工作量減少，則工資隨之減少。其計算係以某人生產的數量乘以每一單位所應得的工資。此種制度，由工人自負其工作時間的得失。

計件制又可分為兩種：第一種為保障每日的最低工資，不論其工作數量如何，每日可獲一定的最低工資額。第二種為不保障每日的最低工資，純按生產數量計算。第一種辦法也可說是一種計時與計件的混合工資制，一方面規定最低程度的生產量或工作量，使工人有固定的基本收入；同時，其生產量或工作量超過限度時，即按其超過的生產產量或工作量，計件增給工資。

計件制大致適用於下列各性質的企業：

（一）工作性質重複，工作狀況不變，而便於以件數計算者。
（二）工作監督困難，不便採用計時給付者。
（三）有鼓勵提高生產速度及數量的必要者。
（四）原料分配便於分散在廠外工作者。

計件工資制的優點為:

（一）按工作的成果與勞績支付報酬，富有鼓勵努力工作的效果。
（二）按勞績支付薪資，較為公平。
（三）員工為增加產量，多得薪資，常能改良工作方法，增進工作效率，有助於創作與發明。
（四）可減少監督人員，節省管理上的支出。
（五）產品單位所需直接勞力成本確實，有利於生產成本的計算。
（六）因工作效率提高，在生產費用支出中，有關工資雖因產量增加，比例增多，但其他費用則無形中相對減少，有助於生產總成本的降低。

計件工資制的缺點為：

（一）工廠對工資支出，工人對工資收入，較難作事前預算。
（二）由於管理方法的改進，或新式機械的採用，使生產效率提高時，如依原有標準實施計件制，則工廠負擔過重；但如降低原有標準計酬時，常易引起工人誤會或不滿，容易釀成怠工或罷工等不良後果。
（三）員工只求增加工作速度，易形成粗製濫造之弊，故常需增加生產品質的檢查業務，增加人員的支出費用。
（四）員工為求增加收入，常過度努力工作，有礙健康。

綜觀上述，薪資制度雖以計時制與計件制為主體，但實際上大部分企業都

以計時制作爲給酬的基礎。如果一家企業的生產力已經正常，且已建立健全的管理制度；或對生產上的各種工作績效，已有了客觀的評估標準，通常都在計時與計件的原則上另採獎工計畫，如此將使企業及個人都共蒙其利。蓋獎工計畫如執行妥切，可使產品產量增加，員工的收入也增加，而企業可得到較多合乎品質標準的產品，且單位產品的人工成本可降低。有關獎工制度，將在本章另闢專節討論之。

至於薪資的內容，主要包括：本薪、津貼、獎金三大項目，廣義的薪資也包括福利，此將另章討論之。本節僅討論本薪、津貼、獎金三項。

一、本薪

本薪是指各級員工依其職位等級所支領的薪資。通常此種薪資很少變動，係固定的，除了晉升或按年資調整之外，並不因工作效率或營運情況而有所增減。本薪又稱爲正薪、底薪、保障薪，訂有一定的薪級表。員工薪資的數目，即依據薪級表所訂而來，如附表11-1。

二、津貼

津貼，又稱加給，係因特殊情形，於本薪之外的另一種給與，以配合實際需要。津貼的種類繁多，主要可歸納爲下列十三種：

(一) 物價津貼：爲隨著物價的波動，參考物價指數而給付之給與。
(二) 眷屬津貼：爲對於員工眷屬，按其眷口多寡給予的津貼或實務配給。
(三) 房租津貼：爲對於未配給宿舍員工給予之津貼。
(四) 專業津貼：或稱技術加給，爲對某些專業人員或技術人員或不易羅致人才所給予的津貼。
(五) 危險津貼：爲對於擔任具有危險性工作人員給予的津貼。
(六) 夜班津貼：爲對於輪值夜班工作人員給予的津貼。
(七) 高溫津貼：爲對於擔任高溫工作人員，例如，從事鍋爐工作人員給付之津貼。
(八) 交通津貼：爲對遠地通勤人員，或未搭乘交通車人員，或對外務人員

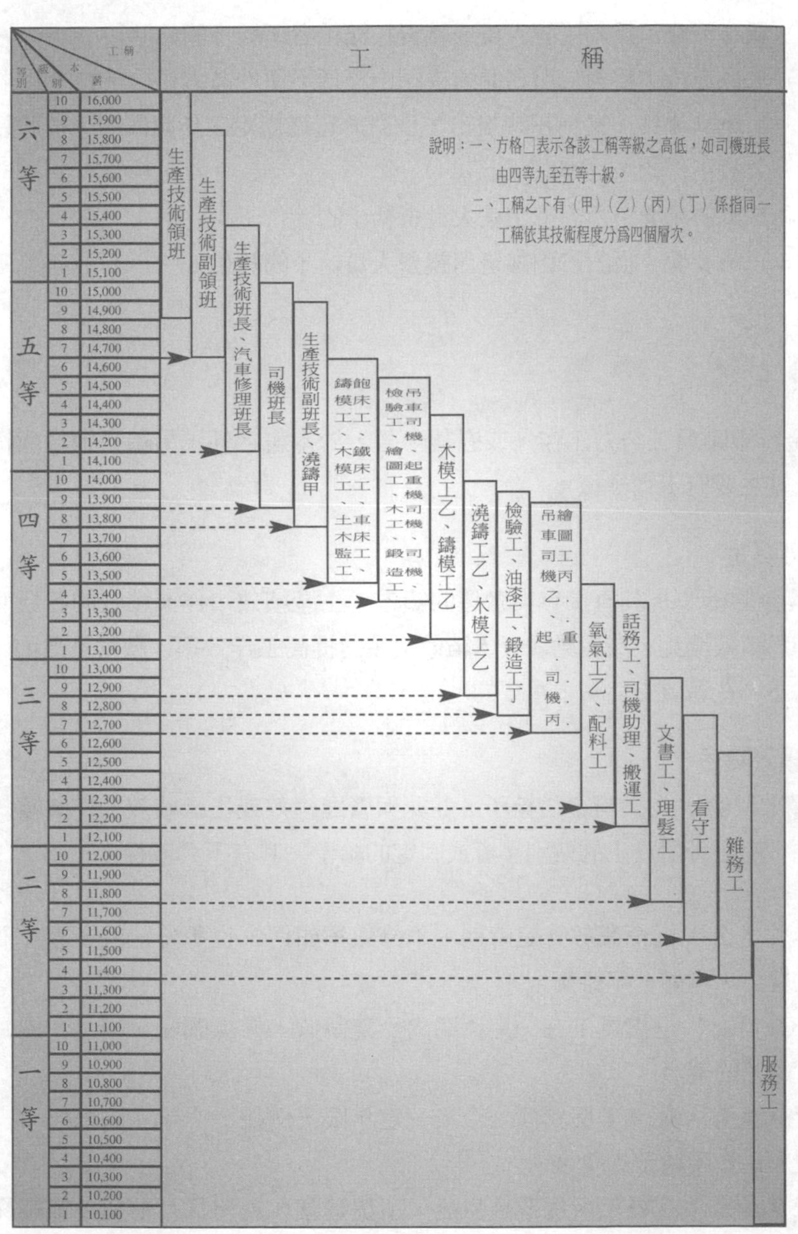

等別	級別	本薪
六等	10	16,000
	9	15,900
	8	15,800
	7	15,700
	6	15,600
	5	15,500
	4	15,400
	3	15,300
	2	15,200
	1	15,100
五等	10	15,000
	9	14,900
	8	14,800
	7	14,700
	6	14,600
	5	14,500
	4	14,400
	3	14,300
	2	14,200
	1	14,100
四等	10	14,000
	9	13,900
	8	13,800
	7	13,700
	6	13,600
	5	13,500
	4	13,400
	3	13,300
	2	13,200
	1	13,100
三等	10	13,000
	9	12,900
	8	12,800
	7	12,700
	6	12,600
	5	12,500
	4	12,400
	3	12,300
	2	12,200
	1	12,100
二等	10	12,000
	9	11,900
	8	11,800
	7	11,700
	6	11,600
	5	11,500
	4	11,400
	3	11,300
	2	11,200
	1	11,100
一等	10	11,000
	9	10,900
	8	10,800
	7	10,700
	6	10,600
	5	10,500
	4	10,400
	3	10,300
	2	10,200
	1	10,100

表11-1 薪級表

所給予之津貼。

（九）職務加給：爲對主管人員或職責較繁重者所給予的津貼。

（十）地域加給：爲對於服務偏遠或深山交通不便地區人員給予的津貼。

（十一）加班津貼：又稱超時加給，爲對於超過規定工作時間者，按照超時數工作給予之津貼。

（十二）出差旅費：爲對於出差人員所給予的給付。

（十三）誤餐費：爲對於因加班而誤餐人員給予的給付。

三、獎金

獎金爲激勵員工努力工作，或慰其辛勞，於本薪之外，另給予金錢或物質的獎勵，其主要有下列幾種：

（一）績效獎金

凡獎金的給予視其直接參與營運的績效、生產績效、作業績效的高低而給予的，稱爲績效獎金，或獎勵薪資。績效獎金對提高工作效率，激勵員工士氣有很大的助益，在薪資上佔有很重要的地位。

（二）準績效獎金

準績效獎金，是指獎金之給予，並非與營運績效或生產績效、作業績效有直接關係，而是針對員工的個別事實或固定的給予。其有下列五種：

1.工作獎金：指企業於一定時期，不分效率如何，也不分盈餘多寡，而給予員工的獎金，例如，年終獎金。

2.全勤獎金：是指員工在一定期間內全無請假，亦無曠職、曠工、遲到或早退時，給予的獎金。

3.資深獎金：凡員工服務同一企業一定年限，例如，十年、二十年、三十年而無重大過失所給予的獎金。

4.提案獎金：凡員工所提改進意見，所提建議，具有採行價值，或經採行著有成績而給予之獎金。

5.考績獎金：以企業定期或專案就員工的工作表現作考核，成績優良者除予晉級之外，而另行給予的獎金。

薪資調查

一個公平合理薪資制度的建立，並不全然在於採用何種制度，最重要的乃在公平制度的實施；而薪資制度的實施，必須在事前做一些調查的工作。所謂薪資調查，就是考量影響薪資的各項因素，然後調查比較各地區各行業與本身行業的薪資標準，再參照本企業的各項狀況，做成一項薪資政策與計畫，從而建立起一套自己的薪資制度。

一家企業如果所有工作都經過工作評價，就可確定工作之間的相對等級，這些等級差異還必須以薪率表示出來，才有具體的意義。由於今日企業都生存在一個高度競爭的勞力市場中，要想保持絕對薪額的合理，吸引優秀的員工，則一家企業的薪資就必須和當地的流行薪額相近，亦即企業當局必須調查當地其他企業中相同或相似工作的薪額，以與本機構的現行薪額比較，進而依據本機構的其他條件，調整薪資結構，以保持企業的競爭地位。因此，欲訂定合理的薪資，就有做薪資調查的必要。其調查程序如下[4]：

一、指定薪資調查人

當一家企業覺得有必要實施薪資調查時，首先要指定薪資調查人，賦予其調查的權力，並畀以調整的責任。一般而言，薪資調查最好是人力資源管理單位的人員或主管，他必須能徹底瞭解企業各職位工作內容，才能與其他公司工作內容相互比較。有時各企業所用職稱並無標準，職稱相同的工作，其內容可能差別很大。在證明兩種工作任務相同，職責難易相當之前，薪資自不能相互比較。因此，曾經參加工作分析與評價的人，是薪資調查的最適當人選。

二、選擇調查對象

選擇調查對象牽涉到兩個問題，即應該選擇那些來調查，以及該調查幾家公司。適於作調查對象的公司，可依據下列原則去挑選：第一、與本行業相類似的公司。第二、其他行業中有相似工作的公司。第三、僱用同類工人人數較多，且構成競爭對象的公司。第四、工作環境、經營政策、薪資、與信譽均合乎一般標準的公司。第五、與本公司距離較近，且在同一勞力市場延攬員工的公司。

至於調查對象的數目，則受人力、物力、財力與時間的限制，且過多的資料不一定能增加資料的可靠性。通常調查的公司，以二十家或二十五家爲最適當。

三、爭取其他公司合作

在現代企業管理中，各公司彼此交換經營情報資料的行爲，已日漸普遍。很多公司都已了解交換管理情報的重要性，其中所具有的價值與作用很高，因此都樂於參加合作。蓋各公司可以少數費用提供資料，即可換取有價值的研究結果，用以增進企業本身的經營效能。雖然，有些薪資資料屬於高度機密，但只要調查機構有相當保密措施，也不難廣泛蒐集資料。通常薪資調查的初步接洽，可由公司最高人員親函其他公司負責人，說明調查目的，資料保密方法、研究結果的分配等，並要求合作，去函後更繼之以電話或面訪。另一可行方法乃爲由人力資源主管出面，直接與其他公司人力資源主管接洽，或透過當地同業組織或管理學會，於會議中提出計畫，以獲得同業支持，便於調查工作的進行。

四、選擇代表性工作

所擬調查的工作必須能代表每個基本水準或職等的工作，此種工作即爲代表性工作。例如，其企業公司的所有職位工作範圍，共設有十個職等，則應從每個職等中各選出一、兩個能明白顯示難易程度及職責大小的工作。其次，此種工作必須是關鍵性或代表性的工作，其任務與職責可明確區分，而且界限明顯，長期穩定而少有變化；而工作人數相當眾多，在薪資支出上佔重要成分，能代表工作價值的所有等級。最後，所選工作的人力資源必須相當正常，才能查出正常的薪資情況；否則人力供應過多或過少的工作，其薪資均不正常，便無法作正確的調查。

五、決定調查內容

所謂薪資所包括內容，其間差異相當大。一般而言，薪資包括：本薪、年功薪、各種加給及各種福利。目前有些企業機構的本薪高，有些則福利多，僅以此比較本薪，查不出眞實情況。因此，除了本薪外，還要深入調查其他各種加給和福利，諸如：花紅、獎金、養老金、加班津貼、夜班津貼、各種保險、特別休假、特准病假等等。且各公司每週工作時數不同，致所得相同而薪資額不同等因素，也應列入考慮。又部分公司由於試用、新人訓練等原因，新人的起薪額可能與規定薪額不同；而有些公司則無此等差異。因此，吾人欲得到可靠的資料，據此建立正確的薪資結構，就必須詳加分析各項有關薪資項目，並將之列入比較項目中。

六、準備蒐集資料

由於各公司現有資料的完善程度不同，蒐集資料的方法必須針對調查對象而有所調整。例如，某些公司可能備有極完善的工作說明書，使工作內容的比較簡易迅速；而其他公司可能毫無此種資料，而必須先做作工作分析再予比較。由於各公司對工作所用職稱並無標準，有些工作職稱相同，但內容差異可能很大。因此，從事調查人員不能以職稱作爲比較基礎，必須先在本公司蒐集各種欲加比較的工作說明書，然後持往其他公司對照相同的工作，才能做到正確的地步。否則若因工作內容不同，則薪資比較將毫無意義可言。

七、蒐集調查資料

當調查人員做完蒐集資料的準備後，再行蒐集所需調查資料。蒐集調查資料的方法有二：一爲由舉辦調查的公司選派代表到其他公司直接訪問，由訪問中收集資料。另一種方法乃爲將調查表郵寄其他公司索取資料。前者所得資料較爲正確，且在對方缺乏工作說明書時，可直接向工作人員查詢所需的比較資料。惟若調查範圍甚廣，對象不限於本地機構時，仍以使用調查表的方式，較爲實際而方便有效。

八、調查資料的彙整與統計

薪資資料調查完畢，就應將資料彙整列表，分送各參加調查的公司。統計表中各公司僅用編號而不列出名稱，免得薪資資料爲他人查知，故能完全保密。調查報告可分爲三段，即一般資料概述，個別職位薪資資料的統計，以及全部已調查職位薪資資料總表。個別職位薪資資料統計，應包括下列各項：第一、參加公司的編號。第二、各公司現職人數。第三、各公司本薪或薪資幅度（即最低薪與最高薪）。第四、由平均數或中位數決定的平均本薪數。

此外，薪資資料時時改變，故需經常調查並修改薪資結構，調查的頻率或週期的長短，依下列因素而定：

（一）當地與同業中薪額改變的速度。

（二）本公司、當地以及全國經濟情況的穩定性。

（三）勞力供應的穩定性。

總之，薪資調查乃為訂定薪資的基礎，一套良好的薪資制度，實有賴完善而周全的薪資調查。因此，管理者在訂定薪資之前，必須作周詳的薪資調查，才能於日後吸引所需的人才，為企業組織而努力。

薪資的訂定

當企業做過周詳的薪資調查後，就可著手進行薪資的訂定。訂定薪資時，除了要考慮影響薪資的內外在因素外，並可根據薪資調查所得資料，加以研究分析，擬訂本公司的薪資政策；據此而擬訂公司的薪資結構。

一、釐定薪資政策

薪資政策乃爲薪資結構的基礎。因此，企業必須建立起良好的薪資政策，才能據以擬訂健全的薪資結構。一般而言，一個良好的薪資政策必須：第一、比較本公司與當地其他公司薪資水準。第二、建立起同工同酬原則，力求公平合理。第三、決定適度的輔助薪資與獎工制度的範圍和標準。

(一) 比較各項薪資水準

企業組織做過薪資調查後，就必須瞭解各公司代表性工作的基本薪額、平均收入薪額幅度以及輔助薪資項目。然後運用統計方法，求得每項資料的平均數或中位數，繪於散佈圖上，由薪資的分配可求得薪資曲線，再將本公司現行薪資資料，與調查所得資料作一比較分析，即可看出本公司哪些薪資需要調整與修正，其圖示如圖11-1。

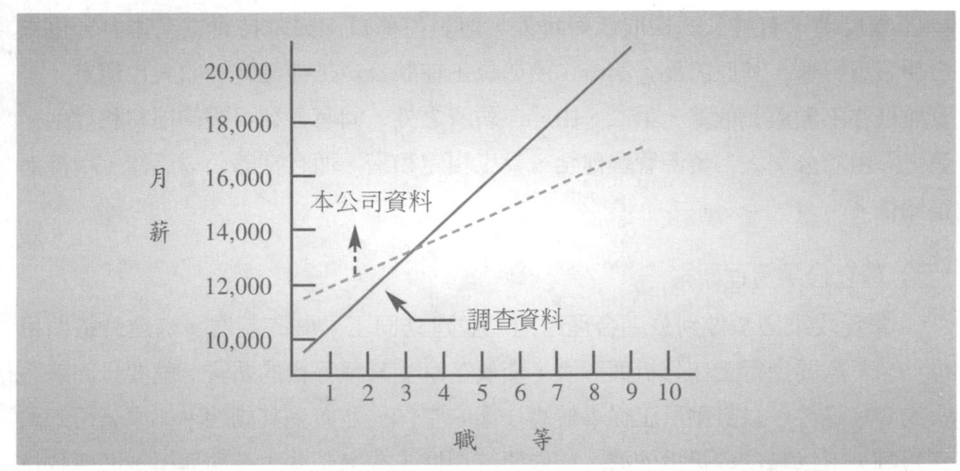

圖11-1 薪資曲線圖

一般而言，將本公司與其他公司薪資曲線比較結果，不外乎有四種情況：

1.整個曲線與當地調查所得薪資資料相仿。
2.整條曲線都高於或低於調查所得曲線。
3.曲線的有些部分較低，然後與調查所得曲線相交，並繼續升高。
4.曲線的有些部分較高，然後與調查所得曲線相交，並繼續下降。

本公司若已決定採用與當地薪資水準相當的政策，則必出現第一種情況，此時就不需做重大改變；至於其他情況，就必須將本公司薪資曲線的一部分或全部提高或降低。

公司所訂薪資水準，如完全比照當地其他公司所訂薪資水準，則可使本公司在公平的基礎上與其他公司競爭，並避免薪資受到員工或外界人士的批評，甚至防止優秀人才被挖角。不過，有些公司基於：第一、以高工資爲號召，可錄取技術水準較高的工人，並提高士氣。第二、在整個產品成本中，薪資部分所占比例不多。第三、由於管理或生產效率特高，可使單位產品的人工成本降低。第四、因產品具有獨特性，所以工資高、售價也高，可將高工資的負擔，轉嫁到消費者身上。故而採取高薪資政策，而將薪資水準提高在當地流行薪資水準之上。

相反地，有些公司採取低薪政策，但對招募員工或維持員工工作力，也未發生嚴重影響。其原因為：第一、由於員工在該公司工作穩定，收入也穩定，工資雖低亦不願離職他就。第二、由於在薪資之外，尚有各種可觀的福利和津貼。第三、由於公司人力資源管理健全，員工相處和諧，而且在該公司工作，精神上很愉快。

（二）建立公平合理原則

薪資政策必須做到公平合理原則，並建立同工同酬的制度。欲達到這個目標，公司需要進行工作分析與評價，使員工享受某種等級的薪資，就要具備該等級的資格條件，以鼓勵員工從事較高技術的工作，並接受其訓練。如果公司的薪資報酬，不以職位等級為依據，或依傳統習慣，或對某些人有所偏袒，必導致員工的不滿以及工作情緒的降低；甚且管理人員對這種不一致的情況，無法做合理的解釋。

（三）決定輔助薪資標準

薪資政策除了要有公平合理的本薪之外，尚需注意輔助薪資的範圍與標準。所謂輔助薪資即包括：加班津貼、休假津貼、夜班津貼、年終獎金、全勤獎金、各項保險、福利以及其他補助等等。由於這些輔助薪資在薪資中佔有相當重要的比例，因此，公司應明訂輔助薪資的項目、範圍與標準。這些輔助薪資在公司正常生產力下，可激勵員工趨向競爭的工作態度，並發揮員工潛力，提高生產效率。是故，公司應擬訂一套適切的獎工制度，並建立輔助薪資的相當標準，使薪資制度更富彈性。

二、決定薪資結構

當薪資政策決定後，就要設計薪資結構。薪資結構有多種不同的模式：第一、薪額直進模式。第二、薪額涵蓋模式。第三、薪額點數模式。第四、績效評分模式。此外，薪資結構的設計，首先要決定的是薪額的分級，也就是薪給的差距，亦即薪額的幅度。

（一）薪資結構模式

1.薪額直進模式：所謂薪額直進，是指在薪級表上分成若干等，每一等分

成若干級；每一級薪額數目不同，愈往上愈遞加，且各等之間互不涵蓋；高一等的最低薪額，比低一等最高級薪額爲高，如表11-2。

一等	二等	三等	四等
26,800			
26,300			
25,800			
25,300			
24,800			
	24,300		
	23,800		
	23,300		
	22,800		
	22,300		
		21,800	
		21,300	
		20,800	
		20,500	
		19,800	
			19,300
			18,800
			18,300
			17,800
			17,300

表11-2 直進薪額表

2.薪額涵蓋模式：薪額涵蓋與薪額直進不同之處，在高一等的低薪級與低一等的高薪有數級交叉涵蓋，此又可分為同幅涵蓋與異幅涵蓋。

（1）同幅涵蓋：同幅涵蓋是指每一等級薪額的幅度相當，差距相當，涵蓋幅度相同，涵蓋的薪額相同，如表11-3。

一等	二等	三等	四等
26,800			
26,300			
25,800			
25,300			
24,800			
24,300	24,300		
23,800	23,800		
23,300	23,300		
	22,800		
	22,300		
	21,800	21,800	
	21,300	21,300	
	20,800	20,800	
		20,300	
		19,800	
		19,300	19,300
		18,800	18,800
		18,300	18,300
			17,800
			17,300
			16,800
			16,300
			15,800

表11-3 同幅涵蓋薪額表

（2）異幅涵蓋：異幅涵蓋即每一等級薪額有相當的彈性，幅度不同，差距不同，涵蓋的幅度也不相同，如表11-4。

一等	二等	三等	四等
26,800			
26,300			
25,800			
25,300			
24,800			
24,300			
23,800	23,800		
23,300	23,300		
22,800	22,800		
22,300	22,300		
	21,800		
	21,300		
	20,800	20,800	
	20,300	20,300	
	19,800	19,800	
		19,300	
		18,800	
		18,300	
		17,800	17,800
		17,300	17,300
			16,800
			16,300
			15,800
			15,300

表11-4 異幅涵蓋薪額表

3.薪資點數模式：薪資點數，簡稱為薪點，即將薪資表劃分為若干等級，每個等級訂有一定點數，再另訂折合率，而點數乘以折合率，即為該等級之薪額。採用此法，遇有調整待遇時，只須變更折合率即可。如表11-5。

職等		一	二	三	四	五	六	七	八	九	十	十一	十二
薪給（月給）單位：薪點	第一級	970	860	790	720	660	600	540	485	430	375	330	295
	第二級	990	876	806	736	674	614	554	495	440	383	338	300
	第三級	1,010	896	822	752	688	628	568	505	450	391	346	305
	第四級	1,030	914	838	768	702	642	582	515	460	399	354	310
	第五級	1,050	932	854	784	716	656	596	525	470	407	362	315
	第六級			870	800	730	670	610	535	480	415	370	320
	第七級			886	816	744	684	624	545	490	423	378	325
	第八級				832	758	698	638	555	500	431	386	330
	第九級				848	772	712	652	565	510	439	394	335
	第十級				864	786	726	666	575	520	447	402	340

表11-5 薪點表

4.績效評分模式：績效評分並未訂定薪級表，而以績效表現、服務成績、品德成績等因素，作為評分高低的依據。此法必須訂出折合率，而以分數高低乘以折合率，即為薪資額。如表11-6。

以上四種薪資結構模式，在國內外均有公司採行。此四種模式大致可分為兩大類：一為明確訂出薪級薪額，亦即採用單一薪率，加薪或晉薪時必須按部就班。另一為薪額作彈性規定，亦即採用可變薪率，加薪或晉薪數目並不固定，需視工作績效的高低而作彈性加薪；亦即績效優異者，可作大幅度加薪。

至於薪額採用交叉涵蓋的意義，有二：一為每一等績優人員或年資已達該等的最高薪，其薪額高於高一等的新進人員，可達到激勵該等績優或資深人員之目的。一為擔任繁簡難易程度相近的工作，不因職等不同而致薪額有太大差異。

此外，一般公司職員與工人都適用不同的薪級表。因為工人的工作種類繁多，其工作性質、技術程度各有不同，而必須劃分為較多等級。至於，職員的工

分數		折合率		日薪
100	×	8	＝	800
99	×	8	＝	792
98	×	8	＝	784
97	×	8	＝	776
96	×	8	＝	768
95	×	8	＝	760
94	×	8	＝	752
93	×	8	＝	744
92	×	8	＝	736
91	×	8	＝	728
90	×	8	＝	720
89	×	8	＝	712
88	×	8	＝	704
87	×	8	＝	696
86	×	8	＝	688
85	×	8	＝	680
84	×	8	＝	672
83	×	8	＝	664
82	×	8	＝	656
81	×	8	＝	648
80	×	8	＝	640
79	×	8	＝	632
78	×	8	＝	624
77	×	8	＝	616
:				
40	×	8	＝	320

表11-6 評分與薪酬表

作性質、職責程度與工人有所不同，故需另外劃分等級。因此，多數公司職員與工人的薪級表都是分開訂定的。當然，職員與工人的薪級表，各應分成幾個等級，宜視企業的性質、規模大小、作業特性與採行的薪資結構模式而定。最多不超出二十個等級，最低不少於五個等級，且每一等應劃分爲幾個薪級，雖無固定模式，但以五至十級爲最適宜。

（二）薪資結構的設計

企業一旦決定採取某個薪資結構模式後，就可設計薪資結構。首先要決定薪額的分級，亦即所謂的薪率；其次爲設計薪額幅度。

1.決定薪額分級：所謂薪額分級，又稱薪率。一般企業所使用的薪率有兩種，一種是單一薪率，另一種是可變薪率。所謂單一薪率，是固定薪額的薪級，每一職等只有一種薪額；凡屬同職等的員工皆獲同一待遇，薪額的增加只能從一個職等跳升至較高的職等，如圖11-2。至於可變薪率則不然，薪額的增加可在原職等內晉升；亦即在一個職等內有不同的薪級，員工可因年資與考績而改變薪額，如圖11-3。

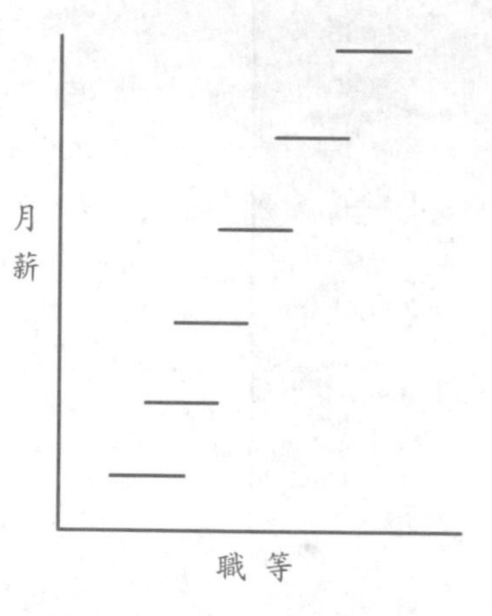

圖11-2 單一薪率

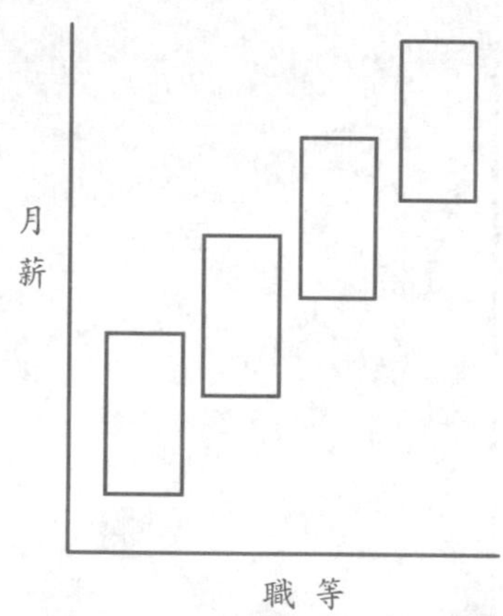

圖11-3 可變薪率

企業內有許多工作，特別是技術水準較低的工作，例如，機器操作工作，只要付予單一薪率即可。此種薪率的優點，是員工可計算其薪額，並激勵員工爲多得薪資而力求晉升；而且在維持薪資記錄與估算人工成本時，也較簡單。不過，此種薪率不能依員工的工作績效及年資計酬，對一般員工缺乏激勵努力工作的作用，以致工作時只願意保持最低標準；而且優秀員工與普通或新進員工同等待遇，常生不平之心。因此，許多企業常採用可變薪率，以爲補救。

所謂可變薪率，是指員工雖從事同性質工作，但有不同的薪資。此可鼓勵員工改進工作績效，並安於工作。不過，當員工達到原薪級的最高薪額時，其情況與單一薪率相差無幾。

2.設計薪額幅度：當薪率決定後，就要設計薪額幅度。所謂薪額幅度，就是低等薪額與高等薪額間的差距數。此時要考慮兩個問題：決定薪額幅度的大小以及決定各職等間最低薪額的差異。茲分述如下：

(1) 薪額幅度的大小：在理論上，工作職責的難易輕重程度，大多是逐漸增加的，突然改變的情況並不多見。因此，薪級的差距如能做到相等或甚接近，應是薪資結構的重要原則。

如果採行可變薪率，則在同職等內最低薪額和最高薪額應有多大差距，這要看工作性質而定。通常爲使個人對工作做較大貢獻，凡是性質較複雜所負責任較重的工作，所訂薪額的幅度也較大。一般而言，同職等內最低與最高的差距，以百分之二十至百分之三十五之間爲適當。低層管理人員類中，最高薪額要比最低者高百分之三十至百分之四十；而高層管理人員，其幅度爲百分之五十至百分之六十之間。

此外，一項影響薪額幅度大小的因素，就是選擇固定或變動薪額幅度的問題。例如，固定薪額幅度爲三百元，則某一職等與次一職等薪均相差三百元，但在低職等中三百元可能代表百分之十的幅度；而在高職等中三百元可能不足百分之五，於是，在加薪時，低職等加薪的比例大，高職等加薪的比例小，而形成一種不公平的現象。事實上，由於低等職位比較多，升級機會也多，幅度不宜太大；而愈往上層職位愈少，升級機會也少，就宜有較大幅度，以免多數人同時升達頂點，而形成凍結現象。因此，企業宜採用變動薪額幅度，即下級的幅度小，而上級的幅度大。

（2）職等間最低薪額的差異：職等間最低薪額差異，是指相鄰兩個職等間薪額幅度應否相互涵蓋；或上一職等的最低薪恰高於下一職等的最高薪，而即不相涵蓋而言。各職等間薪額無涵蓋，即為前述的薪額直進模式；此種薪資結構的缺點甚多，若幅度過大，則因薪額累進過速，總薪成本太高；若幅度過小，則又難與考績加薪辦法配合。

各職等間薪額幅度有涵蓋，可包括：同幅涵蓋與異幅涵蓋。此法的優點為：第一、可考慮其他因素酌量加大薪額幅度，而不致使薪資成本過大，常為企業所採用。第二、可彌補歸納缺陷，少數難易程度相近的職位，不因職等差異而有甚大薪資差異。第三、可顯示工作熟練程度的差異，即次一職等的熟練員工應較上一職等新進人員得到較高待遇。第四、便於暫時調動職位，而減少次高或次低職位在暫時調動時的困難。

不過，在決定薪額幅度涵蓋程度時，應加注意。因涵蓋部分過多，則上下兩職等間的薪給差異過少，將失去工作激勵功效；若涵蓋過少，則薪資成本增加甚速，將增加公司開支的負擔。因此，一般多以某一職等的薪額中點，作為較高職等之最低薪額。其理由為：第一、中點代表一個熟練員工應得的薪額，中點以下代表學習階段，而中點以上則在能力與效率方面皆有水準以上的表現。第二、中點就是單一薪率制度中每一職等應發的薪額。第三、每一職等的優秀員工，都應給予高一職等應發的薪額。第四、容易計算。

總之，設計薪額幅度時，首先要考慮同職等內薪額幅度的大小，並決定職等間最低薪額的差異，才能設計出所需的薪額幅度，從而建立起合理的薪資結構。

獎工制度

一家企業欲求合理地管理員工，必須能建立健全、公平而合理的薪資制度。蓋員工努力工作的目的，乃在追求合理的薪資，用以維持相當的生活水準。

惟有時獎工制度亦具有相當激勵作用，甚而影響生產效率，故一般公司都訂有獎工制度，至少它也是一種相當合理的薪資制度。因此，所有的獎工計畫都是對超出水準的工作給予獎金，但各種獎工計畫都有其計算依據與方法[5]。

一、泰勒按件計酬制

泰勒按件計酬制（Taylor differential piece-rate system）爲泰勒所創，就是運用科學方法，規定一個較高的工作標準，而將薪資按工作表現分爲兩種工資率。凡高於產出標準的，給予高工資；低於產出標準的，給予低工資。該制度的公式爲：

$E=NR_1$……………………………（1）（工作在標準以下）

$E=NR_2$……………………………（2）（工作在標準以上）

E：工人所得工資

N：產品件數

R_1：未達標準的工資率

R_2：已達標準的工資率

例如：工作時間為八小時的標準產出為十件，工資率在未達標準時為八元，標準時為十元，如果甲產出十二件，乙產出為九件，則甲所得工資為10×20＝120元，乙所得工資為8×9＝72元。此制的優點為：第一、報酬與能力成正比，努力成功者得厚酬，懈怠失敗者受薄酬。第二、具有強力的刺激，可激勵員工增進產量保持品質。其缺點為：第一、無最低工資的保證。第二、此制對能力稍差者不具鼓勵作用。

二、甘特作業獎工制

甘特作業獎工制（Gantt task and bonus system）爲甘特（H. Gantt）所創。此制爲對泰勒按件計酬制的修正，可說是計時工資制與差別計酬制的混合。它是運用科學方法規定一定時間內的標準產量，凡達到或超過標準者，除了得到計時工資外，可另得作業獎金爲百分之二十至五十；未能達到作業標準，只可獲得計時工資。對於其領班在所屬工人得獎達一定程度時，亦可獲得獎金。此制公式爲：

E＝TR…………………………………（1）（工作在標準以下）

E＝（SR＋SR／3）＝4／3 SR……………（2）（工作在標準以上）

上述（1）式乃用於將接近標準的工作成績者，而（2）式則用於達到或超過標準的工作成績者，其獎金率爲33 1／3%。若非應用33 1／3%，則（2）式可變爲：

E＝SR＋PSR…………………………（3）（工作在標準以上）

T：實際工作時間

R：每小時工資率

S：標準工作時間

P：代表獎金的百分率

例如：標準工作時間為八小時，工作件數為十件，工資率每小時50元，則其收入為：

（一）實際工作八小時，未完成十件者：

E＝8×50＝400元

（二）實際工作八小時以內完成十件者：

E ＝8×50＋（8×50）／3＝533.3元

（三）若獎金率訂爲50%者：

E＝8×50＋（50／100）×8×50＝600元

此計畫的實施必須有精確的標準時間，其優點乃爲：第一、保障未依標準時間內完成工作者工資。第二、以科學方法研究工作狀況。第三、易於施行。但其缺點爲：第一、員工只努力於容易達成標準件數的工作，以求能得到高額獎金；而不願從事不易達到標準件數的工作。第二、在效率高低不同的情形下，每單位效率所增加的獎金比率相等，欠缺彈性，且乏公平合理性。

三、哈爾賽獎工制

哈爾賽獎工制（Halsey's premium system）爲加拿大人哈爾賽（J. Halsey）所創。此制度基本上也是計時與計件的混合，而以節省時間爲計算基礎的獎工制。它可保障工人的最低工資，而工人除按時可得工資外，對其超效率所節省的時間，也可得到獎金。通常獎金的數額，爲按時計酬的三分之一到二分之一。不過，標準時間的訂定必須縝密，或按過去實際工作時間的平均數，或依動作與時間研究的結果而訂定。所訂時間不宜過緊或過寬；過緊則工作不易得獎，將失去鼓勵作用；過寬則公司負擔增加，獎勵將失之過濫。此制的公式如下：

E＝TR ……………………………………（1）（工作在標準以下）

E＝TR＋（S－T）R／2……………（2）（工作在標準以上）

或E＝TR＋P（S－T）R……………（3）

E：工人所得工資

T：實際工作時間

R：每小時工資率

S：標準工作時間

P：獎金率

例如：完成某工作的標準時間為十二小時，某人以八小時完成之，基本工資為每小時二十元，獎金率為百分之五十，則此人所得獎金為：

E＝8×20＋50%×（12－8）×20＝200元

其中160元爲保障工資，40元爲獎金。

此制度的優點爲：第一、以節省時間計算應得工資，計算簡便。第二、依以往工作記錄爲標準，易於採用，不必經過繁難的科學研究，任何情形皆可採用。第三、對工人每日工資有所保障，勤奮工作者可得到更多獎賞，對無法達成標準者亦無損害，自爲員工所樂意接受。惟其缺點爲：第一、標準時間必須依科學鑑定，很難建立標準。第二、工作方法與環境很難標準化，則工作遲速惟賴工人的知識與技巧。

四、羅文獎工制

羅文獎工制（Rowan premium system）爲蘇格蘭人羅文（James Rowan）所創。此制度以工作時間爲基礎，但其標準時間以經驗爲依據，其獎金數目隨著節省時間與標準時間的比例數而成比例增加。該制在方式上接近哈爾賽獎工制；但與哈爾賽獎工制不同處，乃爲節省時間較少時，獎金給予較哈爾賽制爲有利；而節省時數愈大時，則所獲獎金反比例減少。此制一方面在刺激不熟練工人，另一方面爲防止過度高額的給付。此制公式如下：

E＝TR……………………………………（1）（工作在標準以下）

E＝TR＋〔（S－T）／S〕TR……………（2）（工作在標準以上）

例如：完成某工作的標準時間為十二小時，某人以八小時完成，基本工資為每小時二十元，則此人應得：

E＝8×20＋（8×20）×〔（12－8）／12〕＝213.3元

此制的優點爲：第一、對不能達到標準時間的工人，可保障其計時工資。第二、在開始的節省時間內獎金寬大，可鼓舞工人。第三、獎金自行設限，標準時間縱有錯誤，亦不必縮減工資。缺點爲：第一、計算複雜不易瞭解，容易引起誤會或反對。第二、獎金隨著節省時間的加多，反而成比例的減少，不足以鼓勵工人做最大限度的生產。

五、艾默生效率獎工制

艾默生效率獎工制（Emerson efficiency wage system）爲美國艾默生（Harrington Emerson）所創。該制度的特點乃在按工人的工作效率，分別予以不同的獎勵，使工人容易獲得獎金，藉以鼓勵工人努力工作。該制度運用科學方法研究各方面工作，訂定工作標準；且隨各人工作效率的增進，其工資逐漸由計時工資遞進爲計件工資。其規定效率在標準的百分之六六．七以下，以工作時間核算工資，即保障其計時工資。若效率在標準的百分之六六．七者，則以計件核發獎金，且獎金率隨著效率的增高而增高。若效率達百分之百以上時，則除對節省時間再十足按每小時工資率計算外，另加實際工作時間的百分之二十計算獎金。此即爲效率工資。其計算公式如下：

E＝TR……………………（1）（工作效率在66.7%標準以下）

E＝TR＋P（TR）………（2）（工作效率在66.7%以上）

E＝e（TR）＋0.20TR …（3）（工作效率超過100%以上）

公式中，P＝獎金率，e＝工作效率。

例如：某公司所定效率等級及其相對工資增加百分率，如下表：

效率等級	66.7	70	75	80	85	90	95	100
工資增加百分率（P）	1	3	5	7	9	12	16	20

現標準工作時間為四十小時，每小時工資率為九十元。今工人某甲的工作效率低於66.7%，則其應得工資為：

E＝40×90＝3600元

工人某乙的工作效率為80%，則其應得工資為：

E＝40×90＋0.07×（40×90）＝3852元

工人某丙的工作效率110%，則應得工資為：

E＝1.1×40×90＋0.20×40×90＝4680元

採用此種制度的優點爲：第一、保障工人的基本工資。第二、工人的工作效率與獎金均每週或每月結算一次，而非按每天結算，可使工人每日的工作效率得以截長補短，而有獲得獎金的可能。第三、獎金隨著效率的增高而增高，有促進員工努力精進的功效。

其缺點則爲：第一、計算過於繁雜，工人不易瞭解。第二、需僱用較多的記錄員，增加人事的間接費用。第三、因係按週或按月結算一次，核發獎金時間距工作時間稍長，獎金的刺激力難免消失。

六、比多士計點制

比多士計點制（Bedaux point system）為美國企業管理學家比多士（Bedaux）所創。其要旨在使工作與報酬相稱，並考慮必要的休息。其方法就是經由動作與時間的研究，將每個工作所需的時間，加入工人從事此工作應予休息的時間，訂為標準的「點時」（point hours）。如工作速度在標準「點時」以下，仍保障其基本的計時工資。如超過標準點時，則另加獎金，其公式為：

$E=TR$ ……………………………（1）（工作在標準以下）

$E=TR+P(S-T)R$ ……………（2）（工作在標準以上）

E：工人所得工資

T：實際工作時間

R：每小時工資率

P：代表獎金的百分率

S：標準工作時間

例如：工作在標準以上者，標準工時為八小時，獎金率為2%，實際工作時間為七小時，工資率為每小時四十元，則工資所得為：

$E=7\times40+0.02\times(8-7)\times40=280.8$元

此制的優點為：第一、可應用於非純粹生產工人。第二、可使每種工人都應用同一獎金辦法。第三、保障每日最低工資，具有鼓勵工人並改善管理的功效。其缺點為：第一、計算繁雜，不易為工人瞭解。第二、獎金率設計費周章，百分比過高，將增加公司負擔；獎金率過低，無以發揮激勵作用。

七、團體獎工制

當工作性質需數人或團體合作，而不便分開個別計算時，可採用團體獎工制（group bonus system），使組內各個分子相互監督鼓勵，並可促使技術較次者努力提高水準，以免影響同組其他人員。前述各種獎工制度大多可應用於團體獎工制度中，如採用甘特作業制度則可決定團體作業標準以及團體獎金百分數。所得獎金先分配到各組，再分配於個人。

團體獎工制的優點：第一、使團體更富有機動性，促使大家共同勉勵。第二、對非直接工作的工人，亦給予部分獎金，以促進其努力工作。其缺點為：第一、團體力量較大，易使廠方遭遇困難。第二、個人成績在團體中難得表現。第三、一個有良好默契的工作團體，常因新手的加入，而影響團體成效。

綜合上述，每種獎工制度都有它的特色，最主要必須依據公司性質、工作種類與特性、環境因素……等，採用不同的制度。此外，尚有運用目的不同的各種獎金，如有品質獎金、設備運用獎金、考勤獎金、年功獎金、額外工作獎金、減少意外損害獎金……等。甚而，對不同對象，如銷售人員或管理人員，有必要另設各種獎金制度。

總之，獎工制度為薪資的重要部分；它足以鼓勵員工工作情緒，人力資源管理上必須統籌妥善運用。

附註

1.鎮天錫著，現代企業人事管理，自印，二七一頁。
2.吳靄書著，企業人事管理，自印，二五二頁至二五六頁。
3.王德馨編著，現代工商管理，三民書局發行，六五頁至六六頁。
4.同註二，二五七頁至二六〇頁。
5.同註三，六八頁至七四頁。

研究問題

1.何謂薪資？工資與薪給是否相同？其特性爲何？
2.企業何以要給予員工薪資？其目的安在？
3.影響薪資的因素有哪些？試述之。
4.企業發給員工薪資何以要考慮外界因素？它包括哪些因素？試說明之。
5.何謂計時制薪資？企業在哪些情況下適用計時制？它有何優、劣點？
6.何謂計件制薪資？企業在哪些情況下適用計件制？它有何優、劣點？
7.薪資可包括哪些內容及項目？試簡述之。
8.一個合理的薪資制度是否需作薪資調查？其程序爲何？
9.薪資的訂定何以要考慮薪資政策？一個良好薪資政策的條件爲何？試說明之。
10.薪資結構有哪些模式？試分別說明之。
11.何謂單一薪率？可變薪率？兩者有何不同？各有何優、劣點？
12.何謂薪額幅度？影響薪額幅度的因素爲何？
13.當釐訂薪資時，何以要考慮各職等間薪額幅度的涵蓋？其優點何在？
14.在釐訂薪資時，採取某一職等的薪額中點，作爲較高職等之最低薪額的理由何在？
15.試述泰勒按件計酬制的內容、優點、缺點。
16.何謂甘特作業獎工制？其優、劣點爲何？
17.哈爾賽獎工制的特點爲何？其優、劣點何在？
18.試述羅文獎工制的特色、優點及劣點。
19.艾默生效率獎工制的主旨爲何？有何優、劣點？
20.何謂比多士計點獎工制？其優、劣點爲何？
21.企業何以要實施團體獎工制？其優、劣點何在？

個案研究

調整薪資的爭議

大連化學公司的產業工會，對公司新的勞資合約，已經談判了三個月以上。眼看著新約開始的時間只剩下三十天了，雙方仍然沒有獲得協議。問題出在調整薪資上，資方提出的是薪資提高6%；而勞方的要求則是薪資應依政府公務員的標準，提高12%。這時候，代表資方的是公司主管工業關係的副總經理鄒文山，向總經理鄧西裕報告，認爲很快便可達成協議。以下是鄒副總和鄧總之間的談話：

鄒：總座，依我看來，很可能勞方會同意9%的加薪。談判了十個星期，我個人深信已能瞭解對方。

鄧：事實上，鄒兄，董事會的希望是最高加薪7%呢!

鄒：我看對方很難同意。如果我們堅持這種立場，合約很可能無法達成，我們便得隨時準備應付罷工了。

鄧：董事會不一定肯接受勞方那樣高的要求呀，鄒兄。而且，我們代表資方，的確不希望簽訂一份條件太高的合約。

鄒：總座，請讓我坦白說明我的看法。我覺得我們很難照董事會的指示談成功。假如我們堅持，結果很可能簽不成的，對方恐怕非得罷工不可。看起來我們最寶貴的資產勞資關係，就得受到嚴重傷害了。我們得想到，和諧的勞資關係正是管理程序中最重要的「投入」，沒有這份投入，生產必然受到重大影響。我們應該珍惜這項關係。

個案問題

1.薪資問題是否爲決定勞資關係的唯一因素？或最重要的因素？
2.企業薪資的調整是否應考慮外界因素？又哪些因素可能影響薪資的調整？
3.從投入與產出的觀點言，薪資的調整與否，是否會影響生產？
4.從本個案看來，什麼才是合理的薪資？

紀律管理

第12章

本章學習目標

讀者於讀過本章之後，應能瞭解：

1.紀律管理的意義。

2.紀律管理的理論基礎。

3.「熱爐法則」的涵義及特性。

4.建立紀律管理的程序。

5.違規行為發生的原因及類別。

6.實施懲戒的過程和方式。

7.懲戒的原則。

8.員工申訴的涵義及目的。

9.實施申訴制度的益處。

10.申訴事件的處理程序及原則。

紀律管理是人力資源管理所應重視的課題之一。蓋組織紀律的維護，乃可讓員工遵循一定的工作規則，用以達成工作目標。組織若無紀律，則必雜亂無章，無以完成工作績效。當然，所謂紀律是針對人員的行爲而言的，絕非針對工作規則而發。工作規則只是一種行爲的規範，其目的乃在要求員工遵守此種規範，以便組織的運作能更爲順暢。因此，紀律管理乃爲一種人力資源的管理，殆無疑義。本章首先將討論紀律管理的意義，其次再探討紀律管理的理論基礎與基本原則，然後再研討紀律管理的程序及維持紀律的手段與工具，最後分析申訴程序及其應用。

紀律管理的意義

當組織員工違反了工作規則，或表現不良的工作績效時，管理者就必須運用懲戒的手段，以導正員工的行爲，或改善其工作績效，此即爲紀律管理。易言之，所謂紀律管理（discipline managnment），就是在員工已違背了組織規則，或表現不良績效，而需要採取矯正行動之謂。一般而言，任何組織的員工行爲，都必須符合組織的要求，才能達成其目標；而爲了維持此種目標的持續進行，就必須有紀律的管理。

組織管理階層爲了維持良好的工作紀律，就必須建立一些合理的行爲標準，以便員工能知所遵從。組織一旦能建立起良好的紀律，不但可規制員工的正當行爲，且可提高員工士氣，形成合宜的組織氣氛，這就是紀律管理的功效。當然，在紀律管理的要求下，大多數的員工都能保持高度自我控制的能力，但也會有少數員工因缺乏此種能力，此時只有賴懲戒以導正其行爲了。因此，就廣義而言，紀律管理實應包含積極的激勵與消極的懲戒。積極的激勵乃在激發員工的正當行爲，而消極的懲戒則在限制員工的不當行爲，此兩者皆在規制員工行爲，以便能維持良好的紀律。

然而，談到「紀律」（discipline）一詞，一般人多持狹義的解釋，亦即偏重於消極的懲戒。本章所擬討論的，亦即指此而言。不過，有關紀律的懲戒應不僅限於懲戒行動而已，它尚可包括申訴的程序與處理。蓋任何懲戒行動有時不免會有失誤產生，此種不當的懲戒將會造成員工的不滿，故須有申訴的機會才能完成紀律管理的目標。因此，紀律管理除了須有懲戒行動之外，尚必須建立申訴制度。

總之，所謂紀律管理，就是在維持組織內部良好秩序的過程。任何組織都可借助獎勵和懲戒，來導正、塑造和強化員工的行為。

易言之，紀律管理乃是藉著酬賞或處罰來進行控制和塑造企業員工行爲的過程[1]。它包括：第一、正面紀律（positive discipline），係指管理者基於領導上的需要，用以提高企業員工工作績效的目的，而改變企業員工的行爲。第二、負面紀律（negative discipline），指管理者運用懲罰的手段，以導正員工行爲，使其服從命令，遵守規章。組織從事於紀律管理，可確保全體員工爲整體利益而工作，且不會侵犯到他人的權益。

紀律管理的理論基礎

紀律管理基本上係屬於一種人事獎懲制度，它乃爲依據組織的規章和準則而制定，其目的則在企求員工能遵守紀律，以確保其維持良好的工作士氣與工作績效。此種目標的達成，有賴於組織管理階層對員工行爲進行塑造，其主要理論基礎即爲所謂的組織行爲修正（organizational behavior modification，簡稱OB Mod.）。該理論是近年來頗受重視的人力資源管理技術。

所謂組織行爲修正，基本上是指在塑造員工行爲，使其合乎組織的期望與要求而言；它係在員工個人表現正確行爲時給予獎勵，而在表現不當行爲時給予懲罰；經過這樣的行爲修正，則員工自然能瞭解到什麼是應該做的，什麼是不應該做的，如此自然能導正員工行爲，朝向組織目標而邁進。因此，組織行爲修正基本上乃是一種增強理論（reinforcement theory）的應用，其乃在期使員工的正面行爲不斷地重複出現，而使負面行爲受到抑制。正面行爲可歸之於激勵管理，而負面行爲則歸之於紀律管理。

正面的激勵管理乃是管理者運用種種的獎賞措施，用以提高員工的工作績效；負面的紀律管理則在對員工施予懲罰，使其服從命令，遵守規章。因此，激勵管理和紀律管理乃是一體之兩面，兩者是相輔相成的。是故，行爲修正理論（behavior modification theory）與增強理論（reinforcement theory）實乃是構成激勵管理和紀律管理的理論基礎。本章首先將討論紀律管理，而激勵管理則留待下章討論。

紀律管理的基本法則

紀律管理基本上是以懲戒爲手段，而達成員工遵守工作規則，用以提高工作績效的目的。然而，懲戒本身並不是目的，它應被視之爲員工學習的機會，以及用來作爲改善生產和人群關係的工具；否則將失去懲戒的作用和目的。因此，組織管理階層於運用紀律管理之際，必須遵守「熱爐法則」[2]。所謂熱爐法則（the hot stove rule），是指實施紀律管理時應如接觸到一只熱爐的燃燒一樣，此種紀律的實施應直接針對行爲，而不是個人。其主要觀點乃爲立即性、預先警告性和一致性。

所謂立即性，是指紀律的懲戒應當快速實施：且爲使懲戒有效，必須儘可能地不採用情緒性、不合理性的決定。此種懲戒就像熱爐一樣立即燃燒，其間並無懲戒的因果關係之問題。凡是觸犯工作規則者，應立即受到懲罰，以免後來者效尤；但此種懲戒亦應依據一定程序立即提出，此即爲正當程序（due process）的原則。

所謂預先警告性，是指用以作爲懲戒的工作規則，乃是預先設置的，俾使人們知道它的存在，以免觸犯相關的規則；就像熱爐的存在一般，其可避免人們去觸摸。如此，則紀律規則將具有預先警告的作用。一般而言，只要有工作規則存在，即使違犯者不知有此規則，仍具懲戒的效力，不可因不知而免受懲戒，此即爲預先警告性的意涵。

所謂一致性，是指任何個人，不因其地位的高低、年資的長短……等因素，只要觸犯同樣規則的動機和行爲一樣，都會有同樣的懲戒作用。易言之，此種紀律懲戒乃是針對行爲而發，而非依個人而行。熱爐以同樣的態度去燃燒觸摸它的每個人，不管他是誰。人們之所以受到懲戒，乃是因爲他們已做了什麼，而不是他們是誰。此種一致性正可維護工作規則的尊嚴，使人人均須遵守。當然，就行爲結果而言，懲戒可因個別差異而有不同的懲罰，但基本的一致性則爲懲戒的基本原則。

總之，紀律管理的實施，應讓每位員工覺得在相同的環境和條件下，所有員工都應受到同樣紀律的約束。管理階層在採取紀律行動時，必須確保人格特質並不是運用紀律管理的因素；亦即紀律懲戒是員工做了某些事的結果，而不是因人格特性所引起的。管理階層在運用紀律管理時，應注意此種規則的運用，避免與員工發生爭論，且應以率直而平常的態度來處置，如此才能維持主管的尊嚴，並避免不平事件的發生。

紀律管理的程序

紀律管理的目的，既在維持組織的整體紀律，則其運用必須遵循一定程序，以免造成偏頗而引發更多的不平。在懲戒實施過程中，首先必須確立紀律的目標，然後研究所應建立的工作規則之適用性，其次必須和員工溝通其做法，且應隨時加以評估和檢討，俾能切合實際狀況，最後才可能達成修正組織員工行爲的目的[3]。

一、確立紀律目標

組織從事於紀律管理，首先須確立紀律目標，以作爲引導員工工作行爲的基準。確立紀律目標的目的，一方面乃在確保員工達成組織的整體目標，另一方面則在保障員工的權益。此種紀律目標包括績效條件和工作規則。績效條件通常是依績效過程而設立的，而工作規則應與成功的工作績效有關。由於工作規則的執行，部分乃係依員工接受這些規則的意願而定，故定期加以檢視其適用性是相當重要的。此外，在設定這些工作規則時，宜由員工直接或間接投入，如此在員工體驗到這些工作規則是具有公平性的、且與工作有關之時，則懲戒過程將更容易執行。

二、研究工作規則

紀律管理過程的第二項步驟，乃爲研究工作規則。此種規則包括：

（一）爲與生產有直接相關的規則，例如，工作作息時間、工作中禁止規則、工作行爲規則，以及安全規則等均屬之。

（二）爲與生產有間接相關的規則，例如，禁止兼職、賭博、穿著工作服規則、與同事相處規定等均是。

不管是與工作有直接或間接相關的規則，都必須經過縝密的研究，然後詳細加以規定，則將使懲戒行動能更為具體而明確，如此可避免執行時的含混不清，甚或遭致物議。因此，詳實研究工作規則乃是必要的。

三、溝通法規做法

紀律管理過程的第三項步驟，乃在對員工溝通績效條件和工作規則，如此才能使員工眞正瞭解，而一旦有了違規或疏失，則可依規則而懲戒。通常，此種溝通乃是透過始業訓練和績效評估來達成。當然，工作規則是可以各種不同的方式來溝通的。不過，當個人在被僱用時，就可透過始業訓練而發給有關工作規則和組織政策的手冊，用以解說這些工作規則和公司政策。此外，公布欄、公司簡訊和備忘錄等，都可用以溝通工作規則。最後，公司或主管對員工作績效評估或考核，就是最直接解說相關工作規則的方式。

四、檢討評估措施

紀律管理過程的第四項步驟，乃在檢討和評估紀律政策與懲罰措施的是否允當。當組織在檢討或評估紀律政策與懲罰措施是適當的時候，就可繼續加以執行；否則就必須改變其政策和措施。易言之，相關工作規則和紀律政策必須定期檢討修正，才能合於時宜和環境的變遷，此時應多參考員工的意見，並減少不必要的繁文縟節，以增強其重要性。當工作環境或外在條件發生變遷時，就必須對紀律政策與規則作彈性的修正。

五、修正員工行為

紀律管理過程的最後步驟，乃是在必要時能應用所研訂的工作規則或績效標準，而採取矯正行動，以導正員工的行為。當員工的工作績效不合乎組織的期望，或違反了工作規則時，矯正行動乃是必要的。此時就必須找出員工表現無效率或不當行為的原因，探討它到底是因訓練不足，或是技術的欠缺，抑係為工作意願的低落，還是個人習慣的不良，從而能對症下藥，以便能採取準確的修正行動。

總之，組織要使紀律管理有效，必須能循序漸進，逐步檢討紀律政策的實施。紀律管理乃是經營管理人員的主要責任，只有管理者負起維持紀律的完全責任，並採取必要的步驟，才能完成組織的紀律目標。任何規則或紀律維持制度的訂定，必須依循一定的目標及步驟，才有成功的可能。

懲戒的實施

懲戒乃是組織管理階層因員工違反工作規則或不能達成工作績效標準時，對員工所採取的一種矯正措施。早期組織管理階層對員工的懲戒並無一定程序，目前對員工的懲戒不僅有其程序，且常因違規的原因或違規的程度而施予不同的懲罰。站在今日組織管理的觀點而言，為使懲戒有效，管理者應實際地瞭解員工違規的原因和種類，才能落實紀律管理。其作用即在改善員工行為，以提高其工作績效[4]。因此，本節將討論違規行為發生的原因和種類，以及懲戒實施的過程與原則。

一、違規行為發生的原因

員工到組織工作的最主要目的，乃在追求各方面需求的滿足；然而，某些主客觀的因素常造成員工的違規行為，此種因素可能出自於員工個人、管理階層、或組織等。茲分述如下：

（一）員工的原因

員工本身常是造成違規與否的最主要來源，蓋違規行為的發生大多始自於個人主觀的觀點和態度。若員工個人能注意及控制自己的行為，當可降低違規行為發生的可能與次數。對大多數員工來說，他們都是具有相當自制力的；而有些員工仍不免會發生違規行為，歸其原因主要有：

1.欠缺基本知識，以致無法正確地執行工作任務，而損害到生產原料或設備。

2.缺乏技術訓練，以致工作意願低落，而成爲無效率的員工，終而衍生違規行爲。
3.討厭工作規則，不喜歡受約束，終而發生抗命行爲。
4.人群關係不佳，討厭同事或主管，因而到處惹事生非。
5.生理缺陷，例如，體力不佳，視力不良……，而形成自卑，以招惹他人注意，而求心理補償。
6.其他個人因素，例如，人格違常、能力不足等是。

（二）管理階層的原因

管理階層所採取的不當管理措施，也有可能是造成員工違規行爲的原因，其有：

1.管理不當，例如，採取高壓手段，崇尚個人權威，忽略與員工建立良好而和諧的關係。
2.採取威脅性的懲罰，造成員工的不滿。
3.對員工做人身攻擊，讓員工感受到挫折。
4.不當或危險的工作指派，以致超出員工的負荷能力，終招致員工的不滿。
5.其他足以引發員工不滿的因素，例如，假公濟私、公私不分等。

（三）組織的原因

組織機構本身也可能造成員工違規行爲，其有：

1.不合理的公司政策或工作規則，造成員工的壓迫感。
2.對員工期望過高，經常做不合理的要求，以致使其無法完成工作任務。
3.對員工過於苛刻，常設定不合理的條件，引發員工的挫折感。

二、違規行爲的類別

員工違規行爲一般可分爲普通違規和嚴重違規兩大類，茲分述如下[5]：

(一) 普通違規

此種違規事件大多是屬於輕微案件，組織只施予警告或申誡，而在一再犯錯之後，始施行較重的懲罰，例如，記過處分，這些違規行爲，例如，無故缺勤、遲到早退、匿報災情、擅離工作崗位、上班時間睡覺、廠內賭博、拒絕合理加班、兼差、不服從、在廠內遊說或作自我推銷、工作績效未達標準、工作過失、代人簽到打卡、在禁區抽烟、打架滋事、違反安全規則、值班喝酒、工作缺點太多，以及習慣性怠工怠職等均屬之。當然，上述各項違規行爲可能因組織管理階層價值觀的不同，或違規所造成損害程度的差異，而判定其嚴重性。

(二) 嚴重違規

此種違規事件可能對公司造成重大損失，或嚴重打擊員工工作士氣，故可能受到重大的處分，例如，降級、停職或解僱，這些違規行爲有：惡意毀損公司財產、嚴重抗命、酗酒或毒癮、性騷擾、偷竊公司財物、盜用公款、綁架勒索、阻礙生產、參加違法罷工、故意怠工、攜帶武器或違禁品、缺曠職過多、侮辱長官、僞造文書、從事非法行動、廠內招賭、故意傷人或殺人、對公司不忠誠、內亂罪，以及其他足以造成重大事件的行爲等。

三、懲戒的實施過程與方式

當員工有了違規行爲時，管理階層必然要採用懲戒的手段，用以規制員工的行爲，其實施步驟和採取的方式如下：

(一) 展開調查，掌握犯案事實

在員工有了違規行爲時，通常由直屬主管直接調查，蓋直屬主管乃是直接執行工作任務者，如此可建立主管的權威性。此外，在直屬主管掌握了犯案事實之後，才能憑以作出懲戒。

(二) 實施約談

在主管掌握犯案事實之後，即可展開約談行動，一方面可對違規者加以求證，另一方面則可告知違規者的不當行爲，以便讓違規者心服口服。

(三) 採取懲戒行動

在證實違規行爲時，對違規者施予懲罰，其方式包括：口頭警告、書面申

誡、記小過、記大過、罰款、剝奪特權、降級、扣薪、降職、停職、解僱等，須依違規的程度或所違犯的規則而定。

(四) 採取後續行動

懲戒的目的乃在規制員工的不當行為，故懲戒宜讓員工心悅誠服，而不是在尋求報復，故不宜使之衍生更多的不滿，此則須注意懲戒原則的運用。

四、懲戒的原則

組織實施懲戒的目的，乃在導正員工的不當行為，使之合乎組織的要求，並完成良好工作績效的目標。因此，懲戒行動乃是針對員工行為，而不是其個人。為了避免懲戒引發更大的不滿，或製造更多的問題，則管理階層應遵守下列原則[6]：

(一) 避免公開懲戒

懲戒的目的在改正人的行為，並不在於處罰本身，故宜儘量在私下進行；除非該項違規行為已嚴重傷害到組織，而不得不公開實施，以免引發偏袒的疑義或引起他人的效尤者為例外。一般而言，公開懲戒不僅會傷害到個人的自尊，且會引發更大的不滿，故一般皆不主張公開為之。

(二) 應具有建設性

懲戒行動應確保建設性，而不只是在消極性地懲罰。蓋懲戒的目的乃在確保員工保持正當的行為，故在態度上應由消極性的懲戒轉化為積極性的建議。

(三) 應由主管行之

懲戒由直屬主管行使，可收事權統一的效果，且可維護主管的尊嚴與地位。

(四) 行動應該快速

在員工一旦發生違規行為時，應立即處理，以顯現其間的急迫性和緊密性，如此才能達到警惕的效果。

(五) 應保持一致性

雖然違規行為有它的個別差異，但懲戒的一致性乃是基本原則，此已如

「熱爐法則」之所述。

(六) 以平常心對待

任何懲戒行動在處理完畢之後，應以平常心看待，切忌以猜疑的態度來對待違規者，並避免產生成見或偏見。

(七) 維護主管尊嚴

避免在部屬面前懲處直屬主管，以維護主管人員的地位與尊嚴。

總之，懲戒的目的乃在改正違規的行為，主管人員在採取懲戒行動之後，應觀察違規者的行為是否有所改變。懲戒只是用以改變員工行為所使用的最後工具而已，其目標乃在期望員工行為能配合組織之要求。對人力資源管理而言，懲戒是一種「必要之惡」(necessary evil)，管理人員實宜審慎運用，以避免引發更大的反彈。

員工申訴

一家企業無論其管理制度多麼有效率，管理措施多麼完善，員工總免不了有一些問題或怨言存在。這些怨言多潛伏在心中，且常在有意無意之間表露出來，但若無正式的疏通管道，則易引發許多問題。此時只有建立申訴制度，才能有助於問題的解決。當然，申訴制度的實施須有相當的誠意，才能提昇工作情緒和組織士氣，減少意外事件的發生，從而建立起良好的勞資關係。本節擬討論申訴制度的意義、益處以及處理申訴的過程、原則等。

一、申訴的意義

申訴制度是使員工循正常途徑，而宣洩其不滿情緒的制度。當員工對企業機構感到不平，或有所不滿時，而將其不滿情緒作適當的表達，就是一種申訴。戴維斯（Keith Davis）說：申訴可認爲是員工對其被僱用關係，所感到的任何眞實或想像的不公平[7]。因此，申訴的來源可能是眞實的情境，也可能是一種想像的境地。至於所謂不滿，至少有下列部分或全部的特質：第一、可能說出，也可能未說出。第二、可能是眞確合理的，也可能是無稽之談。第三、必來自於對企業機構的某些措施。

在上述這些特質中，可看出申訴必是針對企業機構的政策或活動而言。就整個申訴制度而言，企業主或管理人員必須注意一切可能的不滿，包括已表達出來的，或未表達出來的；眞實情況的，或想像的無稽之談。惟有如此，才能發展出良好的工作精神與效率，促進和諧的勞資關係。

二、申訴制度的益處

企業組織若能建立正式的申訴制度，則有助於維繫良好的勞資關係，其所具有的效益與價值如下：

（一）申訴制度益處

申訴制度的最大益處，就是在使管理人員瞭解員工心中的問題，從而尋求改進的措施。本來，企業組織就必須隨著內外環境的變遷而作適當的調整，而申訴制度正好可提供組織作適當變遷的依據。

（二）申訴制度可預防問題的發生

所謂預防勝於治療，由於申訴制度的建立，管理人員可對問題作事先的瞭解，從而尋求解決之道，如此可避免更多問題的發生；從而管理者亦可從此種特殊事件中，瞭解到一般性的問題。

（三）申訴制度可使員工不滿情緒，得以宣洩

員工透過申訴制度，不但可尋求問題的解決，而且可以宣洩其不滿情緒。此種情緒的宣洩，可以協助員工穩定其情感，並培養出心理上的安定感。且由於申訴制度，而肯定了員工的地位與成就。

（四）申訴制度可修正管理行為，防止專橫濫權的舉動

由於申訴制度的存在，則管理人員因權力所帶來的腐敗和專斷，將受到制衡。亦即有了申訴制度，可提醒管理人員採取人性化的管理，以發展出一種有效與協調的工作關係。

(五) 申訴制度可發展良好的溝通系統和管道

一般組織溝通的最大弊病，乃爲溝通都是由上而下，很少建立由下而上的管道。因此，有了申訴制度，可由組織底層員工的意見向上傳達，以作爲上級決策的參考。

(六) 申訴制度可使管理者實施適當的控制

由於員工提出申訴意見，上級管理階層乃可全盤掌握組織的狀況，而採用更適當的管理措施；並能調整管理規則，使管理系統更富有彈性，期能適應動態環境中的各種變化。

總之，申訴制度可改善上級與員工關係以及勞資關係，減少員工的抱怨，並免除不當的懲戒，而增進部屬對上級人員的積極反應。

三、申訴事件的處理

一般而言，申訴事件的處理愈早愈好，其解決問題的機會也愈爲明顯。所有申訴案件應由各級主管人員儘速處理，若主管不便處理，應專設申訴處理單位或人員，將更能做到公允的境地。一般處理申訴案件人員，應遵循下列程序：

(一) 坦然接受申訴

申訴制度的建立，既在排解不當的懲戒，或紓解員工對組織的不滿或不平，則申訴處理人當坦然地接受申訴，如此才能眞正達成目的。因此，面對員工的申訴應採取坦然相待的態度，才不致橫生枝節，並使員工的不滿情緒得以宣洩。即使其結果不爲員工所接受，至少也能得到某種程度的諒解。

(二) 確定問題的本質

當處理人員接受申訴案件時，必須以平和的態度去判斷申訴的內容，而不是以過去的案例去比擬。因此，處理申訴的態度是相當重要的，況且申訴人最不喜歡他人誤解他的本意，除非處理人能把問題的本質弄清楚，否則問題便難以解決。

（三）搜求陳述的事實

在搜求事實時，除了查閱平時保存的適當記錄外，處理人員必須將本身意見或印象公開，而以客觀態度運用面談、討論、會議等方法，來求得事實眞相。由於處理的對象是人，故宜審愼探求。

（四）分析陳述的內容

當處理人員已搜集到有關申訴的事實後，必須對申訴內容加以研析；然後分辨申訴的內容，到底是一種事實或是一種幻想；從而決定應採取的步驟。在研討解決方案時，須與有關人員作非正式的溝通。

（五）回覆申訴當事人

當申訴處理人在探知陳述內容，並尋得解決方案後，應對申訴人作適當的回應。不管此種決定是否與申訴人相同，都必須作適當的解說。如果決定有合理根據，即是最好不過的；若處理方案不合申訴人的要求，更須說明困難之所在，以尋求當事人的諒解。

（六）追蹤可能的反應

處理申訴的最終目標，即在尋求適當的解決方案。若一旦此種方案不合申訴人的原意，則只有作繼續的追縱，以發現不適當的地方，或找出可能錯誤，然後再確定問題，作進一步問題的尋求，並加以分析解決。

（七）交付調解或仲裁

申訴案一旦經過相當處理後，而仍無法解決，此時只好交付調解或仲裁了。當然，此亦可能由申訴人提出。未能解決的案例通常都須先經過調解，在調解不成時，始提出仲裁。不管是調解或仲裁，都須向主管官署提出，如調解成立，就不必再提出仲裁。

總之，申訴事件的處理是相當複雜的。申訴處理人必須考慮到所有的不滿因素，注意處理申訴所可能引發的問題；而授予處理申訴的上級更應該儘可能地賦予其充分的權力，如此才能解決問題，達成申訴的真正目的。

四、處理申訴的原則

企業機構如欲圓滿地解決員工申訴問題，必須遵守下列原則：

(一) 健全人事政策

企業機構必須制訂一套明確而公正的書面人事政策，俾使員工和主管人員都能清楚地瞭解企業機構處理人事問題的基本態度，俾便能有所遵循。

(二) 主管全力支持

管理人員必須對員工申訴有相當的認識，並以誠懇的態度採取必要的措施，否則申訴制度必無法發揮作用。

(三) 客觀處理申訴

管理人員不能僅從本身觀點來看申訴案件，必須避免陶醉於自認的善意與公正之中，而將員工的申訴歸之於意見交流的失誤，否則必無法完善地解決問題。

(四) 促使員工瞭解

申訴制度必須以書面方式訂定，並限定申訴的範圍，才能使員工瞭解應如何提出申訴，須透過何種程序，以避免員工的懷疑，而降低申訴的勇氣。

(五) 樹立申訴信譽

申訴制度要能成功地實施，必須使員工對它具有信心。因此，管理階層必須主動積極而富有誠意地推行申訴計畫，並經常公開強調解決問題的誠意，以及申訴對員工和企業機構的重要性，以加強員工深信申訴制度的健全與效率，同時讓員工瞭解管理部門維護該制度的誠意和決心。

(六) 維持管理權責

申訴程序不能侵犯到管理部門的人事權責，管理部門在推行申訴制度時，不能損及管理效率，即不能縱容員工，也不能因而使本身產生困難和矛盾，否則將失去申訴制度的原意。

總之，申訴制度的實施，並不是漫無標準的，它有一定的範圍與限制。惟有注意其限制範圍，才能使該制度更為成功，而有利於勞資關係的改善，避免不合理的懲戒，並促成整個企業的共同發展。

附註

1.謝安田著，人事管理，自印，五五五頁至五五七頁。

2.Lloyd L. Byars, Leslie W. Rue, Human Resource Management, Homewood, Ill.; Irwin, chap.18.

3.同註一，五七五頁至五八一頁。

4.Dale S. Beach, Personnel: The Management of People at Work, N.Y.: Macmillan, pp. 600-603.

5.Ibid., pp. 610-613.

6.吳靄書著，企業人事管理，自印，三二〇頁至三二一頁。

7.Keith Davis, Human Relations in Business, N.Y.: McGraw-Hill Book Co., Inc., p. 434.

研究問題

1.何謂紀律管理？其正面和負面意義各爲何？

2.紀律管理的理論基礎爲何？試論述之。

3.何謂組織行爲修正？其與增強理論的關係爲何？

4.何謂熱爐法則？試申述其義？

5.紀律管理的程序爲何？試說明之。

6.一般員工發生違規行爲的原因何在？

7.管理階層可能造成員工違規的不當措施爲何？試列舉之。

8.組織可能引發員工違規行爲的原因何在？試說明之。

9.一般員工的違規行爲有哪些？試列舉之。

10.管理階層應如何實施懲戒？其過程與方式爲何？

11.組織實施懲戒的原則爲何？試申論之。

12.何謂員工申訴？其目的何在？

13.實施員工申訴制度有何益處？試說明之。

14.試述申訴事件的處理過程。

15.企業機構處理申訴的原則爲何？試申述之。

個案研究

申訴制度的建立

雖然申訴制度在許多管理學和勞資關係的相關書籍，都曾有過探討；而許多公司也都有申訴制度的建立，但眞正確實實施的並不多見，頂多也只是一種形式而已。有鑒於此，同興公司爲了徹底解決管理上的問題，乃毅然決然地建立了一套申訴制度。對該公司而言，它認爲在國內確屬於創舉。

該公司在各個部門之外，另成立了申訴調查委員會，其委員皆由各單位一級主管兼任，但實際業務則分由三位調查員，依工作業務性質分派處理；其目的乃在處理有關事件的抱怨，包括：工作考核、薪資、解職和員工福利等問題。有些問題可能在短短的幾個小時內就可解決，而有些問題卻可能要拖上好幾個星期。

該公司處理申訴案件的程序是，在調查員接獲員工申訴之後，應徵得當事人的同意，並會同其主管，作三方的會談。如果三人不能討論出結果，調查員可能繼續與該當事人的更高一層主管討論；依次逐級而上，直到尋求得解決方案爲止。不過，調查員並無權推翻主管的決定。他只能提請主管重視該項問題，其任務只在密切注意情勢的發展，期以對當事人建立起公平的待遇。

在申訴制度推行後，確爲公司發掘並解決了不少問題。但有人懷疑該項制度並非萬靈藥，它無法解決一切問題，有時更製造了問題。只是該項制度所獲得的資料，確能增進公司對管理政策效果的一些體認，因此公司負責人甚爲贊同該項制度。

個案問題

1.你認爲個案中的申訴制度，算得上是一種開創性的管理措施嗎？

2.此種申訴制度果能解決問題嗎？何故？

3.申訴制度可協助發掘公司的內部問題，從而尋求解決之道嗎？

4.申訴制度要想發揮其功效，應具備哪些條件？

5.你認爲眞正的申訴制度在未來的企業界是否將會更爲普遍？理由何在？

激勵管理

第13章

本章學習目標

讀者於讀過本章之後，應能瞭解：

1.激勵的意義，以及其和動機的關係。
2.激勵的內容理論。
3.需求層級論的內容。
4.兩個因素論的內容。
5.成熟理論的內涵。
6.ERG理論的內容。
7.APA理論的要旨。
8.激勵的過程理論。
9.期望理論的意義及其內容。
10.增強理論的內涵，及其在管理上所應用的各種增強時制。
11.公平理論的要旨。
12.激勵整合模型的內涵。
13.薪資在管理策略上的運用。
14.工作豐富化在管理策略上的運用
15.內滋報償和外附報償的涵義

人力資源管理在正面意義上，宜採用激勵的管理措施，才能使員工工作動機發揮到極致。固然，有時管理措施採取懲戒的手段，也能規制員工的一般行爲；但促動員工積極地努力工作，惟有賴激勵方法的運用，此即爲所謂的激勵管理。一般而言，員工之所以要努力工作，最主要的乃在滿足其動機。組織若不能善用激勵手段，則很難提昇員工的工作動機。是故，員工動機的激發惟有善用激勵管理方法，殆無疑義。本章即將探討激勵的意義，各種可能的激勵理論，然後據以研討可能的激勵策略和措施。

激勵的意義

所謂激勵（motivate），乃是激發、促動之意。它乃指激發員工的工作動機而言。本章所指乃爲動機的激發過程。至於，動機是指需求（needs）、需要（wants）、驅力（drive）、刺激（stimulus）、態度（attitudes）、興趣（interest）、慾望（desires）等名詞而言[1]。本文一概以「動機」稱之。不過，激勵含有管理學的意義，而動機則是心理學的名詞。

一般而言，動機是個人行爲的基礎，是人類行爲的原動力。凡是人類的任何活動，都有其內在的心理原因，這就是動機。是故，凡有動機必然產生行爲，此即爲心理學上的因果律。惟所有的動機除了原始的本能之外，幾乎都是經過激發的。不管此種激勵的來源，是始自於行爲者自身，或是來自於周遭的人、事、物，都必須經過激勵的歷程。惟本章所討論的，乃偏重於外界的激勵，尤其是管理者對員工的激勵；當然，某些動機仍須依靠自發性的激勵，亦即由自我衍生而來。

有些學者認爲動機就是一種尋求目標的驅力（goalseeking drive）[2]。就個體而言，動機乃爲內心有某種吸引他的目標，而採取某種行動來達成該目標，此稱爲積極性動機（positive motivation）；同樣地，個體也可能逃避令他痛苦的目標，此稱爲消極性動機（negative motivation）。就動機本身的作用而言，它是一種內在的歷程，乃指人類行爲的心理原因。是故，動機爲隱而不現的活動，一切動機是由活動的方向和結果所推論出來的。

準此，人類行爲的基本原因，主要有需求和刺激。需求是指個體對某些東西有缺乏的感覺，其可能來自於內在的，例如，口渴需喝水；也可能來自於外在的，例如，需要得到讚許。刺激亦有得自外在因素者，例如，火燙引發縮手的動作；也有得自內在因素者，例如，胃抽搐引發饑餓即是。大凡一切行動都來自於這兩大基本動機，而產生了行動。

當人類有了動機之後，他會維持此種動機，而採取某項行動，直到他的動機已得到了滿足時，此種動機才會暫時消失，行動也跟著暫時停止。此種由動機的引發，產生動機性行爲，以及達成目標的過程，即構成了所謂的動機週期（motivational cycle）。就行爲的觀點而言，此種動機週期乃是相當完整的，而激勵即針對這個週期而發的。

依此，當管理者發現，一位員工現在正努力地工作，繼續維持其努力，然後達到他自我期許的目標時，吾人可說他已受到激勵了。因此，激勵乃包括：產生努力、維持努力和達成目標的過程。它是一種激起或激發個人去實現其動機的過程。

總之，激勵是指在個人有了需要或受到了刺激時，導致個人採取某種行為，以滿足其需求，並降低其生理上或心理上緊張的過程。此種過程的激發，可來自於個人本身，也可源自於外界的人、事、物。在管理上，管理者可運用激勵的手段和原則，以激發員工的工作動機，此即為激勵管理。

激勵的內容理論

激勵是管理上很受重視的課題之一。激勵既爲激發個人動機的過程，然則其內容爲何？激勵的內涵又何在？管理者究應激勵些什麼？這就是吾人所要探討的激勵內容理論。所謂激勵的內容理論（content theories），乃在探討何者能使人們努力工作，亦即是什麼激勵了人們願意去工作。有關這方面的研究，以馬斯勞（A. H. Maslow）的需求層級論和赫茨堡（F. Herzberg）的兩個因素論最著名，其他尚有阿吉里士（Chris Argyris）的成熟理論、阿德佛（Clayton Alderfer）的ERG理論等。茲分述如下：

一、需求層級論

所謂需求層級（hierarchy of needs），是指人類的所有需求均有層級差異，當基本的需求得到滿足後，新的需求又起，人們經常處於動機狀態下，而逐級追求更高的需求。由於此種需求是具有動機性的，只有未滿足的需求，才會影響到行爲；而已滿足的需求，則不會是激勵因素。且只有一種需求被滿足了，則另一種更高的需求才會出現。馬斯勞將這些需求劃分爲五大層級：

(一) 生理需求

所謂生理需求（physiological needs），是指人類的一般基本需求而言，例如，食、水、性……等方面的需求即是。生理需求通常以饑、渴爲其基礎，而生理需求又是其他需求的基礎。假如生理需求不能得到滿足，則其他需求都無法形成動機的基礎。馬斯勞曾說：一個人如果同時缺乏食物、安全、愛情和價值觀，則其最強烈的需求當以食物爲最。我國管子牧民篇有云：「倉廩實則知禮節，衣食足則知榮辱」，當爲最佳的印證。

(二) 安全需求

人類的生理需求一旦得到相當滿足，則新的一套需求就會產生，這就是安全需求（safety needs）。過去人類很難劃分生理需求與安全需求，今日由於社會的急劇發展，相互競爭激烈，尋求安全的需求也急速增加[3]。這些需求包括：免於身體受傷害、疾病的侵襲、經濟的損失以及其他無法預期的事故等之保障，甚至於擴大到尋求心理上的安定感均屬之。從管理的觀點而言，安全需求乃在確保工作安全和福利，避免在挫折、緊張和憂慮的環境中工作，享受到經濟的保障，處於可預知的、有秩序的社會環境中。

(三) 社會需求

當生理的或安全的需求獲得基本滿足後，社會需求便成爲一項重要的激勵因素。社會需求（social needs）有歸屬感、認同感與尋求友誼等。每個人都希望受到他人的接納、友誼和情誼，同時也會給予別人接納、友誼和情誼。換言之，人類都有合群的本性，都有追求團體認同的需要。這些都是基於人類合群的本能。假如社會需求得不到滿足，則有可能損害到個人的心理健康。

(四) 尊重需求

人們在生理需求、安全需求和社會需求都得到相當滿足後，尊重需求（esteem needs）就變成最突出的需求了。此種需求有兩方面：一爲尋求自我尊重，即要求自己應付環境和獨立自主的能力；一爲希望取得他人的尊重，即期望受到他人的認識、肯定與景仰。而其中他人的尊重尤顯得重要，由於他人的尊重才能產生自我價值，個人才會有自信、聲望與力量的感受；當然，此種需求的滿足仍要依靠個人建立起自尊。一個人能建立自尊，必能積極奮發、力爭上游，進而追求自我的成就感。此種需求對激發個人的動機，佔有相當的份量，是屬於較高層級的需求。

(五) 自我實現的需求

需求層級論的最高需求，乃係自我實現的需求（self-actualization needs），在求取自我的不斷發展，重視自我滿足，表現自我成就，體會到才幹和能力的潛在性，從而發揮創造力，以求貢獻於社會。凡人都有成就自我獨特性的慾望，藝術之能夠達到「登峰造極」的境界，乃是藝術家最高成就的表現；企業之所以能不斷地擴展，亦是企業家自我成就的發揮。人類之所以要達成自我實現，實乃爲滿足該項需求的機會增加，以致能受到激勵之故[4]。

總之，需求層級論已廣為管理實務人員所接受和認同。雖然它不見得能提供對人類行為的完全瞭解，或可作為激勵員工的手段；但對各層級需求的瞭解，確能提供在管理實務上的參考。不過，該理論也受到一些批評。首先，它未能顧及個別差異的存在，亦即不同的企業機構、職位或個人的狀況，不見得都能完全適用。其次，需求層級無法截然劃分，且多具有重疊性，如薪資可能對以上五種需求都有影響。最後，需求層級太剛性了，蓋在不同情境下，需求也可能隨著時間而變化；它也可能因人而異。

二、兩個因素論

另外一種激勵的內容理論，乃爲赫茨堡的兩個因素論，基本上該理論仍脫不出五個需求層級論的窠臼，只是它將之劃分爲兩大因素，即一爲維持因素，另一爲激勵因素而已。茲分述如下：

(一) 維持因素

所謂維持因素（maintenance factors），是指它能維持員工工作動機於最低標準，使組織得以維持不墜的因素而言。當這些因素在工作中未出現時，會造成員工的不滿；但有了這些因素也不曾引發員工強烈的工作動機。亦即維持因素只能維持滿足合理的工作水準而已。然而，這些因素之所以具有激勵作用，乃是若它們不存在，則可能引發不滿。其效果恰如生理衛生之於人體健康的作用一樣，故又稱爲衛生因素或健康因素（hygienic factors）。赫氏列舉的維持因素，有公司政策與行政、技術監督、個人關係、工作安全、薪資、個人生活、工作條件和個人地位等是。這些因素基本上都是以工作爲中心的，是屬於較低層級的需求。

(二) 激勵因素

所謂激勵因素（motivational factors），是指某些因素會引發員工高度的工作動機和滿足感，亦即可提昇員工工作動機至最高程度的因素。但這些因素如果不存在，也不能證明會引發高度的不滿。由於這些因素對工作滿足具有積極性的效果，故又稱之爲滿足因素（satisfiers）。它包括：成就、承認、升遷、賞識、進步、工作興趣、個人發展的可能性以及責任等。這些因素在需求層級論中，是屬於高層級的需求，基本上是以人員爲中心的。

激勵因素與維持因素之間的差異，乃類似於心理學家所謂的內在與外在激勵。內在激勵來自於工作本身，且在執行工作時即已發生，而工作本身即具有報酬性；外在激勵乃爲一種外在報酬，其發生於工作後或離開工作場所後，其甚少提供作爲滿足感，例如，薪資報酬即爲一種外在激勵。

> 總之，赫茨堡已擴展了馬斯勞的理念，並將之運用於工作情境上，衍生了工作豐富化的研究與應用。惟激勵因素與維持因素有時是難以劃分的，例如，職位安全對白領人員固屬於一種維持因素，但卻被藍領工人視為一種激勵因素。且一般人多把滿足的原因歸於自己的成就；而把不滿的原因歸於公司政策或主管的阻礙，而不歸於自己的缺陷。由於各種研究對象、文化等的差異，常造成兩個因素論的不正確性。

三、成熟理論

成熟理論（maturity theory）乃是另一種激勵內容理論，它係依據人類心理的正常發展過程來探討的。該理論乃爲阿吉里士所倡導，他著重人類人格成熟的動態性，不特別重視需求型態的分類，而強調人格特質的成長。其基本理論乃爲建立起不成熟到成熟的連續性光譜，其型態乃爲：兒童期到成年期的人格發展，包括：第一、由被動而主動。第二、由依賴而獨立。第三、由少數行爲方式到多數行爲方式。第四、由偶然不定的短暫膚淺興趣到持久穩定的深厚興趣。第五、由粗略的狹窄眼光到精細的遠大眼光。第六、由基本需求的追求到自我實現與自我意識的控制。第七、由附屬於家庭或社會的地位到取得主導或平等的地位。以上特性各處於兩個極端。

根據阿氏指稱：大多數企業機構都將員工視爲不成熟的。例如，組織中的職位說明、工作指派與任務專業化，都造成呆板性，缺乏挑戰性，將員工自己的控制力降至最低 ，結果難免使員工趨於被動性、服從性、依賴性。因此，管理者宜發展員工心理的成熟度，採行民主參與的決策，適當地運用激勵手段，以啓發個人的成就感。如果管理人員無法眞正地瞭解激勵員工的方法，則有關激勵理論就無法發揮其效用。

四、ERG理論

ERG理論係由阿德佛所提倡，他認爲人類需求並不是如馬斯勞所說的，由較低層級逐級往上發展；也不是如赫茨堡所說的，由一組因素發展到另一組因素。他認爲人類需求有如一個連續性光譜，在追求各種需求時，他會作自由選擇，可能越過某些層級的需求，而直接追求他所認爲最重要的需求。因此，該理論實係馬斯勞和赫茨堡理論的擴充與延伸。他將人類需求分爲生存需求（existence needs）、關係需求（relation needs）和成長需求（growth needs）等三個核心需求。茲分述如下：

(一) 生存需求

所謂生存需求，是指人類生存所必須的各項需求而言，亦即是生理的與物質的各種需求，例如，饑餓、口渴、蔽體等是。在企業體系之中，薪資、福利和實質工作環境均屬此類需求。此種需求類似於馬氏理論中的生理需求和某些安全需求，且和赫氏維持因素中的工作環境、薪資相當。

(二) 關係需求

所謂關係需求，是指在工作環境中個人和他人之間的關係而言。就個體而言，此種需求依其與他人間的交往，而建立起情感和相互關懷的過程，以求得滿足。此種需求類似於馬氏的某些安全、社會、某些自尊等需求層面；也和赫氏維持因素中的人際關係和督導，以及激勵因素中的賞識與責任相對應。

(三) 成長需求

成長需求是指個人努力於工作，以求在工作中具有創造性，並獲得個人成長與發展的需求而言。成長需求的滿足，一方面係來自於個人不斷地運用其能力，另一方面則來自於個人發展其能力的工作任務。此與馬氏的某些自尊、自我實現需求相類似，也與赫氏的升遷、成就、工作本身等相對應。

ERG理論的三個主要前提，是：

1.某個層級需求愈不能得到滿足，則其慾望愈大，愈希望能得到滿足。如生存需求在工作中，愈沒有被滿足，員工就愈追求。
2.當低層級需求愈被滿足，就愈希望追求高層級需求。例如，生存需求愈得到滿足，就愈期望能滿足關係需求。
3.當高層級需求愈不能得到滿足，就愈需要滿足低層級的需求。例如，成長需求的滿足程度愈小，就愈希望得到更多關係需求的滿足。

其次，ERG理論與需求層級論的主要區別有二：一為需求層級論認為低層級需求得到滿足後，會進而追求高層級需求；而ERG理論則強調高層級需求一旦得不到滿足，往往會退而求其次去追求較低層級的需求。二為ERG理論認為在同一時間內，個人可能同時追求兩個或兩個以上的需求；而需求層級論則主張個人對低層級需求滿足後，才會追求更高層級的需求。

總之，ERG是一個相當新穎的理論，它是依據需求概念（needs concept）所發展出來的有效理論。雖然ERG理論的三類核心需求無法證實其是否能真正地分立，但這樣的分類解決了需求層級論各需求的重疊性；且由於教育程度、家庭背景和文化環境都會影響個人，使之對各種需求都有不同的重視程度，並感受到不同的驅力。因此，ERG理論提供了更可行的激勵方式，使管理者能以建設性的方式來指導員工的行為。

五、APA理論

APA理論乃係由阿肯生（J. W. Atkinson）和麥克里蘭（David McClelland）所倡導。他們主張人們之所以有工作動機，乃分別具有成就需求（need for achievement）、權力需求（need for power）、親密需求（need for affiliation）之故。茲分述如下：

（一）成就需求

所謂成就需求，係指人們完成某種任務或達成某種目標的願望，而達成此項任務或目標之後所獲得的工作滿足，即爲該項行爲的激勵價值。至於，成就需求的追求常因人而異。不過，可以肯定的是，凡具有較高成就需求者，在追求目標上所付的心力較多，其績效也較高[5]。一般而言，凡是具較高成就需求者的特性爲：第一、願承擔適度的風險。第二、能勇於負責。第三、能掌握進度與回饋的訊息。第四、能實現目標，並獲致滿足。第五、具有任務導向等。

（二）權力需求

權力需求是指一個人具有控制慾望而言。凡是權力需求較強烈的員工，喜歡擁有控制他人的力量，喜好發表意見、發號施令，以使他人服從。權力需求依據個人人格特質，可分爲下列各種程度：

1.影響他人的慾望很低。
2.具有權力需求，但只求影響自己。
3.具有高度權力需求，但尋求認同和自治程度低。
4.具有高度權力需求，且與他人互動程度也很高。
5.具有利他型的高度權力需求，並能有高度的自治，且能尋求和獲得同事、部屬的支持與認同。

這些權力需求依其程度而有不同的工作或管理績效，愈是屬於前者，其績效愈低；愈屬於後者，其績效愈高。

(三) 親密需求

所謂親密需求，是指個人具有喜歡結交朋友，並受他人敬愛的慾望而言。當個人擁有高度親密需求時，易於結交朋友，有時有助於提高管理績效；但若濫用親密需求，有時常無法作自我控制，難以和他人保持適當距離，終會影響其管理績效。

綜合上述，在一般企業機構中，具有企業開創精神的個人、業務員、想事業成功者，都宜有高度的成就需求。一般組織管理人員，宜具有高度權力需求。而一般員工宜有親密需求，則可增進合作意願；但對管理者而言，宜保持適度的親密需求。

六、評論

現代激勵理論對人類需求的分析所顯現的特色，大體上可劃分爲兩大層級，即低層級需求與高層級需求。低層級需求大致以生理性需求爲基礎，這些需求包括：食物、水、性、睡眠、空氣等，其始自於物質性生活，對人類的繁衍至爲重要。高層級需求多以心理性需求爲主，此種需求較爲模糊，它代表心靈與精神的需要，其往往依每個人的成熟性與動機的差異而發展著。因此，在管理上演變的結果，乃爲生理需求多以懲罰、監督和金錢的激勵爲手段；而心理性需求則以鼓勵、承諾和發揮員工的自我成就爲方法。

依此，現代各種激勵理論的最大成就，乃爲建立了人類高低需求的兩個極端，成爲一段連續性的光譜，使管理者瞭解人類在工作中所可能具有的動機，從而採用最適當的管理方法。吾人可肯定地說，激勵問題乃直接掌握在管理階層的手中。管理者可以採用懲罰的手段，也可以運用激發爲工具，其端視人事時地的情況而異。

不過，即使有關激勵的各家理論，大致是相似的；但它們之間的共同缺點，乃是將激勵的內容過於簡化，未能將影響工作的所有因素完整地表現出來，甚而未將個人需求的滿足和組織目標的達成連貫起來；而且對於何以個人間的動機會有差異，並沒有適切的說明。近代行爲科學家在處理這些問題上，通常都把人性視為「有機性的」，而不是「機械式的」。吾人可在激勵的過程理論中，窺知人類動機與工作環境和組織激勵的關係。

激勵的過程理論

激勵的內容理論乃在說明工作的動機是什麼，管理者應激勵什麼；而動機的啓動、前進、維持或靜止，管理者應如何去激發、引導，則屬於激勵過程理論所要探討的主題。本節所擬討論的激勵過程理論，有期望理論、增強理論和公平理論等。

一、期望理論

激勵的期望理論（expectancy theory），乃是由心理學家弗洛姆（Victor Vroom）於一九六四年所提出。該理論乃為認知論（cognitive theory）和決策論（decision theory）的整合，又稱為工具理論（instrumentality theory），乃為根據托爾曼（E. C. Tolman）、勒溫（K. Lewin）、和阿肯生等的觀點延伸而來。該理論乃是假設一個人相信他努力工作，而能獲得適當的報酬，則他會受到激勵而努力工作；亦即個人相信努力工作，會導致良好的績效，而獲得所喜歡的報酬。其中涵蓋著三項變數，即期望、媒具和期望價。

所謂期望（expectancy），是指一項特殊行動將會成功或不成功的信念，即某項特定行動能否導致成功的主觀機率。通常期望有兩種，一為努力將導致某種績效成果的知覺機率，通稱為E→P期望；另一是績效成果將導致獲取有關成果需求滿足的知覺機率，可稱之為P→O期望。前者為對生產力的期望，須視個人能力、工作難度和自信心等而定；後者為對報償的期望，視員工對增強情境的知覺而定。

所謂媒具（instrumentality），是指一個人察覺到績效和報償相關的機率。它是一種特定績效水準將導致一種特定報償的機率。此種績效稱之為一級結果，而報償則為二級結果。例如，公司希望某人增加生產力，而此種生產力的增加須依個人察覺生產力的增加是否會對報償具有影響作用而定，此種增加生產力的結果為一級結果，而報償則為二級結果，故媒具為增加生產力的一級結果與得到報償約二級結果之間的關係；易言之，媒具乃指察覺程度而言。

至於，期望價（valences），又稱之為偏好（preference），是指一個人對結果所體認到的價值而言。一個人對一級結果的偏好，完全視個人是否確信有了一級結果，便必能獲致二級結果而定；且這些結果對個人都是有價值的，就表示其期望價高。茲以生產力與報償的關係為例，某人對生產力有期望，乃是依其對報償的期望而定；且個人對生產力和報償都有期望。如果他對報償的慾望很高，則其期望價必高；如果他對報償的慾望無動於衷或全無，則其期望價必低，甚至於將形成負數。

綜合上述討論，則工作的激勵（M）乃是期望（E）乘以媒具（I）再乘以期望價（V）的結果，其公式可表示如下：

$$M=E\times I\times V$$

在上式中，期望、媒具和個人偏好都高時，則個人受到激勵的可能性就高；相反地，若期望、媒具、個人偏好等偏低時，或其中一項為零，則個人被激勵的可能性就低或全無。

在期望理論中，特別強調理性和期望。換言之，個人之所以被激勵乃是他具有一套期望，他的行動是依期望被激勵的結果而定。個人之所以願意努力，乃是：第一、認為他的努力極可能導致高度績效。第二、其高度績效極可能獲致報償。第三、所獲致的報償對他具有積極的吸引力。當這些條件都是正面的時候，則個人會願意努力，亦即他有了期望，這就是期望理論的要旨。

準此，則人力資源管理者可運用選拔、訓練或透過領導方式，以改善員工的工作績效，進而提昇他們的期望；以支持、眞誠與善意的忠告和態度，來影響其媒具；以聽取員工需求，協助他們實現所期望的結果，以及提供特定資源，來達成所期望的績效，以影響其偏好。此外，激勵的運用宜考量到知覺的角色。蓋個人的期望、媒具和期望價，都會受到知覺的影響。當然，期望理論本身也相當複雜，並不容易評估。畢竟期望、媒具和偏好等應如何測定，還是相當困難的。

二、增強理論

增強理論（reinforcement theory），乃為另一種深受重視的激勵過程理論。增強理論乃為利用正性或負性的增強作用，來激勵或創造激勵的環境。該理論主要源自於史肯納（B. F. Skinner）的見解，認爲需求並不屬於選擇上的問題，而是個人與環境交互作用的結果。行爲是因環境而引發的。個人之所以要努力工作，是基於桑代克所謂的效果律（law of effect）之故。

桑代克所謂的效果律，是指某項特定刺激引發的行爲反應，若得到酬賞，則該反應再出現的可能性較大；而若沒有得到酬賞，甚或受到懲罰，則重複出現的可能性極小。此稱爲操作制約原則（principles of operational conditioning）。

操作制約乃爲用於改變員工行爲的有力工具，其係以操縱行爲的結果，將之應用於控制員工工作行爲上。近代管理學上所謂行爲修正（behavior modification），就是將操作制約原則運用在管制員工的工作行爲上。此時，管理者可運用正性增強（positive reinforcement），例如，讚賞、獎金或認同等手段，以增強員工對良好工作方法、習慣等的學習。管理者也可運用負性增強（negative reinforcement），以革除員工的不好習慣和方法，並使員工避開不當的行爲結果。該兩者都在增強所期望的行爲，只不過是前者在提供正面報償的方法，而後者則在避開負面的結果而已。

在管理實務上，管理者可運用三種增強時制，即連續增強時制、消除作用時制和間歇增強時制，以增強員工的工作行爲。連續增強時制，是指每次有了期望行爲的出現就給予一次報償。消除作用時制，則不管任何反應都不給予報償。間歇增強時制，則只有定期或定量報償所期望的行爲。根據研究顯示，連續增強時制會引發快速學習；而間歇增強時制則學習較緩慢，但較能保留所學習的事物。至於消除作用時制，僅用於去除不良的工作習慣和方法，亦即在消除非所期望的行爲。

不過，增強理論所受批評甚多，如以增強過程來操縱員工的行爲，不合乎人性尊嚴；且以外在報酬的激勵員工，顯然已忽略了其內在報酬的需求。蓋工作有時是一種責任，此須有更多的榮譽心來驅動。又增強因素不能長久地持續運用，它不見得對具有獨立性、創造性和自我激勵的員工有效。因此，增強理論的運用固有助於解說某些問題，但無法解決每項激勵的問題。

三、公平理論

公平理論（equity theory）也是一種過程理論，又稱爲社會比較理論（social comparison theory）、交換理論（exchange theory），或分配公正理論

(distributive justice theory)。該理論所討論的重心乃在報酬本身，而視報酬的公平與否爲行爲的重要激勵因子。

公平理論爲亞當斯(J. S. Adams)於一九六三年所提出，包括：投入(input)、成果(outcome)、比較人或參考人(comparison person or referent person)，以及公平和不公平(equity-inequity)等概念。所謂投入，是指員工認爲自己投入公司所具有的條件和對公司的貢獻，例如，教育程度、技術能力、努力程度、經驗……等。成果是指員工感覺到從工作中所獲得的代價，例如，升遷、待遇、福利、地位象徵、受賞識和成就等是。

所謂比較人或參考人，是指員工用來作比較投入和成果關係的對象。此可能是同地位的人，也可能是同團體的人；可能是公司內的人，也可能是公司外的人。至於公平或不公平，是爲個人和他人比較投入與成果關係的感覺。若員工在作比較後，感覺到公平或尚公平，則仍會受到激勵；若員工感受到不公平，則可能採用下列方法：

(一)減少個人的投入，尤其是在工作上的努力。
(二)說服比較人或參考人減少其努力。
(三)說服組織改變個人或比較人的報償。
(四)在心理上曲解自己的投入或報償。
(五)在心理上曲解比較人的投入或報償。
(六)選擇另一個不同的比較人或參考人。
(七)離開公司。
(八)進行怠工、罷工、消極抵制等行動。

總之，一般員工不但會衡量自己的投入與成果，且會和他人作比較。他是否能受到激勵，不僅是依憑他自己對投入和報償關係的評量，且會將此種關係和他人作比較。縱使他覺得自身所受報償很高，但如與他人作比較後，而仍然發現有不公平的現象，則仍可能降低其工作動機。因此，公平理論在激勵過程中實扮演著重要角色。

激勵的整合模型

激勵的內容理論和過程理論，都各有其目標指向的涵義。惟各項理論的差異甚大，且都只顧及激勵的某些層面，其含有各自的觀點。心理學家波特爾和羅勒爾（Lyman W. Porter & Edward E. Lawler）則提供了整合各種激勵理論的理念、變數和關係，其涵蓋了需求層級論、兩個因素論、ERG理論、期望理論、增強理論和公平理論等的觀點。

不過，波氏和羅氏的理論，在基本上仍以期望理論爲其基礎。他們認爲個人之所以獲得激勵，主要乃是依據過去的習得經驗，而產生對未來的期望。其中包含幾項變數，即對報償的偏好、努力、績效、對公平的知覺，以及滿足感等，其關係如圖13-1所示。

圖13-1除了顯示個人對報償的偏好、努力、績效、報償和滿足感之間的關係外，其績效尚受到個人能力、需求和特質以及角色知覺的影響；而一旦有了績效之後，個人對公平報償的知覺，也同樣影響了滿足感。在有了滿足感或報償符合自己的期望時，將增強個人努力的程度和動機。

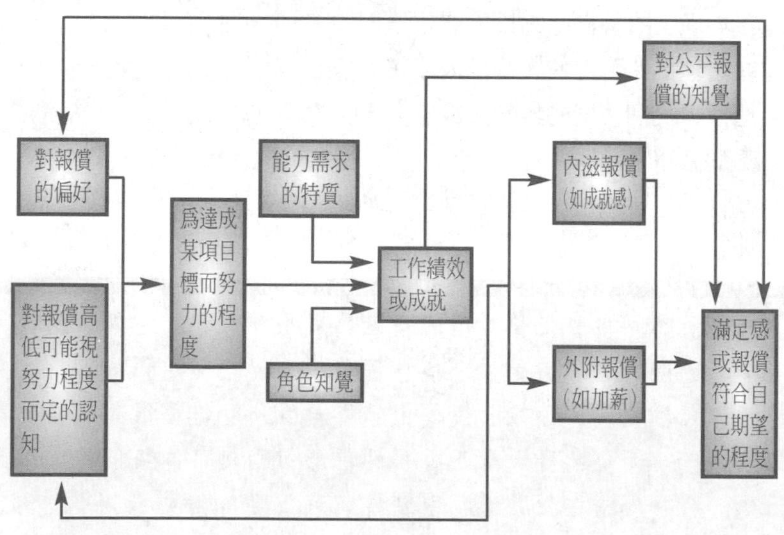

圖13-1　激勵的整合模型

此外，該模式將報償分爲內滋報償與外附報償。所謂內滋報償（intrisic rewards），乃爲職位設計能使個人只要有工作表現，即可自行滋生成就感。至於外附報償（extrisic rewards），是指工作有了良好的績效，而由外界獲得報償，如加薪即是。此部分即爲內容理論所探討的主題。

再者，整合激勵模式已充分運用了激勵的概念。假如個人知覺到努力和績效之間、績效和報償之間，以及報償和滿足之間、滿足和努力之間等，均有強烈的關係存在，則個人自然會努力工作。爲了努力工作而達成績效，則個人必須清楚自己所期望的角色、能力、需求和其他特質。此種績效和報償的關係，在個人能知覺到報償的公平性時，尤爲強烈。假如已知覺到公平性，則個人的滿足感就產生了。此時，受到增強而得到滿足的報償，將形成未來對目標導向行爲的努力。這些部分乃涵蓋了整個過程理論。

該模式也強調：工作有了績效，才容易使員工獲致滿足；而滿足感也能產生良好的工作努力和績效。在理論上，它已解決了滿足和績效何者爲先、何者爲後的問題，可說是相當完整的模式。顯然地，激勵是一項相當複雜的過程。管理者在運用整合模式時，宜綜合掌握所有變數的相關性，以便對部屬作有效的激勵。

激勵的管理策略

一般員工之所以被激勵，大致上乃來自於兩方面的來源，即外附報償的激勵與內滋報償的激勵。外附報償多來自於管理者或外界環境，而內滋報償多來自於工作本身或員工自身。員工工作動機的強弱，厥取自於他希望從工作中得到什麼而定。不過，在一般情況下，管理者要滿足員工的外附報償，可採用薪資激勵的方式；而在滿足內滋報償方面，可採用工作豐富化方案。蓋幾乎所有的激勵方案，在基本上都跳脫不出該兩者的範疇。

一、薪資及相關給付

員工所獲得的報償，實際上包括整個薪津給付及各項福利，例如，月薪、休假加給、各種保險和提供各項設施等均屬之。幾乎所有激勵的內容理論和過程理論，都認爲金錢對動機的產生和持續性都具有影響力。在內容理論中，都認爲薪資是一種維持因素；期望理論認爲薪資的滿足多重於其他需求，故薪資對工作者甚具吸引力；若個人能知覺到良好的績效有助於獲取更高的薪資，則薪資將是良好的激勵來源。增強理論則認爲薪資可增強員工的工作行爲。至於公平理論，則認爲公平的薪資有助於激勵的效果。

就金錢本身而言，薪資固可滿足人類的最基本需求，但它可用來作爲激勵的層面甚爲廣泛。它不僅能滿足員工的生理需求，且對於安全、社會、尊重和自我實現等的需求，都具有激勵作用。一般人有了更多的薪資，則衣食無缺，在心中的安全感會更爲踏實。其次，在家庭中有了更多的薪水收入，有助於甜蜜生活的建立。再次，有了更多的薪資常能贏得社會的尊重，或由於購買力增強而滿足了自尊需求；且有時薪資常代表某種地位或權力，代表自我價值感和自主性；高薪與否常成爲個人衡量其成就的工具。

然而，有些研究顯示，金錢的激勵效果尚須依個人對金錢的看法和工作性質而定。對管理階層而言，薪資並不是強有力的激勵。蓋管理階層多爲具有高成就動機的人，比較關心工作是否能提供個人滿足；但也不是全然不重視薪資待遇，而是他們的薪資本已是很高，乃轉而追求高成就的滿足罷了。但對一般生產工人而言，由於其待遇較低，成就動機也低，以致比較重視薪資的追求，故薪資乃成爲一項重要的激勵來源。

此外，個人對金錢的看法，也可能影響其受激勵的程度。對於那些經常缺錢用的人，金錢的激勵效果比富有的人爲大。蓋貧窮的人較希望立即收到金錢，而富有的人則否；一般貧窮的個人較著重於低層級需求的基本滿足，而富有的人則熱衷於高層級需求的追求。不過，高成就需求的個人有時之所以追求金錢的滿足，往往是因爲對枯燥工作的一種補償心理。因此，他想在犧牲的枯燥生活中，由工作所獲得的報償而得到滿足。至於低成就動機的人，則希望直接從工作中獲得薪資的報償。

再就相對的觀點而言，一般人若須有更多的金錢去滿足低層級的需求，而不能用來滿足高層級的需求，則他對薪資需求的慾望較低；但若少量的金錢即可用來滿足低層級的需求，且須用更多的金錢來滿足高層級需求，則其所要求薪資的願望將更高。由此觀之，當金錢可用來滿足更高層級的需求時，由於花費更大，故常使人要求更高的薪資報酬。

綜上觀之，由工作所賺取的金錢，幾乎可滿足所有的需求。雖然金錢並不是滿足感的唯一來源，但它卻是一種象徵，可使人對事物或成就的評價更具體化。因此，金錢具有激勵員工的作用，管理人員正可利用此種作用。惟金錢激勵有時不易成功，其原因乃為：第一、員工不信賴管理人員的承諾。第二、員工對增加獎金的評價不高，因其數額不大，缺乏吸引力。第三、為爭取高額獎金，往往失去與同濟和諧相處的機會。第四、某些員工寧可從事工作外的活動。第五、有時工作表現良好，不見得能獲得相對的獎賞[6]。

針對上述金錢激勵失敗的原因，管理人員宜採取一些因應措施，例如，應信守承諾；提高獎金數額，使之具有吸引力；在員工有了良好的工作表現後，應及時發給；實施金錢激勵時，應顧及其他需求的滿足[7]。

總之，金錢激勵的推行是相當複雜的。工作士氣和績效改善，實有賴極多變數的配合，並非僅依賴於薪資的提高而已。蓋人的慾望是無窮的，只靠薪資的調整，很難長久地維持其激勵效果。舉凡工作條件、勞資關係以及組織氣氛等，都是很重要的變數。對組織的員工來說，激勵是要作多方面的探討和配合的，工作豐富化即是一個例子。

二、工作豐富化

激勵員工工作動機的另一種方式，可能是實施工作豐富化。所謂工作豐富化，乃係衍生自赫茨堡的兩個因素論而來，其係指工作最富變化，個人所擔負的責任最大，個人最有發展的機會。它不僅對工作的橫切面加以擴大而已，且擴展了工作的垂直面；亦即提昇工作層次，擴大員工對工作的規劃、執行、控制和評估的參與機會，並加重其職權和責任。

實施工作豐富化的目的，乃在讓員工擁有完整的工作，較具獨立自主性與責任感；且工作有了回饋，可以評估和改善自己的工作表現。據此，可提昇員工工作滿足感，降低離職率和缺勤率，從而提昇生產力。此外，工作豐富化擴大了個人的成就和認知，具有更多挑戰性和回應，並賦予個人更多升遷與成長的機會。

基本上，工作豐富化乃是由工作輪調、工作延伸、工作擴展或工作擴大化等概念而衍生出來的。這些概念只是語意上的差別而已，並非實質上的差異。只是工作豐富化、工作擴展、工作延伸、工作輪調等，在工作層面的變化性、承擔的責任和自我發展的機會，依次遞減而已。易言之，工作豐富化不管在工作廣度或深度等方面都是最高。所謂工作廣度，是指執行工作活動的數量而言；而工作深度，是指對工作的自主權、責任、和自由選擇權與控制權而言。工作豐富化對該兩者所涉及的程度，乃為最高且深的。

然而，工作豐富化究竟是一種怎樣的組織設計呢？一般而言，它的策略至少涉及三個部分：一為工作單位的設計，二為工作單位的控制，三為個人工作結果的回饋[8]。

在工作豐富化的過程中，首先應將工作單位的界限劃分清楚，否則工作單位不具體，劃分不清晰，員工將無所適從，不曉得個人的職責所在，其工作績效自然就降低了。在劃分工作界限的同時，應將許多相關枝節性的工作合併在一起，由一個人單獨完成；亦即擴大個人的工作範圍，加重個人的權責，使其不致產生單調枯燥的感覺；且由於工作單位的大小適度，而能產生「該工作為我個人獨立完成」的成就感，此即為工作單位的建構。質言之，工作單位的界限劃分，並非意指物理上清楚的界限，而是在於使員工產生滿足感或成就感所引發的具體性工作單位。因此，管理者應擬訂較具體而明確的工作單位，用以提高工作績效，並滿足其成就感。當然，工作豐富化實施之後，有些員工可能不一定能掌握整個工作及勞務；但當他們有了經驗之後，往往可以把擴大的工作做得更好，管理者不宜低估其工作能力。

其次，隨著員工工作經驗的增加，管理者必須慢慢地把工作責任移交給員工，直到員工能完全掌握工作為止，此種過程為工作單位的控制。所謂把工作責任移交給下屬，和把控制權交給下屬，是不一樣的。顯然地，由於員工間能力上的差異，把工作控制權完全交給員工是相當冒險的。但一般經驗顯示：讓員工自己去負責自己的工作是可行的，且可能產生良好的效果。蓋權責的下授或由下級人員負擔更多的責任，是一個組織趨於成熟的必然現象。此外，讓員工自己訂定工作目標，決定工作時限，比較能在時限內完成自己的工作，甚且比管理者所規定的為短。顯然地，此乃為由員工自行控制某工作方法所得的結果。

最後，讓員工知道自己努力的結果，由自己做檢查的工作，此即為工作結果的回饋。在推行工作豐富化的過程中，即使工作單位劃分很清楚，工作由員工自行決定，工作控制權已經下授；但工作結果仍由他人檢查，則仍將是徒勞無益。蓋工作成果須有回饋的過程，才能使員工知道自己的工作缺失，研究改進工作的方法，使工作能作適切的修正與調整；亦即採用自我檢視（self-monitoring）的方式，可讓員工瞭解自己的工作成果或未盡圓滿的地方。所謂自我檢視，乃是指由員工記錄每天的工作產量和品質，同時繪出統計圖表來比較每天的成果與缺失，由此員工可獲知產量的高低與品質的好壞，並找出原因，以免重蹈覆轍。對管理階層而言，員工能作自我檢視，可省掉許多管理者的麻煩；而且在效果上，由員工自行察覺，不必由管理者多做查考的工作。因此，隨時讓員工知道自己的工作績效，乃是必要的。

不過，工作豐富化的實施，其先決條件必須員工本身具有高度成長的需求，才有成功的可能性。惟根據研究顯示，許多員工並不是具有高度成長動機的人；且工作豐富化往往剝奪員工做自由交談的機會，以致常不易推行。

總之，激勵員工的途徑甚多，其除了要因應組織的環境外，尚須兼顧人性的需求。員工的人性需求與組織目標和科學技術及經濟因素，對管理來說，都具有同等重要性。管理者不應純就工作觀點，要求員工有良好的工作表現；更重要的乃為瞭解員工的工作立場，適當地運用激勵手段，才能發揮員工的潛能，真正為組織目標而努力。

附註

1.參閱李序僧著，工業心理學，大中國圖書公司，一八二頁。

2.Elton T. Reeves, the Dynamics of Group Behavior, New York: Management Association, Inc., p. 25.

3.Ibid, p. 36.

4.A. H. Maslow, Motivation and personality, New York: Harper and Bros., chap.3.

5.許士軍著，管理學，東華書局，二八二頁至二八三頁。

6.吳思華等合譯，組織理論與管理，長橋出版社，一一七頁至一二〇頁。

7.林欽榮著，管理心理學，五南圖書公司，五三頁。

8.參閱鄭伯壎、樊景立編譯，組織行為：管理心理學，大洋出版社，第五章。

研究問題

1.何謂激勵？它與動機有何關係？

2.何謂動機？其產生的原因爲何？試說明之。

3.何謂動機週期？

4.何謂激勵的內容理論？其可包括哪些理論？

5.何謂需求層級論？試詳述其內容。

6.何謂兩個因素論？試詳述之。

7.試比較需求層級論和兩個因素論的內容，並評述之。

8.何謂成熟理論？其與激勵有何相關？

9.何謂ERG理論？其內涵爲何？

10.試述ERG理論的基本前提，並比較與需求層級論的區別。

11.何謂APA理論？其內涵爲何？

12.何謂激勵的過程理論？其主要有哪些理論？

13.何謂期望理論？其內涵何在？試詳述之。

14.何謂增強理論？其內涵爲何？

15.在管理上應如何運用增強理論，以激勵員工？

16.何謂公平理論？試述其內涵。

17.試述波特爾和羅勒爾的激勵整合模型之內涵。

18.何謂內滋報償？其可用來達成內滋報償的管理策略爲何？

19.何謂外附報償？其可用來達成外附報償的管理策略爲何？

20.試問金錢激勵可達成員工哪些需求？

21.金錢激勵不易成功的原因爲何？應如何實施，才容易成功？

22.何謂工作豐富化？其內容爲何？試述之。

個案研究

新公司的管理哲學

王亞權原本在一家紡織廠工作，但由於經濟的不景氣，以致於他被裁員了。但是，他毫不悔恨，反而感到很慶幸。因爲現在的公司比原有的公司好得太多了。

雖然王亞權現在的薪水比以前少了兩千元，但新公司的管理哲學很令人激賞。王亞權特別欣賞新公司的勞資關係哲學。該公司對待藍領員工和白領職員，都是一視同仁。大家同樣享有退休制度；病假只要不超過規定的天數，也不扣薪。管理人員對部屬的控制，也採取一種寬闊的方式。對王亞權來說，這才是眞正理想的工作環境。

在王亞權來到新公司報到的第一天，最令他印象深刻的是，公司沒有什麼一大堆規章。因爲公司認爲人們都是會自動自發的，以致沒有處罰辦法。爲此，王亞權決定日後非得將自己的工作做好不可，因爲他覺得這才是眞正的激勵措施。

然而，這不僅僅是王亞權的想法而已。此可從上個月公司所公布的人事與產出資料中，得到印證。這些資料是：公司的產出高出同業百分之四十；員工缺勤率只有百分之二，而其他同業爲百分之六；員工流動率只有百分之三，而同業爲百分之十五。

個案問題

1.你認爲新公司產出高於同業，而流動率低於同業的眞正原因何在？

2.就需求層級論而言，新公司的管理哲學是屬於何種層級的需求？

3.在兩個因素論中，該公司的各項措施是屬於何種因素？

4.你認爲該公司的管理哲學，是否合於激勵的過程理論？

態度與士氣

第14章

本章學習目標

讀者於讀過本章之後，應能瞭解：

1.態度、意見和士氣的意義。
2.形成態度的因素。
3.影響士氣的因素。
4.態度量表的種類及其內涵。
5.各種測量態度的方法。
6.改善員工態度的方法。
7.提高員工士氣的途徑。

員工之所以從事工作，最主要在於迎合自己的價值觀，及滿足自己的動機。有關動機已於前章論述過，本章將討論態度。當然，假如工作能滿足工作者的需求，他必定有良好的態度；如果個人需求無法得到滿足，個人處處遭受挫折，則其態度必然很差。於是敵對、遲到、早退、缺席、流動率高、工作績效差等現象，必然應運而生。因此，人力資源管理者必須隨時瞭解員工的感受與態度，以便作最佳的決策。本章的主旨，即在探討態度與士氣對工作的影響，並對它加以測量，尋求改善方法。

態度、意見與士氣

態度係屬於一種心理狀態，是個人對一切事物的主觀觀點，其形成常受學習及經驗的影響。一個人的態度一旦形成，將很難改變；個人亦習以為常，很難自我察覺到。無論態度是基於理性的與事實的；抑係基於個人的情緒與偏見，都同樣地影響個人行為。個人行為反應的指向，平時多取決於固定的態度，甚少基於健全理智的思考。由是態度常因人而異，以致形成對同一事物的看法，亦因人而有所不同。

依照菲希班（M. Fishbein）的看法，所謂態度是人類的一種學習傾向，基於這種傾向，個人對事物作反應，此種反應可為良好的反應，或為不良的反應[1]。薛馬溫（M. E. Shaw）和萊特（J. M. Wright）更進一步指出：態度是一種持久性的感情與評價反應系統，此種系統可反映出個人對事物的評價和看法[2]。態度包括三個因素：感情或評價因素、認知或概念因素、行動或意欲因素[3]。在狹義上，吾人將感情因素視為態度，本章即以此觀點為準。

根據梅義耳（N. R. F. Maier）的看法，態度是一種引起個人某種意見的先前傾向（predisposition）之心理狀態，亦即是一種影響個人意見、立場及行為的參考架構（frame of reference）[4]。由是態度為意見的先決條件，欲改變一個人的意見。必先改變他的態度。態度必然影響意見，而意見則不一定影響態度。薩斯東（L. L. Thurstone）即認為：意見是態度的表現[5]。

然則態度與意見有何不同呢？意見是指個人對某項論題及人物所下的判斷與觀點的表現。態度既是一種心理狀態，乃屬於一種概括性的主觀觀點，比較具有普遍性，例如，喜歡或厭惡某項事物。而意見則為對某項特殊事件所持主觀的特殊解釋，比較具有特定性，例如，上級對獎勵的不公平。易言之，態度是一種較爲廣泛的傾向，指的是個人對所有事物及概念的看法；意見則指個人對較特定事物及概念的看法。

就基本行爲的序列言，意見是受態度的影響。蓋個人是依據一己的態度，對外在事物加以不同的解釋。例如，公司加強工廠安全規則的執行，在抱持不友善態度的員工看來，可能認爲是廠方故意找麻煩；而在抱持著友善態度的員工看來，則認爲這完全是爲員工安全著想，而全力支持。因此，欲改變個人的意見，必先改變其態度。

意見既爲目睹事物的主觀解釋，則影響意見者，不僅爲主觀的態度，同時亦受客觀事實的影響。只是對客觀事實的解釋，尚有賴態度的決定而已。因此，意見雖不能直接形成態度，但有時可反應出態度，從而可從意見中探知態度。

此外，有人認爲態度和價值有某種程度的一致性。有人則持相反看法，認爲價值和態度的形式往往不合於邏輯。事實上，態度和價值都是人對事物的認知。一般而言，價值是基本的、廣泛的認知；態度則比較直接，爲對特定事物的好惡。態度屬於意識的範圍，是可以表達出來的。價值所涉及的範圍比較廣泛，也比較深入，而且包括較多潛意識的因素。例如，對公正、貞操……等問題的深入認知，通常都視爲價值觀點。吾人可把價值視爲一組普遍的、基本的態度，這些態度不一定存在於意識界。個人原始的普遍信念，就是價值。因此，價值是一組不變的信念，也是深入的科學信仰。

態度雖然很難改變，但亦非一成不變的。例如，抽煙行爲源於對吸煙的喜好態度，但根據科學研究結果顯示：抽煙可能造成癌症，則個人可能減少抽煙，甚或禁絕，以求合乎身體健康的原則。換言之，改變個人行爲也可以改變態度，行爲固然會漸漸符合態度，而態度也會逐漸符合行爲。此即說明了態度與行爲之間，有重大的關係。

至於士氣，原本是軍事用語，意指戰鬥的精神狀態而言。用於組織管理方面，係指工作的精神狀態。顧巴（E. E. Guba）說：士氣乃爲組織中的個人，願爲組織目標特別賣力的熱誠程度[6]。因此，士氣實質上就是個人獻身於工作的一種精神。它與態度、價值等都有密切關係。

然而，士氣亦隱含著一種團隊精神（team spirit），如一個球隊或一個機關，其成員所表現的團隊精神，即可稱之爲士氣。士氣既含有團體的意義在，必有助於紀律的維持與指揮的統一；對管理者而言，它是一種助力。良好的士氣通常被界定為「在組織的最佳狀況中，個人與團體對工作環境的態度，以及盡他們最大程度的努力，採取自動合作的情境[7]。」個人或團體在組織中自動合作的態度，需靠紀律與統一指揮的維繫，故士氣乃是在組織的團結態度下才能發揮。

就組織成員的立場言，個人之所以願意為組織而貢獻出自已的能力，有時是他對組織有種滿意的感覺，在工作上表現極高的工作精神。有時他對組織內部深惡痛絕，而採取消極的工作態度，呈現低落的工作情緒。因此，士氣亦可解釋為對工作的滿意程度。戡恩（R. L. Kahn）與毛斯（N. C. Morse）認為：士氣就是個人為組織工作而得到的滿足程度之總和[8]。

心理學家古庸（R. M. Guion）主張：士氣是個人需求得到滿足的狀態，而此種滿足得自於整個的工作環境[9]。此種定義重視個人需求的團體性，並未反映士氣的團體原則，惟特別強調整體環境對個人滿足感的影響。

士氣除了具有個人滿足感的因素外，尙且包含其他因素。行政組織學家孟尼（J. D. Mooney）曾說：士氣乃是包括：勇氣、堅忍、決斷與信心的綜合心理狀態[10]。因此，士氣乃是一種精神水準，亦是一種信心，與勇氣、堅忍、果決等特質有牢不可破的關係。士氣猶如健康一樣，健康乃是一種生理狀況，而士氣則代表組織的一般心理狀態。

總之，士氣具有雙重的涵義：就個人而言，它代表一個人工作需求滿足的程度與工作的精神狀態。就組織而言，它代表一種團隊精神，即每個成員願為實現組織目標而努力的程度，亦即組織整個情境的綜合狀態。換言之，士氣代表組織成員個別利益與組織目標是否相一致的結果。

態度的形成

心理學家指出，人類行為受態度的影響很大，而態度的形成多半來自於學習與經驗。態度一旦形成，很難改變，蓋態度是對於事物的主觀觀點，經常與喜惡有密切關係，凡是任何足以影響情感的事，同樣會影響態度。其他因素，諸如：收入、年齡、居住環境、教育程度、性別、家庭、黨團、宗教信仰等，都足以影響一個人態度的形成[11]。現逐次說明之：

一、情感

情感是態度的主要因素，具有主觀性、衝動性與不穩定性。一個人情感的好惡，常常形成他的基本態度。例如，一個主管如喜歡某個部屬，即使部屬犯了大錯，也會給予原諒，甚或替他掩飾；相反地，主管若討厭某個部屬，就經常會挑小毛病，甚至把一些細故遷怒於部屬。同理，宣傳廣告能否有效地影響群眾，需視群眾的情感狀態而定。因此，情感實是決定態度的最主要因素。

二、收入

收入亦是影響態度的因素之一。一個收入豐富的人，較能形成積極進取的人生態度；相反地，一個人收入不高，其社會地位低，很容易損害他對人生的態度。當然，在某些情況下，收入不豐也可能刺激個人努力工作，以賺取豐富的收入，提高個人的自尊與地位。由此看來，不管收入的情況爲何，總是決定個人態度的因素之一。

三、年齡

一般言之，年紀較輕的人富有衝勁，較有積極進取的態度。他們對人生懷有相當的憧憬，養成奮發向上的精神，常持一種激進的態度。至於年紀稍長的人對人生閱歷較深，比較懂得人情世故，經驗多，一般多持保守傾向的態度。當然，此種情況也常因人而異。

四、住家環境

居住環境對態度的影響，與收入情況相同。有獨門大宅院的人家，通常較富有，對人生有積極的態度。一個高水準的住宅群社區，代表著高地位象徵，通常較保守、求安定，是和樂的一群，常持樂觀的人生態度。至於貧窮落後的住家或社區，對人生的看法較消極、悲觀；但也有因之「化悲憤爲力量」者。因此，住家環境亦影響個人的態度。

五、教育程度

知識水準的高低，常是衡量個人態度的標準之一。一個教育程度高的人，對個人自尊與價值的評價較高，通常對人生的看法較積極。而教育程度低的人，比較有消極的態度。不過，此種情況亦常因個人特質與遭遇的不同而異。又新知識的吸收常有助於個人態度的形成，而教育程度高的個人吸收新知識的能力較強，此亦足以形成一個人的積極態度。

六、性別

性別決定個人態度，主要是受社會觀念與生理狀態的影響。在「男主外，女主內」的社會中，男性與女性的態度有顯著的不同。這是由於兩性在社會上所扮演的角色不同所致。今日社會強調男女平等，女性與男性有相同的就業機會，有關性別決定態度所受文化因素的影響，恐怕已日益降低；而主要在於生理區別對人生態度的影響。

七、家庭

根據心理學的研究，個人在家庭的出生順序，常影響一個人的人格特性，終而決定個人的基本態度。又家庭中成員的理想、觀念，以及父母的職業、背景與教育程度，都可能影響個人對任何事物的主觀看法，而形成不同的人生態度。

八、黨團

一個人參加某種黨團，對其人生態度亦有不同的影響。如果黨團是保守的，其成員亦可能持保守的態度。假如黨團是激進的，其成員也可能較激進。就以政黨來說，黨所揭櫫的目標，通常爲該黨成員所深信不疑的，以致在不同政黨間顯現不同的政治態度傾向。一般社團的情況，亦因其性質不同而使得個人表現不同的態度。

九、宗教信仰

一般對宗教有所信仰的人，常懷虔誠的心，有著犧牲的慈悲胸懷。且各種不同的宗教信仰，常有其不同的行爲模式，致形成各種不同的人生態度。

總之，個人的態度是受到其先天遺傳與後天學習和經驗而形成的。每個人的經驗不同，其所養成的態度亦有差異。以上所列只不過是一般常見的因素，實際上影響態度的因素絕不僅止於此。又各個形成態度的因素是交相錯雜的，此處只說明影響態度的一般情況而已。

然而，態度既是可學習的，以致它也會發生改變，其形成或改變均需經過三個階段：順從、認同、內化。

一、順從

個人態度之所以形成或改變的第一個階段，乃是順從（compliance）。不過，此種順從可能只是外顯行爲的改變，亦即爲表面的態度而已，並不眞正代表實質的態度。此乃因個人處於一定的社會壓力之情境所致，尤其是身處於獎懲狀態下的社會情境爲然。個人爲了得到某些獎勵或避免受到懲罰，不得不採取順從的態度；而一旦此種外在因素消失，其順從行爲也隨之終止。

二、認同

個人態度的形成或改變之眞正變數，可能要歸於認同（identification）了。此時，個人可能產生了喜歡的情緒，而採取了認可的態度。當個人喜歡某個人、事、物或規則，而視之爲學習或遵守的對象，此即稱之爲認同。此種認同係受到情感要素的影響，未必受到外在獎懲制約的控制。是故，認同階段乃爲代表個人態度的眞正形成或改變。

三、內化

個人在經過認同階段之後，會將情感作用所形成的態度和原有的價值觀作協調性的統整，以致形成個人人格的一部分，此即爲內化（internalization）的過程。此時，個人的態度才算眞正的形成或改變。不過，經過內化的態度往往具有若干理性認知的成分，此種態度和價值已結合在一起，而且持久存在，不易改變。

綜觀前述，可知態度實具有三項要素：情感（affection）、認知（cognition）

與行爲（behavior）。情感乃爲形成態度的根基，認知乃決定態度的正向或負向價值，行爲則爲態度的顯現。一個人有了喜歡的情感，且產生正向價值的認知，較可能顯現正面或積極的行爲；相反地，有了不喜歡的情感，且有負向價值的認知，則可能表現負面或消極的行爲。這就代表著不同的態度。當然，其中的關聯性也可能受到其他因素的影響。例如，甲並不喜歡乙，但因受到情勢所逼而不得不採取接受的態度或行動。不過，這卻不是眞正的態度。

影響士氣的因素

所謂士氣就是員工由消極轉爲積極的態度，而形成的一種團體精神。高昂的士氣表示管理有了成效，亦爲正常行爲氣氛的測量。它結合了組織內在與外在的有利條件，把個人需求與組織目標結合爲一體；亦即調和了組織與個人的衝突，使個人努力於組織目標的實現，同時也使組織目標的達成來滿足個人的慾望。因此，士氣的高昂往往代表效率的提高，而效率的提高對組織與外在環境的關係而言，在公共機關乃是提供熱誠的服務，在私人企業則爲生產質量的改善與增加。一個組織如何才能發揮高度合作的士氣呢？士氣的提高基於下列因素[12]：

一、工作動機

動機乃是代表個人慾望的追求，一個有強烈動機的人較有良好的工作態度，且抱持積極的工作精神；而無法滿足工作需求的個人，則對工作感到不滿意，且抱持消極的工作態度。根據心理學家的實驗研究，工作態度與生產質量之間雖無絕對關係，但大致上的結論認爲：持積極工作態度的員工多爲高效率者，而持消極工作態度的多爲低效率的工作者。因此，組織欲求士氣的高昂，提高員工的工作興趣，激發其工作動機，實爲首要的課題。

二、薪資報酬

薪資報酬在工作動機中，雖非影響員工士氣的唯一重大因素，然而仍爲一般員工所共同關心的問題。蓋薪資的高低除了代表經濟意義外，尙含有個人對組織貢獻的評價意義在內。準此，薪資標準的核算是否公平，影響工作情緒甚鉅。健全的薪資制度足以激發員工工作動機，提高工作精神；不合理的薪資制度，卻足以降低工作精神，造成組織管理的困擾。

三、職位階級

職位高低影響個人工作情緒與態度，至為明顯。根據許多心理學家的研究，所得結果大致相同。一般而言，擔任管理階層工作人員對工作滿意的程度，比一般事務人員要高；此種原因有二：一為職業聲譽，一為控制權力。前者乃因一般社會人士認為地位高的職業，受人尊重，容易得到滿足，否則就感到屈就而沮喪。後者則基於人類權力慾（love of power）的驅使，一個有權管理或控制他人工作的人，較易有滿足感；反之，屈居下位而被支配的員工容易沮喪，且造成抗拒的心理或態度。

四、團體意識

自從西方電子公司浩桑研究發現人群關係的重要性之後，今日無人能否認工作團體的意識，對員工行為所產生的影響。工作團體的關係，對員工工作精神影響甚大。有團體歸屬感的個人或團體，有安全感與工作保障；而沒有團體意識的個人或團體必是孤立或分裂的，不易有工作安全保障，很難有良好的工作精神或士氣。惟良好的工作精神並不一定是高度生產的保證，其原因厥為團體動機發展而成強烈的消極抵制，故而限制了生產。依此，管理者必須善為利用員工的團體意識，激發團體合作的工作精神。

五、管理方式

管理方式係指領導特質與領導技術而言。根據研究顯示：凡是工作精神旺盛的團體，其主管都是比較民主的、寬厚待人、關切部屬、察納雅言、接受訴苦、協助解決問題；而工作精神低落的團體，其情形恰好相反。同時，具有高度破壞性的團體，類皆出自管理方式的不當所致。因此，管理人員的特質與其所採取的手段，能決定工作組織的士氣與效率。

六、工作環境

工作環境的配置與設計是否適當，直接影響員工的工作精神。不良的工作環境易造成生理上或心理上的疲勞，直接減低工作精神或效率。一般工程心理學家（Engineering Psychologist）研究，在照明、音響、空氣、溫度、休息時間長短及休息段落方面，若能配置得當，當可減少工作疲勞，振奮員工工作精神。例如，空氣過份濕熱，必使員工燠不可耐，脾氣暴躁，易於遷怒其他事物。

七、工作性質

隨著工作性質的不同，員工對於工作的滿足感亦有差異。一般而言，具有專業性和技術性人員比半技術及非技術性人員的工作滿足程度要高。此乃因專業性及技術性人員身懷一技之長，對於工作充滿信心，有安全保障的感覺，並可發展自我的成就感；而其他人員則無。故工作性質的差異，亦影響組織士氣的高低。

八、工作成就

根據學習心理學的原則，個人能直接看到自己工作的效果或自感有工作成就的人，容易保持學習的興趣。在組織內有實績表現的員工，自覺受到上級的激賞，都有較高的工作精神；反之，成績低劣或不為管理階層激賞的員工，其工作精神大多不好。事實上，工作本身與組織目標是否達成的關鍵，並無太大的關係。員工自己的態度與管理階層對員工的看法，才具有真正的影響。

九、員工考核

考績乃為升遷的準據，也是薪資訂定的標準，更是工作的評估，因此考績貴在公平合理。不合理的考績制度，必然影響員工的工作精神。故考核的方法與結果，必須要使被考核人瞭解，以作為員工自我改進的依據。

十、員工特質

工作精神的高低與工作情緒的良窳，部分係取決於員工個人的人格特質或健康狀態。良好的個人特質，例如，積極性、負責任、合作性等，不但促使個人隨時保持積極的工作態度，且與組織成員亦能竭誠合作，共赴事功，激起高昂的士氣；而消極的、怠惰的、推諉塞責、不健康等特質的員工，不但本身採取消極的工作態度，且不與人合作，製造事端，適足以削弱團體的工作士氣。

總之，影響士氣的因素甚多，實非本文所能完全論及，蓋影響員工心理的因素，並不是那些重大政策，而是一些細微末節的事項。組織管理者應多方發掘問題，多與員工接觸，注意其工作情緒，讓員工有參與決策的機會，或舉辦團體討論活動。本文僅列數端，資供參考。

態度與士氣的測量

態度與士氣既是員工對團體或組織滿足程度的一種指標，則組織欲瞭解員工滿足感及其對組織目標效力的意願，惟有實施態度與士氣調查。態度與士氣雖然不能用秤或尺去量度，但可用心理科學方法去調查，然後加以測量。桑代克曾說：任何存在的東西都有數量，有數量就可測量，只不過態度比較抽象而已。惟科學方法即在找出適當的、直接的測量方法，以統計分析力求數量化、客觀化。態度與士氣調查的目的，即在瞭解員工對組織、工作環境以及上司、同仁的態度，提供管理者作為重要參考。通常測量態度與士氣的方法很多，最主要的有下列幾種[13]：

一、態度量表法

典型的態度量表（attitude scale）是擬訂若干陳述語句，組成問題，徵詢員工個別意見，然後集合多數人的意見，可以反映一般員工的態度。一個母體或組織員工態度分數的平均值，即代表該團體或組織員工對事物所持態度的強弱。儘管態度量表編製的方法不一，然其所要完成的目標並無二致，該量表大致上可分為三種：

（一）薩斯東量表

薩斯東量表（Thurstone type of scale）是在1929年由薩斯東等（L. L. Thurstone & E. J. Chave）所發展出來的，先由主事者撰寫有關事物的若干題目，這些題目代表員工對組織的不同觀點，從最好的到最壞的依次排列，並以量價（scale value）表示之，此種量價事先加以評審訂定。在實際進行員工士氣調查時，不要將已選定的句子依一定次序排列，而將好壞摻雜；且不可註上量價，由員工自行圈定個人自認爲適當的句子，以表達他對組織的態度。最後由主事者將全體員工所圈定的句子，計算出量價的平均數，即爲該組織的員工態度。

今以工業心理學家白根（H. B. Bergen）所編的量表之一部分爲例：

陳述語句		量價
1.（　）	我自覺是組織的一份子。	9.72
2.（　）	我深切瞭解我與主管之間的立場。	7.00
3.（　）	我認為改進工作方法的訓練應普遍實施。	4.72
4.（　）	我不知道如何與主管相處。	2.77
5.（　）	組織給付員工的待遇少得使人無可留戀。	0.80

顯然地，員工圈選何1.2.3.題句子的量價之平均值，要高於圈選3.4.5.題句子；此則表示前者的態度要優於後者。因此，組織可根據該量表所測得的結果，作爲改進員工士氣的參考。

（二）李克量表

李克量表（Likert type of scale）是由李克（R. A. Likert）所發展出來的，在員工態度的調查上，使用的機會也很多。該量表和薩斯東量表一樣，也蒐集許多陳述句，但每個陳述句沒有量表值，而是以積極性句子表示良好的態度，以消極性句子表示個人對事物的不佳態度。

下表即爲李克量表之一例，用來測量員工對工作的態度：

1.這工作很合我的口味。
2.假如這工作分配給我的話，我會辭職而去。
3.這是一個令人興奮的工作。
4.這種工作激起了我努力完成的決心。
5.對這種工作，我不太感興趣。
6.我不喜歡這個工作。
7.這個工作使我覺得很舒適。

8.這是一個美妙的工作。

9.這是一個令人討厭的工作。

10.這是一個迷人的工作。

11.這種工作，我早就厭倦了。

12.這種工作，讓我感到冷冰冰的。

其中1.3.4.7.8.10.題是積極性字眼的題目，2.5.6.9.11.12.題爲消極性字眼的題目。計分時，將個人同意積極性字眼的題目數，與不同意消極性字眼的題目數相加，再除以12，乘以100，即爲個人在這個量表上的得分，亦即表示個人對工作的態度；主事者若將所有員工的分數加以平均，即可看出一般員工對工作的態度。

一般而言，李克量表比薩斯東量表爲：第一、可靠，信度較高。第二、作答速度、計分皆較快速。第三、效度與薩斯東量表相等，或較高。第四、不含「態度差」的句子，但可看出個人的不良態度。

（三）語意差別量表

語意差別量表（semantic difference scale），通常是由許多意義相反的形容詞組合起來，且賦予不同程度的幾個數值，這些數值可顯示工作者的態度。例如：

這項工作的內容如何？

吸引人的____；____；____；____；____枯燥乏味的

在使用這種量表時，每個員工依照個人對事物的看法，在量表上打勾；量表值由5至1，表示個人態度的不同程度，然後將這些量表值加起來，即爲員工的態度分數。由於此種量表測量結果，和前面兩種量表相關性高，且較爲簡單。目前許多專家均採用這種方法，來測量員工的態度。

二、問卷調查法

態度量表可以測量一個人對組織的態度，以及全體員工的工作精神，但無法找到造成不良態度或低落士氣的具體原因。因此，用問卷調查法列出有關工作

環境、公司政策、薪資收入等特殊問題，可徵詢出員工的意見，此種方法稱之為意見調查（opinion survey）或問卷調查（questionnaires），以下是米賽（K. F. Misa）設計有關員工的態度問卷，其例如下：

（一）對上司的態度方面

1.你的上司是否關心你及你的問題？
是（ ）否（ ）無法說（ ）
2.你的上司對你的工作是否瞭解？
是（ ）否（ ）不知道（ ）
3.你的上司是否稱讚你的工作？
常常（ ）有時（ ）很少（ ）
4.你的上司與同一單位的人是否相處融洽？
是（ ）否（ ）無法說（ ）
5.你的上司和顏悅色地規勸你嗎？
是（ ）否（ ）無法說（ ）
6.你的上司即時注意你的不悅嗎？
是（ ）否（ ）無法說（ ）
7.你對你的直屬上司印象如何？
很友善（ ）平常（ ）不友善（ ）不知道（ ）

（二）對公司的態度方面

1.你覺得你服務的公司與其他公司相比如何？
非常好（ ）差不多（ ）不太好（ ）不知道（ ）
2.你的公司對員工利益照顧的情形如何？
非常照顧（ ）差不多（ ）不太照顧（ ）無意見（ ）
3.你曾建議你的朋友也加入本公司工作嗎？
是（ ）否（ ）

4.你覺得你在公司的前途如何？

很好（ ）平常（ ）不太好（ ）不知道（ ）

5.你是否充分瞭解公司的各項措施？

充分瞭解（ ）還可以（ ）不知道（ ）

6.你是否充分瞭解公司高階層的各項重要決策？

是（ ）有時（ ）否（ ）

7.你覺得你在公司裏的發展機會如何？

比其他公司好（ ）差不多（ ）比其他公司少（ ）不知道（ ）

(三) 對收入的態度方面

1.你覺得你的收入與其他公司相同職位的人比較，如何？

多（ ）一樣（ ）少（ ）不知道（ ）

2.你覺得公司的薪水政策與其他公司比較，如何？

非常好（ ）很好（ ）平常（ ）稍差（ ）不知道（ ）

此外，尚可在問卷備註說明：「如果你有其他寶貴意見，請寫在以下各欄內」等字樣。該項建議常可反映一些態度，提供管理階層參考。

三、主題分析法

主題分析法（theme analysis）為美國通用公司（General Motors Corporation）員工研究組（employee research section）所倡導。該公司以「我的工作—— 為何我喜歡它」為題，向全體員工徵集論文，除了審查作品給予優良作品獎金外，並從應徵作品中依據幾項主題分類整理出員工意見。

在徵集函件中，雖然反映的多為對公司的積極建議，但對函件中普遍未提及的事項亦加以注意。經過嚴密的統計分析，將第四十八工作單位的員工對各項主題的態度，與公司全體員工平均態度加以比較，其所得結果如表14-1。

表14-1，數字表示員工對各主題滿意程度的等第。由表中可看出：第四十八單位員工對前六項主題的態度，與全體員工的看法完全一致；而對以後各項的看法，則稍有差異。例如，晉升機會在全體員工中列十四等，而第四十八單位員

主　題	全體員工對各主題滿意度	第四十八單位員工對各主題滿意度
(1) 監督	1	1
(2) 助理	2	2
(3) 工資	3	3
(4) 工作方式	4	4
(5) 公司榮譽	5	5
(6) 管理	6	6
(7) 保險	7	9
(8) 產品榮譽	8	11
(9) 工資利益	9	13
(10) 公司穩定	10	12
(11) 安定	11	16
(12) 安全	12	10
(13) 教育訓練	13	7
(14) 升級機會	14	8
(15) 醫療服務	15	23
(16) 合作工作	16	14
(17) 工具設備	17	17
(18) 假期獎金	18	20
(19) 清潔	19	24
(20) 職位榮譽	20	15

表14-1 美國通用公司我的工作主題分析表

工的態度中則列爲第八等，此表示第四十八單位員工升級的機會比其他單位爲佳。相反地，醫療服務在全體員工中列第十五等，而第四十八單位中卻列爲第二十三等，此即表示該單位所受醫療服務比其他單位爲差。

主題分析法是由員工自行陳述，可從受測者獲得較多的情報資料，其與前述兩種方法由主測者編撰題目比較，在範圍上較不受限制。同時，主題分析法將各單位對各項主題的態度，與全體員工的態度加以比較，可看出各單位的優點與弱點，以便作爲管理上改進的依據。惟該法結果的整理較爲複雜困難，一般較少採用。

四、晤談法

晤談法（interview）是面對面地查詢員工態度與士氣的方法。該項面談最好請組織以外的專家或大專學者主持，並保證面談結果不作人事處理上的參考；且予以絕對保密，以鼓勵員工知無不言，言無不盡。通常晤談又可分爲有組織的晤談與無組織的晤談。

有組織的晤談是事前擬訂所要徵詢的問題，以「是」或「否」的方式來回答，有時可稍加言語補充，也可說是一種口頭式的問卷調查。無組織的晤談則不擇定任何形式的問題，只就一般性問題，誘導員工儘量表達個人意見。有組織的晤談可即時得到反應，統計結果較容易；而無組織的的晤談可迅速掌握員工態度的一般傾向。惟兩者的花費太大，不如一般問卷的經濟；且無組織的晤談易使主事者加入主觀的評等，很難得到適中公允的標準。

此外，組織亦可利用員工離職時舉行面談，稱之爲離職晤談（exit interview）。該法徵詢離職員工，較能取得中肯的意見，充分地反映員工不滿與離職原因；蓋離職員工顧忌較少，可暢所欲言，作爲企業改進的參考。但離職員工亦可能夾雜私人恩怨，表達個人的意見，需愼重加以判斷。

改善員工態度的方法

態度形成的因素乃爲主觀的情感，而情感發自於個人的情緒或願望。情緒是暫時性的，依個體的生理狀況與願望而來。一個人在工作中的態度，實來自於其對工作的情緒與願望。工作情緒高昂，充滿著工作願望與動機，則其工作態度必然良好。反之，個人對工作沒有滿足感，沒有工作意願與需求，則無法產生良好的工作態度。蓋態度不一定具有理性基礎，往往含有主觀情感的成分在內，故易導致誤會。管理人員欲使員工改善其態度，至少要做到下列幾點：

一、改善客觀事實

態度具有解釋與選擇事實的作用，故改善客觀事實，有助於改善態度，進而修正其意見。如員工抱怨工作環境太差，固然可能來自於態度對環境事實的歪曲，然而必有幾分眞實性。因此，管理人員若能針對工作環境的不良，以作適時的改善，則可改變員工的態度。當然，有些態度惡劣的員工，事事吹毛求疵，雞蛋挑骨頭的情況是不可避免的，只要工作環境改善，即可找出這些人員。至於改善環境的方法，管理者宜在提出改進之前，先對員工所持的意見，作仔細的研究、分析，以求知意見究係環境不善或態度惡劣所形成的，則能瞭解事實眞相作適當的改革，方不致徒勞無功。

二、改善團體生活

態度是具有感染性的，個人的態度有時會受團體生活的經驗所影響。團體的歸屬感和認同感愈大，則成員的態度愈趨於一致。任何團體若能使員工感覺到他是團體的主要份子，則員工對團體的態度必是友善的；相反地，團體若不重視個人，則員工可能採取不與團體合作的態度。因此，改變員工個人態度的方法之一，乃是培養團體的和諧氣氛，重視員工的地位。諸如：實施利潤分享計畫、建立公平的法規制度、重視員工利益，改善員工福利措施、注重員工意見，並鼓勵員工多提供建議等，都可使員工產生歸屬感，提供團體共同的生活經驗，使員工態度能符合組織的要求。

三、善用聆聽技巧

一個人在工作過程中，不免遭遇挫折或不滿其工作現狀。此時欲培養員工良好工作態度，必須讓他把淤積在內心的話說出來，誠心誠意地傾聽他訴苦，這就牽涉到聆聽的技巧了。一般主管常忽略傾心地聆聽，以致顯得不耐其煩的樣子，招致員工的不滿，產生不良的工作態度。固然，員工意見的表達，常常帶有感情的減分，甚且前後矛盾。身爲主管應以情感的邏輯推理，去瞭解員工的意見，不必以理智的邏輯推理去瞭解。也就是採取「情感」的領導方法，去化解員工的抱怨，培養良好的態度。主管不必急於去辯駁員工的意見，杜絕其充分表達的機會，只要平心靜氣地耐心聽取，必能找出眞正的問題所在。

四、善用團體討論

團體討論爲組織發展的方法之一，其目的就是讓員工充分地表達其意見與情感，達到對團體問題的共同認知，進而培養與其團體一致的態度，以消除歧見。在團體討論的過程中，每個員工除可表達個人意見與情感外，尙能瞭解他人的意見或情感，使自己意見與他人意見有相互折衷融合的機會。此乃因個人意見或情感，在討論過程中相互修正，甚至放棄個人意見，以順應團體的要求，形成團體的共同意見。團體討論法的運用，不僅可以澄清個人態度，消除個人間的歧見與誤會，並可促使個人接受團體制約，進而促成團體合作。因此，團體討論技能的運用，實為培養共同態度的良好途徑。

五、善用角色扮演

所謂角色扮演，就是編製一齣心理短劇，影射問題的本身，使個人分別扮演他人的角色，將自己的態度與情感，在模擬劇情中充分表達出來。角色扮演可使每個人有機會充分瞭解或體驗他人的立場、觀點、態度與情感，進而培養出為他人設想的態度。藉著角色扮演，不但可瞭解自己的困難與痛苦，尚可發洩不滿情緒，進而培養良好的積極態度。

六、善用文字宣傳

在組織中欲改變員工的態度，可多利用標語、口號、壁報競賽、演講會等方法，深入員工的內心，促其培養良好態度。一般人都有好奇心，應用文學式的灌輸，可在日常生活中，使員工產生良好習慣，達到潛移默化的效果，進而形成不易改變的態度。

七、培養互信氣氛

受尊敬和信任的主管較能改變員工態度，故主管應培養與部屬間的相互信任。主管要想得到部屬的信任，就必須先信任部屬，尤其是主管個人的態度常影響員工的態度。因此，培養相互信任的氣氛，實為改善員工態度的良法。

以上是改善態度的幾種方法，管理者應妥善加以應用。如果運用得當，則可使組織內的員工增進相互瞭解，使其行動日趨一致，達成共同的工作目標。否則，在工作過程中，員工態度不佳，沒有一致的工作態度，必然暗潮迭起，阻礙組織工作的進展。因此，管理者宜隨時研究員工態度，助其改善態度。

提高士氣的途徑

組織管理者除了應重視員工態度外，亦應站在組織立場，提高組織的整體士氣。蓋士氣的提高，乃為任何機構所必須急切追求的。針對前述影響士氣的因

素，提高士氣的途徑有：

一、激發工作動機

傳統管理者認爲個人的工作動機，是基於經濟上的因素。惟據近代行爲科學家的研究，個人在工作中的需求，除了待遇之外，尙涉及社會價值、責任心、榮譽感、自我表現、工作地位等因素。因此，滿足員工個別動機的各項措施，已不斷發掘與應用。惟這些動機的瞭解，必須透過問卷方法加以調查，以探討個別差異的存在。針對個人的需要，指定適當的工作，尤其是對於家境寬裕或個性淡泊的員工，應安排自我表現的機會，避免主觀判斷的錯誤，打破高薪即可增加生產的偏見。

管理階層既知激發工作動機的重要，除了對個別動機要有確切的瞭解外，在積極方面應改善管理環境與態度，尋求個人興趣的調查，讓他做所願做或所想做的工作，使其與組織目標相一致，用以提高工作效率，增加生產質量；在消極方面應避免主觀判斷，消除對員工的偏見。至於員工方面亦應量力而爲，按照自己的能力、專長與興趣努力以赴，切勿好高騖遠、出鋒頭，以免一旦挫敗而影響工作情緒。

二、提高薪資待遇

薪資待遇在員工工作方面，雖非影響工作動機的唯一因素，然仍爲一般人所追求的目標之一。因此，訂定較高的薪資標準，仍不失爲提高士氣的主要措施。蓋薪資的多寡，有時常代表個人地位的高低或工作成就的優劣，故組織管理者在儘可能的範圍內，應訂定較高的薪資標準，提高薪資的基數，頒發工作獎金，以振奮人心。尤其宜考慮各方面的資料作科學化的評價，以達到同工同酬的原則，建立於公平合理的基礎上，拉近上下的差距，免得招致部分員工的不滿情緒，抵銷了工作成果，產生「不平則鳴」的現象。

在人力資源管理方面，薪資給付應使員工知道核算的方法，必要時給予適當的解釋，否則即使是些微的差額，往往也會招致怨恨，這實在是值得注意的問題。又各個組織之間應繼續努力的，乃爲建立「同工同酬」的準據，以免造成差別待遇。

三、健全升遷制度

每個企業或機關職位低的員工易沮喪，如果人事制度合理，除甄試合格人員以吸收新進人才外，應設置一定升遷標準及優先次序，以建立由下而上的升遷制度，給予充分升遷的機會。同時做到人事公開、公正而合理的地步，使員工對工作的神聖性有較正確的體認，且有助基層員工工作精神的改善，激起向上奮發的精神。

事實上，基於分工的需要，組織總有一些職位階級較低的人員，爲了消弭不公的現象，管理階層應給予員工更多自主控制的權力，並提倡「職業平等」、「職業無貴賤」等觀念。在人事制度上給予適當授權，使員工樂於從基層工作幹起，以消除員工不當的自卑感。

四、培養團體意識

士氣既是員工由消極轉爲積極的態度，而逐漸形成的團體精神，故培養團體採取一致行動的工作精神，即爲提高士氣的途徑。個人在團體環境中固有個人的需求，亦有團體的榮譽感，惟有在團體中個人需求才有發展的可能，離開了團體的影響，人性將無從發揮。蓋社會需求往往由團體中放射出來，個人得向周圍的人學習，以逐漸形成自己的人格；同時，團體也在個人交互影響下，發揮其集體作用。

此種團體意識的發揮，端賴管理階層的有效領導與領導藝術的運用，故管理人員需接受相當的心理訓練或領導學術的灌輸，增加員工彼此交往的機會，採行民主管理措施，促進意見或思想的溝通，使員工工作精神受到團體的激勵，以培養員工的團體意識。如此自可增加工作效率，達成增進生產的目的。

五、採行民主管理

近來工業管理著重主管人員的「人群關係」訓練，主要目的在使各級主管瞭解民主領導的重要性，加強員工心理背景的認識。民主領導方式諸如：意見溝通、員工參與等觀念的灌輸均甚重要，其對員工工作精神與團體意識的產生有極爲深遠的影響。在人力資源管理上任用或擢升基層主管或領班時，除了考慮工作成效優良的人員外，尚需注意其領導才能或積極加強人群關係或民主領導的技術訓練。

六、改善工作環境

不良的工作環境易引起員工身心的疲勞，影響其工作情緒。因此，對於空氣、溫度、音響等宜作適當的調節，且工作環境的設計與佈置亦不可輕忽，擁塞的環境易使人感覺納悶。通常國人喜歡談風水問題，吾人認爲此爲改善工作環境的心理因素，其固有迷信的成分存在，然絕非空穴來風。準此，工業管理學家在工作環境方面的措施，需隨時調節照明等因素，避免噪音的產生或改善噪音的環境，因工作性質而訂定工作時間的久暫以及休息的次數與長短。質言之，工作環境的改善適足以提高工作情緒，並達到增加生產的目標。

七、發揮個人潛能

個人在組織中工作總懷有若干潛在能力或才幹，這乃是個人在組織中力求表現的驅力。此種驅力使個人對工作感到滿足而抱持積極態度，故組織管理者安排員工發揮潛在能力的問題，至爲重要。管理者需藉各項調查問卷加以發掘，並分門別類發現各人的專長何在，才幹如何，以爲將來任事用人的依據。員工如深知個人才能有發揮的機會，前途有了發展，必能勇於任事，積極負責，提高工作情緒與興趣。

人力資源管理者除對半技術性或非技術性員工加強或實施其職業訓練外，應針對本機關工作所需條件作爲選用員工的取捨標準，並訂定人事規範，發揮個人專長，以提高個人工作情緒或態度，達到人事配合的目標。

八、實施合理授權

所謂授權，就是上司賦予下屬在職務上充分任事的權力，是分層負責的基礎。員工有了辦事的權力，除了可發揮其工作潛能外，可不必事事請示上級，避免推諉塞責、敷衍了事，並提高行政效率，激發積極負責的精神。就管理階層而言，實施合理授權，可減輕主管部分負擔，但宜隨時監督，一旦發現錯誤應有替部屬承擔責任的胸襟；而部屬應在授權範圍內行事，體認權利與義務的對等性，切不可踰越權限，害人害己。

根據成就感的有無影響工作精神的看法，實施合理授權有實際上的必要。

人力資源管理方面用人如能根據個人專長，隨時注意個人的工作成就，並給予適時的鼓勵或讚賞，對於提高員工工作績效，亦是良好的方法。

九、建立公平考績

考績的優劣與升遷或薪資有很大的關聯，且間接顯示出對員工的工作評估及獎懲，對員工的工作精神影響甚鉅；且考績涉及科學性的技術，故應力求公平合理，並趨於平實止於至善。管理階層應建立考績的權威性，並將考績的標準於事前通知員工，使其知所取捨，樹立人事考核紀律；並多聘請專家使用科學技術與方法，擔任考核設計以進行考核後與員工會談的工作，儘量消除員工對考核的疑慮，瞭解考績的依據，知道其工作立場，以謀求員工的積極合作精神，體認優良的工作表現，使考績發生積極的獎勵作用。

十、瞭解員工特質

關於員工本身特質的問題，甚爲複雜，需管理階層不斷地去發掘。人力資源管理者應有個別差異的瞭解，尊重員工人格價值與尊嚴，分析個人的身世背景，多注意性格偏差的員工，多與之接觸，瞭解其困難或痛苦所在，助其解決問題，員工必終身感激不盡，竭力效命，且能提高工作精神。

總之，管理者提高員工士氣的途徑很多，必須努力去尋求，採用適當的管理措施，才能提高員工士氣，達成組織目標。

附註

1.M. Fishbein (ed.), Readings in Attitude Theory and Measurement, New York: John Wiley, p. 257.

2.M. E. Shaw & J. M. Wright, Scales for the Measurement of Attitudes, New York: McGraw-Hill。

3.M. Fishbein, Op. Cit., p. 479.

4.N. R. F. Maier, Psychology in Industry, Boston: Houghton Miffin Co., p. 5.

5.L. L. Thurstone, "Attitudes Can be Measured," American Journal of Sociology , Vo1.33 (1928), pp. 529-554.

6.Egon E. Guba, "Morale and Satisfaction: A Study in Past and Future Time Perspective," Administrative Science Quarterly, p. 198.

7.Keith Davis, Human Relations in Business, New York: McGraw-Hill Book Co., Inc., p. 444.

8.R. L. Kahn & N. C. Morse, "The Relationship of Morale to Productivity," Journal of Social Issues, p. 10。

9.Robert M. Guion, "The Problem of Terminology," Personnel Psychology, p. 62.

10.J. D. Mooney, Principles of Organization, New York: Harper & Sons, Inc., p. 177.

11.姜占魁著，人群關係新論，五南圖書公司，三一頁至三二頁。

12.李序僧著，工業心理學，大中國圖書公司，二二五頁至二三一頁。

13.同前註，二〇六頁至二二〇頁 。

研究問題

1.何謂態度？它與意見、價值有何不同？

2.何謂士氣？試就組織與個人立場，分別說明其意義。

3.形成態度的因素有哪些？試舉五項因素說明之。

4.影響士氣的因素有哪些？試就管理者的立場，提出五項說明之。

5.態度是否可以測量？試述李克量表的編製方法。

6.何謂晤談法？吾人應如何運用晤談法來測知員工的態度？

7.改善員工態度的方法有幾？就你所知，提出五項方法說明之。

8.管理者應如何提高員工的士氣？若你爲管理者，將怎麼做？

個案研究

不公平的對待

張玉琴是私立成功幼兒園中班的老師，由於她有豐富的教學經驗與相當深的資歷，且有多方面的才華，很快就被任命爲教學組長。教學組長的主要職責，除了要協助園長處理部分行政業務之外，尙必須對園中所有的教學單元和活動做出規劃，並適時與園內的老師作教學討論和意見交流。

然而，在張玉琴擔任教學組長之後，每於教學會議時，都很草率地將問題帶過；而且她也經常請假。只是每次遇到園內有重要活動時，例如，畢業典禮、母親節和聖誕節等，她都能將節目安排得盡善盡美。她和園內的老師相處尙稱和諧，但與主任相處並不好，常常因某項觀點而與主任起爭執，每次有了爭執就負氣出走。

就這樣經過幾次類似的情況之後，園長都以規勸的方式處理，但效果不佳。久而久之，同仁們也開始產生了不平，她們認爲園方是否因她是教學組長，就予以優遇；而一般老師都很克盡職責，卻未得到良好的獎勵。因此，老師們開始對園長和自己的工作產生了質疑，並對園方愈來愈沒有了向心力，終致產生很高的流動率。

個案問題

1.你認爲個案中向心力流失的主要原因是什麼？

2.組織或單位內的個人若受到特殊待遇，將會影響團體士氣嗎？

3.你認爲園長應如何公平地對待每位同仁？

人群關係

第15章

本章學習目標

讀者於讀過本章之後，應能瞭解：

1. 人群關係的真諦。
2. 人群關係的發展過程。
3. 人群關係的理論基礎。
4. 組織實施人群關係的方法。

在人力資源管理上，人群關係的概念引導著管理理念。有了良好的人群關係概念，組織才能提高其士氣，發揮團隊精神的作用。因此，良好人群關係是組織效率的指標，人力資源管理工作不能不重視人群關係。蓋人群關係的目標，乃在達成個人的最高發展，期以發揮員工的潛能，使人力資源能作有效的配合。本章首先討論人群關係的意義，並逐次研究其發展、原則以及理論基礎，並進而研析如何加以運用。

人群關係的定義

人群關係是管理實務的一部分，人力資源管理的活動，無一不是以人際關係爲基本原則。在組織中，所有的員工都有他崇高的人權與地位，此種人權與地位都應受到尊重。因此，人力資源管理單位或人員都不能忽略它的存在。由於科學管理時代忽視人性的存在，一九一八年美國全國人事協會，在紐約喬治湖濱所舉行的首屆銀河灣會議，開始討論「工業界中的人群關係」，探索「人性管理」，以致人群關係逐漸受到重視。一九三二年美國哈佛大學教授梅約主持浩桑研究，使人群關係理論逐漸形成系統。

至於所謂人群關係，是指人與人、人與群、群與群之間的交互行爲關係，亦即研究改善人與人相處的態度，進而培養人與人之間的和諧關係，從而形成堅強的團體意識，以期完成組織所賦予的目標。因此，人群關係的意義，一方面乃在使組織成員能獲得經濟的、社會的與心理的滿足，另一方面則在尋求爲組織從事有效的合作工作。因此，戴維斯（Keith Davis）即認爲：人群關係乃在研究人在工作中的行爲，並探討有效的方法來採取行動，以獲致工作上的最大效果[1]。

此外，沙頓史托（ Robert Saltonstall）說：人群關係是研究工作場所中人的行爲[2]。該定義已說明人群關係研究對象是人的行爲，研究方法是從人的行爲中去研究，研究的場合是在工作場中；雖簡略，但涵義深而廣。再者，赫克門等（I. L. Hechman Jr. and S. G. Huneryager）也說：人群關係是眞正綜合所有社會科學的各種規則和方法，發展爲一套有系統的管人知識[3]。此定義涵蓋廣泛的領域，但其中心乃爲人的行爲。

綜上所述，人群關係即爲研究組織內員工的行爲與其工作效果的關係，並探求如何促進員工與組織間的平衡關係以及員工與員工間的合作關係。因此，人群關係實涵蓋下列三大範疇[4]：

一、研究員工行為與工作效果的關係

人是有思想、有感情、有慾望的動物，這些都直接影響個人行為；而行為的表現會影響到工作效果。一般而言，組織工作效率的高低，其主要測量標準，實際就是組織內員工行為的表現。因此，組織要想圓滿地達成任務，就必須注意員工行為；而員工行為主要是受到慾望的滿足、心理的反應以及情感因素的影響。人群關係就是研究這些因素 ，對員工行為的影響，並從中求得提高組織效率。是故，人群關係乃為研究員工行為與工作效果的關係。

二、研究組織與個人利益平衡的關係

傳統上認為組織利益大於個人利益，惟組織目標的達成實有賴個人的努力；而個人之所以要努力於組織目標的達成，必須由組織提供合理的待遇、工作的保障、適當的地位、人格的尊重以及升遷的機會，員工才可能發揮其工作效能，貢獻聰明才智、熱心忠誠。因此，只有求組織與個人利益的平衡，才能提高組織工作效率，並滿足個人需求。人群關係的研究，即在研究兩者利益的平衡，使組織與員工都能有所發展。

三、研究組織員工間和諧相處的關係

員工是推動組織業務的主要力量，故員工間能否和睦相處，合作無間，對組織的成敗有密切的關係。因此，人群關係特別注重員工情感的增進，使大家能夠形成一個牢固的團體，無論是主管與部屬間，或同事與同事間，都能保持親蜜關係，相互瞭解，相互尊重，並溝通意見。這就是研究人與人相處之道的學問，人群關係就是這樣的科學。

總之，人群關係就是研究組織內員工或團體間交互行為的科學。也就是研究一個組織內各種團體的動態因素與所有人員的行為動向，使其得到充分協調，有效地發揮其力量，用以達成組織目標的科學。

人群關係的發展

人群關係的存在與人類歷史同樣悠久，但作為一門科學以及藝術來研究，則為晚近的事。早期人們單獨地工作或在小群體中工作，其工作關係甚為單純而容易處理。及至工業革命發生後，初期人們的工作關係並未作多大的改變，但已種下改善人類工作環境的種子。此時，管理者、工程師們逐漸發展較佳的組織形式與生產方式，使人們能追求更多的物質與知識，工人們得到更多的時間、自由與滿足，逐漸地體驗人在工作中的重要性。

直到一九〇〇年代初期，美國人泰勒從事科學管理運動的推展，為企業界的人群關係作一連串的舖路。他是第一位注意到人是有效生產的重要因素。如同工作需要最好的機器一樣，人們也需要以最佳方法去工作。泰勒只注重人的生理因素 ，而忽略了心理因素與人在工作中的社會面。雖然如此，但他已促發人群關係的發展。

人群關係的眞正發展，始於第一次世界大戰期間。一九一八年美國全國人事學會（National Personnel Association）在紐約喬治湖（Lake George）畔舉行第一屆「工業界人群關係銀灣會議」，開始討論「工業界的人群關係」，第一次使用人群關係（human relations）一詞。

大約同期間，威廉斯（Whiting Williams）曾與員工共同生活、共同工作，藉以研究其生活行為與生活習慣，於一九二〇年出版《員工的慾望》一書，認為員工參加生產工作的目的，不僅在滿足其生理上的慾望，更在追求安全、愛情、社交活動、自尊以及成就等慾望的滿足。此種慾望自成一種慾望層級體系，當一個慾望滿足後，可引發另一個慾望，而已獲得滿足的慾望，不再具有激勵的作用。如果管理人員只注意員工的生理慾望或經濟慾望，必然會招致管理上的失敗。

在一九二〇年與一九三〇年代，美國哈佛大學教授梅約與同事的研究，更建立了人群關係理論的基礎。他們運用敏銳的眼光、條理的思維和社會學的背景，作工業界的各種實驗研究，確認組織是一個社會體系，而員工實是組織中最重要的因素。實驗的結果顯示，員工並不僅是生產工具；而是具有複雜的人格，在工作團體中彼此交互作用，相互影響。該研究即稱為浩桑研究。

所謂浩桑研究，是於一九二四年至一九三二年間所進行的，係以科學管理的邏輯為基礎。此項實驗的目的，本在研究工場照明對產量的關係。這是美國國家研究委員會（National Research Council）所贊助的研究計畫，開始於一九二四年十一月，對象為伊利諾州西塞洛（Cicero, Illinois）附近西方電氣公司的浩桑工廠（Hawthorne Works, Western Electric Company）。整個研究計畫，訂有四個主要階段：即工場照明試驗、接電器裝配試驗、全面性員工面談計畫，以及接線板接線工作室觀察研究。

第一個階段為工場照明試驗：該試驗前後持續兩年，本為研究照明度對生產效率的影響，試驗的結果無法斷定照明和產量之間確有關係。後來發現兩個結論，一為工場照明只是影響員工生產量的因素之一，而且只是一個次要的因素。二為由於牽涉的因素太多，難以控制，而且其中任何一項因素都會影響工作效率，故而照明對產量的影響無法成功地測度出來。

第二個階段為接電器裝配試驗：該試驗選定五位女性裝配工和一位劃線工，安排在一間工作室內：由一位觀察員兼督導工作，採取和靄可親的態度與工人們在一起。雖然物質條件如燈光、休息時間長短等有強弱的改變，但生產量卻不受影響，甚至照明度降低，其生產量反而增加。其結論為：第一、工人認為被選出來作試驗是光榮的，滿足了他們的榮譽感。第二、產量的提高是由於工人們受尊重的緣故。第三、在試驗期間，工廠內的重要人物來看他們，使其有受重視的感覺。第四、工人們形成一種強烈的團體意識，而努力工作。

第三個階段為全面性面談計畫：面談時公司搜集了不少有關員工態度的資料，且採取開明的態度，告訴員工可自由宣洩情緒，且一切談話均保持秘密。在面談後觀察員工的工作情緒及生產量，結果發現在談話後，工人多能恢復正常工作情緒，同時也能提高產量。其原因為：第一、工人發洩情緒後，心平氣和，工作效率自然提高。第二、工人得以發表意見，具有參與的滿足感。第三、廠方根據工人意見改進規則，提高了工人的榮譽與成就感。第四、工人不再感到自卑渺小，認為公司不再把他們當作機器看待。

第四個階段為接線板接線工作室研究：該研究最主要為小團體研究，發現工人除了受正式組織工作標準的約束外，更受到他們所屬小團體的控制，此種小團體的約束力甚至超過正式組織的控制。因此，組織問題不能僅從法令規章。事權分配與組織結構著手，更要注意小團體的形成過程。同時，小團體的形成具有下列特性：第一、小團體的形成並非完全來自於工作關係。第二、小團體的形成多少受工作位置的影響。第三、工人中也有不屬於任何小團體的。第四、每個小團體都自認優於別的團體。第五、每個小團體都有自己的一套行爲規範與感受。

由上觀之，浩桑研究確定了幾項結論：第一、員工參與與生產力具有絕對的關係。第二、組織是一個心理社會體系。第三、個人情感、慾望、態度及感受影響到生產效率。人群關係經過浩桑研究的洗禮，可說日趨完備。其後，在一九三三年梅約著有《工業文化中的人群問題》、一九四〇年羅斯茨柏格和狄克遜（F. J. Roethlisberger and W. J. Dickson）就浩桑研究，寫成《管理階層與工人》（*Management and the worker*）一書，更使人群關係學說，益趨系統化。

今日人群關係的發展可說相當普遍而成熟，考其原因不外乎：

一、過去缺乏組織上人性面瞭解，以致人類行爲鮮受一般人的注意。因此，今日必須發展人群關係，以求和工程、生產、銷售與財務等的發展並駕齊驅。

二、今日工會組織運動的興起，乃爲過去忽視人群關係的結果。因此，企業主與管理者必須建立與員工之間的良好人群關係，以便對企業作較佳的控制，並矯正過去對人群關係的疏忽。

三、今日員工教育水準提高，要求有更好的領導方式，從而希望在人群關係中，對溝通與參與權有較佳的表現，而促成人群關係的發展。

四、由於學者大力提倡人群關係學說與概念，管理者必須熟悉明確的技巧。因此，必須研究人群關係，以致促成其發展。

五、企業主社會責任觀念已有了改變，而人群關係是履行此種社會責任的方法之一，因此，促進了人群關係的發展。

六、今日組織規模日益龐大，已產生了許多問題；爲了解決這些問題，必須善用人群關係的原理原則。

七、由於用人成本的不斷增加，促使管理者要充分運用現有人力。因此，建立良好的人群關係是一個有效的途徑。

八、現代社會生活水準日益提高，對人性因素已更爲重視。因此，發展人群關係乃爲必然的趨勢。

總之，對人群關係的重視，乃為今日社會發展的必然趨勢。今日許多專業性雜誌，已不斷地刊載有關人群關係的專論。

人群關係的理論基礎

人群關係已受到人們的重視，其研究可說相當普遍而深入，其所研究的內容極爲廣泛。吾人若將這些內容加以分析，則可發現它係建立在下列基礎之上：

一、發揮人類潛能

人群關係的內容，係以發揮人類潛能爲其基礎。人群關係的內容，諸如：行爲特質、個人動機、情緒、態度、知覺、人格等，無一不在激發人類潛能。蓋人群關係的目的之一，乃冀求建立個人間的和諧關係；而人際關係的建立和諧，乃取決於個人間行爲相激相盪的結果。根據研究結果顯示，生產效率高的組織，其主管人員多以員工爲中心，而不是以工作爲中心的。此乃因嚴密的控制遠不如促進人群關係來得有效，組織對人性的尊重，比較能啓發員工自動自發的精神；而自動自發比較能使個人潛能有所發揮。

根據科學研究顯示：在一般組織中，人們僅用三分之一的能力來從事生產工作；而能注意人群關係發展的企業，其員工工作效率要比一般企業提高很多。因此，管理人員應善用人群關係的法則，對人性重新加以認定，以決定在什麼環境中，採用何種督導方式，以促進工作人員潛能的發揮。蓋工作效率的提高，並不完全來自於物質的環境，而是由於員工體認到管理者對他們的重視，因而激發了他們的工作情緒，以促使其改進了工作態度。是故，發揮人類潛能，乃爲人群關係的理論基礎。

二、重視個別差異

人群關係的理論基礎之一，乃爲重視個別差異。人群關係既研究個人、團體、組織，而每個個人、團體、組織的性質都不相同。尤其是個人在不同的遺傳、環境、生理與學習之中，常顯現個別差異。人群關係要想和諧，必須瞭解這些個別的差異，然後從異中求同。至於個別差異常表現在智慧、性向、興趣與氣質上。譬如，個人的智慧有高低的不同，在工作上必須分配適合他們智慧的工作，則人際間或團體間才有和諧相處的可能。又如個人的工作性向不同，所以對人員工作的分配，也要注意符合他的性向。此外，工作分配也要注意個人的不同氣質、興趣與體力狀況，才能發揮其專長，滿足個人需求，而促成和諧的人群關係。

由上述因素，而形成不同的個別差異，在管理上就不能將許多個人作一律看待，而應因應個別差異賦予不同的適當工作。管理上若能多多設法瞭解員工個人特質，則管理愈有成功的可能。因此，吾人在研究人群關係時，就不能不注意個別差異對工作效率的影響。今日人群關係的研究，即以心理學的方法，從個人行爲的研究開始，逐漸擴展到團體行爲的研究，甚而運用到整個組織的管理上。因此，個別差異的重視，實是人群關係的理論基礎之一。

三、維護人格尊嚴

人群關係的研究即以「人」爲中心，而人都有其人格尊嚴；不管一個人地位的高低如何，其人格尊嚴都是一樣的。一個地位高的人有其人格尊嚴，一個地位低的人也同樣具有人格尊嚴。因此，人群關係研究實以崇尚個人尊嚴爲其鵠的的管理理論。過去科技文明的進步，往往使人受制於機器；實則科技的成就，也是人類心智的結晶。是故，「人」才是世界的主宰，爲一切事物的主體。畢竟人是有思想、有感情、有尊嚴的，在組織管理上只有顧及到人性的尊嚴，才有提高工作效率的可能。

今日人群關係的興起，乃爲針對科學管理過分重視效率觀而起。其實，眞正的效率並不是一種機械效率，而是一種愉快工作員的效率。過去科學管理時代講求機器的生產，要求改變人去適應機器的運作，而抹煞人性的做法，並不是眞正的效率。蓋此種效率只是短暫的、表面的。無法長久地眞正達成生產效率。因此，人群關係特別強調維護人格尊嚴。只有人格尊嚴受到尊重的組織，其員工的行爲才是正常的，效率才能穩定的增高。是故，維護人格尊嚴乃爲人群關係研究的理論基礎之一。

四、運用激勵法則

過去科學管理時代，主張要提高工作效率，達成組織目標，必須運用懲罰的手段，此乃為不顧人性的做法。今日人群關係的發展，乃特別強調運用激勵法則，唯有運用激勵法則，才能將員工工作效率提昇到超出工作標準以上。是故，激勵的運用，乃被認為是一項很重要的人群關係之理論基礎。由於激勵法則受到重視，已整個改變了管理方式；過去那種嚴格監督制裁的方法，已不再被廣泛的運用；代之而起的，乃為滿足人類各項需求的激勵方法。

一般而言，激勵的目的，在引發他人的動機，以求有效地完成其工作。蓋人類行為是決定工作效率高低的主要原因。因此，組織應如何滿足員工需求，使員工忠於組織，肯為組織而努力，以提高組織效率，乃為當前人群關係理論所要探討的。人群關係學者對激勵法則的運用，特別重視心理需求的滿足。只有由生理需求的滿足，提昇到心理需求的滿足，才能使員工更努力地工作，提高其工作效率。

五、講求精誠原則

人群關係研究，也以精誠原則為其出發點。人群關係若要發展有效的團隊精神，心須團體中每個人都具有精誠的態度。惟有精誠的意念，才能使團體每個份子的精神凝聚在一起，為組織貢獻一己之力。若組織內部成員不能以誠相處，則組織必成一具空殼，形成一盤散沙。蓋爾虞我詐的結果，只有破壞彼此的信任，動搖相互的信心。因此，研究人群關係必須注重誠信原則，才能促成組織的團結。

過去組織的領導強調以完成工作目標為先，以達成組織任務為尚；如此，常使員工注意工作上的聯繫，忽略了情感的培養與維繫，以致員工之間難有眞正的情感和友誼。因此，人群關係理論必須加強員工之間情感的維繫，進而培養同理心與認同感，並能相互尊重，彼此瞭解，溝通意見。惟有如此，才能使員工建立眞實的人群關係態度。所謂「精誠所至，金石為開」，團隊精神的發揮，即由此開始。是故，人群關係的理論基礎，必須講求精誠的原則。

總之，人群關係的理論基礎，是以「人」為本位，以「人」為重心。它必須以人性為出發點，發揮人類的潛能，適應個別差異，用以維護人類的價值與尊嚴，進而運用激勵的法則，講求至誠的原則，才能建立真正和諧的人群關係，以求能為組織目標而努力。

人群關係的重要原則

人群關係學說，經過了數十年的演進，已成爲現代管理上的主流，不僅在理論基礎上已獲得肯定，且在實際運用上已相當廣泛。其實施與運用，應遵照下列原則：

一、個別差異的原則

所謂「人心不同，各如其面」，每個人自出生以來，受先天遺傳與後天環境的不同影響，而有了個別差異。固然，在基本上人的慾望都是相同的，但其生理與心理的表現則大異其趣。由於此種個別差異形成不同的工作效率，因此，在研究人群關係時，必須分別瞭解個人在智慧、性向、氣質與興趣偏好等的差異。只有針對各人的個別差異，瞭解各人的不同特質，賦予不同的工作任務，並採取不同的管理措施，才能做好管理工作。

二、尊重人格的原則

人群關係就是要把人當人看，每個人的人格都要受到尊重。雖然組織中每個人地位有高下之分，待遇有多寡之別，權力有大小之差，然而每個人都是平等的，人格都應受到同樣的尊重。即以長官和部屬而言，部屬固應尊重長官的人格，而長官猶應尊重部屬的人格。在組織中，只有所有成員相互尊重，才能和諧合作地達成組織目標。蓋尊重人格乃爲促進組織和諧與工作效率的有效途徑。

三、發揮潛能的原則

人群關係的重要原則之一，乃在發揮員工的工作潛能。所謂潛能，就是員工尚未發揮出來的工作潛力。當組織能爲員工提供良好的工作環境，和諧的人群關係氣氛，常能使員工潛心於工作成果的發揮，此時員工自然能發揮其潛力。根據科學研究顯示，在一般工廠或辦公室中，員工僅用三分之一的能力來從事生產工作；而在注意人群關係的組織裏，員工的工作效率要比一般組織高出很多。因此，人群關係的運用，確能發揮員工的工作潛能。

四、積極激勵的原則

人事管理的兩大手段，不外乎是消極性的制裁或懲罰，與積極性的激勵或獎金。根據研究顯示，消極懲罰只能維持工作效率的最低標準，而積極激勵才能提昇工作績效到最高程度。因此，人群關係的重要法則之一，乃爲鼓勵採用積極激勵的方法。所謂激勵，就是要引發員工的工作動機，使其滿足工作慾望，從而發揮工作潛力，以達成組織目標。

五、相互利益的原則

就管理理論而言，組織是以成員間的相互利益爲基礎而組成 的。一個組織若缺乏彼此間的相互關係，將無法結合成一個群體 ，且無由發展合作關係。因此，就人群關係的立場來看，組織就是同甘共苦、共患難、榮譽分享、相互滿足的利益團體。組織與員工間、員工與員工間、員工與工作間都建立起利害一致，成敗與共、不可分離的利益關係。員工固應爲組織利益而努力，而組織亦應爲員工來造福。

六、意見溝通的原則

意見溝通是在使組織成員對組織目標、政策、計畫以及工作有共同一致的瞭解，使他們能同心協力地共同達成組織的使命。組織是人員的結合，具有共同目的的相互依存性。他們能否團結一致，常影響組織的成敗；而使他們精誠團體的最佳方法，就是意見溝通。因此，意見溝通的原則，是人群關係學派非常重視的問題。巴納德（Chester I. Barnard）即主張建立完整的溝通網，使組織成員能夠彼此瞭解、認識、互助、合作。甚而柏來茲（Robert D. Breth）也說：組織內如無意見溝通，便不可能有人群關係，而無人群關係，也談不上意見溝通。

七、人人參與的原則

人群關係哲學一如民主政治哲學，要求組織賦予員工參與工作事務的決策權力。阿吉里士則指出，只有眞正有效的參與制度，才能使個人充分發揮潛能，使組織成功地達成使命。因此，組織要使每個成員都盡到責任，就必須讓他對本身工作範圍內的事物，有參與決策的權力。管理者必須培養其主動、積極負責、獨立創造與思考的才能，用以養成其責任心、榮譽感與團體意識，期能提高工作效率，完成組織所賦予的使命。

八、相互領導的原則

領導是一種影響力，在人與人交互行為的過程中，具有較大影響力的，就具有領導權。湯納本與馬賽克（R. Tannenbaum & F. Massasik）即說：領導就是在實際情勢下與指導的方向中，經由意見溝通的過程，所達成的人際間相互影響。因此，領導並不僅是一種命令與服從關係，而是一種相互影響的關係。人群關係哲學特別重視此種相互影響的原則，蓋組織本是一種交互行為的動態體系，而不僅是權責分配所建立的體系。惟有提倡相互領導的觀念，才能善於與人相處，共同完成組織的目標。

總之，人群關係必須建立在科學管理的基礎上，才顯得有意義。一個組織固然要講求系統化、效率化、協調化、計畫化與標準化等科學原則，更要注意組織的動態面，注意人群關係所講求的原則；只有兩者相輔相成、相互為用，才能使員工發揮工作潛能，且使組織目標得以圓滿地達成。

人群關係的實施方法

人群關係的發展，在近代管理上佔有很重要的地位。人群關係所代表的意義，不僅是人際間或群體間相處的道理，更是決定工作效率的最重要因素。由於人群關係理論與原則的建立，更增強了人力資源管理重視人的因素的存在。因此，人力資源管理必須對人群關係的原則，予以有效地推行。要想有效地促進人群關係，提高工作效率，可酌予採行下列方法：

一、人事諮詢制度

組織的人力資源管理單位或人員，不僅在作消極的管制工作，更應積極地進行人事諮詢工作，對員工所遭遇的困難和問題予以商談，以瞭解其眞相，並給予輔導和幫助。惟有如此，才可以解決個人的困難問題，促進人群關係的和諧，提高工作效率。一般人事諮詢的目的，乃在：第一、對員工予以積極的輔導和指引，以加強其勇氣和信心。第二、給予被諮詢者精神上或心理上的支持、慰藉和勉勵。第三、瞭解員工內心的不滿情緒。第四、幫助有困難的員工，給予解決問題的助力；就個人的特殊情形，予以輔導。

至於人事諮詢的方法有三：一爲指導性的諮詢（directive counseling），就是由諮詢人員聆聽員工的訴說，就其問題加以分析與判斷，指導被諮詢者應去作什麼以及如何做。二爲非指導性諮詢（non-directive counseling），是以被諮詢者爲中心的諮詢（client-centered counseling）；亦即運用技巧去聆聽，鼓勵被諮詢者解釋自己的情緒問題，促使他能瞭解自己，從而啓發自己應採取的行爲。此種諮詢方法，是由自己去解決問題，故比指導性諮詢來得有效。三爲合作性的諮詢（cooperative counseling），此種諮詢乃爲由諮詢者與被諮詢者共同尋求問題的癥結，共同加以解決，是晚近最普遍採用的方法。

二、工作建議制度

組織對有關業務，應提供員工發表意見或提供建議的機會，俾能下情上達，使上下之間有眞切的意見溝通。組織運用有計畫有系統的方法，鼓勵員工發表意見，足以促成員工眞誠合作，提高個人的價值感與工作興趣。工作建議制度，至少有下列益處：第一、工作環境、技術、方法因建議制度而獲得改進，生產效率得以提高。第二、可增進員工興趣，其員工和組織利益結合，形成堅強的團體意識和合作精神。第三、怨懟不滿的情緒，經由建議途徑，得以宣洩，使心情歸於平靜，有助於組織的和諧與安寧。第四、經由建議制度，可發現員工的才能，而適當地加以任用，以發揮其能力，免除人才的浪費。

組織實施建議制度的方法，可以設置建議管理委員會，並責成專人處理有關建議事項，並迅速加以處理，回覆建議者。縱使建議中可能有匿名攻擊或無謂牢騷，也可從中發現組織的病態，從而加以研究處理。對於有價值的建議，不妨給予獎金或調升其職務。對於有困難或不可行的建議，也應委婉地予以解釋或說明。當然，建議制度的實施，要能使員工瞭解到管理當局確有聽取員工意見的風度和雅量；否則將流於形式，其結果必適得其反。

三、員工態度調查

人事諮詢制度是以個人為中心的個別輔導，而員工態度調查則為一般性的措施。組織對一般員工施予態度調查的目的，乃在瞭解員工對工作、對組織、對同事的眞實態度，及其內心所想的事物；然後經過整理和分析，以發現在工作方面、生活方面，以及人群關係方面的問題與病態，再提出對症下藥的診治方案。員工態度調查在管理上的效益，有：第一、藉以瞭解員工的一般工作情緒或士氣水準，以為管理決策的依據和參考。第二、促進意見交流，消除上下之間的隔閡。第三、可發洩員工不滿情緒，降低緊張情緒，消除其怨懟。第四、發現員工的需求，並進行訓練，藉以增進知能。

態度調查的範圍，可分為：一般調查和特別調查。一般調查主要針對行政上或管理上的相關問題與事項，可作為士氣研究的依據；而特別調查乃為針對特殊問題，尋求解決之道而設計。調查的方法，則可分為客觀調查法與記敘調查法兩種。客觀調查法，是指設計問題的幾個可能答案，由員工以自己的意見加以選答；而記敘調查法，則由員工以自己的語句加以敘述。前者設計費力而困難，但對答案的整理與分析較為簡便省事；後者則製作省力而容易，但整理分析則頗為不易。

四、個人接觸計畫

組織首長或主管欲對部屬作有效的領導或管理，必須深切地瞭解部屬的個性與需要，俾能採取因勢利導的措施。個人接觸計畫，就是在增進這項瞭解。尤其是現代組織龐大，人員衆多，一切都是公事化、法令化，而缺乏人情味，友誼淡薄。因此，管理階層實有必要實施個人接觸計畫，以增進彼此間的瞭解。一般個人接觸計畫，可分為正式的或非正式的兩種。正式計畫包括：正式會議、定期約談等；而非正式計畫則可隨時隨地進行，諸如：家庭邀宴、訪問或友誼性聚會等均可採行。如此將可增進人群關係的改善，促進部屬的工作情緒與熱誠。

一般而言，個人接觸計畫至少有下列利益：第一、可使長官瞭解部屬的個性與需要，作為管理上或人力運用上的參考。第二、使部屬感覺到受重視，滿足其自尊心，產生精神上的激勵作用，鼓舞員工情緒。第三、增進員工之間的感情，使員工產生向心力，則組織的任務將更容易達成。第四、使管理當局瞭解員工的問題與不滿情緒，進而加以改善或解決，減少意外事件的發生。

五、鼓勵團體活動

組織內部最重要的部分，就是團體意識與共同思想；而團體意識與共同思想，惟有自團體活動中才能養成。因此，組織必須多多舉辦團體活動，才能加強員工的團體意識，培養共同的思想。鼓勵員工參加團體活動，就消極目的而言，可藉正當娛樂而得到身心的均衡發展，並消除賭博、晏安等不良習性於無形；就積極目的而言，則可促進意見交流，提高團體意識，振奮員工的服務精神。

至於團體活動的項目，可分為：工作性、聯誼性、娛樂性、知識性與服務性等活動。工作性活動，旨在交換工作經驗，切磋智能，就工作上的困難、心得等，彼此交換意見。聯誼性活動，旨在增進員工情感與瞭解，彼此共話家常，或成立俱樂部，或舉辦郊遊、旅行、參觀等活動。娛樂性活動，旨在調劑員工身心的疲勞，鬆弛緊張工作情緒，例如，舉辦娛樂或同樂會等，視組織設備而定。知識性活動，旨在灌輸員工新知識或新技術，例如，設立圖書館、塞辦演講會、專題討論會、展覽會等是。至於服務性活動，旨在培養員工的服務精神，例如，組織社區服務隊等，提供各種服務。

六、人事動態審計

人事動態，就是組織員工的離職、補充與出勤所發生的變動 情形。人事動態並不是組織的孤立現象，而是涉及組織的整體部 門。人事動態不足，表示組織新陳代謝遲緩，組織將呈一片死水 ；若人事動態率過大，將造成人事的不安定。此兩者皆非所宜， 故人事動態必須維持相當程度。至於掌握人事動態的方法，必須 由人事部門對員工離職原因及情況，作切實的調查、分析與研究 ，如發現病態，應立即加以補救，此對於組織的人群關係有莫大的幫助。

一般而言，員工之所以離職、出缺，主要包括：死亡、退休、因病去職，或不滿意現職，或無法與同事相處等。若屬於自然狀態者，就必須做好人力規劃工作。如出於不滿等因素，則必須注意改善人群關係。通常不滿因素的產生，大部分來自於上級的壓力居多。因此，主管尊重部屬人格，多予以關照，處事公平合理 ，以誠待人，以德服人，使部屬有休戚與共的感覺……等，都是促進人群關係和諧之道。這些都有助於工作效率的提高，減少員工的離職、出缺。

七、促進意見交流

意見交流也就是思想溝通，其目的乃在使組織員工對組織目標、政策、計畫及工作，有共同一致的瞭解，俾能同心協力地達成組織任務。蓋一個組織不僅是權責分配的體系，而且也是全體員工意見溝通、情感交流的心理狀態。惟有如此，才能把組織中各個不同單位和人員從思想上聯繫起來，成爲團結一致與堅強合作的團體。

至於意見交流的方法很多，如：第一、舉行週會或月會，報告工作計畫及可能遭遇的困難和解決途徑。第二、各單位主管舉行會報，交換意見與情報資料。第三、發行出版品，報導公司業務狀態、工作目標等，尋求共同瞭解。第四、給予部屬充分發表意見的機會與權利。第五、公開陳述作業狀況，消除猜忌、傾軋與怨懟。第六、促進新進人員與舊有員工的交融，使能作有效適應，不致產生生疏或孤獨感。第七、縮短單位與單位間的距離，以集中辦公爲尙；必要時增設通話設備，給予員工便利。第八、遇有謠言、耳語，應立即調查處理，但宜避免重複散佈。

八、啓發員工思考

思想是行動的原動力。因此，給予員工啓發性教育，足以促進其工作情緒與服務效率。今日知識與技術的進步，可謂一日千里；如果員工知識落伍，不但工作效率降低，且將無法勝任。是故，員工必須不斷地施予訓練，使之接受新知識與新技術，俾能與時代並駕齊驅。惟員工訓練，必須能啓發其思考能力，尤其是創造力與發散性思考（divergent thinking）能力。所謂發散性思考，是指利用訊息或資料來激發新訊息或資料，使其產生變化、擴大，而有利於創造力的培養。

組織啓發員工思考的方法，可開辦有關的研討會、進修班、專題講演、創造性課程等，以啓發員工思想，並訓練其判斷力，培養獨立思考與創造的能力。其他，例如，舉辦個人研討會、敏感性訓練等，以團體討論的方式，運用腦力激盪術（brain-storming），來培養員工作多方面思考的能力，從而自動自發地養成自我尋求解決問題的方法。

總之，人群關係是一門專門學問，其內容廣泛而精湛，其實施方法當非本文所能涵蓋。管理者必須從多方面去探求，只要心存人群關係的概念，善於運用管理原則，必能使組織在人群關係概念的影響下，圓滿地完成組織目標。

附註

1.Keith Davis, Human Behavior at Work: Human Relations and Organizational Behavior, 1972, p. 4.

2.Robert Saltonstall, Human Relations in Administration, 1959, p. 3-4.

3.I. L. Hechmann, Jr., and S. G. Huneryager, Human Relations in Management, 1960, p. .4.

4.張潤書著，行政學，黎明文化公司，1973，九五頁至一〇二頁。

研究問題

1.試述人群關係的意義，以及名詞的由來。

2.人群關係所涵蓋的範圍爲何？試說明之。

3.試述人群關係概念的發展。

4.何謂浩桑研究？試述浩桑研究各個階段的主要內容及其結論。

5.今日人群關係的發展可謂相當普遍而成熟，其故安在？試述之。

6.人群關係的理論基礎何在？試論述之。

7.人群關係的實施與運用，必須遵照哪些原則？試說明之。

8.企業實施人群關係的方法爲何？試任舉五項說明之。

9.企業實施人事諮詢制度的目的何在？方法有哪些？試說明之。

10.企業實施工作建議制度有哪些益處？方法爲何？試說明之。

11.試述實施員工態度調查的目的、效益及範圍。

12.企業主管施行個人接觸計畫的目的何在？其方法有哪些？有何效益？

13.組織何以要鼓勵員工參加團體活動？一般團體活動有哪些類別？試逐項說明之。

14.何謂人事動態審計？一般主管應如何避免使員工離職？

15.何謂意見交流？促進員工作意見交流的方法爲何？試述之。

16.一般主管應如何啓發員工的思考活動？尤其應啓發何種思考能力？試闡釋之。

個案研究

人際溝通的障礙

吳秀娟是福興工業股份有限公司總務課人力發展組的組長，該組負責公司員工的教育訓練。吳組長是某大學企業管理系畢業的高材生，自到公司服務，即被派到人力發展組負責有關員工訓練事宜。

總務課人力發展組隸屬於公司管理部，地點在辦公大樓的三樓，辦公環境良好。辦公室的成員包括：辦事員與工程師，共有6人，彼此相處甚爲愉快，同事之間尙能和諧相處。最近聽說辦公室要搬到二樓，吳組長開始惶惶不安。因爲二樓的成員都是一些三姑六婆，常有一些閒言閒語。尤其是她將與總務課長陳有加同在一個辦公室辦公，是她最不喜歡的。

總務課陳課長畢業於某海專輪機科，口才很好，但主觀意識很強，吳組長很不喜歡他。她自認爲對方學歷比自己低，又缺乏企業管理的理念與知識，以致雙方無法溝通，甚而常常引起爭執。

其次，吳組長爲了訓練上的問題，又與陳課長起了衝突，雙方鬧得不可開交。幾天以後，吳組長就遞出了辭呈。

個案問題

1.吳秀娟辭職的最主要原因是什麼？

2.吳秀娟本身是否有人格上的缺陷？

3.如果你是吳秀娟，你將如何自處？

行爲科學

第16章

本章學習目標

讀者於讀過本章之後，應能瞭解：

1.行為科學的意義。
2.行為科學的特性。
3.行為科學的成就與貢獻。
4.對行為的不同解釋。
5.麥格瑞哥的管理哲學。
6.雪恩的管理哲學。
7.行為的可能挫折。
8.行為挫折的管理。

在管理上，人群關係乃爲修正科學管理忽視人性需求而起；後來人群關係的進一步擴展，乃形成日後行爲科學的研究。今日行爲科學家已運用心理學、社會學與文化人類學的主要理論和原則，發展出一套行爲科學的領域，以致行爲科學已成爲一門獨立而廣泛的社會科學。由於行爲科學的發展，今日人力資源管理已不能忽視它的存在。蓋行爲科學的知識，可協助人力資源管理處理相關的人力問題。是故，本書乃列專章研討有關行爲科學的問題。

行爲科學的意義與特性

行爲科學（behavioral sciences）是最近幾十年來新興的科學，它是研究古老問題的新興科學，有人稱之爲「新社會科學」。不過，有人認爲與其稱它爲科學，不如說是一種新的思考方式或新的研究取向與方向。此乃因它牽涉的範圍太廣而複雜，且是一種科際整合的產物。然而，由於科學的進步，分工過於細密，以致學術研究日趨專門化，形成支離破碎的局面，使得學科與學科之間形成空隙，行爲科學乃起而強調「科際整合」（integration of disciplines）的觀念，試圖彌補其間的空隙，以致有行爲科學的產生。

此外，過去社會科學的研究，多從法制或制度的觀點著手，很少涉及人員的心理層面，以致許多問題無法解決。蓋組織中的問題不能單從組織結構著手，而必須從動態因素去探求，方能得到結果。而行爲科學正主張整體性、全面性、動態性，自然成爲注目的焦點。甚且，行爲科學所建立的通用原則（general principles），更可深入而透徹地瞭解與貫穿整個社會文化的環境。因此，行爲科學乃日益受到重視。

然而「行爲科學」一詞的出現，係起自於一九四九年美國福特基金會（Ford Fundation）的六年研究計畫。當時，該基金會擬定五大計畫，以推動學術研究，其中第五項計畫的名稱爲「個人行爲與人群關係」（individual behavior and human relations），該計畫由芝加哥大學的幾位科學家主持，而簡稱爲行爲科學計畫。此後，行爲科學一詞乃不脛而走，從此形成一門新興科學。

現代學者解釋「行爲科學」一詞，並無太大差異。白里遜與史田納（Barnard Berelson and Gary A. Steine）認爲：行爲科學是運用科學方法研究人類行爲，以瞭解、解釋及預測人類行爲；它的範圍比心理學、社會學、人類學的總和，多一點點，又少一點點。彌勒（James G. Miller）則說：行爲科學是集合許多人類行爲各方面的一種聯合努力以及綜合知識[1]。戴維斯（Keith Davis）說：行爲科學意指有關人類行爲原因與情況的系統化知識[2]。

再者，杜魯門 （David B. Truman）認爲：行爲科學是指採用自然科學方法，證明有關人類行爲的原理與法則[3]。林格靈等人（H. C. Lindgren, D. Byrne & L. Petrinovick）則認爲：任何學科如心理學、社會心理學和社會學等，只要利用自然科學方法，來研究人和動物行爲者，即爲行爲科學[4]。柯勒沙（B. J. Kolasa）也說：行爲科學即爲有系統的調查研究「實際情形如何」，而非應該如何，以蒐集人類活動的事實，而非敘述應該如何去做的行爲研究[5]。

綜合上述論點，則行爲科學至少具有下列特徵：

一、行爲科學的研究對象是人類行爲

行爲科學的研究，以總體人類行爲作其對象，它包括：個人行爲、團體行爲、組織行爲；所根據的資料爲反應行爲的直接資料或間接資料，集合性的資料與分散性的資料。

二、行爲科學的研究途徑是科際整合

所謂科際整合，就是將各高度專門化的學科，視爲一個綜合的整體。行爲科學研究就是運用各種相關學科的知識，來探討人類行爲問題。蓋影響人類行爲的因素異常廣泛，必須運用多種相關學科從事科際整合研究，始克有成。

三、行爲科學的研究方法是科學實證

所謂科學實證，就是徹底地以科學態度，就事論事，實事求是地，不帶任何價值色彩的研究。亦即是著重事實判斷（fact judgement），而非價值判斷（value judgement）。行爲科學看著自然科學的觀察法及歸納的實證方法，對人類行爲加以觀察、記錄、分析，以便獲致普遍原則，用以預測與解釋行爲。

四、行爲科學的研究原則是通用法則

所謂通用法則（general principles），就是在相關學科的運用上，其基本原理原則是相通的。波派（K. K. Popper）認爲：各種不同的經驗科學，就是各種不同的理論系統與科學知識的邏輯，它是各種理論系統的基礎。而行爲科學就是一種經驗科學，且是系統理論。因此，其法則是通用的。此種通用法則有助於對現有具體知識作統一的解釋，並可充作研究工作的嚮導；且可修正過分專門化學科的局部偏見。

五、行爲科學的研究態度是事實判斷

所謂事實判斷，是指對事實加以陳述分析，只問行爲的是與不是；也就是根據事實資料加以分析，而尋求其結論。這就是實事求是的精神。與事實判斷相反的，是價值判斷。後者則爲只問行爲的應該不應該，甚而牽涉到喜惡愛憎的問題。行爲科學所著重的就是事實判斷，而非價值判斷。

六、行爲科學的研究取向是動態取同

社會現象是人類行爲交互作用的結果。因此，人類行爲是研究社會現象的基本單元，而人類行爲表現是多方面的、動態的。是故，對行爲的整體瞭解，必須採取動態的研究。行爲科學的動態研究，不僅在研究人類行爲本身，更在探討其與環境的關係；不僅在解釋人類現有行爲，更在預測未來的發展與影響。

七、行爲科學的研究範圍是多種學科

行爲科學研究的範圍，比心理學、社會學與文化人類學的總和，多一點點，又少一點點。所謂多一點點，就是包括以上各學科與經濟學、政治學、法律學、教育學……等的行爲部分；少一點點，就是去除心理學的視覺、聽覺等部分，人類學的考古、體質等部分，與社會學中的制度結構部分等等。

八、行爲科學的研究目的是解決問題

行爲科學研究固在瞭解、解釋與預測人類行爲，惟其最終目標，乃在協助尋求解決人類行爲問題。諸如：研究改善行爲的態度、發展解決問題的技術等是。今日行爲科學的研究成果，可傳授給下一代科學家，將研究成果貢獻於社會的改造，或提供給專業方面的應用，或提供作爲專業技術的協助。

總之，行為科學是一門新興的科學，由於其理論的日臻成熟，以及其運用的日愈周全，已使行為科學的知識受到管理階層的重視。因此，發展行為科學的原理原則，已成為日後從事管理學術研究的重要課題之一。

行爲科學的發展成就

行爲科學是研究人類行爲的科學，其研究方向由個別研究走向科際整合的方向，而運用各種相關學科的知識。行爲科學是心理學、社會學、文化人類學、團體動力學等學科的整合產物，其最近發展的成就如下：

一、重估個人價值

行爲科學發展的最主要成就，就是對個人的價值重新予以估計。早期的學者皆認爲人類沒有自主的能力，常受外力所驅使；且人類動機與驅力，僅限於生理性驅力，只要利用外來操縱方法即可控制。惟自行爲科學研究以來，即發現個人固然受到本身功能的驅使，例如，餓了想吃東西，渴了要喝水；但這種生物性驅使，只代表了人類動機的小小部分而已。

行爲科學研究指出，個人並非機械而受外在力量之控制，每個人都是一個動態的有機體，而受到個人主動性人格的支配。這種人格不僅受到基本生理需求的影響，更受到各種價值、意志與目的的支配。一個人在長時間所發展出來的各種價值觀念，對他整個行爲系統的影響，遠比生物性需要對他的影響來得強烈。現代行爲科學家對個人價值、價值的種類、價值的來源，以及其發展過程中的各項因素，特別是價值對人類的精神行爲、情感行爲與外顯行爲的作用，相繼地提出不少理論。這些都在說明近代行爲科學家重估人類價值所作的努力。

當然，吾人對人類價值所需知識與運用，遠比已有行爲知識要來得多；而且也有足夠證據指出，個人和其動態性質對個人或團體行爲，有顯著的影響力。易言之，個人對他自己本身所持有的各種觀念，都強有力地支配著他的行爲。譬如，一個人認爲自己是環境的主宰，此時他就會很努力地去克服困難，終獲成功；而另一個人認爲自己是環境的犧牲品，而不思努力，終而招致失敗。由此可知，持不同信念的人，其行爲是不相同的。

由上述觀之，近代行爲科學極爲重視個人的價值，認爲個人的觀念有力地影響著他的行爲。因此，欲瞭解一個人，必須知道他是怎樣的一個人，他所持的價值何在，他的目標爲何，他的基本生理需求和心理需求滿足的情形如何，他所具有的能力如何。由這些觀點來看，每個人都具有相當程度的個性，他就是根據這個個性，來支配他的行爲，且接受環境對其行爲的影響。

二、釐清社群意義

近代行爲科學發展的另一項成就，就是釐清了社會團體的意義。任何人都出生在一個家庭內，個人早期的行爲經驗，就是來自於這個團體；也就是說家庭團體對個人行爲最具影響力。其次，影響個人行爲的，依次爲鄰居、學校、遊戲團體、工作團體，這都是他的生活環境，也就是團體環境；特別是面對面的小團體，隨時隨地深刻地影響著個人行爲，而個人也深刻地影響著這些團體。

個人所生活的團體，不但使個人體認有共認的目標，而且也產生了豐富的情感作用與社群關係。假如一個團體內部的社會關係不協調，則團體成員在團體中的地位不確定，團體目標也不容易達成。相反地，團體關係相當穩定，團體成員地位很明確，則該團體的士氣是良好的，它將具有優厚的條件來追求它的目標。近代行爲科學的研究指出，有效的團體行動能保障個人在團體中的角色運作，且團體中其他成員對個人角色的想法，也都會趨於一致。

此外，行爲科學研究也指出，個人行爲最大的發展和變化，都是在他所參加的各種小團體中進行的。一個人所屬的學校、政黨、工會、宗教團體或其他類似組織，對個人行爲的影響，遠比一些團體，例如，家庭、遊戲夥伴、朋友、工作小組等，來得小多了。易言之，個人的各種態度、習慣和工作方法，多半是在小型團體所提供的環境中才發生變化的。

再者，行爲科學家發現在小團體和一般群眾中間，尚有若干社會結構（social structure）影響著個人行爲，其中最重要的是社會階級與職業組織。今分述如下：

（一）社會階級

一個典型的社區，多半包涵著三個或三個以上的社會階級。所謂社會階級，就是某些在聲望上或獲得公眾尊敬上，地位相等的人的集團。一般而言，社會階級對人類行爲的影響，有兩個主要特點：一爲每個社會階級都有爲其同階層人員所接受的習俗，此種習俗樹立一種行爲模式，而爲其所屬成員的行爲準則。另一爲不同社會階級依其不同社會聲望和所受公眾尊敬程度，形成一種梯形的層次；而高階層人士的行爲往往受到低階層人士所模仿。每個階級文化包括：價值、態度、語言、模式、字彙與做事方式，都是不相同的。個人處在不同的社會階級中，其行爲即受到這些不同模式的影響；而此種不同行爲模式，往往透過小團體而影響個人行爲。

（二）職業組織

各種職業對其從業人員的影響，不外乎有兩個原因：其一是大多數靠職業生活的人，都把自己的職業和自己看成一體，別人對其職業的批評，就等於對自己的批評。其二爲每個職業都會發展一套倫理、一套行爲習慣，且爲其同仁所共同遵守。凡是從事相同職業的人，正如各種社會階級的情況一樣，常自成一些小團體，而影響著個人行爲。

三、擴大知覺概念

最近行爲科學研究的第三項成就，就是擴大了對知覺的概念。一般而言，個人對外界事物的認知是以感覺爲起點，進而產生了知覺。個人常將所得知覺加以綜合分析，而產生概念，再由概念發生推理作用，由推理作用形成思維過程，再由思維過程創造思想體系，而形成一切行爲的原動力。最近行爲科學的研究，業已證實個人知覺對個人行爲的重要影響。一個人對現有處境的反應，大多決定於他對現實環境的知覺；且其種種態度，一部分是由對知覺的修正而來。

早期的科學研究認爲：人類對某一樣東西或某一種事件的知覺，是在長時間內逐漸發展出來的。當一個人對某些現象有逐漸增多的機會來觀察時，他的知覺就逐漸愈爲完全，愈爲精確。然而，根據現代行爲科學的研究卻認爲：個人對各種人、事、物的知覺，都是在早期接觸中所形成的。雖然個人隨著日後的成長，可能有機會去修正他早期不正確的知覺；然而這種知覺可說相當固定，而繼續存在著。

此外，個人早期的知覺，有的固然是從他仔細的觀察中得來，但有些則由別人的暗示而形成的。例如，一個小孩可能早有一種印象，認爲海是藍的；而這

個印象的形成，一部分可能來自他自己對海的觀察，一部分則可能來自於別人對他的暗示，例如，在油畫中看到的海都是藍色的緣故。事實上，海有可能是灰色、棕黃色或綠色的。因此，一個人對各種物質現象和社群現象的知覺，很容易陷入一種固定的形式。是故，要改變一個人的知覺，從而有效地影響其行爲，知覺的再教育是相當重要的。這就是現代行爲科學研究的成果與貢獻之一。

四、認識溝通過程

近代行爲科學的主要成就之一，就是使我們認識溝通的整個過程。所謂溝通，就是一種社群過程，使得一個人或一個團體，和另一個人或另一個團體之間，把思想和情感傳達給對方。最普遍的溝通，就是面對面的談話。不過，早期的溝通觀念，多限於單方面的傳達，以致常造成誤解與歪曲。今日行爲科學的研究，已強調雙向溝通與面對面溝通的重要性。

一般而言，各種溝通的研究業已發現：過去溝通有相當的歪曲程度，這些歪曲包括在溝通過程中的若干遺漏，以及在訊息溝通過程中不自覺地加入若干細節。因此，對於訊息的傳達，雙向溝通是很重要的。當訊息傳達者將訊息傳遞時，最好能讓收受者複誦或作某些反應，以察看其中是否有所歪曲。許多傳播工具，例如，印刷、廣播、電影、電視等，由於缺乏適當討論溝通內容的機會，故在傳播作用與效果上，沒有面對面溝通來得有效。此種雙向溝通就是一種反饋作用（feedback），此即爲行爲科學很重視的專門術語。

此外，行爲科學研究溝通的另一重要發現，就是廣大群眾所共同瞭解的字彙是有限的。所謂字彙，不僅是用以表達意思的語言，也包括各種手勢和姿態、圖表與其他符號等等。各種不同的階級、職業、民族，都有他們自己獨有的字彙。因此，要作有效的意見傳達，必須尋求一種適合於各團體所使用的字彙，或透過各種小團體內的成員來翻譯，才會產生效果。以上都是行爲科學研究溝通的新發現。

五、尋求問題解決

行爲科學的發展成就之一，就是能尋求多種方法從多方面去解決問題。通常尋求問題的解決，與知覺的領域有相當的關聯性。因此，解決問題是一種很重要的人類行爲。顯然地，各種問題的解決，常因問題的性質、解決途徑、認識問題能力以及社群階級等，而有所差異。首先，何者是問題，常因人們看法的不同而有所差異。有些人認為解決問題就是在疑問中找到答案而已；有些人則認為解決問題，是一個很長久而複雜的過程，必須先研究解決問題的方法。

其次，有些人把一個問題從各種不同的角度與方向去認識，有些人卻死釘著一個方向。這種靈活與呆板的程度在人與人之間大有不同。最有效的問題解決者多從各方面去觀察一個問顎，以尋求各種可能的線索來解決問題。相反地，呆板的人衹能從某一個固定方向來觀察問題，而無法利用各種不同的方法來解決問題。一般而言，一個在自由環境中長大的人，比在拘束環境中長大的人，在處理問題上，更具靈活性。

再者，大多數人對認識問題的能力，常因這些問題所屬的領域不同，而大異其趣。例如，某個人對工程上的問題，很快能認清與處理；但對於有關人事的問題，就缺乏這種能力。又另一個人對商業上的問題，很能應付裕如；但對政治上的問題，就感到茫茫然。雖然，有些人對於任何領域的問題，都具有高度敏感性與問題解決能力；但大多數人在解決問題能力上，常因領域的不同，而有極大的差異。

最後，社群階級的不同，對解決問題能力的表現上，也有極大的差異。雖然，每個社群階級都有他們一套解決問題的方法；但是由於其間語言的差異與若干不能改善因素的存在，使得階級與階級間解決問題的能力，各有其差異。在某些社群階級中，由於其可運用的力量與適當習俗的不同，以致其具有高度潛能，可以發展為解決問題的技巧。

總之，行為科學的發展，在上述五種領域中已有很高的成就，其對於管理理念有莫大的貢獻。因此，吾人必須善用行為科學的研究成果，使人力資源管理理論與技巧更臻成熟，以求能達成組織管理的目標。

行為的不同解釋

今日行為科學的發展，已到了登峰造極的境地。有關行為的研究，已有了自己的領域。然而，對行為解釋，則各個學派都有它獨到的見解。雖然，所有研究行爲的學者，都承認「人類行爲是個人與環境交互作用的函數」；然而，他們所著重的重點卻有若干差異，以致形成三種不同的解釋方向，即認知論、增強論與心理分析論。

一、認知論

認知論承認：行爲是個人與環境交互作用的函數。不過，它特別強調個人因素，認爲意識性的心理活動，例如，思考、知曉、瞭解，以及心理觀念，例如，態度、信念、期望等，是決定人類行爲的主要因素。同時，認知論重視內隱行爲（implicit behavior）的反應。認知論與增強論都認爲：刺激引發了行爲。不過，認知論較注意刺激與個人反應間所發生的事情，或者個人處理刺激的過程。而增強論則對刺激與反應本身較感興趣。根據認知論的說法，所有的行爲都是有組織的。個人將自己的經驗組織起來，形成認知，然後將這些認知存入個人的認知結構中，由認知結構去決定一個人的反應。

認知論的基本單位是認知，它是個人經驗的內在代表，介於刺激與反應間，同時影響到個人的反應。當個人感受到刺激後，就將它轉變成認知，再影響個人的反應。在認知論中，個人對事物的反應，是受意識性心理活動的影響。而所謂反應是指外顯行爲（explicit behavior）及內部對自己知覺的組織或重組。依照認知論的想法，所有行爲都是經過組織或結構的；同時，人類天生具有追尋組織及一致性的需求，行爲本身是相當複雜的，包括了物理、心理及情緒等因素。

二、增強論

至於增強論，則較強調影響行爲的環境因素，其與認知論和心理分析論不同，後兩者較著重於以個人的內在因素來解釋行爲。增強論發展出了典型條件化原則（principles of classical conditioning），將無關的刺激與一個相關的刺激聯結在一起，使原本不相干的刺激引發一個特定的反應。

在增強論中，刺激是引發行爲改變的根源，在個人所處的環境中，所有的刺激都是物理的或實質的，可以被他人察覺到。而反應就是個人行爲的各種改變，因刺激而產生，一項刺激會導致一項反應。至於增強物是一項反應所造成的某項結果，該結果可以增強反應與刺激間的關係。增強物可爲正性增強，也可爲負性增強。正性增強可加強反應與刺激的結合，負性增強則減弱或撤除了反應與刺激間的結合。如果某特定刺激引發的行為反應得到了酬賞，則該反應再出現的可能性較大；而如果某特定刺激的行為反應，沒有得到酬賞或甚至受到處罰，則這個反應重複出現的可能性較小。

三、心理分析論

心理分析論認為人類行為受到人格的主宰。該論涵蓋了心理活動的潛意識（unconsciousness）層面，主張大部分的心理活動並不是個人所能知曉或接觸得到的，但這些活動都深深地影響到個人行為。心理分析論的重要特性就是人格（personality），它是一種動力系統，為一切行為的基石。人格由三個分支系統所構成，即本我（the id）、自我（the ego）和超我（super ego）。

(一) 本我

本我是人格起始的分支系統，是一切精神能量的儲藏庫與來源。個人的本我是心理本能的象徵，部分是基於動物性的本能，由祖先的經驗中遺傳而來，並不受倫理、道德、理智或邏輯等所約束。它依循快樂原則（pleasure principle）去滿足各種慾望，而影響個人行為。

(二) 自我

自我是透過和外界的接觸，去幫助及控制本我與超我。自我所擔任的角色是本我與外界的媒介者，其性質一部分為本我所決定，另一部分則決定於它與外界接觸的經驗。自我依循的是現實原則（reality principle），以解釋外在的世界；同時，從實際狀況中去發掘最佳時機，以消除本我的緊張；亦即自我將本我的願望轉變為實際行動，並與外界發生交互作用。

(三) 超我

超我乃是人格中的道德執行者，是一個基本標準與規範，用以評判自我的活動。超我的運作是根據完美原則 （perfection principle），使個人行為能符合外界的要求。

綜上觀之，人類行為常因各種假設的不同，而有不同的解釋。認知論強調影響行為的內在心理歷程，認為當認知結構不平衡時，會導致行為的產生。增強論則強調環境在人類行為上的角色，認為行為是由環境刺激而決定的，環境能影

響到個人，引發有增強經驗的反應，或是遺傳所決定的反應。至於心理分析論則主張人格交流爲決定行爲的主要角色，行爲是由緊張所激發出來的，先由本我產生願望或慾望，再由自我加以處理，並受超我的節制。

行爲管理哲學

組織管理階層對人性行爲的看法，影響其管理哲學，進而採用他認爲適當的管理策略。由於對人性行爲的看法不同，其所採用的管理策略也有所差異。一般管理假設即針對人性行爲的看法而來，本節擬討論麥格瑞哥（Douglas H. McGregor）與雪恩（Edgar H. Schein）的理論。

一、麥格瑞哥的假設

管理學家麥格瑞哥（Douglas H. McGrego）在所著《企業的人性面》一書中，就管理立場說明人性行爲，提出X理論與Y理論，形成一幅連續性光譜，茲分述如后[6]：

（一）X理論：督導管理的傳統看法

1. 一般人生性厭惡工作，總是設法加以逃避。
2. 一般人沒有什麼志向，樂於爲人所指揮、規避責任、缺乏雄心、苟求安全。
3. 由於人有厭惡工作的本性，管理上必須以強制、督導、懲戒的手段，促使他們努力於組織目標的達成。

（二）Y理論：個人與組織目標的融合

1. 一般人並非天生就厭惡工作，蓋工作中精力的消耗就好像休閒嬉戲一樣。
2. 人們通常都會自動自律地完成工作使命，外力的管理和懲罰的威脅，並不是唯一達成組織目標的有效方法。

3.人們認爲對達成組織使命的主要報酬，就是自我和自我實現的滿足。
4.一般人在情況許可下，不僅能接受職責，而且還會設法去尋求。
5.全體大眾都有運用高超而豐富的想像力、創造力與智能，去解決組織內部問題的能力。
6.在現代工業生活的環境裡，一般人所具備的潛在能力，並未完全發揮出來。

依照X理論的說法，認爲人性是懶散的，不喜歡工作的，並儘可能地逃避工作責任。人們不會主動地與管理者合作，以追求最大利益，故管理者應採用懲罰的手段，此與我國荀子的性惡思想相近似。事實上，自古以來一般組織的管理者也都傾向這種看法。在管理上所強調的，是生產力、同工同酬的觀念，冗員怠工的弊害，以及業績的酬勞等問題，以致認爲金錢是有效的激勵手段。惟人們會不斷地要求更高的報酬，只有運用懲罰的威脅手段，才能提高工作績效，此爲X理論的要旨。

就Y理論的觀點言，人性是好動而喜歡工作的，且認爲工作後的成就就是自我和自我實現的滿足。管理者只有瞭解員工需求，施加一定的獎賞和鼓勵，並建立良好的主僱關係，使員工有自我表現的機會，尊重其人格價值與人性尊嚴，才易取得員工主動地合作，此又與我國孟子的性善思想相吻合。依照需求層次論的原則來看，Y理論所具備的動機，可使員工達到最高層次需求的滿足。此種論點相當理想化，甚易爲員工所接受。但實際上，自我指導和自我控制並不是每個人都具備的；而且人類需求的滿足，並非完全自工作中獲得，許多需求往往都是自工作外而獲致滿足的。

綜合X理論和Y理論的觀點，到底何者爲優？何者爲劣呢？這個問題的答案乃是應依情況而定。換言之，在管理過程中X理論與Y理論都有其必要性。因此，曾有學者提出所謂「Z理論」，對麥氏理論加以補充，認爲人性行爲兼具勤惰本質，喜逸樂也好勞動；有些人比較偏向追求高層次的需求；主動努力於自我成就的表現；有些人則恰恰相反。人類需要的追求，實本於自身條件的差異，蓋人類的天性是機動的，而不是靜止的。管理者宜採應變措施，對某些人需加以強制管理，對另一些人則採激勵手段；對某些情況需繩之以法，而對其他情況則施之獎賞。管理者應能賞罰分明，過份的苛刻固足以招致不滿，而一味地討好亦將造成組織的腐化。惟在實際情況下，大多數的管理者喜歡偏用X理論，而忽略了Y理論。

二、雪思的假設

雪恩（Edgar H. Schein）在所著《組織心理學》一書中，認爲管理人員對人性的假設，有四種人性的哲學觀點：即理性經濟人（rational-economic man） 社會人（social man） 自我實現人（self-actualizing man）、複雜人（complex man）[7]：

(一) 理性經濟人

理性經濟人的假設來自快樂主義 （hedonism），認爲人的行爲都在追求本身的最大利益，人們工作的動機即爲獲取經濟報酬。因此，激勵員工努力工作的主要工具，乃是經濟上的誘因。在傳統的組織裡，這種人的存在是相當普遍的，且以金錢誘因來激勵工作是十分有效的。

根據此一假設而引發出來的管理方式，是組織應以經濟報酬來達成工作績效，取得員工的服從，並以權力和控制體系來保護組織與引導員工。是故，管理的特質乃爲訂定各種工作規範，加強各種規章的管制。組織目標能達成何種程度，有賴於管理者如何控制員工。此種假設類似於X理論的論點。

(二) 社會人

社會人的假設與理性經濟人完全相反，認爲工作的滿足感主要來自於社會性的需求，人們最大的工作動機是社會需求，並藉著與同事關係去獲致認同感。此乃因工業改革與工作合理化的結果，使得工作喪失了意義，以致人們必須從工作的社會關係中尋求滿足。同時，員工的工作效率，受同事的影響遠較管理者的控制爲大，並隨著上司能滿足他們的社會需求程度而變化。

根據此段假設，管理者除了應注意工作目標的完成外，並應重視員工的需求。在控制和激勵員工之前，應先瞭解員工的團體歸屬感，與對同伴的連帶感。管理者的權力不是用以管人，而是去瞭解與關心員工的感受和需求。假如管理者無法滿足員工的社會需求，他們就會疏遠組織，而獻身於非正式團體，並與管理階層相對抗。

(三) 自我實現人

自我實現人的假定，主要爲認定人們會利用自己的技能，去從事一些成熟的、有創造性的、有意義的工作，以發揮自我潛能的慾望。人們都希望在工作上更成熟、更發展，具有某種程度的獨立自主性，外在壓力可能造成不良適應。組織如給予員工機會，他會自動自律地把個人目標與組織目標整合起來。

基於上述看法，管理者應使員工感到工作具有意義，富於挑戰性，並以工作來滿足員工的自尊與價值。管理者的主要任務，是鼓勵員工接受工作的挑戰，獨立自主地完成工作。員工的動機是出自於內心的激發，而不是靠組織的誘導；員工對組織的獻身是出自於自願，並自動地將組織目標與個人目標加以統合。此種看法與Y理論極爲接近。

(四) 複雜人

複雜人的假設認爲人的本身是十分複雜的，每個人都有許多需求與不同能力，人不但是複雜的，而且變動性很大。各人動機層次的構造不同，且其層次並非固定的，常因時、因地、因事而改變。個人是否感到心滿意足，或肯獻身於組織，是由個人動機與組織交互作用的結果；且個人在不同組織或組織的不同部門，其動機可能不同。此外，個人常依自己的動機、能力與工作性質，對不同的管理方式作不同的反應。在此種情況下，沒有一套管理方式適合於所有時代的所有人。

依此，管理者必須洞察員工的個別差異，去發現與探究問題，並面對差異解決問題；同時針對員工的不同需要，採取應變的行動。管理者不能把所有的人視爲同一類，以某種固定模式去管理他們。即使是金錢激勵，對不同的人也會有不同的意義，有人視金錢爲基本生活保障，有人視金錢爲權力的象徵，有人視金錢爲成就的標誌，有人則視金錢爲舒適生活的工具。是故，對不同的個人應採不同的激勵手段。

綜合前述，對人性假設常依歷史的發展而異。二十世紀初，產生了理性經濟人的觀點；一九三〇年至一九五〇年出現了社會人的觀點；隨後由於行爲科學的勃興，乃有自我實現人的出現。此三種假設反映當時的時代背景，代表各時代的員工心理，也達成當時組織目標的最適當假設。此種人性假設的發展順序，大致符合需求層次論的論點，即由最低階層需求的滿足，發展到尋求最高層次「自我實現」的滿足。惟最近由於系統觀念的影響，個人的心理需求，已不只是單純的理性經濟人，也不是完全的社會人，更不是純粹的自我實現人，而是適應因時、因地制宜的複雜人。

總之，在不同的環境下，必須採用不同的管理哲學，方能獲致最大的效果。

行爲的挫折與處理

行爲科學研究的另一項主題，乃是挫折行爲的問題。所謂挫折（frustration），是指個體爲謀求某種目標而受到阻礙，終至無能應付，以致動機不能獲致滿足的情緒狀態。此種動機的不滿足，對行爲的影響甚鉅。因此，管理者必須加以重視。本節擬先討論挫折的一些反應，然後提出一些管理措施，供作參考。

一、挫折的反應

個體一旦發生挫折行爲，常表現積極的順應與消極的防衛：

（一）積極的順應

個體在行爲時，若遭到挫折而能經得起打擊，不致造成心理上的不良適應，此稱之爲挫折忍受力（frustration tolerance）。一個具有挫折忍受力的人，在遇到挫折時，常能採取積極的適應方式。換言之，具有挫折忍受力的人，能夠面對現實，排除困難，解決問題，產生積極而富有建設性的態度。當個人積極地解決挫折後 ，可能增強自我信心，鍛鍊個人克服困難的意志。不過，有時挫折會促使個人改變努力的方向，使他在另一方面取得成就，所謂「化悲憤爲力量」即是。此種個人代替性的努力，仍不失爲積極性的適應。

（二）消極的防衛

積極的適應乃爲應付挫折的良好方式，然而有時個人對挫折無法作適當的正面反應，且爲維持自我的統一與身價，必然消極地在生活經驗中，學到某些應付挫折的方式。這些應付方式基本上是屬於防衛性的，一般通稱爲防衛方式（defensive mechanism）。消極防衛方式對客觀的解決困難，雖於事無補，然亦不失爲一種權宜之計，以調和自我與環境間的矛盾。一般最常見的防衛方式有：

1.攻擊（aggression）：當個人遭遇挫折時，常引起憤怒的情緒，而表現出攻擊性的行爲。攻擊可爲直接攻擊，也可爲轉向攻擊。直接攻擊乃爲對產生挫折的主體，作直接反應。轉向攻擊則在兩種情況下產生：其一爲當個人察覺到某人不能作直接攻擊時，把憤怒發洩到其他人或事物上去：其二爲挫折的來源曖昧不明，並沒有明顯的對象可資攻擊時。

不過，通常攻擊的主要對象，是阻礙個人動機滿足的人或事物；然後才是周圍的人或事物。至於攻擊的方式，可爲身體上的，也可能是發自於口頭，也可能僅止於表現在面部表情或動作上。一般攻擊行爲很少表現在實際行動上，而以口頭的辱罵居多。在管理上，公司若以高壓政策，實施不合理的管理政策，員工多懾於解職，常採取間接的口頭抱怨或造謠生事等方式，作爲攻擊的手段。

2.退縮（regression）：退縮是指當個人受到挫折時，既不敢面對現實，又不能設法尋求其他代替途徑，而退到困難較少，比較安全或容易獲取滿足的情境而言。退縮可說是復歸於原始的反應傾向，形成一種反成熟的倒退現象。有時表現的是回復到個體幼稚期的習慣與行爲方式，有時則表現出採用幼稚而簡單的方式，以解決所遭遇的挫折性問題。成人一旦採取退縮行爲，很自然地就建立一種幻想的境界，自求滿足與安慰，而缺乏責任感。

退縮行爲的另一徵象，乃是易感受他人的暗示，盲目追隨他人。凡事畏縮不前，缺乏自信心，喪失理智，對客觀環境缺乏判斷力、創造力與適應力。在組織中，上級人員的退縮行爲是：不敢授權，遇事敏感，易接受下屬的奉承，無法鑑別部屬的是與非。下級人員的退縮現象，則爲：不接受責任、盲目服從與效忠、惡作劇、常告病請假、易聽信謠言、無理由的惶恐、盲目追隨他人、情感易失控制等。

3.固著（fixation）：固著是說一個人遇到挫折時，受到緊張情緒的困擾，始終以同一非建設性的刻板行爲重複反應。此種現象說明了個體適應環境缺乏可變性，容易犯上同一錯誤而無法改正。即使環境改變，已有的刻板反應方式仍繼續盲目地出現，不肯接受新觀念，一味地反抗他人的約束或糾正。造成此種現象的原因，厥來自於個人的態度。態度是一個人對客觀事物的主觀觀點。凡主觀觀點適應於環境者，行爲即呈現易變性，以達到目標爲中心；若主觀觀點不能適應於環境者，其行爲便呈固著現象。固著是一種變態行爲，一經形成很難改變。在組織中，員工一旦有了固著行爲，常不肯接受他人指導，盲目排斥革新，實有賴做心理上的特殊輔導。

4.屈從（resignation）：當個人遭遇到挫折時，常表現出自暴自棄的行爲傾向，此稱之爲屈從。個人在追求目標，遇到阻礙而無法達成時，雖經過長期的努力而所有途徑皆被阻塞，以致無法克服，很容易失掉成功的信心。於是灰心失望，但爲了避免痛苦，乾脆遇事不聞不問，隨其自然，終於陷入消極、被動的深淵。有了這種行爲的人，常在情緒與意見上呈現冷漠的現象。在組織中，這種人多失掉改善環境的信心，完全服從上級的要求，對現行的一切措施，都予以容忍。凡事得過且過，不求上進，以致喪失生氣，陷入呆滯狀態。

5.否定（negativism）：否定是個人在長期受到挫折後，失掉信心，形成一種否定、消極的態度。一個人若長期地未被接納，可能對任何事情常持消極態度，此種成見一旦形成，不容易與他人合作。否定與屈從一樣，都是長期挫折後的行爲反應。然而屈從爲消極性的順從，而否定爲消極性的反對。否定可說是故意唱反調，爲反對而反對，提不出適當解決問題的方法，而一味地採取阻礙行動。在組織裡，持否定態度的人不肯尋求諒解，也不與別人合作；遇事且持反對意見，很容易影響團體士氣。

6.壓抑（repression）：壓抑是個人有意把受挫折的事物忘掉，以避免痛苦。易言之，即想把受挫折時的痛苦經驗，在認知的聯想上排除於意識之外，故壓抑又稱爲動機性遺忘。事實上，這些經驗並無法消失，反而被壓抑成潛意識狀態（unconsciousnes），對個人行爲的影響更大。

根據心理分析學派的看法，壓抑作用係由不愉快或痛苦經驗所生的焦慮所引起。當個人的意識控制力薄弱時，潛意識就支配著個人的行動。「夢」就是個人入睡時，意識作用鬆弛，受壓抑的潛意識乘隙而表現出來的。此外，日常生活中偶爾失言、動作失態與記憶錯誤，均爲壓抑的結果。因此，壓抑在知覺上的特性，是份外地警覺與防衛，警覺可增加吾人感覺的敏銳性，而防衛則拒絕承認客觀不利因素的存在。一般組織員工表現的壓抑反應，乃爲漠視事實、放棄責任、容易接受暗示與聽信無端的謠言。

7.退卻（withdrawal）：退卻是個人受到挫折時，在心理上或實質上完全採取逃避的活動。退卻與退縮不同，退卻是完全逃避的；退縮則爲行爲的退化，反覆到幼稚的原始行爲方式。換言之，退卻有種逃避現實的 意味。在組織中，持有退卻行爲的員工都儘量設法逃避困難的工 作，不願與人相處，喜歡遺世而孤立。

8.幻想（fantasy）：所謂幻想就是個人遭受挫折時，陷入一種想像的境界，以非現實的方式來應付挫折或解決問題。幻想又稱爲白日夢（daydreaming），即臨時脫離現實，在由自己想像而構成的夢幻似情境中尋求滿足。幻想在日常生活中偶爾爲之，並非失常。它可使人暫時脫離現實，使個人情緒在挫折時得到緩衝，有助於培養挫折忍受力，並提高個人對未來的希望；但幻想並不能實際解決問題，幻想過後仍需去面對現實，以應付挫折。否則一味耽迷於幻想，非但於事無補，且在習慣養成後，將有礙於日常生活的適應。一般常持幻想的人，容易流於浮誇不實，妄自尊大。

9.理由化（rationalization）：當個人受到挫折時，總喜歡找一些理由加以搪塞，以維持其自尊的防衛方式，稱之爲理由化。個人平時在達不到目標時，爲了減免因挫折所生焦慮的痛苦，總對自己的所作所爲，給予一種合理的解釋。從行爲動機的層次來看，理由化固可能是自圓其說的「好理由」，卻未必是「眞理由」，只不過是解釋的幌子而已。所謂「酸葡萄」心理與「甜檸檬」心理，即是自我解嘲的方式。在組織中，一般人尋求理由化的原因，無非是強調個人的好惡，或是基於事實的需要，或是援例辦理，以求達到他推卸責任的目的。我國諺語：文過飾非，即是理由化的最佳例證。

其他，諸如：投射作用（projection）、補償作用（compensation）、昇華作用（sublimation）、代替作用（displacement）等，有時可轉移受挫折的目標，或逃避現實的壓迫，以求自我的安定。

二、管理措施

員工有太多的挫折行爲，是不正常的現象，對組織來說具有危險性，管理人員必須設法加以改善。通常對挫折行爲的處理，並無一定法則可循，蓋任何方式都無法適用於各種情況。惟處理挫折行爲必須從各種情況中，尋找比較合理而適當的解決途徑。當然，在管理過程中，能預防挫折行爲的發生，是最好的途徑，所謂「預防勝於治療」即是。一般預防與處理挫折行爲的方法，可歸納如次：

(一) 改善環境

挫折行爲多是環境的不當所引起。因此，處理挫折行爲的最有效方式，乃爲改善環境。一個人處於良好的環境中，常能得到潛移默化、變化氣質的效果。當然，所謂環境並不單指物質環境而言，實涵蓋精神與社會環境。譬如，人際相處之道，即屬於社會環境。改善環境的措施，並不是管理階層的個別責任，而是全體人員的共同責任，故而相當不易實施。惟管理人員可運用管理手段，來達成環境變遷的效果。例如，推行健全的升遷制度，使應升遷的人員能夠升遷，即可改變員工的態度，消除挫折行爲。

誠然，爲求改善員工的挫折行爲，乃先確定引起其挫折的眞正原因，然後再行變換環境，才能獲致效果。一般管理者往往對挫折行爲存有成見，一味地採用責備、懲罰的措施，而不去探求員工何以有此種挫折行爲，以致處理不當，形成更大的困擾。因此，管理者對挫折行爲的一般態度，應是包容的，擴大心胸，運用良好的領導態度。

(二) 情感發洩

根據精神病學的研究，挫折乃是精神疾病的成因，個人一旦有了挫折，便應使其發洩。組織管理者應安排員工發洩情緒的場所，則可避免員工對挫折行爲的壓抑。所謂情感發洩，就是給予受挫折者發洩情感的機會，使其內心的壓力與悶氣，得以充分傾吐，終致其挫折的感覺在無形中消失。

情感發洩的作用，乃在創造一種情境，使受挫折者得以宣洩淤積的情感。蓋挫折使人產生緊張情緒，而有喪失理智，容易衝動，使行爲失掉控制的現象。情感發洩可說是一種對挫折的治療方法，使受挫者返回理性的自我。有關情感發洩的作法，可安排一種團體遊戲，使一群受挫者彼此自由交談，由於同病相憐的關係，可彼此道出內心的痛苦。另一種可能的方式，乃設定一些假人假物，讓受挫折的員工自由攻擊，以紓發其悶氣。

(三) 角色扮演

角色扮演（role-playing）是美國心理學家墨里諾（I. L. Moreno）所創。意旨爲編製一心理短劇，影射問題事實的本身，使受挫折者扮演個別角色，將個人的態度與情感，在模擬的劇情中充分地表達出來。角色扮演可使每個人有機會充分瞭解或體驗他人的立場、觀點、態度與情感，進而培養出爲他人設想的情操與設身處地的胸懷。個人藉著角色扮演，除了得以瞭解他人的困難與痛苦外，尚可發洩自己的挫折情緒，舒暢身心，改善自己對挫折的看法。

(四) 寬懷容忍

挫折行爲乃爲行爲者基於內心的鬱悶，而產生的一種自衛行爲。管理者應當原諒此種無理的行爲，並對他的人格予以同情。蓋人類往往對身受攻擊的行爲，予以反擊。惟身爲一位主管以其個人地位之高，應有容忍的雅量。在處理部屬的挫折行爲時，切忌感情用事；對部屬的無禮或攻擊行爲，應力求化解，瞭解其眞正的原因，才能平心靜氣地化於無形。在考慮或處理問題前，宜先控制自己情緒，避免激動，始能對部屬的挫折行爲有充分的瞭解。如主管人員以反擊方式處理，只能使問題更爲嚴重。

(五) 積極勸誡

挫折行爲在人類活動的過程中，是普遍存在的現象。挫折問題的產生，多始自於誤會。不甚嚴重的問題，常因時間而自行消失；而嚴重的問題必須設法解決，否則容易招致嚴重的後果。主管人員在處理員工挫折行爲時，除了予以容忍外，宜提出一些積極性的建議，使員工瞭解其問題所在，自行調整其可能引起挫折的困擾。如此不但可協助員工疏導其怨懣的情緒，並可避免員工與主管或員工之間的隔膜與裂隙；非但在消極地處理既存的挫折行爲，更在進一步積極地杜絕挫折行爲的產生。

(六) 善用賞罰

管理人員在運用各種方式處理挫折行爲時，似亦可用「論功行賞，以過行罰」的方式。蓋「賞罰分明」亦是管理的手段。惟在運用懲罰手段時，宜以非公開的方式行之，避免傷害到員工的自尊心，形成更大的挫折行爲。懲罰手段的運用，應只限於對員工不當行爲的一種小小刺激，使其瞭解行爲的失當而已，並不是管理的最終目標。因此，在管理過程中，宜隨時以獎賞的方式配合之。即使是給予一點讚賞，亦可滿足一下員工的自尊與價值感。

總之，管理者伺機地運用適當的賞罰方法，可鼓勵受挫折者採取正常行為，放棄不當的挫折行為。

綜上觀之，挫折行爲是相當值得重視的問題，它常影響組織的運作與效率，管理者必須運用行爲科學的方法，尋求各種可能的預防與處理挫折行爲的途徑，才能培養組織內部的和諧氣氛，進而順利地完成組織目標。

附註

1.雲五社會科學大辭典，第七冊第五頁。

2.Keith Davis, Human Relations at Work, the Dynamics of Organizational Behavior, 1967, p. 18.

3.同註一，第六頁。

4.Henry C. Lindgren, Donne Byrne & Lewis Petrinovick, Psychology: an Introduction to a Behavioral Science, p. 742.

5.Blair J. Kolasa, Introduction to Behavioral Science for Business, 1967, p. 1.

6.Douglas McGregor, The Human Side of Enterprise, 1960, pp. 33-34.

7.Edgar H. Schein, Organizational Psychology, 1965, pp. 61-84.

研究問題

1.何謂行爲科學？試述其產生的過程。

2.行爲科學是一門新興的科學，其特徵何在？試述之。

3.試述行爲科學最近的發展成就。

4.影響個人行爲最重要的社會群體是社會階級與職業組織，試分別說明其意義。

5.一般解釋行爲有哪三大理論？試述其內容。

6.心理分析論認爲什麼是決定個人行爲的主要因素？試詳其內容。

7.麥格瑞哥根據人性行爲提出什麼看法？試言其詳。

8.雪恩認爲人性不同而提出那些管理哲學？試述之。

9.試舉五種挫折行爲的防衛方式，並詳加說明。

10.管理者應如何預防或處理員工的挫折行爲？試以組織的立場說明之。

個案研究

小工廠大成就

周佩萍是個高職畢業生，自畢業後已換過許多工作。從小型工廠到大規模公司，她都待過。

就工作環境來說，有人喜歡大規模公司，有人喜歡小型工廠。有人認爲大公司福利好，比較有挑戰性。但對周佩萍來說，她比較喜歡小型工廠。二年前在一個偶然的情況下，經過朋友的介紹，她到一家小型工廠當會計，由於會計只有她一人，有關會計的事全由她一人包辦，很有成就感。不過，由於該工廠是合夥事業，有兩個老闆，常使周佩萍左右爲難，以致因故辭職了。

後來，周佩萍改到一家大公司上班。由於該公司規模龐大，光會計就有十餘位。當初上班時，就有一些同事提醒她，要注意那位主管、那位職員……等等，讓人覺得心驚肉跳，甚爲複雜。上班還得擔心別人的長舌，打小報告，於是乎一些話都不敢輕易講出，只得謹言愼行，以免遭人傷害。而且該公司分工很細，把指派的工作做完，還得做表面功夫，以免遭主管白眼，甚而要開檢討會。久而久之，她甚至懷疑起自己的工作能力了。

過了一些時候，以前小工廠的老闆三番兩次地打電話給周佩萍，要她回去原來的工廠上班，並告訴她已和另一位合夥人拆夥，而獨自經營了。在盛情難卻下，她終於回到小工廠的原來崗位。俗話說：「好馬不吃回頭草。」然而，周佩萍似乎很喜歡現在的工作環境。因爲大家都那麼地親切，而她又能處理許多大小事務，重拾她的信心，並覺得有成就感。她認爲這比什麼都重要。

個案問題

1.周佩萍爲什麼喜歡在小型工廠上班？

2.周佩萍既喜歡小型工廠，何以要辭職？

3.請比較大公司與小工廠的優劣利弊。

4.你認爲周佩萍又回到原來小工廠上班的決定，是對或錯？爲什麼？

領導行爲

第17章

本章學習目標

讀者於讀過本章之後，應能瞭解：

1.領導的意義。
2.領導權是如何形成的。
3.成功領導者的特質。
4.各種領導方式及其適用情況。
5.領導的行為論。
6.「管理座標」的內涵。
7.領導的情境論。
8.權變領導的意義及影響變數。
9.領導的路徑目標理論。
10.領導的三個層面理論。

領導行爲在組織研究中是相當熱門的論題，也是組織學者爭相討論的焦點。蓋組織效率常取決於領導的良窳，組織中社會影響的過程常受領導的氣氛所左右。良好的領導是促使部屬有效工作的手段，它集合眾人之力邁向共同的目標。俗話說：「帶人者，應帶其心」，可見領導是一種深入人心的藝術。有效的領導是有效管理的重要要素。自有組織以來，領導問題即已存在；惟到目前爲止，尚未有一套非常完整的領導理論出現。本章將討論領導概念的發展，以及其應用的情況。

領導的意義

領導是極其廣泛而深切的名詞，人言人殊，難以得到明確的定論。大體上，吾人就組織心理學的觀點，可說領導是一方面由組織賦予個人統御其部屬，完成組織目標的權力；另一方面把組織視爲一個心理社會體系，而給予領導者一種行爲的影響力，及於團體中激發每一個份子努力於組織目標的達成。換言之，領導的主要作用，一方面爲完成組織目標，另方面則表示領導是一種群體交互作用。

史達迪爾（Ralph M. Stogdill）認爲「領導是對一個有組織的團體，致力於其目標的設定與達成等活動時，施予影響的過程[1]。」此項定義包括三項因素：必須要有一個組織性的團體、必須有共同的目標、要有責任的分配。根據史氏的見解：領導是組織團體的一部分，他必須實施功能分工始有存在的可能，故領導係針對以組織中擔任各種正式職位的人爲出發點，此種看法忽視了領導權中人際的動態關係。

貝尼斯（Warren G. Bennis）強調領導乃是「一爲權力代表人引發部屬，導循一定的方法去行事的過程[2]。」該項定義有五個因素：領導人、屬員、引發行爲、方法、過程。此定義偏重領導的動態關係，以及環境條件的運作。

貝爾勒（Alex Bavelas）則注意領導行爲，認爲領導是協助團體作抉擇使能達成其目標，領導權包含著消滅不確定的作用[3]。這個概念即是說，領導者的行爲能爲團體建立起從前所未經確知的情況，一經領導者在組織中擬具出目標，他就能執行這些領導活動，使得其他人追隨其行動。

湯納本（R. Tannenbaum）與馬沙里克（F. Massarik）曾就領導與影響系統

的關係之觀點，陳述領導是「依情況而作，並透過溝通的過程，而邁向一個特定目標或多重目標的達成之一種個人影響。領導總是包含著根據領導者（影響者）去影響追隨者（被影響者）的行爲之企圖[4]。」換言之，最能滿足團體內個人需求的人，才是眞正的領導者。

菲德勒（Fred E. Fiedler）則指出：一個領導者乃是「在團體中具有指令與協調相關工作的團體活動的任務；或者是在缺乏指派領導人的情況下，能擔當基本責任於實現團體功能的個人[5]。」該定義強調領導是一種過程、一種地位集群。不過，它重視「一種過程」，遠甚於「一種地位集群」；且「任務指向的團體活動」，似乎表示領導與管理是同義詞。惟事實上，管理比領導更具有較寬廣的基本功能。

領導是管理的一部分，但並不是全部。一個管理者除了需要去領導之外，尚需從事規劃與組織等活動；而領導者則僅只希望獲取他人的遵從。領導是勸說他人去尋求確定目標的能力，它是使一個團體凝結在一起，同時激發團體走向目標的激勵因素。除非領導者對人們運用激勵權力，並引導他們走向目標；否則其他管理活動，例如，規劃、組織與決策，就像「冬眠的繭」一樣靜止著。此種涵義強調領導角色乃在發掘行爲的反應，它隱含著達成團體目標的人爲能力。

綜上言之，領導就是以各種方法去影響別人，使其往一定方向行動的能力。在今日組織中，有積極平衡性的個人才可能是領導者；而未具平衡性的個人，則不可能帶動別人從事適當活動。質言之，影響企圖失敗，則表示領導無效，領導者就會喪失領導能力。

領導權的形成

領導既是影響他人行爲的能力，然則領導權是如何形成的呢？個人之所以成爲領導者，到底是「時勢造英雄」呢？還是「英雄創時勢」呢？依據現代組織理論的研究顯示，兩者是相互作用的。在領導權形成的過程中，情境因素是很重要的；惟在特定的環境中，個人性格也可能依據情境而創造出他的領導風格，此即所謂的「特質研究法」。該法認爲領導權的形成，乃是領導者的人格特質、價值系統與生活方式所塑造而成的。依此，特質論者常常建立起領導者的明確特質表，可能包括：身材高矮、力氣大小、知識高低、目標認知性、熱誠與友善程

度、持續力、整合力、道德心、技術專長、決定能力、堅忍心、外表、勇敢、智慧、表達能力與對團體目標的敏感性等。個人具有這些特質的一部分或全部，是許多研究所承認的事實。故有人解釋領導力是指「綜合群體行爲中的有關決定因素，以便推動群體行動的能力[6]。」

領導特質的測量，通常都發生在一個人已成爲領導者之後，故吾人很難證明領導權形成的因果關係，惟一般成功的領導都具有四大特質[7]：

一、豐富的知識

領導者的知識比一般追隨者略高，此種差異應不太大，但總是存在的。爲了能瞭解廣泛而複雜的問題，領導者必須具有分析能力；爲了表達他的意念，激發員工士氣，他必須具有溝通能力。

二、社會成熟性

領導者具有較寬廣的興趣與活動，他們的情感較爲成熟，不易因挫折而沮喪，或因成功而自得。他們具有較高的挫折忍受力，對他人的敵視態度較淡，且有合理的自信與自尊。

三、內在動機與成就驅力

領導者具有強烈的個人動機，用以完成工作任務。當他們實現一個目標之後，其靈感水準將提昇至更高目標的追求，故一次成功可能變成更多成功的挑戰。他爲了滿足其內在驅力，更需努力去工作，以滿足成功的慾望。

四、人群關係的態度

成功的領導者常體會到工作的完成，乃係他人助成的，故試圖去發展其社會瞭解與適當技能。他常能尊重他人，對人性產生健全的觀感，蓋他的成功是基於人們的合作。因此，他很重視人群關係的態度與發展。

基於上面敘述，這些領導特質是可欲的，但並不是頂重要的。蓋領導者與追隨者之間，在恰當特質上的差異不能太大。領導者爲了維護團體的親善關係，他不能具有太高的知能；否則由於差異性的阻礙，可能使他在團體內失去與他人接觸或交往的機會。因此，吾人討論領導權的形成時，不能排除「情境探討法」的論點。

所謂「情境探討法」，乃是從情境的觀點來研討領導權的形成，亦即在設定領導權時，特性並非突出的主要原因，其更恰當的相關變數乃爲情勢或環境的因素。在某種情境之下，某人是領導者；但在另一種情境下，他可能就不是領導者，此與他所具有的特性無關。雖然任何組織的結構大致上是相同的，但每個組織都有它獨立的特點，以致每個組織領導的特質與需求是不相同的。此種不同情境需有不同的領導者，故情境探討法是具有相當價值的，它說明了領導功能與情境因素有密切的關係。任何人都可以成爲領導者，只要環境允許他去執行情境所需的各種活動。如果情境出現緊急狀況，則可能產生一個領導者來完成這種情境所需要的功能，而該領導者卻不一定能適合於平常穩定時期的領導。

近代組織學者常從領導權的功能觀點，來看組織中的領導角色，並採取調和情境論與特質論的方法，此稱之爲「相互作用探討法」，認爲決定領導權的主要因素，乃視團體與領導者在某種特殊時期的關係而定。即個人在團體中與他人進行交互行爲時，由於團體權力、工作方向與價值觀等情境因素的綜合，再加上個人具有吸引人的特性，以致脫穎而出成爲團體的領導者。此種立論似乎近於情境學派：惟事實上並非如此。蓋該論特別強調相互作用，此即爲互動論的精髓所在。

領導的方式

領導權一旦形成，領導者所用的領導方式，常影響組織成員的行爲，甚而決定了組織的成敗。一般而言，領導方式可分別爲下列三種：

一、民主式領導

民主式領導是在理性的指導下與一定的規範中，使組織內各個成員能作自動自發的努力，施展其長才，分工合作，各盡所能，以達成團體的共同使命。領導者與被領導者之間，以相互尊重的態度，使思想相互會台，彼此呼應。這種領導方式能使組織內的各個成員打成一片，是新式而適度的領導，成功的管理者宜常採用之。

民主領導者多不注意其所居的領導地位，只知重視領導功能，只注重其責任而不強調其權力。對部屬的行動不但不採取消極的放任政策，反而積極地提供建議，尤其是經常提供給部屬有關的工作資料，對於舉凡與組織有關的事務，除願付諸團體討論協議解決之外，並時時考慮到各個成員的個人需求與願望。在語言與行動上，不以領導者自居，處處與部屬處於平等地位。在民主領導下，部屬都有團體觀念，一切言行多以組織爲中心。

民主領導可說是一種培養人群關係的方法，其重要貢獻乃爲鼓勵團體決策，提高決策的正確性。同時，也可激發員工士氣，使成員支持決策，滿足個人的心理需要與願望。然而，其缺點乃爲決策緩慢，對決策責任感的減輕，有時爲討好每個人，必然做出妥協性的方案。

二、獨裁式領導

獨裁式領導是靠權力與威勢，以強制的命令迫人服從。自表面觀之，此種領導似乎頗有效率；其實人非牛馬，不能靠鞭撻迫人工作。在監督與迫使下，獨裁的領導者對於一切決策及部屬的工作行爲途徑均代爲強制決定。領導者多重視權力，而忽略其工作責任，與部屬也保持相當距離，很少發生交互行爲關係。此種領導方式會導致部屬的不滿情緒，並經常引起抗拒行動，甚且部屬的工作需事事請示上級，從而沒有自己的工作主張，缺乏工作熱誠及團體情感。

三、放任式領導

放任式領導就是毫無工作規範與制度地讓各個人自由活動，作自以爲是的發展。領導者既不把持權力，也很少負其責任。此種領導方式自表面看來，似乎極其自由，部屬對領導者不會有所怨言；然而沒有團體規範的約束，必導致成員間的相互衝突，爭權奪利。領導者與部屬間也很少發生交互行爲的關係，則必使工作組織解怠，人人各自爲政，多以自身利益爲主，缺乏團體精神與一致目標，而形成一盤散沙，工作效率降低。

由於上述領導方式的分析，可知其與組織情感間的關係甚大。在民主領導下，組織情感濃厚；在獨裁與放任領導下，缺乏團體情感；尤其是在獨裁式領導下，不但沒有團體情感，人員間且易發生摩擦與衝突，彼此懷有敵視態度。惟領導方式亦宜因情勢的需要而有所不同；為了應付緊急危機，宜採用獨裁式領導；而在平常時期，則宜採民主式的領導。又領導方式亦因組織性質的不同而有所差異，一個充滿技術性的工作或高水準成員的組織，固宜採用民主式領導；而對於技術性較低或低水準成員的組織，似宜採用較獨裁式的領導。

不過，有些組織學者認為：在大多數情況下，組織很難採用某種固定的領導方式，領導者通常都扮演著「仁慈獨裁者」（benevolent autocrat）的角色。所謂仁慈獨裁，就是在不影響員工士氣的情況下，領導者對員工施加壓力，此種壓力的運用是很有益處的。仁慈獨裁者富有同情心，但採用獨裁手段。他們承認工業人道主義是一個確切目標，然而在大規模而複雜的組織環境中，是不宜運用民主手段的。蓋有效與效率成就。在民主參與式領導出現的同時，往往更需要獨裁式的領導；亦即仁慈獨裁常被竭力地提倡，以作為實際的領導風格，它不是理想主義的，而是適應事實需要而存在的。

領導的特質論

有效的領導除了要瞭解領導的方式及其運用之外，尚須探討有關領導效能的理論，這些理論大致上可包括：特質論（trait theory）、行為論（behavioral theory）與情境論（situational theory）等。本節先探討特質論，如表17-1所示；以後各節將分別討論行為論和情境論。所謂領導的特質論，乃認為領導權的形成或成功的領導，係基於領導者具有某些特殊特質之故，這些是非領導者比較欠缺的。這些特質包括：心理特質，例如，主動性、忍耐、毅力、熱忱、洞察力、判斷力等；社會特質，例如，同情心、社會成熟性、良好人際關係能力、關懷心、道德心等；生理特質，例如，身高、體重、儀表堂堂、健壯等；以及其他特質，例如，具自我管理能力、有人性觀、豐富的知識、勤勉等是。

事實上，有關領導者特質的探討甚多，一般都認為領導者之所以為領導者，乃是他具有令人折服的一些突出特質，例如，自信、具有較高的智慧……等。由於各個學者研究的對象、範圍等都各有不同，致常得到不同的結論。如貝尼斯（Warren Bennis）認為：一九九〇年代的領導人必須具備下列特質：關懷的心、體認意義的能力、能得到信賴、能作自我的管理。

此外，吉謝里（Edwin E. Ghiselli）則認為領導者的特質，至少要有督導能

特質類型	內涵
心理特質	主動、忍耐、毅力、熱忱、洞察力、判斷力、坦誠、開放、客觀、智慧、敏銳性、自信心、反應力、幽默感、勇敢、具創造力、正直、具成就感、自我實現感、果斷力、樂觀、內在動機、情緒平穩、自我控制力、自我察覺能力、成熟人格、具強烈權力慾望
社會特質	同情心、社會成熟性、關懷心、道德心、得到信賴、良好人際關係能力、解決衝突能力、支配性、協調能力、領導力、說服力、社交能力、具犧牲精神
生理特質	身高略高、體重、儀表堂皇、身體健康、體格強壯、具活力、具運動能力、旺盛的精力
其他特質	豐富的知識、勤勉、能作自我管理、具人性觀、督導能力、高度工作水準、良好工作習慣、進取心、具魅力、負責、敬業、有完成工作任務的能力

表17-1 成功領導者的某些特質

力、相當的智能、成就慾望、自信、自我實現慾望以及果斷力等。一個人需具有上述六項特質，才能成爲有效的領導者。

由上述可知，領導者的特質甚多，常因學者看法的不同而有極大差異。事實上，這些領導特質是可欲的，但卻不是最重要的。有些學者常認爲這些特質的顯現，往往是在個人已成爲領導者之後才出現的，並不是在個人尚未成爲領導者之前就已測知的。即使這些特質的存在是事實，但領導者與被領導者之間也不能存有太大的差異，否則反而會因地位的懸殊而阻斷了其間的溝通。

另外，特質論只重視領導者的特質，忽略了領導者與被領導者的地位與作用，領導者能否發揮其效能，有時須視被領導者的對象而定。又領導者的特質之內容極其繁雜，常因情境的不同而有所差異，致很難確定何種特質，才是眞正成功的領導因素。是故，特質論所顯現的結果相當不一致。近來許多研究領導理論的學者已逐漸捨棄特質論的說法，而轉向研究其他理論。

領導的行爲論

所謂領導的行爲論，乃認爲領導的效能是取決於領導者的行爲，而不是他具有那些特質。換言之，行爲論乃是以領導者的行爲類型或風格爲主，而把重點放在他於執行管理工作上所做的事爲基礎。當然，這些行爲論到目前爲止，仍沒有一套「放諸四海而皆準」的法則。且其所用的名詞雖異，但所涉及的內容實具有相當的一致性[8]。

一、連續性領導論

湯納本和許密特（Robert Tannenbaum & Warren Schmidt）以領導者所作的決策，來建立以領導者爲中心到以員工爲中心的兩個極端之連續性光譜，而產生了許多不同的領導方式，如圖17-1所示。

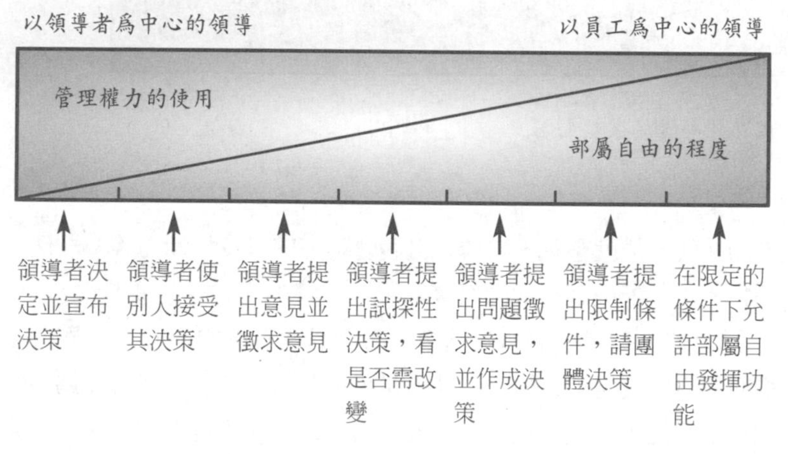

圖17-1 連續性領導光譜

在連續性光譜的最右端，領導者採取參與式的管理，和部屬共享決策權力，允許部屬擁有最大的自主權：此時部屬具有最大的自由活動範圍，享有充分的決策權力。

相反地，往最左端，領導者所採取的是威權式的領導，由他一個人獨攬大權，獨斷專行；部屬享有的影響力最小，自由活動範圍極其有限。至於在這兩者中間，又有各種不同程度的領導方式，其可依領導者本身能力、部屬能力，以及所要實現目標的不同，而選擇最合適的領導方式。

二、兩個層面理論

在一九四五年，一群俄亥俄州立大學（Ohio State University）的學者，對領導問題進行研究之後，提出所謂兩個層面的領導，一爲體恤(consideration)，一爲體制（initiating structure)。所謂體恤，乃是領導者會給予部屬相當的信任和尊重，重視部屬的感受；領導者能表現出關心部屬的地位、福利、工作滿足感和舒適感。高度體恤的領導者會幫助部屬解決個人問題，友善而易接近，且對部屬一視同仁。所謂體制，就是領導者對部屬的地位、角色、工作任務、工作方式和工作關係等，都訂定一些規章和程序，且將之結構化。高度體制的領導者會指定成員從事特定的工作，要求工作者維特一定的績效水準，並限定工作期限的達成。上述兩個層面的組合，可構成四種基本領導方式，如圖17-2所示。

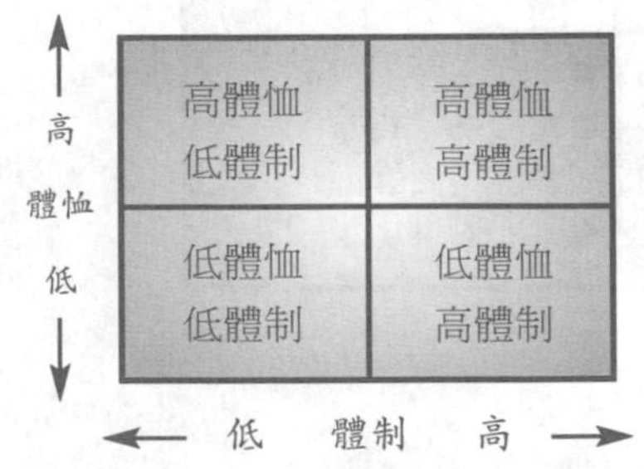

圖17-2 俄亥俄大學的領導行爲座標

該理論的學者試圖研究該等領導方式和績效指標，例如，缺席率、意外事故、申訴以及員工流動率等之間的關係。根據研究結果發現，高體制且高體恤的領導者比其他領導者，更能使部屬有較高的績效和工作滿足感。此外，在生產方面，工作技巧的評等結果和體制呈正性相關，而與體恤程度呈負性相關。但在非生產部門內，此種關係則相反。不過，高體制低體恤的領導方式，對高度缺席率、意外事故、申訴、流動率等具有決定性的影響。雖然，其他研究未必支持上述結論，但它已激起愈多有系統的研究。

三、以工作或員工爲導向的理論

從一九四七年以來，李克（Rensis Likert）和一群密西根大學的社會學者，對產業界、醫院和政府的領導人所作的研究，將領導者分爲兩種基本類型，即爲以工作爲導向的（job-oriented）和以員工爲導向的（employee-oriented）兩種。前者較強調工作技術和作業層面，關心工作目標的達成，成員只是達成團體目標的工具而已；故而較著重工作分配結構化、嚴密監督、運用誘因激勵生產、依照程序測定生產。後者較注重人際關係，重視部屬的人性需求、建立有效的工作群體、接受員工的個別差異、給予員工充分自由裁量權，並與之作充分的溝通，如表17-2。

類　　別	特　　性	效　　果
以工作為導向	●著重工作分配結構化 ●嚴密監督 ●運用誘因激勵生產 ●依程序測定生產	●一般生產力較低 ●員工較不具滿足感 ●配以適當激勵，有助生產力提昇
以員工為導向	●重視部屬的人性觀點 ●建立有效的工作群體 ●給予員工自由裁量權 ●與員工作充分溝通	●一般生產力較高 ●管理過分鬆懈，生產力會慢慢降低 ●員工較具滿足感

表17-2 以工作或員工爲導向領導的差異

經過研究結果顯示，大多數生產力較高的群體，多屬於採用「以員工爲中心」的領導者；而生產力較低的單位，多屬於採用「以工作爲中心」的領導者。此外，在一般性監督和嚴密監督的單位之間，也以「員工爲中心」的領導，其生產力較高。蓋大部分員工都喜歡以員工爲中心的領導，其監督較爲溫和，故管理者宜多發展以員工爲中心的領導觀念。

四、管理座標理論

白萊克和摩通（Robert R. Blake & Jane S. Mouton）依人員關心（concern for people）和生產關心（concern for production）爲座標，將領導分爲八十一種型態的組合，其中以五種型態爲最基本，如圖17-3所示[9]。

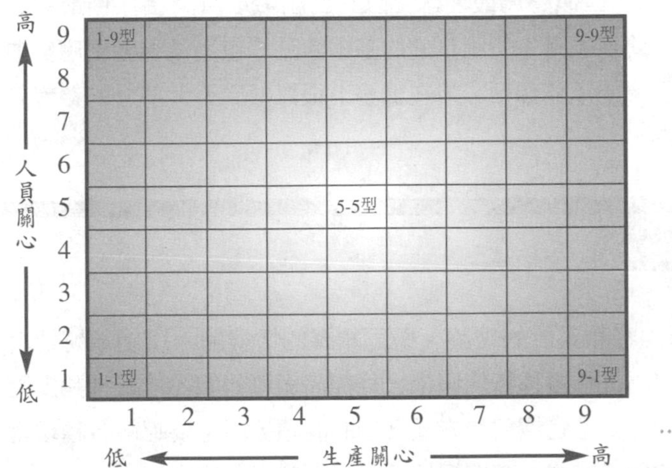

圖17-3 管理座標圖

(一) 一一型管理

表示對人員和生產關心都是最低，這種領導者只求確保飯碗，得過且過，爲消極型逃避責任專家。

(二) 一九型管理

表示對人員作最大的關懷，但對生產的關心最低。對人性最尊重，但忽略工作目標。

(三) 九一型管理

表示對人員關心最低，對生產關心最高。忽略人性價值和尊嚴，一切以生產效率爲最高目標。

(四) 五五型管理

表示對人員和生產的關心，均取其中間值，以差不多主義來解決問題，對

人員和生產都未盡最大的努力。

(五) 九九型管理

表示對人員和生產都表現最高度的關心、認爲組織目標和人員需求皆可同等達成，可藉人員溝通與合作來達成組織目標。

白氏等的研究，以九九型領導爲最理想。只有對組織成員與工作作最高的關心，才能使領導成功，此爲領導者所應具備的基本觀點，也是領導者所應努力的方向。當然，此爲最理想的領導類型，但在實務上很難做到，大部分的領導者都在兩種極端組合的中間。

領導的情境論

另外一項討論領導內容和效能的理論，即爲領導的情境論。所謂領導情境論，乃是領導方式的運用需評估各種情境因素，以提高領導效能。依此種論點而言，領導的成功與否，並非全是選擇何種方式爲佳的問題，而是要瞭解各種環境的狀況，從而選擇適宜的領導方式。有關情境論可以下列三種爲代表：

一、權變理論

權變理論（contingency theory），或稱爲情境理論（situa-tional theory），乃是由費德勒（Fred Fiedler）所發展出來的。他認爲影響有效領導的因素有三：領導者的地位權力；工作任務的結構；領導者與部屬的關係[10]。

(一) 地位權力

是指領導者在正式組織中所擁有的權位而言。通常領導者在組織中的指揮權力，係依他所扮演的角色爲組織和部屬所同意的程度而定。

(二) 任務結構

是指工作內容是否按部就班、有組織、有步驟而言。一個以任務結構爲中心的團體之成就，是領導有效與否的一種測量。在良好的、例行的結構中，領導較不需有創作性的處理；而不良結構、含混的情況，則容許相當的處理餘地，但領導工作較爲困難。

(三) 個人關係

地位權力與任務結構爲正式組織所決定;而領導者與部屬間的個人關係,則爲領導者與部屬的人格特質所決定。它是指下屬對領導者信任和忠誠的程度。

在上述三者的連接關係中,每種情況都各自分爲兩類,以致有八種組合,如圖17-4所示。

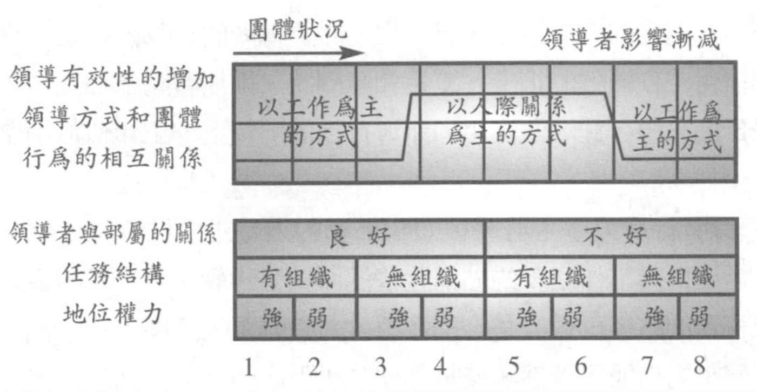

圖17-4 地位權力、任務結構、個人關係與有效領導的組合

在圖17-4第一欄中,領導者與部屬的關係良好,工作任務有組織性,領導者很有權力,此時宜採用「以工作爲主」的領導方式。第四欄則表示,領導者與部屬的關係良好,但工作任務沒有結構,而領導者的權力很弱時,則宜採用「以人員爲主」的領導方式。該模式指出,在相對最有利如第一、二、三欄,和相對最不利第七、八欄的情況下,直接採用控制式的領導方式最有效;而在中間程度如第四至六欄的情況下,則以參與式領導最成功。

然而,事實上一種有效的領導方式,如果應用於另一種不同的領導情境時,常可能變爲無效。不過,根據費德勒的模式,可修改其領導狀況。如領導者處於「與部屬關係良好,工作沒組織性,領導者沒權力」的狀況下,需要參與式的領導;惟領導者不能適應此種方式,則他可改變其權力,增強其權力,卒能採用「以工作爲主」的領導方式。

二、路徑目標理論

路徑目標理論（path-goal theory）乃為一九七四年由豪斯和米契爾（Robert J. House & Terence Mitchell）所提出，其與前章激勵的期望理論有相通之處。該理論認為領導行為對部屬的工作動機；工作滿足感；對領導者的接受與否等，都是有影響的。換言之，領導行為乃是引導著部屬，為達成工作目標所應走的路徑，故謂之路徑目標理論。

依據此一理論，則領導者行為是否能為部屬所接受，端在於部屬是否視領導行為為目前或未來需求滿足的來源而定。易言之，若領導者的行為能滿足部屬的需求，或能為部屬提供工作績效的指導、支援和獎酬時，則能激勵部屬工作，提供作為部屬需求滿足的來源。此一觀點用於領導行為的解釋上，正類似於期望理論之運用於激勵上。

該理論認為，領導者行為可產生群體績效和部屬的滿足感；惟實際上績效和滿足程度的高低，常因群體工作任務的結構化情況而異。一般而言，若結構化很高的話，由於達成任務的路徑已很清楚，則領導方式宜偏重人際關係，以減少人員因結構化工作所帶來的枯燥單調感、挫折感和其所引發的不滿。相反地，若工作結構化很低，則因其路徑不很清晰明確，此時需要領導者多致力於工作上的協助與要求。至於專斷式的領導在結構化和非結構化中，都不易有助於工作績效和員工滿足感，故宜少採用之。

總之，路徑目標理論乃在說明隨著不同的情境，宜採用各自適宜的領導方式。

三、三個層面理論

三個層面理論（three dimensional theory）乃為雷定（W. J. Reddin）和赫胥與布蘭查（Paul Hersey & Kenneth H. Blanchard）等所分別研究發展出來的。該理論基本上認定了三個層面，即：任務導向（task-oriented）、關係導向（relationship oriented）和領導效能（leadership effectiveness）等，影響了領導行為。

任務導向和關係導向類似於前述的「以工作為中心」和「以員工為中心」、

「生產關心」和「人員關心」等。任務導向乃爲領導者組合和限定了部屬的角色、職責以及指揮工作流程等；而關係導向則爲領導者可能透過支持、敏銳性以及便利性，以維持與部屬的良好關係。此兩種向度乃構成了三個層面中的基本型態，如圖17-5中間所示。

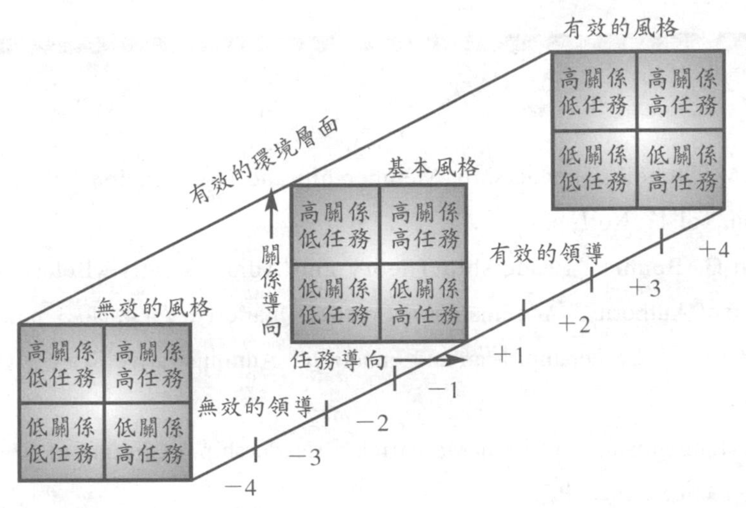

圖17-5 三個層面領導理論圖

由於領導者的有效性，乃取決於其領導風格和情境的相互關係，故有效性層面尚須增加任務導向和關係導向所構成的層面。當領導者的風格在特定情境中是適宜的時，則該領導風格是有效的；而當它不適宜時候，則是無效的。有效和無效的風格，乃代表連續性光譜的兩端，至於有效性只是一種程度的問題而已。其程度由＋1到＋4分別代表有效的高低程度，而－1到－4分別代表無效的高低程度，其如圖17-5所示。

該理論顯示，每位領導者在不同情境中，變換領導風格的能力各有不同。具有彈性的領導者，在許多情境中都可能是有效的。不過，在結構性、例行性、簡單性和建構性的工作流程等情況下，領導的彈性與否並不重要；而在非結構性、非例行性、重大環境變遷和流動性等工作情境中，領導的彈性化卻是相當重要的。

總之，三個層面理論已隱含有情境因素在內。一種領導方式的有效與否，乃取決於所使用的情境；用得對，就是有效的領導方式；用得不對，便是無效的領導方式。是故，沒有一套領導方式能不因應情境因素的，三個層面理論便是其中之一。

附註

1.Ralph M. Stogdill, "Leadership, Membership and Organization," Psychological Bulletin, Vol.47, No.1, p. 4.

2.Warren G. Bennis, "Leadership Theory and Administrative Behavior： The Problem of Authority," Administrative Science Quarterly, Vol.4, No.3, p. 274.

3.Alex Bavelas, "Leadership: Man and Function," Administrative Science Quarterly, p. .495.

4.Robert Tannenbaum and Fred Massarick, "Leadership: A Frame of Reference," Management Science, P.3.

5.Fred E. Fiedler, A Theory of Leadership Effectiveness, New York: McGraw-Hill Book Co., p. 8.

6.C. G. Brown & Richard P. Shore, "Leadership and Predictive Abstracting," Journal of Applied Psychology, p. 116.

7.Keith Davis, Human Relations at Work, New York: McGraw-Hill Book Co., pp. 99-100.

8.Robert Tannenbaum and Warren H. Schmidt, "How to Choose a Leadership Pattern," Harvard Business Review, pp. 95-101.

9.Robert R.Blake and Jane S. Mouton, The Managerial Grid, Houston: Gulf Publishing Co., p. 10.

10.Fred E. Fiedler, Op. Cit., p. 22.

研究問題

1.何謂領導？其作用何在？它與管理的關係爲何？論述之。
2.領導權是如何形成的？個人之所以成爲領導者，到底是時勢造英雄呢？還是英雄創時勢？試說明你的論點？
3.試說明一個成功的領導者所應具有的一些特質。
4.領導方式若依權力運用的觀點，可分爲哪些類型？試詳加說明。
5.何謂仁慈獨裁？此種領導方式是否存在？何故？
6.「以員工爲中心」和「以工作爲中心」的領導，各有何特性？
7.試述「連續性領導論」的主要論點。
8.試述「兩個層面領導理論」的主要論點。
9.試述「管理座標理論」的論點。
10.何謂權變領導？有效的領導是否須考量組織與員工的變數？試言其詳。
11.何謂領導的路徑目標理論？試申論之。
12.領導的三個層面理論包括哪三個層面？試述其內容。

個案研究

不同的管理作風

東元紡織公司的生產部門分爲兩個縫製部，縫製一部是由黃主任負責，縫製二部則由蔡主任主持其事。雖然兩位主任都是生產部門的同級主管，卻展現不同的管理作風。

縫製一部的黃主任對待員工的態度，很難被下屬所接受，這與他個人的脾氣有關。他是個善變的人。當工廠接到訂單時，便會分配一定的生產數量給縫製一、二部的主管去完成。當他回到生產單位後，便將工作分配給各組，讓各組組長按工程編製表來編排工作，以便節省時間，並解決工作流程不暢順的問題。但每當某組進度太快或太慢時，便又開始大幅度調動工作，使得原本各組組長已安排的生產流程，必須重新花時間佈置車台位置以及新的工作流程表。遇到趕貨期，經常強迫員工加班，星期假日也得出來工作，使得員工疲憊不堪，生產線上工作不流暢，造成很大的流動率。但是黃主任對上級人員絕對服從，且任務一定遵照指示完成，是上級心目中的好主管。

縫製二部的蔡主任卻是相反的作風，當上級分配任務下來，他便召集各組組長到辦公室，討論何種款式的衣服由何組縫製較能發揮高度效率，使工作能如期出貨。當組長們安排好製程日期後，蔡主任便提供一切生產所需工具，並放手讓各組組長去做。如遇到趕貨期，蔡主任會召集各組組長開會，討論如何分擔工作，經各組組長同意後，以分工合作的方式來生產。因此，產品都能如期交貨，員工也不必加班，免除人力浪費。蔡主任不墨守成規，能權衡環境作適當的調整；也能體會部屬的心聲，並按個人能力來安排工作。但他常爲了袒護部屬，與上司發生摩擦，而使上司不滿；這樣的主管是部屬心目中的好主管，卻不是上司的好下屬。

個案研究

個案問題

1.比較以上兩位主任，誰才是眞正的好主管？

2.黃主任應如何改善他的管理作風？

3.蔡主任有什麼缺點需要改進？

4.一位好的主管應具備哪些條件？試說明你的看法。

意見溝通

第18章

本章學習目標

讀者於讀過本章之後，應能瞭解：

1.意見溝通的意義。
2.意見溝通的模式。
3.常用的溝通方式。
4.正式溝通的分類。
5.下行溝通和上行溝通的意義。
6.平行溝通的意義、優點和劣點。
7.非正式溝通的意義及功能。
8.意見溝通的可能障礙。
9.有效溝通的途徑

一項企業目標的是否達成，常受到領導因素的影響，而意見溝通實負有組織系統於不墜的功能，也是領導的手段之一。蓋有了意見溝通，企業內成員始得賴以交流訊息，並消除歧見，產生團體意識，提高組織士氣，避免意外事件的發生，卒能達成整體使命。美國社會學家伯萊茲（Robert D. Breth）曾說：組織內的溝通，正如人體內的血液循環一樣；如果沒有溝通活動，組織即趨於死亡[1]。因此，凡是研究人力資源管理者，都必須重視「意見溝通」的主題。

意見溝通的意義

意見溝通（communication）一詞，含有告知、散佈訊息的意思。其字源爲commue，原指爲「共同化」。亦即指溝通者意圖建立與他人的共同瞭解，並使之採取相同態度之意 。故本質上，意見溝通就是一種意見的交流。站在組織的立場言，所謂溝通乃是使組織成員對組織任務有共同的瞭解，使思想一致、精神團結的方法與程序。其主要目的是要使各個人對共同問題有心心相印的瞭解，對工作職權有相互的信賴與一致的認知。換言之，意見溝通是人員彼此間瞭解和傳播訊息的過程。

芬克與皮索（F. E. Funk and D. T. Piersol）說：「所謂意見溝通，就是所有傳遞訊息、態度、觀念與意見的程序，並經由這些程序而提供共同瞭解與協議的基礎[2]」。

梅耶耳（Fred G. Meyers）也說：「意見溝通就是將一個人的意思和觀念，傳達給別人的行動；欲求溝通之有效，必須有充分的彈性與活力[3]」。

拉斯威爾（H. D. Lasswell）認爲：意見溝通是「什麼人說什麼話，經由什麼路線傳至什麼人，而達成什麼效果」的問題[4]。

布朗（C. G. Browne）界定意見溝通，爲「將觀念或思想由一個人傳遞至另一個人的程序，其主旨是使接受溝通的人獲致思想上的瞭解[5]」。

詹生等（Richard A. Johnson, Fremont E. Kast and James, E. Rosenzweig）的看法：意見溝通是牽涉一位傳達者與一位接受者的系統，並且具有回輸控制作用[6]。

綜合上述各家的看法，意見溝通可視爲團體認同（identification）的重要因素之一。戴維斯（Keith Davis）稱：意見溝通是將某人的消息和瞭解，傳達給他人的一種程序。意見溝通永遠涉及兩個人，即傳達者和接受者。一個人是無法溝通的，必須有一個接受者才能完成溝通的程序[7]。因此，意見溝通必須具有兩大要素：「傳達者」與「接受者」，並兼具所預期的效果。它是企業人員爲完成企業目標，彼此有效地傳遞訊息的過程，是雙向的，而不是單軌的，故而意見溝通不僅在正式結構上，鼓舞員工的工作情緒；並且在非正式結構上，也是一種滿足心理與社會需求的手段。

意見溝通的模式

意見溝通的目的，既在傳達人員間的重要訊息，以尋求共同的瞭解，故能增進良好的人際關係的建立與維持。惟溝通永遠涉及兩個人或兩個人以上，其一爲傳達者，另一爲接受者。在此種過程中，尙涉及溝通的內容、所使用的符號和工具、表示作用、收受作用、所期欲的反應以及可能遭遇的障礙等。另外，溝通必處於一定的情境之中，故而也受到情境的影響[8]。茲分述如下：

一、溝通源流

所謂溝通源流（source），即是溝通者（communicator），就是發動溝通想表達意識或意見的個人。此人想把訊息、意識、信念或相關資訊，傳達給他人，並希望他人能做合理的回應，至少希望能獲得他人的瞭解。不過此種由溝通者所傳達的相關訊息，通常都帶有他個人的基本特性。由於每位溝通發動者的人格特性不同，以致溝通的過程和結果必不相同。這些特性包括：溝通者的性別、年齡、生理體能、知識、思想、情感、個性、價值觀、自信心、過去經驗和溝通能力與溝通技巧等是。

二、表示作用

所謂表示作用（encoding），或稱之爲編碼，乃是溝通者將其理念、想法、情感或資訊轉化爲一套有系統的符號之過程，此即表示溝通者的意思或目標。表示作用的結果，就是在形成訊息，其可包括口頭上的或非口頭上的。溝通者的目標，就是想要他人瞭解其理念，並能瞭解他人的理念、或接受理念，而產生所期欲的行動。因此，表示作用就是溝通者將其理念、思想等轉化爲訊息的過程。

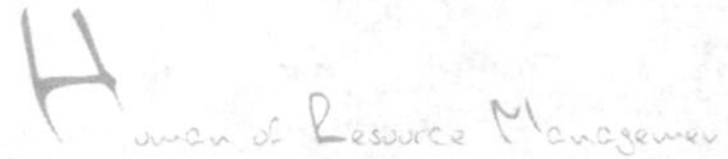

三、溝通內容

溝通內容就是溝通的訊息，包括所要溝通的態度、觀念、需要、意見等，這些都具有相當的意義性，其可經由口頭、肢體或書面表達出來。訊息是實際溝通的產物，例如，說出的語詞、寫出的文句、繪出的圖形、面部表情、手勢、姿勢等均屬之。其涉及三項問題：一爲所使用的符號，例如，語言、音樂、手勢、藝術等；二爲內容的安排，即觀念的組織化，例如，文字語詞的先後順序、啓承轉接等是；三爲內容的取捨，即訊息爲雙方所瞭解的程度；故溝通宜增加正確性，減少干擾或誤解。

四、溝通媒介

溝通媒介是訊息傳達的工具，或可稱之爲溝通管道，其乃包括：面對面的溝通、電話、團體會議、備忘錄、報表、各種視聽工具等均屬之。無意義的訊息可透過比較不明顯的工具來傳達，例如，不爲人所接受的訊息、不想追求的目標以及不想使用的方法等，都可能以寂靜或不活動的方式來傳送，此乃爲無形的傳遞媒介。近來所討論的肢體語言，少有溝通媒介，但卻是一種相當普遍的溝通方式。

五、溝通的接受者

溝通接受者是溝通的對象，它可能是個人或團體。溝通接受者會受溝通技巧、態度、經驗和社會文化系統等的影響。接受者的個人特質與人際關係，亦會影響其接受或瞭解溝通與否。是故，接受者若存有心理距離，必然排斥溝通。

六、收受作用

收受作用（decoding），或稱譯碼或解碼，乃爲接受者理解和接收訊息內容的程度或過程。通常接受者會依據他過去的經驗和參考架構（frames of reference），來詮釋或收受該訊息。凡收受的訊息和溝通者的意識愈一致，則溝通愈有效。

七、所期欲的反應

任何溝通若無法得到回饋，就不能算是溝通。不僅如此，溝通還應能得到所期欲的反應，才是眞正的溝通。蓋溝通的目的即在希望得到所期欲的反應，此種反應可能成爲第二循環的訊息源流，使原來的傳達者變成接受者。如此可測試原來所要溝通的內容是否正確或被接受，甚而可修正溝通的方式與內容。

八、溝通障礙

在整個溝通過程中，從溝通者發動溝通到回應者作出回應爲止，都可能遭遇到障礙，此種障礙可能來自溝通者或回應者，也可能來自於溝通過程中的任一環節。無論溝通障礙的來源爲何，它都可能產生誤解，甚或發生衝突，終而阻礙溝通的進行。因此，所有的溝通都必須設法排除任何可能的障礙，如此才能使溝通工作順利進行。此將另列專節討論之。

九、溝通情境

人類的任何活動都必然處於某種情境之中，人際溝通亦然。溝通情境會影響參與者的期待、溝通接受者對意義的接收及其後續的行爲。這些情境包括：物理的、社會的、歷史的、心理的以及文化的情境。物理情境，例如，溝通者之間的位置、身體距離、溝通時間，以及自然環境，例如，熱度、光度和噪音等，都會影響溝通者的期待。社會情境包括：家人、朋友、同事、熟識者、陌生人之間的互動。歷史情境指個人過去所遭遇的事以及過去的溝通經驗。心理情境是指溝通者當時的心情和感覺。文化情境則影響溝通者之間的共同信仰、價値觀和行爲規範等。上述這些情境乃共同組合成溝通時的情境，並影響溝通雙方的行爲與結果。

> 總之，溝通就是在將個人的感觸、意見、態度、情緒等表達出來，透過某些媒介或工具，而得到共同瞭解的過程。任何人在作溝通時，都必須注意影響到溝通的所有要素，隨時注意誰願意溝通，表達什麼思想、觀念和意見，以何種方式作溝通，而希望得到什麼效果，才能做好溝通的工作。

常用的溝通方式

個人在與他人進行溝通，而欲將其意識、思想、理念和想法，傳達給他人以尋求其瞭解時，必須善用溝通方式。惟溝通方式的運用宜因人、因事、因時、因地而異。一般較常用的溝通方式，不外乎口語溝通、文字溝通，和非語言溝通。茲分述如下：

一、非語言溝通

人類最早使用的溝通方式，就是非語言溝通（non-verbal vommunication）。非語言溝通或可稱為肢體語言溝通，其可包括人類的任何肢體動作，例如，身體移動、姿勢、手勢、面部表情、注視、微笑、搖頭、擺手等均屬之。此等肢體動作都能傳達某些訊息。因此，人類所有的肢體動作都是具有意義的，沒有任何肢體動作是偶發的。雖然有人不認同肢體動作所代表的意義，甚而認為某些動作是無意識的；但肢體語言若伴隨著口語，常有增強的作用。例如，講到生氣的話時，常有握拳或搥桌的動作即是。是故，肢體動作若與口語結合，將使訊息的傳達更為完整。

一般肢體動作的表達方式很多，其中尤以面部表情為最。它能表達人們的喜、怒、哀、樂、好、惡、憂、懼等情緒。其次，手勢也是最常用的肢體動作，它常用來伴隨或協助語言。再次，個人的身體姿勢也是一種肢體動作，包括：身體的各種姿態、位置、距離和移動等。然而，最足以供作道具的肢體語言，乃是眼睛。所謂「眉目傳情」、「眉飛色舞」、「眉開眼笑」等，即為眼睛所表達出來的肢體動作。

此外，肢體動作可能取代口頭，而以各種訊號或手勢顯現，例如，點頭稱是，搖頭為否。因此，肢體動作有時有補充語言的作用，甚至可印證口頭溝通中的情感。它的最大優點，就是能直接表達而使接收者立即感受到某些訊息；但肢體動作對不同接收者常會有不同的解讀，例如，熟識者或可心領神會，而對生疏者常會引發誤解，甚或造成困擾。不過，就肢體表達本身的意義而言，非語言溝通實具有下列特色：

（一）非語言溝通是最古老而具體的溝通方式。

（二）非語言溝通是最直接而令人信任的溝通方式。

（三）非語言溝通是最能表達情緒的溝通方式。

（四）非語言溝通是最能表達普遍意義的溝通方式。

（五）非語言溝通是最能持續而自然表現的溝通方式。

（六）非語言溝通是可一連串同時表達的溝通方式。

二、語言溝通

人際間傳達訊息的最主要方式，即爲口語溝通（oral communication）。此種溝通可包括：演說、對談、團體討論、非正式的謠言、傳言等，都是常見的口語溝通方式，其乃爲運用語言作溝通的工具。由於語言係透過口頭傳述的，故又稱爲口頭溝通。此種溝通是藉著具有共同意義的聲音，作有系統的溝通思想和情感之方法。語言乃爲用來指示、標明和界定思想、情感、經驗、物體和人物等概念，以便能和他人分享，並尋求共同的認知與瞭解。然而在使用語言時常有一定的限制，例如，語言的音調、抑揚頓挫、語句的先後順序、啓承轉接以及使用語言者的心理狀態等，都會影響溝通的有效性。

語音的四項主要特色，是音調、音量、頻率和音質。音調是指聲音的高低，音量是聲音的大小，頻率是聲音的快慢，音質是聲音的質地。這些常單獨或共同表達個人所想傳達的意思。例如，有些人在生氣時會大聲說話，在情意綿綿時會輕聲細語；在緊張時會提高音調，在平靜時會降低音調；在害怕或緊張時講話比較快，在失意或鬆散時講話比較慢。此外，每個人常以不同的音質來傳達特別的心境。人們可能在抱怨或哀怨時發出鼻音，在誘人的時刻發出柔和的氣音，而在生氣時發出刺耳而嚴厲的音質。此種不同的音質會產生不同的感覺、想法或價值判斷。然而有些音質的差異不一定有特別的涵義。有些人一直都是高音調或有氣音或鼻音，或有刺耳的聲音。不過，個人在不同狀態下，其語音確有不同。

其次，在使用語言溝通時，尙要注意贅音的干擾。所謂贅音是指在談話時的不必要聲音，它是以中斷或介入流暢的談話。此種贅音會使人分心，陷入五里霧中，產生不舒服的感覺，甚或使溝通完全中斷。過度的贅音是一種不良的說話習慣，是長時期養成的。最常見的贅音是「嗯」「呃」「啊」「這個嘛」等。例如，如果有人說：「這個嘛，我，這個，去高雄嘛，這個看朋友。」讓人聽起來，必感不舒服。同時，贅音將延長溝通的時間，此有干擾溝通之虞。因此，個人在平時宜多訓練流暢的談話。

另外，語言溝通尚需注意用語遣詞。一句完整的句子很快就能讓人領悟會意；而殘缺不全的語句常令人困擾，甚而產生誤解。還有詞句用語的先後順序必須主從對應，不可順序顛倒，否則必然喪失原意。同時，語句的啓承轉接必須合宜，才能表現正確的意思；切不可該斷時不斷，該連接時不連接，否則極易使人會錯意。這些都是屬於語句上的問題。

最後，語言溝通常受到溝通雙方的情緒、動機、性格、態度、經驗和知覺等的影響。例如，個人處於情緒不穩定時，其措詞必較強烈，用語常不適當，甚而連其本身也無法理解。因此，人際溝通宜選擇在平心靜氣的狀態下進行。其次，個人在充滿談話動機或想與人交好的狀態，必滔滔不絕、興緻勃勃；反之，則多沉默不語，缺乏談話的興緻。又如性子急的人說話快速而尖銳，而性子緩的人說話和緩而平穩。對人生態度積極的人話語多含樂觀的特性，而對人生態度消極的人語多悲觀。人生閱歷多的人語多平和圓潤，閱歷少的人語多尖酸刻薄。對他人的感覺較好時，常表現溫和而喜悅的語氣；而對他人的知覺不好時，常顯現不耐或厭惡的話語。當然，這些情況都是交錯複雜的。在人際溝通時，這些個人特質都可能同時交錯出現。

總之，口語溝通的最大優點，乃是在同一社會中的個人都可運用，是人際溝通最便捷的工具。此外，口語溝通能迅速地傳達訊息，並收到立即的回應。當接收者不清楚所收到的訊息之涵義時，可快速地回應給傳達者，以作即刻的修正。然而，口語溝通若經過許多人的傳誦，有時常會發生扭曲的現象。此乃因口語極易受到音調、語句、清晰度等的影響，而形成誤傳的現象。因此，口語溝通有時必須作複誦的工作。

三、文字溝通

文字溝通或可稱爲書面溝通（written communication），是運用具有共同意

義的符號，有系統地溝通思想和感情的方法。文字乃是語言的符號，有時亦可和口語並列爲語言文字。文字溝通可包括：信件、字條、備忘錄、公文、刊物、佈告、書籍以及任何以文字或符號寫成的文件。這些符號所顯示的意義，常受到文字排列順序、標點符號、啓承轉接等的影響。文字溝通可以文字、圖畫、數字、符號、記號、藝術品等方式呈現。

由於文字並非人人都懂，以致文字溝通大多表現在一定領域內的人際之間。例如，文字本身只有受過相當程度教育或某些識字的人才能瞭解，以致常侷限於這些人才能運用。又如記號的使用多在具有同質性的團體成員之間，才能心領神會。藝術品所表現的訊息，必須受過同樣藝術訓練的人才能理解領會。凡此都是文字或書面溝通的限制。

基此，文字溝通的運用，首先必須力求通順。一篇順暢通達的文章，不但可清楚地表達它的原意，且能使人產生清新愉悅的心情；而一篇文句不通的文章，不但無法表達它的原意，且會造成閱讀者情緒的困擾和心思的混亂，致無法達到理解與溝通的目的。其次，文字溝通宜力求簡短明瞭，使人一閱讀即能瞭解其原意而不浪費太多的時間和精力，且能得到充分溝通的效果。再次，文字溝通宜多運用通俗易懂的文句，避免採用生澀難懂的語句，較能快速地得到回應。最後，文字溝通必須切合實際，而避免虛幻空洞，致產生不必要的誤解。

有些訊息傳達採用文字溝通的方式，有其必要性。因爲文字溝通是實質的，可加以保留存檔，以供查證。當人們對訊息內容有所疑義時，文字溝通可提供查證的機會，此對冗長而複雜的溝通有相當的助益。此外，文字溝通可作成計畫，以提供執行者隨時的參考。文字溝通的另一項優點，是溝通者較爲謹愼行事，不像語言溝通是即興式的表達。最後，文字溝通可運用在不便於對話的時機與場合。因此，文字溝通具有較佳的邏輯性、明確性和嚴謹性。

然而，文字溝通也有一些缺點。首先是秏時較多，必須花費許多時間始能作成溝通。口語溝通可能在十分鐘就可講完的，文字溝通卻要花掉一小時。因此，文字溝通也許較爲精簡，但卻花掉較多的時間。其次，文字溝通的另一項缺點就是無法立即得到回應。在口語溝通中，接收者可立即作回應，而在文字溝通中則不然；且口語溝通可立即檢驗溝通的正確性，而文字溝通則無法立即證實是否被誤解。惟文字溝通在人際溝通中運用較少。

組織內的意見溝通

意見溝通固屬於人際間的行爲，惟站在人力資源管理立場而言，尚須注意組織內部的溝通。此種意見溝通依組織的架構，大致上可分爲正式溝通（formal communication）與非正式溝通（informal communication）兩種。茲分述如下：

一、正式溝通

正式溝通是附隨於正式組織而來，溝通的形式乃依命令系統而生，循層級節制（hierarchy）體系而運作。它被限定於組織的特定路線上。換言之，正式溝通係依法令規章而建立的溝通體系。此種溝通體系決定於組織的系統圖，按指揮系統而依次上下，並敘述組織中各個職位、權力、能力和責任的形成，組織依此而作有計畫的訊息傳遞。依此，則正式溝通又具有四大型態：

（一）下行溝通

下行溝通（downward communication）是由組織的上層人員將訊息傳達至下層人員，用以傳達政令、提供消息或給予指示的手段。下行溝通的主要方式，不外乎口頭的指示、文書的命令、公報、公告、手冊等。其他如計畫或方案的頒布、政令的宣示，亦是下行溝通的方式。一般組織的下行溝通常有執行不徹底，甚而導致失敗的現象。其主要原因，乃爲：第一、主管不瞭解下屬的困難和心理。第二、主管只重視溝通形式，而忽略其內容。第三、主管注重權威，堅持己見。因此，欲使下行溝通暢行，必須注意下列事項：

1.**瞭解屬員心理**：主管需瞭解下屬的心理與困難，才有下行溝通可言。屬員的慾望、情感和解決問題的能力，是決定其接受主管溝通與否的先決條件。在主管推行下行溝通時，如能事先瞭解執行問題的可能性，協助屬員解決疑難，則必可預期屬員接受溝通的反應。否則，若一味地下達命令，屬員勉爲其難地加以接受，則此種溝通必大打折扣。

2.**採取主動態度**：在推行下行溝通時，主管不應只消極地下達命令，尤應自動地與部屬分析所有的訊息、政策、工作措施。主管惟有主動地聽取屬員的意見，並自動傳播自己的意見，部屬才能學得此種主動的溝通精神與態度，則必使上下的意見交流，態度一致，進而養成相互利益的觀念。

3.注意溝通內容：意見溝通本身涉及很多因素，諸如：溝通方式、對象、內容、心理、過程等，實不僅止於溝通的形式而已。因此，主管應能體認溝通的複雜性與動態性，尤其宜注意溝通的內容。蓋溝通的形式只是表面的，而溝通的立場與態度才是眞實的，只有注意溝通的內容，才能產生所期欲的反應，發揮良好的溝通效果。

4.擬定完善計畫：主管在實施溝通措施前，應先擬定完善的溝通計畫，事先徵詢屬員的意見，才容易得到他們的接受與支持。否則驟然實施，員工不但心理上未有周全的準備，更容易招致行動的阻礙，卒使執行不夠徹底。站在人群關係的立場言，適當的溝通計畫可協助培養健全的政策與良好的工作程序，並能減輕員工的緊張情緒，獲致人事上的和諧關係。

5.爭取員工信賴：良好的意見溝通，惟有獲致員工的合作才容易達成。主管欲獲取員工的合作，完全取決於員工對主管的信賴。員工對主管的信賴與溝通，實有互爲依存的因果關係；沒有良好的溝通，難期有員工對主管的信賴；員工對主管不信任，也難有良好的溝通效果。員工若不信任主管，往往在溝通過程中，極盡挑剔的能事，從而曲解主管的用意。故主管在進行溝通時，事先宜取得員工的信任。

（二）上行溝通

上行溝通（upward communication）就是下級人員將其意見或建議，向上級報告的方式；亦即屬員將組織有關的事物或己身的問題，向上級表示意見與態度的程序。上行溝通的方法，就是向上級作及時的書面或口頭報告，定期的與特別的報告，普通的或專案的報告。意見溝通實不應僅限於下行溝通，上行溝通對組織來說，亦具有下情上達的功用。蓋所謂溝通並不是片面的，而是雙向的；上行與下行應並行，才能構成一個完整的溝通循環系統。

惟一般組織及其主管常忽略上行溝通，其原因有下列三點：一爲起於組織的龐大，層級增多，使上行溝通曠時費事，甚或歪曲下級的眞正心意；二爲起於主管的態度，主管常抱有粉飾太平的觀念，一方面不願過問員工的私事，另方面怕其權威受損，在溝通時抱漫不經心的態度，認爲聆聽屬員意見是一種時間的浪費，致使員工失去意見溝通的興趣；三爲起於屬員的問題，屬員在先天上沒有主動提供意見的便利，加以組織對下級意見不太重視，致屬員多報喜不報憂，或乾脆沉默寡言，提不起溝通的興趣。

基於前述問題，主管欲做好上行溝通，應採用下列措施：

1. 建立諮商及申訴制度，以討論和處理員工情緒及其相關問題。
2. 實施建議制度，鼓勵員工儘量提供意見，並加以採納，據而制訂決策。
3. 多舉辦員工意見調查，以瞭解員工內心的問題。
4. 舉辦工作座談會，主管少說多聽，以達到充分交換意見的目的。
5. 多參加社團活動，增加相互接觸的機會，減少彼此的隔閡。
6. 設置意見箱，利用雜誌或通訊反映員工的各種問題。

當然，欲使上行溝通暢行無阻，最基本的問題乃為主管的態度，諸如；聽取報告要採取開明的態度，充分表現聆聽的興趣，控制情緒保持冷靜，聽取報告後即採取行動等，都足以鼓舞員工溝通的興趣。

(三) 平行溝通

所謂平行溝通（horizontal communication），就是組織各階層間橫的溝通，由於發生於不同命令系統的相當地位人員之間，故又稱為跨越溝通（cross communication）。平行溝通的重要方法，是集體演講、舉行會報或會議、舉辦訓練班與研討會、實施通報制度等。此乃因近代組織日益擴大，職能分工愈細，為減少層級輾轉，節省時間，提高工作效率，不得不然也。惟平行溝通在基本上仍需徵求主管的同意，並將溝通結果通知主管。其實施範圍，大致上是：高級管理人員之間、中級管理人員之間、基層管理人員之間與員工之間等。

最早倡行平行溝通者，是法國的費堯（Henri Fayol）。他稱此種溝通為橋形溝通（bridge communication），是溝通的捷徑，可收便捷迅速之效，減少層級間公文往返的流弊。在現代大型組織中，層級溝通繁瑣誤事，宜實施平行溝通，以爭取時效。如在圖18-1中，「J」欲與「I」 「K」溝通，若自「A」開始層層呈轉，未免太費時費事，故允許「J」直接溝通，則簡便省事。

平行溝通的優點，有：第一、處理問題簡便，省時省事，工作效率高。。第二、可給予員工充分交互行為的機會，增進租互瞭解與合作。第三、由於相互瞭解，可培養相互利益與團隊精神。第四、提高工作人員自動自發的精神，滿足其社會地位，進而提高工作精神與興趣。因此，開明的主管似可在不妨害正常原

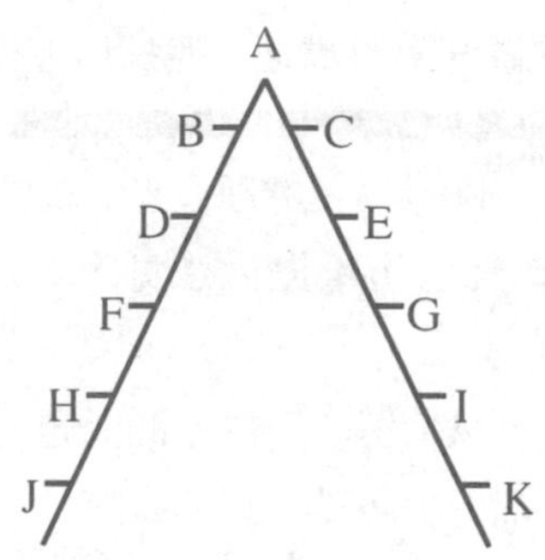

圖18-1 橋形溝通

則下，多提倡平行溝通。

(四) 管理階層的溝通

所謂管理階層的溝通（communication among management itself），是指最低層員工以外的各階層主管之間所作的溝通而言。管理階層的溝通是屬於一種平行溝通，惟該階層負責組織的重大任務，故另項說明。管理階層人員的溝通，對組織的功能有如下數項：

1. 管理階層的溝通，是一般員工間溝通的先決條件。如果管理階層沒有良好的溝通，則難期建立員工間的溝通關係。
2. 管理階層若有良好的溝通關係，較能制訂健全的政策。管理人員有了良好的溝通，則可增進相互瞭解，進而資助釐訂健全政策。
3. 管理階層有良好的溝通。可傳達正確的溝通內容，對整個組織的生產活動或工作情緒，都會發生良好的影響。
4. 管理階層有了良好的溝通，可統一組織內的領導。如溝通不良，便會造成下級對政策的誤解，並使領導陷於紛歧狀態。

根據戴維斯（Keith Davis）的研究，管理階層的溝通佔主管的時間最多，約爲全部溝通時間的四分之三。由此可知，管理階層的溝通在組織溝通系統中的重要性。

二、非正式溝通

非正式溝通是建立在團體成員的社會關係上，乃是由人員間的交互行為而產生的，其所表現的是多變的、動態的，這是伴隨非正式組織而來的。非正式溝通是一種正常而自然的人類活動，不是主管所能建立的，也不是主管所可控制的，其性質頗不穩定；有時可助於管理功能，有時卻足以對組織造成損害。非正式溝通的方式，包括組織員工間的：非正式接觸、交往；非正式的郊遊、聚餐、閒談；謠言、耳語的傳播。由於非正式溝通起自於員工愛好閒談的習性，有時稱之為傳聞（grapevine），傳聞並不見得全然不正確。根據戴維斯的研究，非正式溝通有百分之八十至九十九，是正確的[9]：

非正式溝通既是自然存在的，它具有如下作用：

（一）非正式溝通可彌補正式溝通的不足，傳達正式溝通所不能或不願傳遞的訊息與資料。

（二）非正式溝通可藉以瞭解員工的真正態度，並發洩其不滿情緒。

（三）非正式溝通透過非正式途徑傳達，可減輕主管人員的工作負擔。

（四）非正式溝通的傳送較為迅速，而富人情味，可彌補正式溝通的不足。

（五）非正式溝通可將正式用語轉變為通俗語辭，易為員工所接受，進而消除其錯誤的知覺與誤解。

（六）非正式溝通藉非正式的接觸，可建立良好的人群關係，培養共同的團體意識。

當然，非正式播通亦可能產生如下弊病，諸如：

（一）妨害正式權力的運用或歪曲事實眞相，使命令發生若干阻力。

（二）在員工不具安全感或情緒不穩定時，形成煽動性謠言，破壞組織的正常作業。

不過，本質上非正式溝通無所謂「好」、「壞」之分，主要有賴於管理者的巧妙運用。如運用得當，可增進組織活力；若只一味地壓制或不加以注意，即可能產生相反的結果。因此，管理者實有善加利用的必要：

（一）在制訂決策之初，可藉傳聞探測員工的眞正意向，作爲釐訂政策的依據。同時考慮此一決策是否可能引起傳聞，應採何種對策，或利用傳聞推動該項計畫。

（二）認清傳聞可能具有一些眞實性，應瞭解其實質上所代表的意義。由於訊息的傳播遼闊，它可能代表員工急盼的願望或情緒，故必須急切處理。

（三）掌握非正式溝通的核心人物，必要時可藉其澄清傳播訊息，則可利用非正式溝通加速傳達訊息的功能。

（四）提供給傳聞所需的正確資料，使其成爲事實，建立傳聞的正確傳播。

意見溝通的障礙

意見溝通是一種相當複雜的過程，在此過程中有時無法產生預期的效果，其主要乃爲來自於對溝通的干擾，此即爲溝通的訊息隨時會遭到扭曲之故。易言之，溝通訊息常因傳達者或接受者的主觀人格，或傳達過程與溝通媒介等客觀因素的干擾，而引發溝通上的問題。由於此種干擾幾乎存在於整個溝通過程中，故探討溝通障礙宜從整個溝通系統著手。

一、過濾作用

在溝通過程中，過濾作用（filteriing）是時常發生的事。所謂過濾作用，是指在溝通過程中，訊息的傳達者或某些中介人士會操控、保留或修改訊息，致使眞正的訊息發生質變或量變的現象，此常妨礙溝通的有效性，甚至發生誤解。這種情形在組織的上行溝通中，尤其容易發生。當一項訊息逐級而上時，爲免上級主管被太多訊息所淹沒，其中間人士不免將訊息濃縮或合成，這就導致了過濾作用。一般而言，訊息受到過濾的程度，主要決定於組織層級的數目。凡是組織層級愈多的高聳式結構，其訊息受到過濾的機會也愈大。

二、選擇性知覺

在溝通過程中，選擇性知覺（selective perception）可能阻礙溝通的有效性。所謂選擇性知覺，是指訊息接受者在溝通過程中，可能會基於自己的期望、目標、需求、動機、經驗、背景或其他人格特質，而作選擇性的收受訊息之謂。事實上，不僅訊息收受者在解碼時，會作選擇性知覺；甚且訊息的傳達者在編碼時，也會把自己的期望等加諸在訊息上。不僅如此，個人常有一種傾向，即喜歡聽取或傳達自己想聽的訊息之習性和取向，而忽略了不想聽或不想傳達的訊息，以致使得眞正的訊息無法傳達，而造成溝通上的困擾。

三、不穩定情緒

在溝通過程中，穩定的情緒狀態有助於溝通；而不穩定的情緒絕對會妨害溝通。蓋個人在情緒穩定與否的狀態下接受訊息，往往會影響他對訊息的理解程度。同樣的訊息對個人來說，在生氣或高興的狀態下，其感受必不相同。極端不穩定的情緒，如得意的歡呼或失意的沮喪，很容易使訊息的傳送或收受失眞，而形成溝通上的誤解；甚而加上外在環境的擁護或同情，往往造成錯誤的知覺。因此，在這些情況下的溝通，常常會拋棄理性及客觀的思考，取而代之的是情緒性的判斷。

四、含混的語意

意見溝通最主要的工具，乃是語文。惟語文的文法結構和所要表達的涵義，常有一些距離，以致很難使溝通的雙方產生一致的見解。語文雖爲溝通的主要工具，但它僅是代表事物的符號，其代表性甚爲有限；加以語文排列上的順序，偶爾會造成語意上的混亂；且由於內容的不明確，接受者領會不同，解釋各異，終而招致誤解。甚至於相同的文字，對不同的個人而言，各有其不同的意義。不同的年齡、專業領域、地理區域、組織層級、社會地位、教育程度與文化背景等，都會影響到對語言的使用和對字義的理解，這些都會造成溝通上的困難。

五、時間的壓力

在溝通時，若有需要迅速回應的時間壓力，可能造成分心或誤解，終而形成溝通的失效。蓋緊急的情勢無法對問題作深入的探討，將導致極少或膚淺的溝通，以致時間壓力往往形成溝通的阻礙。一般而言，有比較充裕的溝通時間，則可對溝通的內容和過程，作充分的意見交流，並尋求相互的瞭解，此則有助於雙方尋求共識，並獲得同理心。相反地，太少的時間只能作皮毛式的探討，甚或無法對容易引發誤解的語詞多作解說，如此將使溝通難有成功的機會。再者，由於時間的壓力使得一方或雙方不能耐心的聆聽，且讓對方誤以爲未得到應有的尊重，如此必使溝通容易失敗。

六、資訊負荷過重

今日社會號稱爲資訊爆炸的時代，每個人每天所收受到的訊息已經到了難以處理的地步，因此過多的資訊往往造成一些困擾。就企業組織而言，過多的資訊常使管理者爲資訊和數據所淹沒，而無多餘的精力或時間去適當地吸收或處理資訊，並對這些資訊作適當的反應。就組織溝通的立場而言，過多的資訊就需要有愈多的溝通，如此將形成沉重的負擔。因此，資訊負荷過重乃是一種溝通上的阻礙。此外，資訊過多很難使人集中意志於溝通上，而造成分心，此亦有礙於溝通上的相互瞭解。

七、缺乏有效回饋

意見溝通的障礙之一，就是缺乏有效的回饋。一項完整的溝通必須要有回饋的過程，才能稱得上是溝通；否則也只能算是一種訊息的傳播而已。蓋一般訊息的回饋，可用來確定雙方是否對訊息有一致性的瞭解。如果缺乏對訊息的回饋，則溝通者將無法知覺與瞭解到接受者的反應，而進一步提供更詳盡而完整的訊息；且接受者也可能因接受到不正確或錯誤的訊息，而採取了不當的行爲。因此，缺乏有效的訊息回饋，將導致溝通的失敗。

總之，阻礙有效溝通的因素甚多，絕非本節所能完全概括的。此外，上述各項因素有些是彼此相關，甚而是相互因果、相生相成的，如時間的壓力可能引起知覺的偏離；又如不穩定的情緒可能造成選擇性知覺，而選擇性知覺又回過頭來影響情緒的穩定性。凡此都是吾人探討溝通障礙時所必須瞭解的。

有效溝通的途徑

有效的溝通對企業管理的成功運作。是相當重要的。因此，促進有效的溝通大部分是管理人員的責任。他們不但要隨時注意所期望去傳達的訊息，且要能設法作自我的瞭解，更要尋求對他人的瞭解，甚或設法被瞭解。凡此都有賴於作有效的溝通，惟有如此，任何溝通始有成功的可能。管理者爲促進有效的溝通，克服溝通的障礙，必須從多方面著手，其途徑不外乎：

一、規劃資訊流向

規劃資訊流向，乃在確保管理者能得到最適當的資訊，使不必要的資訊得以過濾；並減少過多的資訊，得以免除溝通負荷過高的障礙。規劃資訊的目的，乃在控制所有溝通的品質與數量。此種理念係依管理的例外原理（exceptive principle）而來，它乃指凡是偏離重大政策與程序的事項，都需要管理者寄予高度的關注。依此，則管理者可在需要溝通時，才進行溝通的工作，免得浪費太多的時間和精力，卻無法得到溝通的效果。當然，此乃需建立在平時即已有良好溝通氣氛的前提之下。同時，組織在平日亦宜防止資訊被作不當的過濾。

二、培養同理心

溝通乃在尋求共同的瞭解與心心相印的效果，因此培養同理心乃是意見溝通的重要條件之一。所謂同理心（empathy），就是有爲他人設身處地設想，並能料定他人的觀點和情感的能力。此種能力是接受者導向的（receiver-oriented），而不是溝通者導向的（communicator-oriented）。溝通的成敗與否，既取決於接受者所接受的程度如何，則同理心自然要置於接受者的位置上，且充分考慮接受者的立場，以求眞正的訊息能爲接受者所瞭解和收受。因此，在主管和部屬作意見溝通時，培養同理心是相當重要的要素，它可減少各項有效溝通的障礙。

三、健全完整人格

健全而完整的人格，乃是良好人際溝通的基礎。一個具有完整人格的個人，多樂於與人溝通。但在組織之中，由於地位上或心理上的因素，常阻礙了人際間的溝通。爲了克服這方面所造成的溝通障礙，則健全員工完整的人格是必要的。雖然組織不免有層級之分，但這是遂行組織工作任務所必要的，此不應是形成心理因素的障礙；只要管理者能採取開誠佈公的態度，不存有自傲的心理，並能協助員工革除溝通上的心理障礙，教導員工培養積極的人生觀，且能容納各種不同的意見，則在溝通時必能減少或消除溝通的阻力。否則，員工一旦有了封閉性人格，常心存自卑，必阻礙與他人溝通的誠意。

四、控制自我情緒

不穩定的情緒是意見溝通的殺手，人類情緒的變化可能會對訊息的涵義，作極大差異的解讀。因此，保持理性、客觀而穩定的情緒，乃是有效溝通的不二法門。當人們在情緒激動的時刻，不僅對接受到的訊息會加以扭曲或故意歪曲，而且也很難清楚而正確地表達想傳達的訊息。因此，在情緒不穩定時，不宜從事溝通的行動。如果一定要作溝通時，至少須控制自己的情緒，以保持平和的狀態，才能使溝通順利進行。因爲有了平和理性的情緒，個人才可能聆聽他人的說詞，並作理性的判斷；而自己也能發表妥善的言詞，得到他人的認同與回饋。

五、善用溝通語言

複雜而難懂的語言乃是意見溝通的主要障礙，即使是專業術語同樣會造成溝通上的困擾。當主管運用難懂的術語時，將造成部屬對其概念轉化的困難。一般人之所以運用專業術語，乃在便於在專業團體內溝通，並凸顯該團體成員的地位；但對外在團體的人員來說，反而形成溝通上的困擾。蓋溝通既在尋求相互瞭解，而運用專業術語，將無以產生溝通的效果。因此，語言溝通的運用必須顧及所要溝通的對象，顧及它對各個對象所可能產生的影響；亦即對各種不同個性或領域的人員，只能運用適合於他們的詞彙。

六、作有效的聆聽

在溝通時，只作聽取是不夠的，傾聽才足以促進眞正的瞭解。有效的聆聽對組織和人際溝通是很重要的，它可使演講者有一種受尊重的感覺，容易產生共鳴。曾有學者提出所謂「良好聆聽的十誡」，就是暫緩說話、讓說話者有安適感、暗示說話者你想聆聽、集中注意力、具同理心、忍耐、控制脾氣、寬厚對待爭議和批評、問問題以及暫緩說話。暫緩說話既是第一誡，也是最後一誡。這些對一位管理者是很有用的。當然，這其中尤以決定去聆聽爲最重要，除非決定去聆聽，否則溝通是無效的。

七、利用直接回饋

回饋是有效溝通的要素，它提供了接受者反應的通路，使溝通者能得知其訊息是否已被接收到，或已產生了所期望的反應。在面對面的溝通過程中，是最可能作直接回饋的。然而，在下行溝通中，由於接受者回饋的機會不多，以致常發生許多不正確的情況。此時爲確保重要政策的不被曲解，必須多推行上行溝通，或設計組織內部的雙向溝通，以利用直接的回饋，而達到溝通的效果，且避免誤解。

八、重視非正式傳聞

非正式傳聞有時是有用的，有時是無用的，但它是非正式溝通的產物。非正式傳聞往往比正式溝通來得快速，而且有效。因此，非正式傳聞是不可忽視的。在基本上，非正式傳聞是一種面對面的溝通，具有極大的伸縮性。對管理階層來說，傳聞有時是一種有效的溝通工具。由於它是面對面的溝通，故可能對接受者有強烈的影響力。由於它能滿足許多心理上的需求，故是不可避免的，管理者應設法去運用它，至少亦應確保它的準確性。

九、追蹤溝通後果

追蹤溝通的目的，乃在確定溝通是否得到所預期的目標，對方是否眞正瞭解所傳達的訊息。更重要的，追蹤乃在確保溝通者的理念不被誤解，因爲在溝通過程中隨時都有被誤解的可能。基本上，追蹤乃是溝通的後續行動，其乃在檢驗溝通接受者是否能心領神會或誤會眞正訊息的意義。所謂意義（meaning），就是接受者內心的想法。如某些通告可能已爲舊有員工所長期瞭解，而視爲善意：但對新進員工則可能解釋爲負面的，此時則有賴於追蹤以得知其想法。

總之，有效溝通乃是管理者的主要責任，其可能影響組織各項作業的是否順利進行。管理者宜注意溝通的內容、媒介與技巧等，且尋求與溝通對象之間的同理心，當可得到所期欲的反應，如此才是成功而有效的溝通。

附註

1.Robert D. Breth, "Human Relations and Communications are Twins," Personnel Journal, p. 259.

2.F. E. Funk and D. T. Piersol, Business and Industrial Communication From the Viewpoint of Corporation President, Speech Department of Purdue Uni., p. 15.

3.Fred G. Meyers, "Communication," Top Management Handbook, N.Y.: McGraw-Hill Book Co., p. 339.

4.Charles E. Redfield, Communication Management, Illinois: The University Press, p. 5.

5.C. G. Browne, "Communication Means Uuderstanding," in Keith Davis and William G. Scott (eds.) , Readings in Human Relations, N.Y.: McGraw-Hill Book co., Inc., 1961, p. 331.

6.Richard A. Johnson, Fremont E. Kast and James E. Rosenzweig, "System Theory and Management," Management Science, p. 380.

7.Keith Davis, Human Relations at Work, N.Y.: McGraw-Hill Book Co., Inc., p. 344.

8.David K. Berlo, The Process of Communication, New York: Holt, Rinehart and Winston, Inc., pp. 23-28.

9. Keith Davis, Ibid, p. 263.

研究問題

1.何謂意見溝通？人力資源管理上應如何重視意見溝通？
2.試述意見溝通的過程及其要素。
3.人際間常用的溝通方式有幾？試申其義。
4.何謂肢體語言溝通？其優、劣點各爲何？
5.何謂口語溝通？其優、劣點各爲何？
6.何謂文字溝通？其優、劣點各爲何？
7.組織內的意見溝通的類型有幾？試分述之。
8.正式溝通有哪些型態？試簡述之。
9.何謂下行溝通？下行溝通不徹底的原因何在？應如何才能使其暢行無阻？
10.何謂上行溝通？一般企業主管何以忽略上行溝通？要做好上行溝通，必須採取哪些措施？
11.何謂平行溝通？平行溝通有哪些優點？
12.管理階層的溝通對組織有哪些功能？試述之。
13.何謂非正式溝通？它具有哪些作用與弊病？試分別說明之。
14.意見溝通可能有哪些障礙？試分述之。
15.試述有效溝通的途徑。

個案研究

對部屬的誇獎

亞洲製藥公司委託一家管理顧問公司，對主管和部屬的溝通問題作研究。經過五個星期後，管理顧問提供了一份報告書。該報告書的評論，頗令該公司管理階層洩氣；管理顧問指出：該公司主管自稱他們對部屬說了什麼，和部屬認為他們的主管說了什麼，兩者之間有很大的出入。舉例來說，管理顧問曾在公司內作了不記名的問卷調查，受調查人數為總人數的百分之二十。問卷中有一題是；當你的部屬表現優良時，你是否直接對部屬指出來？調查的結果，經統計如附表：

	高層主管對自己的看法	中層主管對高層主管的看法	中層主管對自己的看法	基層主管對中層主管的看法	基層主管對自己的看法	員工對基層主管的看法
一定指出	93%	82%	95%	63%	98%	39%
常常指出	7%	14%	5%	15%	2%	23%
有時指出		4%		12%		18%
很少指出				6%		11%
從不指出				4%		9%

該公司管理階層對這項調查結果，感到很不自在。不久後，董事會開會時，董事長主張再度委託管理顧問指導改善此種情勢。董事長的此一建議，在董事會上順利通過了。

但是公司的中層和基層主管聽到董事會的此項決議時，都表示很詫異。有一位主管說：調查資料說我們的溝通不良，何必大驚小怪。事實上，許多人說的話都不一定正確。另一位主管接著說：我們做主管的人，本就希望部屬的成績好。因此，我們只有在部屬成績不理想時才指出來。如果部屬每次成績好，就得誇獎，恐怕他們都會因為被捧得太高，而鼻孔朝天呢！所以我才不輕易誇獎他們。

個案研究

個案問題

1.請問你看了調查結果統計表，有什麼看法？

2.對於本個案中兩位主管表示的意見，你有何看法？你認爲他們說得對嗎？

3.請問你認爲管理顧問可能對該公司提出什麼建議？

勞資關係

第19章

本章學習目標

讀者於讀過本章之後，應能瞭解：

1.勞資關係的意義及其產生過程。
2.勞資爭議的意義及發生原因。
3.勞資合作的途徑。
4.工會組織的意義、宗旨、任務和功能。
5.工會組織事項。
6.勞資會議的意義、組織、任務和功能。
7.團體協約的意義、內容、權利義務和功能。
8.集體協議的意義及作用。
9.調解的意義及過程。
10.仲裁的意義及過程。
11.調解委員會和仲裁委員會的組織。
12.勞資雙方在調解或仲裁時的行為限制與罰則。

勞資關係是人力資源管理最重要的課題之一，一方面勞資關係和諧則有利於勞資雙方；另一方面人力資源管理人員常代表資方，執行管理員工的工作。因此，勞資和諧關係的建立，實是人力資源管理者的重要責任。至於勞資關係，是指勞資雙方的爭執與合作關係。在企業管理上，爲了避免勞資雙方的爭執與衝突，可透過工會組織、勞資會議、團體協約、員工申訴、集體協議等過程與途徑，來達成雙方的和諧合作關係，增進相互的利益。此外，一旦員工與資方有了爭議或糾紛，亦可申請調解和仲裁。其中員工申訴已於第十二章討論過，本章將逐次分述其餘各項。

勞資關係的概念

所謂勞資關係，係泛指勞工與雇主間的一切相互關係而言。亦即指勞資雙方或勞工與代表資方行使管理權的人員之間相互交往的過程，其乃包括對：薪資、福利、工作情境以及其他有關僱用事宜的溝通、協調、爭執、協議、調適、合作等的一連串活動。最終目的乃在求取勞資雙方的相互利益[1]。在企業上，也有人稱勞資關係爲勞工關係、僱傭關係、勞動關係、勞管關係、工業關係等。

勞資關係是工業社會的產物。在工業革命以前，人類從事農業生活，勞雇雙方有著同甘共苦的關係，但自工業革命發生後，大量使用機器生產的結果，使得勞資關係發生巨變。雇主與勞工之間不再共同操作，彼此日益疏遠，相互隔閡。雇主大力壓低工資，延長工時，不重視安全設施與環境衛生；有時大量僱用童工、女工，供其剝削；無論在勞動條件、社會地位、經濟收入、人性尊嚴各方面，均使勞工難以忍受。勞工爲了生活，始則百般忍受，繼而逐漸覺醒，甚而組織工會與資方抗衡，以致形成勞資對立的意識型態。

但是這種勞資各以自我利益爲前提的關係，在工業發展過程中，不但不能爲雙方帶來福祉，反而因雙方衝突日深，以致兩敗俱傷，同受其害；甚而嚴重地影響到國家經濟發展和社會安定。因此，近年來，大家對勞資關係有了基本的改變，亦即尋求由對立邁向合作的途徑。

首先，在工會方面，大家都倡導進步的工會主義，認爲工會不應是勞工用以對抗資方的組織，而應是與雇主共謀事業發展的合作機構。工會承認資方應獲取利潤，惟有利潤增加，勞工才能分享利潤，用以改善其生活，並獲得工作完成後的自我滿足。

其次，在雇主方面，很多資本家均已承認工會的存在。開明的企業主與管理者都已體認良好勞資關係的重要性。只有良好的勞資關係，才是企業發展的基石。因此，企業主多採取主動措施，尊重勞工地位，改善勞動條件與環境；並提高薪資，改善勞工生活；同時實施人性化管理，使得勞工能與企業休戚與共，共同致力於企業的發展。

此外，在政府方面，對勞資關係的態度也由消極轉而積極，不僅訂定勞工政策，扶植勞工；而且制定各種法令，以改善勞工的勞動條件，使勞工獲得最低的保障。同時，對企業加以獎勵與協助，因此減少勞資間的糾紛，必要時並運用權力，以調和勞資關係，促進其間的和諧合作[2]。

總之，勞資關係是勞工與資方之間的交互行為關係，其目的乃在加強雙方的合作，增進工作效率，並謀求雙方的共同利益。

勞資爭議與合作

勞資爭議就是勞資糾紛，是指雇主或代理人與勞工或勞工團體之間，因勞動條件而發生權利上或經濟上的衝突而言。依據我國勞資爭議處理法所稱勞資爭議，包括：勞資權力事項與調整事項之爭議。所謂權利事項之勞資爭議，係指勞資雙方當事人基於法令、團體協約、勞動契約的規定所爲權利義務之爭議。所謂調整事項之勞資爭議，係指勞資雙方當事人對於勞動條件主張繼續維持或變更之爭議。我國勞資爭議立法主要爲勞資爭議處理法，於民國十七年公布施行，並經多次修正，爲對雇主與工會或勞工十人以上發生爭議的處理。其次，民國三十七年十一月所公布實施的動員戡亂期間勞資糾紛處理辦法，爲對工礦、交通及公共事業發達地區發生勞資糾紛問題時的處理。目前雖已解除戒嚴，但勞資糾紛處理辦法仍被沿用。

至於，勞資爭議的發生大多由於某方面措施失當，或有過分的要求，使對方不能接受，而形成勞資關係的失調[3]。在雇主方面，認爲工人工作不當、違反管理規則、生產未達標準、工作損害機械設置的爭執等，都會引起爭議。在勞工方面，認爲雇主不履行團體協約的規定，不給付員工應得的工資，不按時支付工資，不給付離職或解僱勞工的工資，無故延長工作時間，不舉辦職工福利，工作安全衛生不良，工作環境條件不足等等，都足以導致勞資爭議。

不管勞資爭議的原因爲何，基本上乃係出自於下列原因：

一、自私的人性

人性是自私的，慾望與需求是無限的，勞方希望多得工資，資方希望多得利潤。在此種狀況下，任何雇主或員工都無法滿足其慾望；縱使雙方對現狀都感到滿足，而一旦客觀因素發生變遷，就很容易引起某些衝突。

二、心理的距離

企業主是勞工的僱用者，他有權力支配勞工。勞工是資方的被僱用者，處於被支配的地位，彼此在心理上很容易產生心理距離，且被支配者常有一種不滿或反抗的心理，以致埋下了衝突的種子。

三、分配的不平

企業的資源是有限的，管理人員在分配資源時，既有主觀的偏見，又無客觀的標準，以致在分配資源時，很難維持平衡，故而引起部分員工的不平與忿懣，卒而引發了衝突。

四、環境的影響

動態的工業社會是變化多端的，即使在某些情況下，原已合理的分配，常因外在社會、經濟、與文化、和內在組織、技術與領導發生變遷下，勞工必然對其個人地位和權益，作重新評價，而產生不滿與怨恨，終而引起勞資衝突。

五、工會的運作

傳統工會主義認爲勞工運動史，就是一部工會與雇主對立鬥爭的歷史。工會如不以對立的態態，面對勞資關係，就會失去存在的價值與團結的誘因。因此，傳統的鬥爭觀念根深蒂固，以致爲勞資關係帶來了衝突的陰影。

六、實務的爭執

由於勞資關係牽涉甚廣，諸如：勞動條件的標準、安全衛生的設備、童工女工的保護、工作規則的寬嚴、工會組織的有無、勞工薪資的多寡、勞工福利的良窳等，都會引發勞資雙方的不同見解。其間若無事先的安排，或事後的完善處理，都容易成爲衝突的導火線。

勞資雙方一旦發生衝突，將足以引起工業的危機，諸如：工人情緒低落、生產效率降低、生產品質不良、原料耗損增加、員工異動率高、員工違紀增加、缺勤情況嚴重等情事；有時甚至引起怠工、罷工、生產停頓。無論對資方利潤、或勞工生活，以及社會大眾均有不良的影響。因此，許多企業除了自謀解決之道外，常由雙方請求政府調解或仲裁。不過，勞資爭議的解決，最主要有賴於勞資雙方的共同瞭解與努力，方始有效；而企業主的態度尤其是解決問題的關鍵所在。因此，如何解決勞資爭議，促進雙方合作，實爲現代人力資源管理上的主要課題。一般管理當局促進雙方合作的途徑，不外乎：

一、採取人性管理

所謂人性管理，就是站在人性的觀點，尊重員工的人格與價值，將人類生理和心理需求加以滿足，用以激發員工工作效率。人性管理的具體表現，是企業主和員工、主管與部屬都能平等相處，彼此尊重；並以健全的人力資源管理滿足勞工在工作方面的需求，期能發展和諧的勞資關係，促進勞資間的合作。

二、健全工業制度

勞資合作的途徑之一，就是建立一套工業管理與工業關係結合的制度。有了健全的工業制度，勞資雙方才能互爲遵守工業規則與企業倫理。如此勞工和工會團體才能建立一種信心；而資方和管理階層才能確認勞工的貢獻，奠定企業繁榮的基礎，共享繁榮的果實。

三、建立協商觀念

勞資和諧合作的基礎，有賴於雙方建立協商的觀念。一旦企業有了問題，勞資雙方都能共同參與管理，並建立共同協商的觀念與制度，則可降低雙方的誤解，增進彼此的共同瞭解，促進雙方的和諧關係。此種工業民主化觀念，可增進企業的成長與發展，提供改善勞資關係的最佳保證。

四、加強教育訓練

企業內各級人員的教育與訓練，不僅在增進勞資雙方的團結合作，更蘊含著民主參與的意義。因此，勞資關係的教育與訓練，必須普及於企業的各個階層，讓各級人員與工會幹部都能體認勞資關係的基本概念，以及內外環境的變化，從而養成和諧合作的觀念與態度。

五、舉辦聯合計畫

企業除了實施各個階段的訓練計畫外，應舉辦各種勞資聯合計畫，以促進勞資雙方的共同瞭解，並使管理人員和工會幹部有機會相互交換不同的觀點，這種聯合計畫雖不一定能完全改變相互不信任的氣氛，至少可導向更合理、更有效地解決問題之途徑。

六、建立申訴制度

勞資雙方關係的改善，絕不能忽視雙方心理因素的影響。員工申訴制度的建立，不但能增進雙方的瞭解，而且對問題解決或意見溝通方面，有莫大的助益。惟處理員工申訴案件，必須公開公平而合理，才能產生良好的溝通效果。

七、明定權利義務

勞資雙方的爭議，很多都來自彼此對權利義務的混淆不清。因此，企業必須明定工作權責與管理規則；惟有雙方明白權利義務範圍，才能使雙方有充分地瞭解，並共同遵守而各盡其職，不致因解釋的不同或誤解而相互衝突。

總之，要避免勞資的爭議，增進雙方合作的方法甚多，非本文所能涵蓋。本文僅列出一些原則，供作參考。至於調和勞資雙方關係的途徑甚多，主要可透過工會的良好運作，勞資會議和團體協約的方式進行。此外，員工申訴也是相當重要的。除了員工申訴已討論過之外，其餘都將於下列各節繼續討論之。

工會組織

基本上，工會組織是勞工透過團體行動，以增進並保障其經濟、社會、政治利益等，所組成的團體。然而，工會組織的良好運用，也有助於勞資關係的改善。本節將依次討論工會的意義、宗旨、任務、組織與功能。

一、工會的意義、宗旨與任務

工會組織，即爲勞工組織，它是工人集合而成的一種團體。其形成乃由於工人的利益一致，地位相同，而形成工人及其代表的一種集合機構。英國學者韋布夫婦（Sidney and Beatrice Webb）所著《英國工會史》一書，即稱工會乃是工人爲維護或改善勞動條件，保全經濟上利益而組成的永久性團體。顯然地，工會爲維護工人權益所形成的團體。

不過，工會更廣泛的意義，尚可擴大到維持勞資雙方關係上，而作爲勞資雙方的橋樑。蓋有了工會，工人的意見可透過工會代表，而傳達於管理當局；而管理經營方面的困難，亦可經由工會組織傳達給每個工人。因此，工會乃爲溝通勞資雙方意見，達成勞資合作的橋樑。

我國工會法第一條即開宗明義地說：工會以保障勞工權益，增進勞工知能，發展生產事業，改善勞工生活爲宗旨。凡先進國家，多鼓勵勞工組織工會，透過工會的團體力量，協助資方發展生產事業，協調資方來保障勞工權益，舉辦勞工教育來增進勞工知能，並調整工資及增進勞工福利，以改善勞工生活。因此，工會的組成，實有利於勞資雙方。

至於工會的任務，包括：

（一）團體協約的締結、修改或廢止。
（二）會員就業之輔導。
（三）會員儲蓄之舉辦。
（四）生產、消費、信用等合作社之組織。
（五）會員醫藥衛生事業之舉辦。
（六）勞工教育及托兒所之舉辦。
（七）圖書館、書報社之設置及出版物之印行。

（八）會員康樂事項之舉辦。

（九）勞資間糾紛事件之調處。

（十）工會或會員糾紛事件之調處。

（十一）工人家庭生計之調查及勞工統計之編制。

（十二）關於勞工法規制定與修改、廢止事項之建議。

（十三）有關改善勞動條件及會員福利事項之促進。

（十四）合於工會宗旨及其他法律規定之事項。

二、工會的組織

工會的組織事項，包括：設立、會員、職員、會議、經費、業務、保護、監督、解散等。茲說明其要點如下：

（一）設立

組織工會要經過發起、籌備、成立三個階段。凡同一區域或同一廠場，年滿二十歲之同一產業工人，或同一區域同一職業之工人，人數在三十人以上時，應依法組織產業工會或職業工會。同一產業內由各部分不同職業之工人所組織者爲產業工會，聯合同一職業工人所組織者爲職業工會。發起組織工會時，只要有三十人以上的連署，即可向主管機關登記。發起人應即組織籌備會，辦理徵求會員，召開成立大會，並將籌備經過、會員名冊、職員略歷冊、連同章程各一份，函送主管機關備案，並由主管機關發給登記證書。此時設立工會手續，便告完成。

（二）會員

工會法第十二條規定：「凡在工會組織區域內，年滿十六歲之男女工人，均有加入其所從事產業或職業工會爲會員之權利與義務」。第十三條：「同一產業之被僱人員，除代表雇方行使管理權之各級業務行政主管人員外，均有會員資格」。故凡屬年滿十六歲之男女產業或職業工人，均具有各該業工會會員資格；但代表雇主行使管理權的各級業務行政主管人員，則無會員資格。

（三）職員

工會的職員依工會法第四章規定，係指工會中的理事、監事、常務理事、常務監事及理事長等而言；至於總幹事、主任秘書、秘書、組長、幹事等，則為工會的會務工作人員。工會的理、監事需要具有中華民國國籍，年滿二十歲的會員，由會員大會或會員代表大會選舉之，任期為三年，連選得連任，連任人數不得超過三分之二。理監事名額，應依工會法第十四條規定。

(四) 會議

工會會員大會或代表大會，分定期會議及臨時會議兩種，由理事長召集之。會議舉行的次數與時機，依工會法第十九條之規定。至於會議議決事項，包括：工會章程之修改、經費之收支預算、事業報告及收支決算之承認、勞動條件之維持或變更、基金之設立管理及處分、會內公共事業之創辦、總工會或工會聯合會之組織、公會之合併或分立，以及理事、監事違法或失職時之解職等。

(五) 經費

工會經費的來源，主要為會員入會費及經常會費、特別基金、臨時募集金、政府補助金等四項。

(六) 業務

工會業務甚多，最主要有：與雇主或雇主團體協約；與資方定期舉行工廠會議；舉辦勞工教育，尤應辦理工會幹部訓練；舉辦勞工福利業務；以及舉辦文化康樂活動。

(七) 保護

工會及其幹部、會員的保護，至少包括：雇主或其他代理人，不得因工人擔任工會職務，拒絕僱用或解僱及為其他不利之待遇；工會理監事因辦理會務，得請公假，其請假期間，常務理事得以半日或全日辦理會務，其他理監事每人每月不得超過五十小時；雇主或代理人對於工人，不得以工會職務為僱用條件；在勞資爭議期間，雇主或其代理人不得以工人參加勞資爭議為理由解僱之；工會於債務人破產時，對其財產有優先受清償之權；工會之公有財產，不得沒收。

(八) 監督

工會及其會員、職員所受的監督，包括：第一、勞資或僱傭間之爭議，非經過調解程序無效後，並經會員大會以無記名投票經全體會員過半數之同意，不

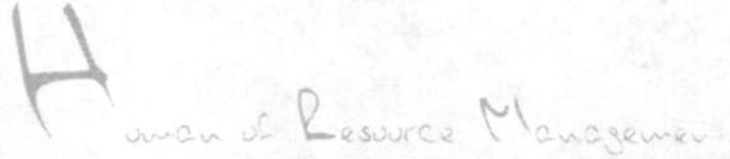

得宣告罷工。工會於罷工時，不得妨害公共秩序之安寧，及加危害於他人之生命財產及全體自由。工會不得要求超過標準工資之加薪，而宣告罷工。第二、工會或職員、會員不得有下列各種行為：封鎖商品或工廠；擅取或毀損商品，工廠之貨物器具；拘捕或毆擊工人或雇主；非依約定，不得強迫雇主僱用其介紹之工人；集會或進行時攜帶武器；對於工人之勒索；命令會員怠工之行為；擅行抽取佣金或捐款。第三、工會須將職員之姓名、履歷；會員入會、出會名冊；會計報表；事業經營之狀況；各項糾紛事件之調處經過；工會章程之修改或重要職員之變更；對違法失職理監事之議決罷免等，函送主管機關備查。第四、工會之選舉或決議，有違背法令或章程時，主管機關得撤銷之；工會章程有違背法令時，主管機關得函請變更之。工會對上述處分有不服時，得提起訴願，但應於處分決定公文送達之日起三十日內為之。

(九) 解散

工會具有下列情事，可予以解散：成立之基本條件不具備者、破壞安寧秩序者、工會之破產、會員人數之不足、工會之合併或分立。

三、工會的功能

工會的成立固為保障勞工權益，然而由整個工會組織及成立宗旨、任務等來看，工會實具有下列功能：

(一) 保護勞工經濟利益

工會的成立使得勞工可運用團體力量與雇主協商，訂定團體協約，保障勞工經濟利益與安全。一般而言，資方常握有運用資源的權力，又擁有勞動市場的知識，以致勞方常處於不利地位。因此，為了平衡雙方的關係，使之立於平等地位，勞工組成工會可使勞工更願意提供勞力與技能，而資方也付予相當報酬。

(二) 爭取勞工政治地位

勞工工作的基本目標固為爭取經濟上的保障，然而勞工也是社會的大多數；且其地位相同，利益一致，故可透過工會活動，爭取相當的政治地位與權益。因此，為了發揮勞工力量，工會常運用群眾和組織力量，去支持其人選從事參與政治活動，俾在行政或立法上取得充分發言權，以求取勞工政治上的地位。

(三) 平衡管理專斷權力

企業如不能提供較佳的勞動條件，工作環境與良好的人群關係，甚而實施專斷的管理作風，表現權威傾向，常使勞工自覺處於劣勢地位，感覺受到歧視，而心懷憤恨。此時，勞工可透過工會組織，期以和管理階層相抗衡，以便能得到關愛、保護與照顧。

(四) 實現控制工作願望

工會組織可與管理階層商談有關年資、薪資、工作福利等問題。勞工透過工會的運作，參與工作權的控制，可以滿足其部分願望。尤其是勞工一向處於被管理地位，常產生不滿足的心理意識，而今透過工會的運作，可實現控制工作的願望。

(五) 滿足勞工各項需求

現代大規模企業環境中，個人的重要性日益降低；過分例行與厭煩的工作，削減了員工的工作興趣，加以層級節制的管理，完全扼殺了個人獨立創造能力，淡化了人際間的交往。因此，勞工參加工會不僅能爭取工作報酬，滿足其物質慾望；更可滿足其心理需求，例如，地位、名望、創造的機會。

(六) 謀求勞資利益平衡

工會固能爲勞工帶來許多地位的提昇、需求的滿足；同時也能爲企業爭取利潤。誠如前述，工會的成立有其限制條件，諸如不得任意罷工、毀壞設備、破壞生產秩序等，相對地有利於資方的保障。因此，工會可平衡勞資雙方利益，甚而爲勞資共同謀求相同的發展。

總之，工會組織最主要固為保障勞工權益，但若能善加運用也能有助於企業的發展，卒而為勞資雙方共謀利益。

勞資會議

勞資關係的建立，有時可透過勞資會議來達成。勞資會議爲實施工業民主的途徑，也是勞資合作的橋樑。勞資會議在積極方面，可尊重工人人格，提高工人地位，激發工人工作情緒；在消極方面，爲避免勞資糾紛，消弭勞資對立的良好方法。本節擬將討論勞資會議的本質、組織、任務與功能。

一、勞資會議的本質

勞資會議就是工廠會議，亦即由勞資雙方各以相同的代表人數，以定期集會的方式，在對等地位上輪值主席，共同商討有關產業發展的問題，從而共謀促進生產、改善勞工生活的一種合作會議。一九一八年赫麗特（Mary P. Follet）就主張工業管理制度，應承認個人有發表不同意見的權利，並可以會議作爲綜合不同意見的方法。近代管理學者提倡團體動態（group dynamics）研究，更認爲以會議方式可使勞工獲得心理上的極大滿足。

今日企業已走向分工專業化，工人的工作領域日趨狹小，工作趣味與成就日漸降低。同時，企業強調權威，抹殺人性尊嚴與價值。在此種情況下，工人感受到壓力，內心不免存在怨恨的情緒。勞資衝突即滋長於這種情緒，且工人受支配常引發心理變化。因此，勞資會議在本質上，是一種意見溝通的工具，其目的在使工人有提供意見的機會，進而在內心中培養一種參與感，不覺得受支配。如此當可增進勞資雙方的眞誠合作，共謀生產事業的發展。

再者，勞資會議可使雙方代表平起平坐，共同研商問題，設法解決問題。當勞資雙方藉著現實環境與條件，陳述己方的意見時，可促進對方的瞭解；尤其是工人可藉著會議陳述己見，免除內心的被壓抑感，使勞資雙方不再存有誤會。本來，人與人之間的誤會即生自於隔膜，而化除隔膜的方法莫過於增進彼此的瞭解。因此，勞資會議可去除過去雇主剝削的印象，避免許多無謂的糾紛。

就另一種觀點而言，勞資會議也可收集思廣益的效果，增進員工的工作效率，啓發工人的創造力，不僅其個人會有自我成就感，而且事業也可獲得生產力的提高。因此，勞資會議不論於公於私，都是值得推廣的。

一般勞資會議在促進生產的目標下，其內容依照程度大致可分爲三類：第一是勞資會議的範圍，以情報的交換爲限，資方將業務狀況，生產計畫告訴工人，使工人瞭解工廠的眞相。其次是擴大爲問題的研討，例如，將要如何降低單位成本，減少材料的浪費，提高產品的品質，增進工廠安全的改善等，交由工廠委員會研討以求改進。第三類勞資合作範圍可達到意見交流的境地，資方把一切情報告知工人，並歡迎工人對生產問題與人事問題提供意見，雙方精誠合作，變成一體。

總之，勞資會議乃在推行工業民主化，增進勞資接觸的機會，以鞏固勞資雙方合作的基礎。

二、勞資會議的組織

勞資會議是二十世紀工業民主運動的產物，其目的乃在刺激生產，消弭勞資糾紛，保障勞工的權益。我國勞動基準法第八十三條即規定，爲協調勞資關係，促進勞資合作，提高工作效率，事業單位應舉辦勞資會議，其辦法由中央主管機關會同經濟部訂定，並報請行政院核定。茲就行政院核定的勞資會議實施辦法內容，擇要簡述如下：

(一) 組成代表的名額

勞資會議由勞資雙方同數代表組成，其代表人數依舉辦單位人數多寡而定，各以三人至九人爲限，並得置候補代表三人至九人。

(二) 組成代表的選派

資方代表除以工廠主管或副主管爲當然代表外，可由雇主就舉辦單位熟悉業務或勞工情形者，指派之。至於勞工代表，由工會會員，或會員代表大會選舉之；尙未組織工會者，由全體勞工直接選舉之；惟應注意各單位的均衡分配，並得按各單位工人多寡，分配代表人數分區選擇，如有女工者，並應酌定當選保障名額。以上代表的任期爲三年，連選得連任。

(三) 勞方代表的資格

勞工年滿十六歲，有選舉勞資會議代表的權利。勞工年滿二十歲具有中華民國國籍，在同一事業單位繼續工作六個月以上，並須熟習勞工或工廠情形者，有被選爲勞資會議勞方代表的權利。

(四) 勞工代表的選舉

勞工代表的選舉辦法和日期，應於選舉三日前於工廠明顯處所公告，並應於選舉前至少向工人作一次口頭解釋。第一屆代表選舉，由工廠會商工會擬具選舉辦法，呈報主管機關後舉行；其尚未組織工會者，由工廠逕行辦理。第二屆以後的選舉，由勞資會議辦理。

(五) 勞資會議的召開

勞資會議以每個月舉行一次爲原則，勞資會議之主席，由勞資會議代表輪流擔任之。勞資會議記錄，應記載下列事項，即會議屆別、次數，會議時間、地點，出席代表，列席、請假或缺席代表姓名，主席、記錄姓名，報告事項，討論及決議事項、建議事項。

(六) 會議代表的保障

工廠不得以工人當選爲工人代表，藉故予以解僱或調職，俾資保障。

三、勞資會議的任務

勞資會議的任務，有極具積極性，也有僅具消極性，其議事範圍有很大的不同。勞資會議不僅可參與工廠的生產改進，而且也包括工廠的經營和發展事項。勞資會議代表，必須克盡協調合作之精神。資方代表應向雇主負責，勞方代表應向工會或勞方負責。其議事範圍，依工廠法第五十條規定，計有下列七項：

(一) 研究工作效率之增進

工作效率的增進，可使產品增加，雇主將獲得更多利潤。同時，工人在研究過程中，因經驗與理論的交流，其技術將更爲進步。

(二) 改善工廠與工人之關係，並調解其糾紛

工廠如有勞資糾紛，不僅增加廠方的困擾與損失，而且使工人遭受物質與精神上的損失。因此，當勞資糾紛發生時，由勞資會議從中調解協商，可免事態擴大，對勞資雙方都是有利的。

(三) 協助團體協約、勞動契約及工廠規則之實行

團體協約爲勞資正常關係的規範。勞動契約是雇主和工人間的雙邊契約，與團體協約屬多邊性者有別，其乃爲勞資雙方行爲的規範。工廠規則是雇主根據勞工法規，而訂定的有關工人起居作息規則，經主管機關核准並揭示週知者。以

上三種有關勞資雙方行爲的規範，均有賴勞資會議從中協助，否則將成具文。

(四) 協商延長工作時間之辦法

現行勞動基準法第三十條規定：「勞工每日正常工作時間不得超過八小時，每週工作總時數不得超過四十八小時。」第三十二條並規定：「因季節關係或換班、準備或補充性工作；天災、事變或突發事件，均得延長工作時間。」工作時間的延長，若經過勞資會議研商，則不但易爲勞工所接受，且將使廠方順利達成任務。

(五) 改進廠中安全與衛生之設備

現行工廠法與勞工安全衛生法，對工廠的安全和衛生設備，均有明確規定。這些事項如能在勞資會議中研究改進，工人當可因安全衛生事項的改進，而減少災害與疾病；並能安心舒適地工作，其工作效率自能提高。至於廠方因危險事故的降低，亦可避免重大的損失。

(六) 建議工廠或工場之改良

發展生產事業的主要條件，在增加生產，提高品質，減低成本。爲了達成這些目的，必須注意工廠或工場的管理與設施的改良。勞資會議集勞資雙方代表的智慧與經驗研討協商，自可不斷地獲得各項切實革新改進的可行建議，卒而達成上述各項目標。

(七) 籌劃工人福利事項

職工福利係指工廠、礦場或其他企業組織或工會，爲全體員工而舉辦的福利設施。有關福利事項已有依法組織的職工福利委員會，和職工福利社主辦其事。勞資會議爲勞資雙方合作的協商機構，而籌劃工人福利事項是工廠的重要任務。因此，由勞資會議研商職工福利方面的施行細則，再移請職工福利機構辦理，當可更進一步促進員工福利。

總之，勞資會議是一個有效促進勞資合作的途徑，倘能在會前有充分準備，並使各項結論能付諸實施，當可促成勞資雙方的諒解，也不致流於形式，並化解勞資對立的意識。

四、勞資會議的功能

由上述勞資會議的任務可知，它具有下列功能：

(一) 促進相互瞭解

勞資關係不良的主要原因，多來自於雙方心理狀態與現實要求的誤解。勞資會議爲勞資雙方聯繫的樞紐，雙方可透過會議研究討論有關事項，彼此交換意見，增進相互間的瞭解，消除不必要的誤會；進而培養相互利益的觀念，促成整個企業的團結。

(二) 增進雙方利益

勞資會議討論的主題，爲研究工作效率的增進，其結果是產品的增加，使企業日益發展。另外，工人透過會議研討，也能促進技術的進步，且因業務擴展而獲得較高工資和較佳工作環境。是故，勞資雙方均獲得利益。

(三) 激發員工潛能

有了勞資會議，員工對企業業務與管理工作，無形中被賦予充分參與權力，可發揮創造能力。資方與勞方在工作地位上雖有不同，但在人格和智慧上並無軒輊；在勞資會議上，一方面可增進員工的心理滿足，另一方面可促進其獨立自主的創造思考才能。

(四) 消除革新阻力

一般而言，員工若親自參與環境的改革，會因參與而支持；相反地，若員工未參與環境的改革，常無法瞭解而難以適應。因此，企業舉辦勞資會議，不但不會引起工人的反抗或不滿，反而會取得工人的支持與合作，共同推進革新，進而增進勞資間的和諧關係。

總之，勞資會議實能幫助勞資雙方的相互瞭解，增進彼此利益，並能促成員工參與活動，激發其工作潛能，繼而推動革新的進行，克服革新的阻力。

團體協約

團體協約是隨著工會同時興起的一種制度，兩者的發展是平行的。蓋工會的使命是保障勞工權益，改善勞工生活。爲了達成此項目標，工會必須運用政治和經濟的活動來運作。所謂政治活動，就是工會運用群眾和組織的力量，依法以選舉或投票的方法，去求取勞動立法的改善。至於經濟活動，就是工會運用群眾和組織的力量，和雇主以協商的方式，要求改善勞動條件。此種以團體的力量辦交涉，即稱之爲團體協商（collective bargaining）；而交涉結果訂在書面契約上的，就稱之爲團體協約（collective agreement）。本節即將討論團體協約的本質、內容、權利義務與功能等。

一、團體協約的性質

所謂團體協約，就是雇主或有法人資格的雇主團體，與有法人資格的工人團體之間，以規定勞動關係爲目的，所締結的書面契約。由於團體協約在締結前，經過集體交涉而簽定，雙方應當相互遵守履行。它是勞資正常關係的規範，也是勞資雙方權利義務的標的。團體協約的內容甚爲廣泛，凡是勞資雙方間的權利義務，和可能發生的問題，都可以作爲訂明的對象。勞工對工作的期望，以及各種需求的滿足，都可藉著團體協約而得以實現。綜合言之，團體協約具有下列性質：

（一）團體協約的當事人，在勞動者方面，必須爲工人團體而非工人個人。若係單獨勞工，應爲勞動契約法中的個別契約。只有工會團體以協約關係人的資格，所訂定的協約，才稱爲團體協約。在雇主方面，則無論是雇主個人或雇主團體均可訂團體契約。至於所謂關係人，即爲協約效力所能支配的人，如工會與資方締結團體協約後，有新工人加入該工會，則該工會與雇主所締結的團體協約，即適用於該新進工人，此一工人即爲團體協約的關係人。同理，新雇主加入同業工會，當受協約的約束，其必爲協約的關係人。

（二）團體協約必須經由勞資雙方共同同意，若僅有雇主或雇主團體單方面所定的勞動條件，只能認定爲工廠規則，不能認定爲團體協約。

（三）團體協約必須以書面爲之，此與勞動契約以口頭約定亦可發生效力者不同。

（四）團體協約需呈報主管機關認可，始爲有效；亦即協約締結後，需由當事人雙方或一方呈報主管機關認可。

二、團體協約的內容

團體協約的內容是由當事人雙方協定，其所包括內容極爲廣泛。我國團體協約法第一條的規定：團體協約是以規定勞動關係爲目的而締結的書面契約。其重要事項可列舉如下：

（一）關於一般規定者，包括：協約的適用範圍、效力、締結或修改的程序等。

（二）關於受僱和解僱者，包括：雇主應僱用一定的工會會員，工會介紹工人的權利，解僱工人的條件和資遣費標準等。

（三）關於賞罰和升遷者，包括：賞罰升遷的標準、條件及種類等。

（四）關於工作時間者，包括：規定每日工作時間、延長工作時間，在何種情況下才能延長工作時間，及延長工作時間的工資計算標準等。

（五）關於工資者，包括：最低工資額，工資等級，工資發放日期、地點、次數等。

（六）關於休息和休假者，包括：規定休息、休假和特別休假日數，以及上述休息或休假日，如照常工作時工資的計算標準等。

（七）關於請假者，包括：規定工人請病假、事假、婚假、喪假、公假，及產假的條件、時限、手續，以及工資如何發給等。

（八）關於童工女工保護者，包括：規定童工、女工的工作時間、工作種類，以及女工與男工工作相同時，其待遇也應相同等。

（九）關於學徒保護者，包括：規定學徒的工作時間、學藝期限、工作種類及待遇等。

（十）關於安全衛生者，包括：規定雇主應爲工人精神身體、工作場所、機器防護上，以及預防災害上的安全設備。工作場所之光線、空氣

等應有條件，以及清潔飲料、盥洗室、廚廁等防止污染的衛生設備等。

（十一）關於福利設施者，包括：雇主應代辦勞工保險、提撥福利金、組織福利機構、舉辦福利事業，以及工人傷病、喪葬津貼、撫卹、退休金發給標準等。

（十二）關於促進生產者，包括：設立工廠會議，年終獎金或盈餘分配標準，以及工人對雇主生產機器的維護，如何提高工作效率和生產品質等。

（十三）關於勞資爭議者，包括：規定勞資雙方一旦發生爭議應如何協商解決，和不能協商解決時的處理辦法等。

（十四）關於違約金的賠償者，包括：規定任何一方如不履行協約所定義務時，應如何給付雙方賠償及賠償金額等。

上列各項除第一項爲一般協約必備條款外，其餘各項在訂定團體協約時，可斟酌事實需要，自行增減訂定。

三、協約當事人的權利義務

（一）團體協約的效力

1.當事人及關係人均受約束：當事人指簽約之工會及雇主或雇主團體。關係人指協約訂立後，新加入的雇主及新進的工人等。

2.團體協約所定之勞動條件：應即爲勞動契約之內容，且其效力高於勞動契約；勞動契約有異於團體協約所定之勞動條件者，該相異部分無效。又團體協約已屆期滿而新協約尚未訂立時，原協約所訂之勞動條件，仍繼續爲勞動契約之內容。

3.團體協約的效力高於工廠規則：團體協約爲勞資雙方同意而訂定，工廠規則只是資方所訂定，如團體協約與工廠規則並存時，其有抵觸部分，應以團體協約所定者爲準。

4.團體協約關係人不得拋棄由團體協約所得之勞動契約上的任何權利：如協約規定每天工作時間爲八小時，而工人願意每天工作九小時，其約定爲無效，

故可免除競相降低勞動條件而受僱之競爭。

5.團體協約當事人不得採用任何鬥爭手段來破壞團體協約：雇主及工會團體，均有約束所屬雇主及工人不得違反團體規定之義務，如當事人之一方有所違反，應對他方予以賠償。

6.權利義務不因團體解散而失效：團體協約之當事團體解散時，雇主及工人在團體協約上的權利義務，不因團體之解散而變更效力。

7.請求損害賠償：團體協約之一方，可對不忠實履行協約之他方，提出損害賠償之請求。

8.代理或參加法定訴訟：團體協約之當事團體，無需特別之委任，得為其成員提出團體協約上之一切訴訟。又當團體協約之成員為被告時，團體亦得隨時參加訴訟。

(二) 團體協約當事人的權利

團體協約當事人的權利，有下列兩點：

1.損害賠償的請求權：團體協約當事團體，對於違反團體協約之規定者，無論其為團體或個人，為本團體之團員，或他團體之團員，均得以團體名義，請求損害賠償。為確保團體協約之有效推行，團體協約當事人之一方，自可對不忠實履行協約之他方，提出損害賠償的請求。

2.法定訴訟代理權及參加權：團體協約當事團體，無須特別之委任，得為其團員提出團體協約上一切之訴訟，但以先通知本人而本人不表示反對者為限，此為訴訟代理權。又關於團體協約上之訴訟，團體協約當事團體之團員為被告人時，團體亦得隨時參加訴訟，此為訴訟參加權。

(三) 團體協約當事人的義務

團體協約當事人的義務，也有以下兩點：

1.團體協約得約定當事人一方不履行團體協約所定之義務時，對於他方應給予代替損害賠償之一定償金。此乃係要求當事人本身應切實履行契約，同時賦予不依協約條款履行之一方，應對於他方給付損害賠償的義務。

2.團體協約當事人，既代表其會員締結協約，自應有監督其所屬會員履行協約所定條款之義務。因此，團體協約當事團體，對於其所屬團員，有使其不爲前項鬥爭，並使其不違反團體協約之規定的義務。

總之，團體協約是集體談判的結果，就集體談判言，這就是一種對勞資雙方的訓練。因為團體協約的締結，有賴於雙方不同意見，經由妥協與讓步而趨於一致。在談判過程中，如果一方或雙方只顧所提出的要求，而毫無妥協與讓步的餘地，將使談判無法進行。在談判中，各方可駁斥他方的態度和要求，但也需接納他方的態度和要求。如此才可增進雙方的共同瞭解，雇主可藉此洞察工人的問題和需求，而工人也得以明瞭雇主的困難，以促使勞資合作的實現。

四、團體協約的功能

(一) 對雙方而言

1. 規定勞資雙方的權利與義務，給予雙方僱傭條件與方法，增進雙方的共同瞭解。
2. 在協商過程中，雙方均可提出問題與困難，促進雙方的瞭解，共謀企業的整體發展。
3. 團體協約可增進勞資關係，促進勞資合作。

(二) 對雇主而言

1. 便利和勞工談判，締結團體協約後，只需與工會代表談判即可決定全體工人的工資、工時及工作條件，比需與個人個別交涉簡便而有效。
2. 可使同業間的勞動條件趨於一致，減少工人流動率。
3. 可促使薪資標準化，凡屬同類工作給予同等薪資。
4. 團體協約規定有勞資糾紛處理程序，可減少勞資糾紛的發生，即使發生亦易於處理。
5. 團體協約有效期間，可避免罷工怠工，使企業在安定中發展。

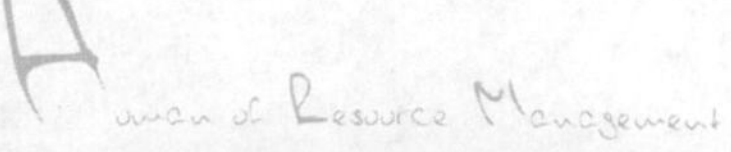

（三）對勞工而言

1.團體協約可改善勞動條件，保障勞工權益，提高生活水準，促進勞工地位。

2.工人可因團體協約而心安理得力求上進，增加生產效率，獲取更多報酬。

3.工人可因團體協約而受到基本保障，免除降低勞動條件所引起的競爭。

集體協議與調解仲裁

集體協議（collective bargaining）或稱爲團體協商，乃爲透過集體力量，以尋求解決勞資糾紛所引發的問題。它乃是建立勞資和諧關係所運用的手段。誠如前述，任何團體協約、工會組織的運作，以及糾紛的處理等，都可透過集體協議來達成。如團體協約即由集體協議而產生，該項協約乃是在協議期間由當事人雙方所達成的書面合同。

至於，所謂集體協議，依美國國家勞工關係法案（National Labor Relation Act）的定義，爲雇主與員工代表在適當時間內開會，並以誠信態度來討論薪資、工作時數、僱用條件等彼此應履行的義務之過程。易言之，集體協議乃在特定期間內，由雇主和工會或勞工代表進行書面合同的談判、起草、詮釋、和達成協議的過程。不過，此種協議並非經由任何一方強迫他方接受其議案和作讓步而達成的[4]。由此可知，集體協議係指企業主或資方與勞工或勞工團體雙方，均依法以誠信態度協商有關薪資、工作時數、僱用條件等的活動。

我國有關促進和改善勞資關係和諧的立法，有勞資會議實施辦法、工廠法的工廠會議、團體協約法、勞資爭議處理法，以及動員戡亂時期勞資糾紛處理辦法，可作爲我國企業有關勞資雙方集體協議的依據。在集體協議過程中，勞資雙方若出現僵局而無法達成協議時，可交付調解或仲裁。茲分述如下：

一、調解

當勞資發生糾紛時，一般都可由任何一方申請調解。勞資爭議當事人申請調解時，應向主管官署提出調解申請書，並載明有關事項。主管機關應於接到當事人申請調解或依職權交付調解之日起七日內，組成勞資爭議調解委員會處理之。

勞資爭議調解委員會乃由地方政府主管機關設置之，置委員三人至五人，由主管機關派代表一人至三人，爭議當事人雙方各派代表一人組成，並以主管官署代表爲主席。調解委員會應於組成後即召開會議，並指派委員調查事實，除特殊情形外，並於指派十日內將調查結果及解決方案提出委員會。調解委員會於接到調查結果及解決方案七日內開會，但必要時或經爭議當事人雙方同意時，得延長至十五日。勞資爭議調解委員會應有調解委員過半數之出席始得開會。經出席委員過半數同意始得決議，作成調解方案。

勞資爭議調解委員會之調解方案，經爭議當事人雙方同意在調解記錄簽名者，調解爲成立。勞資當事人對勞資爭議調解委員會之調解方案不同意時，爲調解不成立。其情況爲：經調解委員會主席召集會議二次，均不足法定人數者；或無法決議作成調解方案者，均以調解不成立論。調解成立或不成立，調解記錄均應由勞資爭議調解委員會報由直轄市、縣（市）主管機關送達勞資爭議雙方當事人。

勞資爭議經調解成立者，視爲爭議當事人間之契約；當事人一方爲勞工團體時，視爲當事人間之團體協約。

二、仲裁

調整事項之勞資爭議，調解不成立者，經爭議當事人雙方之申請，應交付勞資爭議仲裁委員會仲裁。另主管機關認爲情節重大有付仲裁之必要時，得依職權交付仲裁，並通知勞資爭議當事人。調解事項之勞資爭議，經當事人雙方同意，得不經調解逕付仲裁。

調整事項之勞資爭議，當事人申請仲裁時，應向直轄市、縣（市）主管機關提出仲裁申請書，並載明各種事項及申請事由。主管機關應於接到仲裁申請書之日起三日內組成勞資仲裁委員會處理之。勞資爭議仲裁委員會置委員九至十三人，其中主管機關及其他有關機關派代表三人至五人，爭議當事人雙方各選定三人至四人。爭議當事人所選定的仲裁委員應遵循直轄市、縣（市）主管機關每二年通知勞工團體及雇主團體各推薦公正並富學識經驗者十二人至四十八人任之，並報請上級主管機關核備。仲裁委員會以主管機關代表中一人爲主席。

仲裁委員會之仲裁，應有三分之二以上委員出席，並經出席委員四分之三以上之決議。但經二次會議，仍無法作成決議時，第三次會議取決於多數，並於決議後五日內作成仲裁書，報由主管機關送達雙方當事人。

勞資爭議當事人，在仲裁程序進行中得自行和解，和解成立者並應將和解內容函報仲裁委員會及主管機關。勞資爭議當事人對仲裁委員會之仲裁，不得聲明不服。此項仲裁視爲當事人間之契約，當事人之一方爲工會時，視爲當事人間之團體協約。

三、勞資爭議當事人的行爲限制

（一）勞資爭議在調解或仲裁期間，資方不得因該勞資爭議事件而歇業、停工、終止勞動契約或爲其他不利於勞工之行爲。

（二）勞資爭議在調解或仲裁期間，勞方不得因該勞資爭議而罷工、怠工或爲其他影響工作秩序之行爲。

（三）勞資爭議經調解成立或仲裁者，當事人之一方不履行其義務時，他方當事人得向該管轄法院聲請裁定強制執行並免繳裁判費，於聲請強制執行時並免繳執行費。

四、罰則

（一）資方若在調解或仲裁期間，因勞資爭議事件而歇業、停工、終止勞動契約或爲其他不利於勞工之行爲者，處二萬元以上，二十萬元以下罰鍰。

（二）勞方若在調解或仲裁期間，因勞資爭議而罷工、怠工或爲其他影響工作秩序之行爲者，各處二萬元以下罰鍰。

附註

1.Thomas H. Stone, Understanding Personnel Management, New York: The Dryden Press, p. 11.

2.吳靄書著，企業人事管理，自印，三七九頁至三八〇頁。

3.同前註，四三六頁至四三七頁。

4.李茂興譯，Gary Dessler原著，人事管理，第三版，台北曉園出版社，五一七頁至五一八頁。

研究問題

1.何謂勞資關係？它是如何產生的？
2.吾人何以要重視勞資關係？試就勞方、資方、政府三方面說明之。
3.何謂勞資爭議？依我國勞資爭議處理法可分爲哪些爭議？ 並說明其內容。
4.勞資爭議發生的原因爲何？一旦無法解決將引發哪些危機？
5.管理當局應如何促進勞資合作？試述之。
6.何謂工會？其宗旨和任務何在？
7.工會成立的要件爲何？工會會員、職員的資格條件爲何？
8.試述工會的功能。
9.何謂勞資會議？勞資會議依促進生產目標的程度，可分爲哪些類型？
10.試述勞資會議的組織概況。
11.勞資會議的任務爲何？它具有哪些功能？試述之。
12.何謂團體協約？它具有哪些特質？
13.試略述團體協約當事人的權利義務。
14.試述團體協約的功能。
15.何謂集體協議？它有何作用？
16.何謂調解？其過程爲何？
17.試述調解成立或不成立的要件，及成立時的作用。
18.何謂仲裁？其過程爲何？
19.仲裁案應如何始行有效？它具有何效用？
20.試述爭議當事人在調解或仲裁時的行爲限制與罰則。
21.調解和仲裁有何同異或相關之處？

個案研究

籌組工會聯合會

某關係企業有二十四家工廠的工會代表有意籌組聯合會，以向資方尋求更好的勞工福利，但此項舉動受到現行工會法的限制，且資方也不希望工會以串聯的方式破壞勞資關係。

該項舉動乃肇因於部分工廠的員工反映，認爲整個關係企業的營運不是很好，且其中染織已成爲夕陽工業，深恐該廠有面臨關廠解散之虞，於是乃於近日在各地輪流召開工會會員大會之際，提出該項主張。

去年，該關係企業的某工會在召開理監事大會時，因員工解僱事件有理監事向資方施壓，以致有多人被記大過，引起許多人的忿忿不平。爲了保障員工的權益，在今年三月間召開會員代表大會時，乃提議成立工會聯合會，希望使勞資雙方更能暢通溝通管道。

惟此舉已引起資方的不諒解，加上勞資雙方的傳話誤解，資方已開始向工會幹部施壓。於是，該關係企業的二十四家工廠勞工，希望透過工會開始研究如何與資方取得共識，並希望資方不要對工會作太多限制，且允許成立工會聯合會。

不過，依現行工會法規定，聯合性工會全國只能有一個，亦即爲全國總工會，一般工會不可跨廠成立聯合會。因此，該聯合會在與現行法令抵觸下，也很難獲得勞委會的承認。

個案問題

1.你認爲個案中所稱成立工會聯合會的理由正當嗎？請說明你的理由。
2.如果上題的理由可成立，則工會應如何做才不致抵觸現行法令？
3.工會應如何與雇主取得共識？

意外與安全

第20章

本章學習目標

讀者於讀過本章之後，應能瞭解：

1.工業意外的意義和構成要件。
2.工業意外的過程。
3.工業安全方案的實施。
4.意外事件的種類及其損害。
5.評估工業安全衛生成效的標準。
6.意外事件發生的原因。
7.意外傾向的涵義。
8.意外事件的預防之道。
9.管理人員對安全衛生工作的責任。

工業安全的目的，一方面在維護員工對組織保持有利的態度，來增加產量，提高品質，增進工作效率；另一方面則爲維護員工的身體健康，以降低疲勞，提供安全舒適的工作環境。惟人在從事機器操作時，不免發生失誤，輕微者將影響產品品質，嚴重者將造成重大意外事件，常爲勞資雙方帶來極大的損害。因此，如何維護有效的工作力，以執行企業交付的任務，乃是人力資源管理的另一項職能。本章的主旨，乃在探討工業意外的意義、損失、原因，以及如何防止意外發生與加強工業安全方案的執行，並討論管理人員對工業安全應有的責任。

工業意外的意義

意外事件的研究係屬於一種有系統的知識，爲了健全意外事件的防止，加強工業安全方案的執行，必須建立在三「E」的基礎上，即工程學（engineering）、教育（education）與執行（enforcement）三者。工程學的任務，是在技術上指導員工如何工作，以及加強機具的安全防護措施。教育則在啓迪有關安全的各項基本知識，改正管理及執行工作者的錯誤不當觀念。至於執行方面，就工廠範圍而言，即在訂定安全方案，令全體員工遵守公司所定規則；就國家範圍言，執行的意義乃爲對各工廠實施安全檢查，對違背法令者飭令其改正。

有關意外事件的定義，隨著研究者的不同而有不同的意義。定義上的不同，主要爲來自於不同研究者所專注的，所感興趣的主題而有所不同；有些人特別注意傷亡，有些人則特別注意財棄損失，有些人則注意責任問題[1]。

因此，意外事件的意義實具有多方面涵義。一般所謂工業意外，意指任何未經規劃及未經控制的偶發事件而言。此類事件多由物體、機件、人員、輻射的作用及反作用，而招致人員的傷害或影響生產程序的操作[2]。意外事件也可視爲對生物或無生物造成物理損害的一種非預期事件[3]。

不過，任何意外事件都會使正常生產工作受到干擾或中斷，其要件有：第一、人員蒙受傷害、財物遭受損失或工作受到延誤等，爲意外招致的結果。第二、意外的發生，是由於人員或機械的偶發事件所肇致。第三、人員與機械的偶發事件，肇始於人員的過失。第四、人員的過失不外稟性或環境使然。由此可知，一切意外事件的產生。而招致人員的傷害，多由於個人不安全的行動或暴露在不安全的機械環境下而來。因此，欲有效地減低意外事件，必先瞭解一切有關個人不安全行動及不安全機械環境的因素，而謀求改正之。

意外事件之發生從表面上看固屬偶然，惟此種偶然的意外事件並非絕對無法防止。近代工業心理學家認爲：意外事件是一連串因素所造成的，欲防止意外事件，必須有系統地消除一切可能的原因。海恩里奇（H. W. Heinrich）認爲任何一件意外發生均包括下列五種過程，形成前因後果的關係。

一、世代與社會環境

人類共有的粗心、執拗、貪婪的不良性格，再加上社會環境的渲染，使人存有僥倖及投機的心理。

二、個人的缺點

個人的缺點非由稟賦，即爲學習得來。例如，粗心、暴躁、緊張、激動、忽視安全規則等，多爲造成不安全行動與機械性危機的主要原因。

三、不安全行動或機械的偶發事件

個人不安全行動，例如，立於懸物之下，未經警告即發動機器，惡作劇以及隨意移動安全護罩等是。機械的偶發事件多爲危險性的機件在運轉時，不設護罩；有時是因光線不足，使工作者暴露在危險的工作環境中，爲造成意外發生的直接原因。

四、意外事故

例如，個人摔跤滑倒、飛輪撞擊等，而招致傷害。

五、傷害

輕傷，例如，骨折、破皮；重傷爲殘廢或死亡。

在上列各項過程中，第三項不安全行動或機械的偶發事件，爲構成意外事件的核心。換言之，若無人爲的不安全行動或暴露在不安全的機械環境下的因素存在，意外傷害事件當不致發生。是故，發現人爲的不安全行動或機械性的偶發事件，加以完整的記錄，作有系統的分析，乃爲釐訂工業安全方案，實施員工安全教育，嚴格執行安全規則的先決要件。

至於企業何以要實施工業安全方案，乃係基於下列三項基本理由：第一、在道德上，企業從事意外事件的防範，基本上是爲了人道的理由。惟有防止意外事故的發生，才能使工人及其家屬免除痛楚的威脅。第二、在法律上，實施安全方案乃爲避免受到法律的懲罰，對勞資雙方都是一種保障。第三、在經濟上，即使是一件小小的意外事件，也可能爲企業帶來很高的代價，其將付出許多直接或間接的成本。因此，企業必須嚴格執行安全方案。

意外事件的種類、損失與估算

一般意外事件，可分爲兩種：一爲無傷害事件，一爲傷害事件。前者爲對人員無傷害，僅延誤工時；但對機器設備等財務損害，則可有可無。後者爲事件的發生，使人員造成傷害，與機器設備等有無損害無關。傷害事件又分爲輕傷害和重傷害兩種。輕傷害是指人員傷害能在二十四小時內恢復工作者；而重傷害則指人員傷害不能在二十四小時內恢復工作者，又稱爲失能傷害。在工業安全衛生計算傷害率時，僅計算失能傷害，輕傷害不包括在內。

工業一旦發生意外事件，大則釀成災害，小則延誤工時，使工作中斷，造成直接或間接損失。直接損失就是由工廠直接付出受傷人員的醫藥及賠償，或死亡人員的撫卹，機械設備的修復或更新，材料損失的金額等容易看到的損失，又稱爲「易見的損失」。間接損失是指除上述直接損失之外，在其他方面所遭受的損失：此種損失不易分析，不易爲人所見，又稱爲「不易見損失」。

一般間接損失，至少包括下列各項：第一、因受傷後傷者本身工時損失。第二、傷者工作能力損失。第三、其他有關工作者的工作損失。第四、監督管理人員的時間損失。第五、拆散工作集團的效率損失。第六、訓練新人的時間損失。第七、機械設備損壞的時間損失。第八、產品損壞的損失。第九、生產停頓的損失，以及第十、附帶發生水、火、化學及爆炸災害損失、與工作停頓管理費用的損失等。根據專家學者的統計結果，間接損失費用約爲直接損失的四倍。

事實上，意外事件損失的計算是極爲複雜的問題。它牽涉到多方面的影響，蓋意外的傷亡不僅工人與雇主受到損失，即其本人、家庭、社會均蒙受損害。大體言之，意外事件的損失不外乎勞資及社會三方面：

一、資方所受的損失

又可分爲二部分，一爲工人受傷公司必須付出的費用。一爲機械、設備、器材、人力等的更新與修理費用，以及延誤生產時間所引起的損失等。就生產效率與安全言，二者之間有固定不變的關係存在。單以賠償與醫藥給付二項所累計的意外損失，有時竟高達生產總額的百分之二十至三十。由此可見，意外事件的防止與工業安全的加強，已成爲有效管理的主要因素，且爲鑑定管理績效的標準之一。

二、勞方所受的損失

隨著意外事件的頻率與嚴重性劇增，工人本身所受的傷害最爲嚴重。工人在金錢方面所受的損失雖不及雇主，但可能因此而喪失謀生能力。傷殘所帶來終身的精神痛苦，以及家人生活陷於困頓，乃是無法估量的損失。

三、國家社會的損失

工業災害發生，往往使人力與物質損失，造成社會不安。

「意外事件所招致的損失，恆大於防止意外事件所耗的費用」，此爲分析意外事件損失的必然結論，凡具有安全觀念的管理人員均應有此正確的認識。大凡經營完善的企業組織對意外事件的發生，均應有完整的精確資料，正確地計算因意外事件而招致的金錢損失；且爲了未雨綢繆，應將可能的損失列入預算，作爲預防費用而使其發生效力，降低意外事件至最低程度。

至於意外與傷害是兩回事，傷害是意外造成的結果之一，但並不是每件意外事件都必然肇致傷害。因此，計算意外不能與傷害混爲一談，否則將失卻許多無傷害的意外事件資料，對研究發生意外的原因及防止意外，將無法得到正確的結果。

不過，一般估算工業安全衛生成效，常以「傷害頻率」和「傷害嚴重率」爲標準，該兩項標準均只計算失能傷害。所謂傷害頻率（injury frequency rate），又稱爲次數率，就是在一百萬工時中，某單位發生失能傷害的次數。其計算公式爲：

$$傷害頻率（F）= \frac{失能傷害次數 \times 10^6}{員工全部工時}$$

至於傷害嚴重率（injury severity rate），是指傷害程度，就是在一百萬工時中，某單位發生失能傷害所損失的人日數。其計算公式為：

$$傷害嚴重率（S）= \frac{失能傷害損失人日數 \times 10^6}{員工全部工時}$$

由傷害頻率與傷害嚴重率，可明瞭各單位的安全工作情況；但究竟傷害的情況如何，則必須以公傷分析統計表加以補充。關於傷害頻率與嚴重率，均為公傷計算方法，其計算標準如下：

（一）傷害平均損失天數為全部損失天數除以全部損失傷害次數

$$平均損失 = \frac{傷害嚴重率}{傷害頻率}$$

（二）傷害損失工作天計算要點

1.受傷二十四小時內不能恢復上班工作者，以損失工作天一天計。
2.受傷者於第二天能否上班，以醫生診斷證明為準，受傷者的意見不足為憑。
3.損失工作天應連貫計算，不得扣除例假日。
4.損失工作天數以醫生的診斷證明為憑，不以受傷者的上班與否為準。
5.受傷當天及恢復工作當天，均不計作損失工作天內。
6.凡受傷經治療不能復原者，應作局部殘廢論，另計損失天數；但作殘廢傷害後，則實際醫治天數不再計算。
7.原作殘廢傷害而後可以醫好者，所損失工作天應以實際醫治天數計算。

（三）死亡及殘廢傷害損失天數

計算標準如下：

1.死亡及全部永久殘廢，以6,000天計。

2.局部永久殘廢。

（1）手及手指

手及手指	拇指	食指	中指	無名指	小指
末梢骨節	300	100	75	60	50
第二骨節	……	200	150	120	100
第三骨節	600	400	300	240	200
中腕節	900	600	500	450	400
腕骨截斷	……	……	……	……	3,000

（2）足及足趾

足及足趾	大　趾	其餘每足趾
末梢骨節	150	35
第二骨節	……	35
第三骨節	300	150
中肘骨	600	350
腳踝截斷	……	2,400

（3）手臂

肘部以上包括肩骨關節，以4,500天計。

腕部以上手部以下，以3,000天計。

（4）腿

膝部以上的任何部位，以4,500天計。

足踝以上膝蓋以下，以3,000天計。

（5）其他官能

一眼失明，不論另一眼有無視覺，以1,800天計。

雙眼於一次失事中失明，以6,000天計。

一耳全部失聽，不論另一耳有無聽覺，以600天計。

兩耳於一次失事中失聽，以3,000天計。

不能治療的疝氣，以50天計。

意外事件發生的原因

意外事件研究的主要目的，即在探求可作爲採取行動，以降低意外事件的資料；亦即在探求意外事件發生的原因。工業工程專家認爲意外事件是一連串因素所構成，其發生決非完全出自偶然。因此，吾人必須深入探討意外發生前的行動與環境。根據意外事件分析統計結果，意外事件的發生由於工作人員的不安全動作，約佔發生率的百分之八十八；由於不安全環境，約佔百分之十；而由於天災而發生的，約佔百分之二。因此，意外的發生大致可分爲不安全行動與不安全環境兩大項。

一、不安全的行動

工業意外的發生，絕大部分屬於人爲的因素；蓋即使有不安全環境，只要工作人員提高警覺，小心從事，仍可避免因環境缺失而引起的意外。是故，不安全行動實爲構成意外發生的主因。一般而言，人爲因素所造成的意外，包括：安全裝置欠妥當，使用不安全的裝置，不安全的負載、放置，不安全的姿勢或位置，心神不定，被嘲弄或辱罵，未使用安全衣或個人防護裝備，以及不安全的速度等。

造成意外事件的原因，儘管在原因鑑定上，可歸納爲人爲的與環境的兩大因素。但從理論上講，所謂不安全環境的設計與操作，仍多受制於人爲的控制。是故，從心理學的觀點言，人爲的疏忽往往是檢討意外事件發生的主因，因疏忽而導致不安全的行動與不安全的環境。因此，推行安全教育，提醒員工避免疏忽，以提高工作警覺性，實乃爲避免意外發生的不二法門。

吾人若更進一步把不安全動作加以分析統計，則不知、不願、不能、不理、粗心、遲鈍、失檢等七項，更是構成不安全動作的主體。不過，根據心理學家的研究，個人因素造成意外事件發生有極大差異。布羅地（L. Brody）的研究發現，在人格特質上富於侵略性、強迫性、不能容忍性的人，比一般人容易發生意外事件。沙取曼（E. E. Suchman）和丘舍（A. L. Scherzer）把這些特質稱之爲「意外傾向」，他們解釋「意外傾向」爲「某種特殊人格型態的存在，使當事者傾向於再三地發生意外。這種傾向可能起因於某些精神官能症或精神病的心理變態[4]。」因此，具有意外傾向的人具有暫時性人格失調的病態。

一般而言，意外傾向包括：情緒不穩定、動機不滿足、衝動性、侵略性、強迫性、反控制、投機性、低忍耐度、強烈犯罪感、不良的社會適應性以及不當的工作習慣等。雖然至今尚未有充分證據支持意外傾向的看法，但此種傾向導致不安全行動是可能的。工程心理學家曾比較意外次數多的工人與次數少的工人，在管理上所受到的懲戒、曠職、請假的次數，發現前者比後者爲多。雖然，吾人無法證實何者爲因，何者爲果；但其間的因果關係卻顯現：意外傾向爲不良適應的表徵。

當然，每個人都會發生意外，但有些人發生頻率高，有些人則極少發生。此時，應該研究意外頻率不同的人員之間，是否存在著不同的人格特質。就視力而言，開法特（N. C. Kephart）和蒂芬（J. Tiffin）即發現：具有正常視力者發生意外頻率較低[5]。就年齡與經驗而言，工程心理學家所做的調查，顯示年齡或經驗和意外的關係，常隨不同工作或情境而有所不同。不過，在多數的調查報告中，顯示年長及經驗多的工人，其意外肇事率較低；而年輕、缺乏經驗者的肇事率較高。大概在廿五歲左右肇事率達到最高峰，過了廿五歲以後有逐漸降低的趨勢。此可能與二十歲到三十歲之間擔任比較粗重而危險的工作有關。至於服務年限在前七年，意外率有漸增的趨勢，服務七年以後則逐漸降低。

此外，狄雷克（C. A. Drake）研究工作意外頻率與知覺速率和運動速率的關係，發現意外事件較多的員工，運動速率高於其知覺速率；反之，極少發生意外的員工，知覺速率高於其運動速率。亦即肌肉活動水準高於其知覺水準的個體，比肌肉活動水準低於其知覺水準的員工更易發生意外，且其意外嚴重率較高。易言之，反應速度快於知覺能力的人，比知覺能力快於其反應速度者更易發生意外[6]。

在知覺方式方面，視野獨立性（feid independent）與視野依賴性（field dependent）也影響意外事件的發生。所謂視野獨立性，乃指操作機具與背景事物分辨能力較強者而言；視野依賴性則爲所操作機具與背景事物的分辨能力較弱者。通常視野獨立者的意外記錄優於視野依賴性者[7]。

職業興趣亦爲影響意外事件的個人因素之一。個人的興趣所反映出生活方式與意外事件有關[8]。再者，個人的情緒狀態，即個人情緒的起伏，例如，錯誤的態度、衝動、神經質、恐懼或憂鬱與消沉等，是引起意外的重要因素。赫席（R. B. Hersey）即發現一般員工處於情緒低潮時間，約占全部工作時間的百分之二十，在這些時間內所發生的意外事件，都佔全部意外時間的一半[9]。

綜合上述討論，許多個人變數與意外事件有關。此外，員工在團體中的人際關係與意外事件也有相關性；即人緣好的員工意外肇事率較低，人緣差的員工意外肇事率較高。當然，意外傾向只是一般性概念，蓋每個人的意外頻率都是短時間的意外資料，缺乏長期性的記錄，再加上「機率」因素的介入，使得眞正引發意外事件的原因隱而不現。

二、不安全的環境

所謂不安全的環境，是指機械裝置與工作環境的不良因素而言。這些因素包括：不適當的防護、不良的裝備、溜滑、不牢固、或不平的地面、危險性的安排、不良的通風或照明設備。其所形成的原因來自工作本身、所屬單位及其他有關機具設計、環境佈置、安全措施、工作方法、工作環境與工作時間等因素。

就工作本身而言，工作愈吃重，發生意外的可能性愈高。就工作時間而論，工作時間愈長，意外發生頻率愈高；且在每天工作即將結束前的時間內，發生意外事件較多[10]。不過，就値夜班的人而言，意外發生率卻隨著工作時數的增加而減少，此顯示了心理因素影響了意外事件的發生，而非生理因素。又工作天數增加時，意外事件發生率高於每天工作時數的增加所造成的意外頻率。

此外，白萊克（Robert R. Blake）曾經研究一般工廠在提高生產之際，意外事件有突增的趨勢。此乃因工廠爲加緊趕工生產，往往未能在生產設備上及時擴充，以致造成臨時意外增加的現象。但是此種現象爲暫時性的，一俟生產設備擴充或產量穩定後，意外率又會恢復正常狀況。

史利尼等（P. Slivnick, W. Kerr & W. Kosinar）曾研究四七家汽車及機械工廠的員工，分別以「傷害頻率」及「傷害嚴重率」，找尋意外事件與社會情境因素的相關性。結果發現，傷害頻率較大的工廠具有下列特性：

（一）季節性流動率很高。

（二）員工對生產力高的同僚懷有敵意。

（三）鄰近有同類型的工廠。

（四）工人常需提舉重物。

（五）生活環境不佳，常常扣薪等。

傷害嚴重率在下列情況下特別嚴重：

（一）員工與高級人員餐廳分開。

（二）怠工不受懲罰。

（三）缺乏分紅制度。

（四）工作場地溫度過高或過低。

（五）工作流汗多或髒亂等。

以上各項情況，都是侵害或威脅到員工的身分、自尊、個性，而使員工精神上受約束，容易招致不安全的行爲。

其他與意外頻率有關的情境因素，例如，裝備設計、照明、標誌等工作條件或工作方法，都會影響意外事件的發生與否。標誌的清晰與明確性，可提高員工的警覺性，免於發生意外。

總之，一般環境因素比較容易查明，只要根據統計資料分析比較，即可發現其原因。機械工程師的主要工作，即在改良導致意外的情境，以減少意外事件的發生。

意外事件的預防

意外事件的發生都是有原因的，而且百分之九十八以上都是「人謀不臧」的結果。談到如何防止意外事件，即需在工廠內推行整體的安全方案。工業工程師的主要工作，即在引進技術、程序的改良，以減低情境因素的危險性，例如，機械防護，工作方法的改善，材料與設備的安置，防護衣、防護鏡、罩的應用，工作環境的改良等，以增進工作的安全性。此外，建構員工的適應性行爲，加強員工的安全意識，養成安全傾向的行爲，都是有效預防意外事件發生的主要工作。職是之故，一個工業機構欲達成安全而有效的生產目標，必須在觀念上對意外事件有正確的認識，即安全本身爲有效管理的指標之一，意外事件的發生實爲管理不當所致。因此，工業安全方案的推行，必須涉及到教育、工程和行政三方面的配合，其實施有如下五大步驟：

一、成立工業安全組織

工業安全旨在預防事故發生，減少工業損失，提供員工安全舒適的工作環境。因此，工業安全措施的推行，是每個員工的共同責任。工業安全組織應包括：安全主管、安全工程人員及各階層主管，以及員工代表。不過，安全主管及安全工程人員，負責對整個工作安全作業的規劃、宣傳與執行。在生產單位方面，亦應責成對安全教育的執行，及有關安全規則的遵守。蓋工業安全工作乃為長期性的計畫，惟有按照計畫，逐步推行，始有成效可言。它尤需高級主管人員的支持，與全體員工的共同推行，始能使意外事件的發生降到最低程度。

二、發現事實予以記錄

所謂發現事實，就是工廠內一切有關人為或機械因素，都要從意外防止與安全觀點加以設計與檢查。在積極方面，希望建立安全的工作環境；在消極方面，對每件意外事件的發生，都要有詳盡記錄與資料，俾使意外事件的原因都有完整的統計分析。完整的意外事件記錄，應包括：意外發生的時間、發生的地點、受傷者姓名、年齡、性別、值班別、傷害的性質和嚴重性、工作性質和使用機具、見證者與參與者、意外的類別、意外原因鑑定、糾正建議、其他。

三、搜集資料予以分析

把每件意外的記錄加以收集後，安全研究部門應加以統計分析，尋求整個生產機構內意外發生的情形及其趨向，找出共同的原因作為改進的依據。經過統計分析後，可看出各個單位的生產及安全情況，並加以比較分析，瞭解其原因是屬於設備防護的不足，抑係工人安全訓練的不足，才能設法加以補救。

四、選擇補救方法

當意外事件的原因經個別鑑定及分析後，必須謀求補救之道。如果意外發生原因是屬於不安全的環境，可要求工程人員予以改變設計，採取有效措施，例如，設立防護裝備、機械重新設計或改變作業方法等。如屬於人為的過失或不安全行動，則應採取勸誡、說服、晤談、糾正、宣傳、競賽、訓練或斷然調動等措施，以謀求適應行爲，養成安全意識與習慣。

五、補救措施的回饋

補救措施又稱爲糾正措施。這是就整個工廠的情況而言，安全措施絕不能使其他工人重蹈覆轍。當意外原因鑑定後，應立刻普遍地採取補救措施，作全盤性設計與安全作業。例如，修正工程設計，採取說服及要求員工遵守新的安全規則，對不遵守規則者採取懲戒手段，務使安全觀念深入每個員工的內心，則員工有自信心與安全感，焦慮感必隨之降低。

總之，工業安全方案的實施，有賴全體員工的共同遵守與合作。只有員工養成安全意識與習慣，自動自發地接受安全訓練，遵守安全規則，導正健全的心理與人格，才能達成工業安全目標。同時，管理者應建立適當而愉悅的工作情境，減低工人情緒壓力，則意外事件可相對地降低，始能臻於安全而有效率的境地。

管理人員的責任

工業安全衛生的維護是每位員工的責任，惟管理人員必須負責教導、訓練與監督。因此，本節乃特別討論管理人員對安全衛生的責任，以提醒管理者對安全衛生的重視。而此處的管理者包括各單位的直屬主管、安全衛生管理人員與人力資源管理人員及其主管，其共同責任如下：

一、擬定安全衛生計畫

通常安全衛生規劃在未成立安全衛生組織之前，是屬於人力資源管理部門的責任；而一旦安全衛生組織成立，規劃工作才正式歸於安全衛生組織。不過，各級主管仍有協助規劃的責任。安全衛生計畫必須不違背法規，且能配合實際情況。由於工業安全衛生工作不是短期所能收效，因此必須作長期規劃，以便按照計畫逐步推行。此外，工業安全衛生計畫必須劃分各級主管的責任，以便各負其責，以執行各項安全工作。

二、參與安全衛生工作

各級主管必須親自參與安全衛生工作，本身才會重視安全衛生計畫的執行，並帶動員工對安全衛生工作的重視。安全計畫如欲有效實施，就非得尋求主管的支持不可。如果管理人員不領導增進與保持高度的安全警覺，則一切計畫永遠不會達成效果。因此，只有管理人員親自參與，才能督促各級人員對所發生的事故負責，從而激發下級人員對安全 衛生工作的興趣。

三、舉辦安全衛生訓練

安全衛生訓練必須列入教育訓練計畫之中，方能奏效。安全衛生訓練的目的，在使員工瞭解事故發生的原因，並學習如何預防。安全衛生訓練是否成功，端賴員工對其關心的程度；而員工是否關心，常取決於主管的態度。因此，管理人員必須運用宣傳、集會、安全衛生競賽、刊物、漫畫、標語、壁報、佈告、展覽等方式，宣導安全衛生觀念，教導員工安全衛生知識，培養員工安全意識。

四、實施檢查控制督導

工業災害的發生，不外乎不安全的行動與不安全的環境。因此，各級管理人員必須作定期或隨時的檢查。只有對工廠設施與員工操作方法，經常詳加檢查，督導改進，才能消除災害事故於無形。且實施安全衛生檢查，可促使員工注意安全衛生，提高警覺，發現不安全的因素，即時採取行動，作適切的處理，增進員工的信心而安心工作。

五、排除工作可能危險

意外事故的發生，既爲不安全行動與環境，則要排除員工的不安全行動，必須改進工作程序和方法，力求穩定員工情緒。至於改善工作的不安全環境，必須在機器設備上加設安全設施，例如，機器轉動部分的防護，電機加接地線，通風、照明和環境衛生的整潔等，都必須加以注意。這些都是管理人員的責任。

六、注意員工安全行爲

管理人員要瞭解員工個別的心理因素，諸如：員工的個性、動機、人格、知識、經驗、工作態度等，選派適合其個性的人去做他適合的工作，則可排除工作的危險。人類都有追求安全約需要，避免危險的本能，管理人員應教導員工如何避免危險，促使其求安全的警覺。尤其是有意外傾向的員工，管理者必須隨時注意其行爲，力求其情緒的穩定。

七、調查分析意外事故

事故調查的目的，在求明瞭事故發生的原因，確知事故發生的責任，加以適當的改善；並公開告知員工，以免同樣事故的重演。事故調查固在追究責任，尤在尋找事故的眞正原因，因此，調查時態度宜保持平和。至於參加事故調查的人員，除了現場主管及安全衛生管理人員之外，有關主管人員亦應參加，尤其是現場的領班，其責任尤爲重大。

八、隨時檢視事故記錄

事故調查記錄，包括：事故發生的時間、地點、經過、原因、善後措施等，都可提供事故預防的參考。因此，管理人員必須隨時檢視事故記錄，加以分析檢討，從而謀求各項改善措施。檢視事故記錄的目的，就是在防止災害再度發生，瞭解哪些設備和人員容易發生事故，哪些部門顯現高度的災害率，才能對症下藥，找出防止途徑。

九、協助徵選合格員工

員工不安全動作，既爲意外事故發生的最大原因，則在甄選工作人員時，管理階層必須注意徵選不具意外傾向的人員。其他，諸如：視力、體力、年齡、經驗、知覺、興趣、個人精神狀態等變數，都必須加以考慮。只有遵守安全衛生習慣的員工，才能與大家合作，瞭解企業的安全衛生計畫，並協助達成安全衛生目標。

十、指導安全競賽活動

安全衛生競賽也是一種員工教育，通常是在工作條件相類似的各個單位之間進行。安全競賽的標準以災害頻率和嚴重率最爲明顯。但應用時宜有一些限制，因爲有些意外災害率的差異，可能與各部門的工作環境有關，不一定和人員的行為有關。因此，安全競賽的標準，有時可以規定期間內意外災害件數的增減來比較，有時可以員工參加安全討論次數、提供安全建議、保持環境整潔為比較標準。凡此都有賴管理人員的指導。

十一、搜集安全衛生法規

工業安全衛生法規，是推行工業安全衛生工作的張本。因此，各級管理人員，尤其是人力資源管理與安全衛生管理人員必須搜集各項法規資料，以作為釐訂安全衛生政策的依據。一般而言，安全衛生的規劃、審議、教育、訓練、預防與善後的處理，都必須依據法規而行事，才能使全體員工有所遵循，從而養成安全衛生習慣，提供安全衛生意見，並接受主管有關安全衛生的教導。

十二、嚴格執行紀律懲戒

無疑地，安全衛生計畫在本質上應是積極的，懲罰的手段並不適當。但是由於人與人間的差異，有些人可能必須施以消極的懲戒措施，才能養成安全的習慣。因此，如果工人不遵守安全規則或不使用安全工具，甚而危害到他自己或同伴，甚至整個工作情境時，管理人員只有施行懲戒，甚或加以開革。是故，強制性的規定也是促進工業安全衛生的一項措施。

總之，管理人員對工人和環境的安全，負有最大的責任。不管站在道德上的觀點，或是法律上、經濟上的觀點，管理人員都必須對安全衛生工作負起責任。蓋企業執行安全衛生工作的成敗，大多視管理階層的關注與支持程度而定。只有管理階層支持和關心安全衛生計畫，員工才會隨時注意和維護安全與衛生，以保持身心的健康。

附註

1.F. S. McGlade, Adjustive Behavior and Safe Performamce, Springfield, Ill.: Charles C. Thomas, pp. 10-16.

2.H. W. Heinrich, Industrial Accident Prevention, N.Y.: McGraw-Hill.

3.W. Haddon, Jr., E. A. Suchman, & D. Klein, Accident Research: Methods and Approaches, N.Y.: Harper & Row, p. 28.

4.E. E. Suchman & A. L. Scherzer, Current Research in Childhood Accidents, N.Y.: Association for the Aid of Crippled Children, pp. 7-8.

5.N. C. Kephat & J. Tiffin, "Vision and Accident Experience," National Safety News, Vol.62, pp. 90-91.

6.C. A. Drake, "Accident Proneness: A Hypothesis," Character and Personality, Vol.8, pp. 335-341.

7.G. V. Barrett & C. L. Thurstone, "Relationship be-tween Perceptual Style and Driver Reaction to an Emergency Situation," Journal of Applied Psychology, Vol. 52, No.2, pp. 169-176.

8.J. T. Kunce, "Vocational Interest and Accident Proneness," Journal of Applied Psychology, Vol.51, No.3, pp. 223-225。

9.R. B. Hersey, "Emotional Factors in Accidents," Personnel Journal, Vol.15, pp. 59-65.

10.H. M. Vernon, "An Experience of Munitions Factories During the Great War," Occupational Psychology, Vol.14, pp. 1-14.

研究問題

1.何謂意外？構成意外事件的要件爲何？

2.海恩里奇認爲任何意外均包括哪些過程？試述之。

3.工業安全方案必須建立在三E的基礎上，何謂三E？又企業爲何要實施工業安全方案？試說明之。

4.意外事件的種類爲何？工業一旦發生事故常造成哪些損失？試述之。

5.一般評估工業安全衛生成效，常以什麼爲標準？試說明其意義，並列舉其公式。

6.一般意外事件發生的原因爲何？試論述之。

7.何謂意外傾向？意外傾向員工的特質爲何，何以具意外傾向者較易發生事故？試分別說明之。

8.試述視力、年齡、經驗、知覺與意外事件的關係。

9.試述環境因素與意外事件的關係。

10.試述意外事件的預防步驟。

11.試任舉五項觀點說明管理人員對安全衛生工作的責任。

個案研究

職業病的爭議

林美玲在八年前，由某大學取得化工碩士學位之後，滿懷著希望進入某家染料公司服務，結果在兩個月後因對公司的化學藥劑過敏，而引發了自體免疫反應，罹患了過敏性接觸性的皮膚炎，以致四肢的皮膚發紅起疹，甚至潰爛，還發出惡臭，從此展開了與病魔的長期抗戰。

在發病期間，林美玲曾到台大醫院接受住院檢查，在經過一年多才確定爲職業傷害；但公司不但不予承認，還將她解僱。於是，林美玲在與公司交涉不成之後，轉向省勞工處陳情。由於此案涉及醫學知識的問題。勞工處乃將之轉送到行政院勞委會鑑定，在經過半年之後，仍然判定爲職業傷害；但雇主仍不予承認，且該公司認爲該案例已超過兩年的補償時效。在幾經協調之後，只表示願意以五萬元加以補償。

然而，林美玲在這八年之中，花盡了家中的積蓄，由於父親早逝，母親又中風，兄弟姊妹的資助也很有限。如今，她爲籌措生活費和醫藥費，只靠擔任家教的微薄收入。此外，在走上街道，還受到許多人的指指點點與紛紛走避，在心靈上受到二度傷害。爲了喚醒勞工注重自己的權益，林美玲乃將自己的遭遇公諸於社會，並提請政府重視該項問題。

個案問題

1.依本個案而言，林美玲應如何繼續爭取自身權益？

2.依目前勞工相關法規，能否充分保障林美玲的權益？

3.請問，該公司指「超過兩年的補償時效」，是依據何項法規？

4.依第三題，是否應包含爭議處理時間或醫院檢驗期間？

5.你認爲政府在類似案件中，應負起何種責任？

第21章 福利與保險

本章學習目標

讀者於讀過本章之後，應能瞭解：

1.員工福利的意義與舉辦原則。

2.員工福利措施的功能。

3.實施員工福利的依據及福利金的提撥。

4.職工福利委員會的組織與任務。

5.一般員工福利的類型和內容。

6.股票認購權和員工認股權的意義及作用。

7.利潤分享制的意義及作用。

8.彈性福利制的意義及作用。

9.勞工保險的意義與特性。

10.勞工保險的主要類別及其內容。

11.勞工保險費率的訂定及保險費的分擔。

12.勞工保險給付的項目。

13.老年給付的請領條件及給付標準。

14.死亡給付的請領條件及給付標準。

安全與衛生是為了維護員工的身體健康，福利措施則在維持員工的精神與士氣，兩者都在促使員工對工作保持最高的效率。現代企業已能體認員工福利與生產效率的關係，因此，如何辦理員工福利措施，乃成為人力資源管理部門所面臨的一大挑戰。至於勞工保險是員工福利之最大宗旨，故併在一起討論。本章擬將研討員工福利的意義、原則、功能、措施，並探討有關勞工保險制度。

員工福利的意義與原則

一、員工福利的意義

員工福利是一種補助性的薪資。有些企業自知員工薪資待遇不高。乃設法加強福利服務，以吸引員工為企業服務。因此，有人認為福利措施是一種變相的待遇。根據研究顯示，有些企業所花費在員工福利服務方面的支出，其成長率遠超過薪資方面的支出。由此可知，員工福利對企業員工的重要性。

所謂員工福利，也可稱為員工服務，是一種改善員工生活的重要措施。《牛津大辭典》解釋「員工福利」，為「使工人生活得更有意義的一種努力。」因此，員工福利可以說就是員工生活，員工的福利措施改善了，則員工大部分生活問題也就解決了。

今日員工福利的意義，可為廣義與狹義之分。狹義的意義，是指在工人工作報酬之外，由雇主和工人團體有組織有計畫地舉辦各種福利設施，使工人及其眷屬在工作中或生活上都獲得相當大的便利，這就是我國「職工福利條例」中所規定的業務與內容，亦即目前所謂職工福利的範圍。就廣義的定義言，員工福利包括：工資、獎金、工時、童工、女工、工會組織、安全衛生、災害補償、職工福利、康樂活動、就業輔導、勞工保險、教育訓練、輔建住宅、退休撫卹、家計調查等，凡能改善生活，提昇生活情趣，促進身心健康者均屬之。

由上述觀之，員工福利的意義相當廣泛，舉凡與員工生活有關者，均可列入員工福利範圍。其目的在改善員工生活，提高工作效率。今日的福利觀念，已由以往的恩惠觀念轉變為義務的觀念。蓋員工福利措施完善，不僅員工得到服務的便利，享受合理的生活，而且企業尊重人性的結果，也能得到相當的回報。

員工福利觀念雖然可以做廣泛的解釋，然而一般所謂員工福利多指狹義而

言，就是限於改善職工生活的各種職工福利設施，亦即指職工福利金條例及相關規定提撥福利金而舉辦的福利措施而言。本章的討論，亦限於以該範圍為主。

二、舉辦員工福利的原則

今日員工福利是待遇的一部分，提供給員工的福利，並不是一種恩惠，而是一種義務。因此，福利事業的舉辦，不但要有計畫，而且更要把握一些原則，才能使福利計畫成功，其原則如下：

(一) 切合員工需要

福利事業的舉辦，是以員工為對象，故須能以切合員工的需求為原則。至於員工的需要很多，舉辦時可選擇最迫切需要，且為大多數人所企求的，諸如：生老病死是每個人所不能免的，故可優先辦理勞工保險、生育補助、經濟互助等事項。若企業福利計畫，只是出自於主管人員的構想，片面地認定員工的需要，其結果不但無法協助員工，反而浪費人力財力。

(二) 優先解決生活

福利事業的舉辦，應以解決員工生活問題為優先。所謂生活，就是指食、衣、住、行、育、樂等有關事項。亦即從食、衣、住、行、育、樂各方面，來協助提高生活的水準，或給予生活上的便利，使在工廠中工作的人員，能集中精神於工作崗位上，作最大的努力，而無家室之憂。例如，在未全面實施全民保險前，對員工眷屬患有重病，而員工難以負擔者，應給予補助。

(三) 講求經濟原則

福利措施的舉辦，必須講求經濟原則。所謂經濟，不一定就是便宜；便宜也不一定是經濟。凡是切合實用而無浪費，才是眞正的經濟。例如，企業員工有設立子弟小學的需要，而附近已有一所公立小學，則另設子弟小學，就是多餘而不經濟了。

(四) 對象儘量廣泛

企業舉辦福利計畫，應儘可能使員工都能參與。如果舉辦某項福利事項，而只有少數員工參加，則此項計畫的回收必然有限。例如，公司大部分為有家室的男性，則舉辦設施性與經濟性的福利措施，比較能受惠。又如公司中大部分人力是屬於年輕女性，流動率也高，則辦理退休計畫反不如辦理娛樂性福利，更具有廣泛性。同時，從經濟觀點言，福利設施使受惠人數愈多，愈爲經濟有效。

(五) 配合企業環境

如果企業辦理福利事項，都必須和它本身環境與社區環境相配合。一個企業的目標有一定的範圍，福利計畫也應限定於這個範圍內。如一家小型工廠，自不宜辦理過於龐大的福利計畫。再者，企業的福利計畫也必須配合所在的環境。企業在決定福利計畫時，必須先作福利調查，必要時可將本公司的薪資資料和福利事項，與社區內其他公司加以比較，然後再決定其福利事項的舉辦。

(六) 具有回收效益

企業的福利計畫，本身就是一項投資，因此必須有成果的回收。若企業辦理福利事項，不能得到相等的回收，就不宜舉辦，否則將是一項浪費。通常評估回收成果的項目，至少包括下列項目：可增加生產力、易於羅致工作人員、可增進員工士氣與忠誠、可降低員工的流動率和缺勤率、可促進良好的公共關係、可減少工會的影響力、可減少政府的千預以及可調節待遇的差異等。

(七) 建立完善制度

福利措施必須訂定完善的辦法，諸如：辦理何項福利，對象爲何，受益人若干，給付標準與條件爲何，都必須有完整的計畫，並依企業盈餘情況而作增減。且辦理福利事項，必須能持之以恆，才能使員工感受到利益，並吸收或留住人才。

(八) 求新求變求實

員工福利措施的舉辦，不能一成不變，而且要能求實際，配合員工的需要。例如年輕員工喜歡郊遊、聯誼活動，這些活動花費不多，可多舉辦；至於年老員工可舉辦棋藝競賽等，較不耗費體力的活動。此外，郊遊、聯誼活動的方式很多，如健行、烤肉、園遊會、趣味競賽等；舉辦活動時，不宜固定一種，而宜隨時求變化，因滿足員工好奇與興趣。

總之，員工福利措施的舉辦，並非毫無限制，至少它必須能激發員工士氣，有助於生產力的增加，才有舉辦的價值。而且福利計畫的實施，絕不是雇主的一種施恩，而是現代企業所應有的義務。唯有如此，才能使福利計畫施行成功。

實施員工福利的原因與功能

一、實施員工福利的原因

近來員工福利措施得以迅速發展，其原因有下列各項[1]：

（一）政府的要求

由於今日社會環境的變遷，以及勞工問題日漸受到各界的重視，各國政府無不透過種種社會安全的立法，規定各公私營企業機構照顧其員工的生活。於是，企業福利設施乃由原來雇主施惠的觀念，逐漸演變爲政府對雇主所賦加的一種義務，再演進爲員工應享的一種權利。因此，現代企業經營者已體認福利是生產的一部分，只有增進員工福利，才能增加生產提高利潤。

（二）人性的重視

自二次世界大戰後，人性需求普遍受到重視。行爲科學家更指出，個人行爲的動機源自於需求，因需求而產生願望，因願望而採取行動；且勞動是人類的天賦條件，人們都希望憑其勞力與心智求取更佳的生活。在今日民主自由的社會中，企業要個別地滿足人類需求，激發工作情緒，使其全力地貢獻於企業，並對組織保持更積極的工作態度，就必須照顧員工的生活。因此，員工福利服務乃受到普遍的推展。

（三）同業的壓力

任何企業都是整體社會的一部分，在自由經濟體制下，員工均可自由選擇較佳的工作環境，而其中薪資福利即爲員工選擇工作的考慮條件。因此，一般企業爲免於同業的競爭，乃相對地提高福利措施，以作爲吸引或保留工作人員的手段。

（四）工會的努力

近來工人不斷地組織工會，以提高其地位，增強員工的力量，並能爭取更多更大的福利。近代歐美各國的勞工運動史，就是一部爭取生活福利的奮鬥史。因此，工會的存在即以增進勞工生活福利為目的。由於工會力量的不斷壯大，企業主不能不注意員工福利措施的改善。

（五）服務的替代

企業給付員工薪資是不斷地增加的，但企業面臨著日益激烈的競爭，其利潤不見得能隨著不斷增加。因此，企業主為了避免使薪資的負擔，成為日後的一項沉重負擔，而改以福利服務替代部分薪資的給付。相對地，對員工而言，在通貨快速膨脹與所得稅率增高時，福利服務遠較部分薪資更能帶來一些實惠。

綜觀上述，企業舉辦福利措施，乃是來自政府、企業與工會等多方面交互作用而形成的。然而企業經營的管理哲學，實是影響福利措施實施的最主要力量。就企業機構而言，實施福利服務計畫也是一項投資，對企業成果是可以回收的，且此種回收的價值往往很難運用金錢去衡量。蓋完善的員工福利措施，不僅改善員工生活，更能為企業增加生產利潤。是故，員工福利措施的實施是必要的。

二、員工福利的功能

企業若能重視員工福利，實施良好的福利措施，將具有下列功能：

（一）安定員工生活

員工福利措施對每個員工都是有利的，可使員工工作情緒與效率提高，生產量也大為增加。

（二）補充工資不足

員工福利措施既為一種補助性薪資，則員工可從福利措施上得到部分滿足。有些企業的工資不高，勞工所得僅敷簡單衣食之所需，故有福利設施可補充工資的不足。

(三) 提供員工消遣

企業提供員工福利設施，可使員工在工作餘暇，參加業餘團體活動，得以使其精神有所調劑，並消遣其生活。

(四) 增進勞工知能

員工福利設施的提供，可使員工在工作餘暇，參閱各項資料增廣見聞；甚或參加各種補習教育，可啓發其知識，並增進其能力。

(五) 改善勞資關係

雇主照顧勞工生活，勞工生活得以安定，必能感恩圖報；且勞資雙方目標一致，將能爲事業的共同發展而努力。

(六) 提高工作意願

勞工生活得到安定與保障，生活無憂無慮，自必樂意付出心力和體力，爲企業效勞，且其流動率自必降低。

(七) 促進經濟發展

勞工工作意願高，勞資雙方關係和諧，則勞資共存共榮，此不僅有助於企業本身的發展，且能促進國家整體經濟的發展與繁榮。

(八) 維持社會和諧

勞工人口及依賴其生活的眷屬占社會總人口的大部分，若勞工生活得以改善，則大部分國民生活必能獲得改善，社會生活自然安定而和諧。

總之，員工福利措施的推行，是整體企業的共同責任。它是勞工應享的權利，為勞工基本權益之一，故辦好福利措施與建立合理薪資同等重要。

員工福利的實施

企業實施員工福利計畫，與政府推行社會安全制度有密切的關係。社會安全的本意，即在保障國民的收入不能中斷，否則將以社會保險、公共救助與社會福利等保障措施，來負責其生活，以求達到社會安全的目的。因此，要解決社會問題，需由保障國民生活做起，其最有效的措施，就是實施社會安全制度。而勞工政策的制訂，即是其中之一。本節將討論勞工福利措施實施的依據與內容。

一、員工福利施行的依據

員工福利的實施，是整個社會安全制度的一環，在我國所依據的，有「職工福利金條例」、「職工福利金條例施行細則」、「職工福利委員會組織規程」、「職工福利社設置辦法」等，規定公、民營工廠、礦場或其他企業組織，均應提撥職工福利金，辦理職工福利事業。依職工福利金條例規定，職工福利金按以下標準提撥：第一、創立時就其資本總額提撥百分之一至百分之五。第二、每月營業收入總額內提撥百分之〇．〇五至百分之〇．一五。第三、每月於每個員工薪津內各扣百分之〇．五。第四、下腳變價時提撥百分之二十至四十。由上述福利金的提撥規定，可知勞工福利已受到重視。

至於職工福利金的籌劃、保管及動用，以及福利事業的推進，則由各工廠、礦場或其他企業組織所組成的職工福利委員會負責。職工福利委員會當視企業職工人數及實際需要，由下列人員七人至二十一人組織之：第一、工廠、礦場或其他企業組織之業務執行人。第二、依法不加入工會之職員代表。第三、工會代表。由於舉辦福利事業以有利於員工爲主要目標，故爲期福利事業能切合員工需要，法令又規定福利委員會中工會代表不得少於三分之二。

職工福利委員會之任務如下：

（一）關於職工福利事業之審議、推進及督導事項。

（二）關於職工福利金之籌劃、保管及動用事項。

（三）關於職工福利事業經費之分配、稽核及收支報告事項。

（四）其他有關職工福利事項。

二、員工福利的內容

員工福利如就廣義而言，舉凡廠礦安全、工人的工資工時，以及童工女工的保護等等均與勞工生活福利有關。惟習慣上，所謂勞工福利，多採狹義解釋，

而專指具有社會安全性質的福利措施而言，例如，保險、福利金等事項。一般福利事項，可分為：經濟性的、娛樂性的、與設施性的三種[2]：

(一) 經濟性福利

所謂經濟性福利，是指對員工提供基本薪資和有關獎金以外的若干經濟性服務而言。此種福利可使員工得到實質的金錢利益，含有與薪資相近似的意義。此種福利包括：

1.互助基金，由公司與員工共同捐獻。
2.退休金給付，由公司或公司與員工共同負擔。
3.團體保險，包括：壽險、疾病保險、住院與手術保險等。
4.員工疾病與意外給付。
5.婚喪補助、生育補助。
6.分紅入股、產品價格優待。
7.公司貸款與存款優利計畫。
8.撫卹、眷屬補助、子女獎學金等。

企業舉辦經濟性福利措施，是希望能減輕員工對經濟安全的顧慮，進而增進員工士氣與生產力。例如，有退休金計畫就可羅致更優秀的人才，方可減少員工的流動率。

(二) 娛樂性福利

所謂娛樂性福利，是指對員工提供社交與和康樂活動，以增進員工身心健康的福利措施。其中包括：

1.舉辦各種球類活動及提供運動設備，例如，排球、籃球、球拍、球網、球檯、壘球、棒壘球手套等運動器材及體育場等。
2.社交活動事項，例如，郊遊、舞會、同樂會、登山活動、健行、釣魚、露營、園遊會、慶生會等。
3.文化藝術活動，例如，演講比賽、論文比賽、音樂會、攝影會、電影欣賞、歌唱比賽、舞蹈、各種展覽會等。
4.特殊性活動，例如，橋藝、烹飪、插花、國樂、書法等社團活動。

娛樂性福利大多是無形的，很難用數字計算。不過，舉辦此項福利頗具價值，不但可提高團體士氣，增進員工健康，且可提昇員工合作意識，其最基本價值乃在使員工確認選對了值得服務的公司。

(三) 設施性福利

所謂設施性福利，是指企業有感於員工的日常需要，而提供其便利與服務的福利措施。此種福利包括：

1.保健醫療服務，例如，醫院、醫務室、特約醫師、體檢等。
2.住宅服務，例如，供給宿舍、代租或代辦房屋修繕或興建等。
3.公共食堂及餐廳。
4.設立福利社，供應廉價日用品、公司產品的折扣優待。
5.教育性服務，例如，設立子弟學校、托兒所、幼稚園、勞工補習教育、圖書館、閱覽室、進修訓練班等。
6.提供法律與經濟諮詢，由公司聘請律師、會計師爲員工提供諮詢服務。
7.供應交通工具，例如，交通車。
8.製發制服或工作服。

企業舉辦設施性福利，可提供員工日常生活上許多便利，其價值乃爲提高工作士氣，使員工對企業機構感到滿意。如有些福利餐廳不僅便利員工就食，且可改進員工營養，增進工作效率。

總之，員工福利項目繁多而複雜，企業機構可就員工需求與企業環境作最佳的選擇來辦理。

實質福利措施

企業機構的福利措施固然很多，但實質福利是最具實惠的措施，今僅列述幾項說明之。

一、股票認購權

所謂股票認購權（stock option），是指給予員工在未來的工作時間內，以目前的市價或低於市價的價格，購買某一定數量股票的權利。由於股票價格通常都與獲利能力和成長率有關，故具有鼓勵員工努力於工作績效的效果。依此，則此項福利措施與企業成長和員工利益息息相關。

二、利潤分享制

所謂利潤分享制（profit-sharing plan），就是在將公司利潤的某一定比例提撥出來，以分配給員工的福利制度。當公司所得利潤愈多，員工就分得愈多；若公司盈餘不多，則不予發放。此項措施對於徵募員工、保留員工、激勵員工，以及提高生產力、生產績效、對公司的認同感、員工參與等，都有正面的積極效果；且可降低員工流動率，並鼓勵員工愛惜公司資源[3]。該項制度又可分爲如下幾項：

（一）定期分配制

定期分配制（current distribution）是指定期將其一定比例的利潤，以現金或股票的方式分配給公司員工的制度。

（二）遞延分配制

遞延分配制（deferred distribution）是在受託者的監督下，公司將一部分利潤依據某種分配方式，分別存入每位員工帳戶，直到員工退休、離職或死亡時，方能領取的制度。

（三）混合分配制

混合分配制（combination distribution）是實施部分定期分配和部分遞延分配的混合制度。

任何企業機構在實施利潤分享制福利計畫時，都宜作妥適規劃，並與員工充分溝通，以便取得互信，如此才有成功的可能性。

三、員工認股制

員工認股制（employee stock owership plan）是由員工每月以扣薪方式購買公司股票；而公司每年按全體員工薪酬費用的百分之十五，作爲員工認股上限。員工依此可藉著購買股票，而成爲公司股東，如此可促使員工提高生產力，增加公司利潤；同時，一旦股價上漲，員工可由此而獲利。另外，員工透過公司購買股票，可省去經紀人的手續費，降低購買成本。對公司而言，員工認股制是一種拯救經營失敗的公司之方式，因其可使員工留住工作。

四、彈性福利制

所謂彈性福利制（flexible-benefit plan），又可稱爲自助餐福利制（cafeteria plan），其乃爲由公司制定整套福利計畫，該計畫包括：健康保險、壽險、退休金計畫、伙食服務、財務與法律服務、諮商服務、教育與娛樂方案、採購折扣、保健服務……等福利措施，而由員工自行選擇最迫切需要的項目，由公司提供服務的福利制度。此種制度可說涵蓋了整個公司的福利。它可賦予員工充分享有選擇權，對甄選和留住員工甚具吸引力；但所花費成本甚高，需有更佳的管理措施。

總之，員工福利可視為整個報償的一部分，只有最具實惠的福利措施和制度，才能使員工真正感受到福利的效用。當然，這得視公司整體的營運狀況，以及與員工互動的情況而定。

勞工保險

勞工保險可說是員工福利之最大宗項目。本節將討論其意義、性質、內容，以提供參考。

一、勞工保險的意義與性質

保險一語，是指一個人遭遇到意外事故的損害，設法使其安全渡過，而予以保障的意思。一個人自出生到死亡，隨時都有遭遇意外事故的可能。如果他經濟充裕，便能夠應付任何意外損害，自不會有什麼問題；但如果他僅是依靠固定收入者，則一旦發生重大意外事故，必將束手無策，無法應付。因此，保險乃爲應付意外事故的最好方法。

所謂保險制度，就是個人平時付出很少代價給保險機構，一旦其本人或家屬，遭遇到意外事故的損害，而無法應付時，則由保險機構付出相當的補償費用，予以應付。保險機構所採取的原則，不外乎互助合作與危險分擔，係指利用多數人的經濟力量，以補償少數人的損失，使少數人因受身體傷害或物質損失，而本人或家屬仍能維持適當生活。

勞工保險即爲上述保險的一種，其所以稱爲勞工保險的原因乃因爲保險的目的，專在保障勞工的各種意外事故損害，且保險的組成份子爲勞工之故。因此，勞工保險是社會保險的一環，也是整個社會安全制度的一種。它是政府爲謀求勞動者生活安定，補償其因災害、疾病、失業及衰老等所遭受的經濟損失，而特別設立的一種保險制度。

總之，勞工保險，是指企業機構根據危險分擔原則，基於互助的精神，而集合多數人及配合政府的經濟力量，來解決少數人的重大困難，以保障勞工生活，增進工作效率，促進社會安全的措施。

其主要特性如下：

(一) 勞工保險是一種強制保險

一般參加保險的方式，有強制保險與任意保險兩種。勞工保險屬於前者，即由政府以法律或命令指定被保險人參加投保，不但不許被保險人自由選擇，且對應加入保險而不加入老，訂有處罰的規定。

(二) 勞工保險是一種人身保險

勞工保險所包括的保險事故，分爲：生育、傷害、疾病、殘廢、老年、死亡、失業等，其中除了失業一項外，都與人身有關。而凡具有勞工身分者，均爲勞工保險的對象。因此，勞工保險是一種人身保險。

（三）勞工保險非以營利為目的

勞工保險的舉辦，是爲了要使被保險的勞工大眾，在一旦遭遇意外事故時，最低生活仍有所補償，其給付即是爲維持其最低生活標準，是取決於國家的政策，此與商業保險之以營利爲目的者不同。

（四）勞工保險費採分擔主義

商業保險費，由被保險人自行負擔；而勞工保險之保險費，係由政府、雇主和被保險人三方面負擔。故勞工保險的保險費係採分擔主義；至於享受保險利益者，即於被保險人及其受益人。

（五）勞工保險由政府機關承保

任意保險之被保險人或要保人，可在保險公司中自由選擇投保。勞工保險之承保機關，則具有獨占性，由政府設立機構專司其事或委託公司、機關代辦。目前我國勞工保險由台閩地區勞工保險局辦理。

（六）勞工保險為綜合保險

勞工保險包括：生育、傷病、殘廢、醫療、老年、死亡、失業等七種事故，而勞工保險是一個總名稱。凡參加勞工保險之勞工，只要繳納一筆保險費，無論發生上述任一事故，均可依法請求各種不同之給付。給付之標準，按被保險人所遭遇之保險事故，給予津貼或必要之醫療。至於所納保險費之多寡，與保險給付之間，未必有絕對關係，例如，醫療給付、住院診療，並不因各人投保工資之高低，致使給付有所差異。又如死亡給付，有親屬之受領給付，較無親屬者爲多，此乃基於前者有親屬要扶養，使更符合社會安全之意義，故從保障勞工目的言，勞工保險實是一種綜合保險。

（七）勞工保險給付與工廠法上損害不同

勞工保險是應用保險原理，以有勞工身分者爲特定保險對象之人身保險，勞工以些微之保險費，換取安全之保障，如一旦發生事故，亦能分散危險，以獲得相當之經濟補償，使其生活得免於困窘匱乏。因此，勞工保險的實行，只要發生保險事故屬實，不論與執行職務有無關係，保險給付必依法發給。至於損害賠償，在工廠法第四十五條規定，凡依法未能參加勞工保險之工人，因執行職務而致傷病、殘廢或死亡者，工廠應參照勞工保險條例有關規定，給予補助或撫卹費。工廠法的立法精神，因針對未能參加勞保員工之損害賠償，但這要看雇主的良心與經濟能力，無法確實有效地保障勞工生活。

二、勞工保險的內容

勞工保險的目的，在保障勞工生活，促進社會安定，其主要內容分為下列數項說明之：

（一）保險類別

勞工保險分為下列二類：

1. 普通事故保險：分為生育、傷病、醫療、殘廢、失業、老年及死亡等七種給付。
2. 職業災害保險：分傷病、醫療、殘廢及死亡等四種給付。

惟自民國八十四年三月一日起，普通事故保險醫療及生育給付部分納入「全民健康保險」，致停止適用。

（二）保險對象

凡年滿十五歲以上，六十歲以下之下列勞工，應以其雇主或所屬團體或所屬機構為投保單位，全部參加勞工保險為被保險人：

1. 受僱於僱用勞工五人以上之公、民營工廠、礦場、鹽場、農場、牧場、林場、茶場之產業勞工及交通、公用事業之員工。
2. 受僱於僱用五人以上公司、行號之員工。
3. 受僱於僱用五人以上之新聞、文化、公益及合作事業之員工。
4. 依法不得參加公務人員保險或私立學校教職員保險之政府機關及公、私立學校之員工。
5. 受僱從事漁業生產之勞動者。
6. 在政府登記有案之職業訓練機構接受訓練者。
7. 無一定雇主或自營作業而參加職業工會者。
8. 無一定雇主或自營作業而參加漁會之甲類會員。

前項規定，於經主管機關認定其工作性質及環境無礙身心健康之未滿十五歲勞工亦適用之。

前二項所稱勞工，包括在職外國籍員工。

（三）保險費

1.保險費率：保險費率依投保之種類而分為兩種：

（1）普通事故保險費率，由中央主管機關按被保險人當月之月投保薪資百分之六、五至百分之十一擬定。

（2）職業災害保險費率，按被保險人當月之月投保薪資，依職業災害保險費率表之規定辦理。

此項保險費率表，由中央主管機關擬訂，報請行政院核定，並至少每三年調整一次。目前職業災害保險費率表，按三十八種行業危險性質訂定，自百分之零點二至百分之三，愈是危險的行業，雇主所繳的保險費率愈高。

2.保險費負擔：保險費之負擔，為被保險人應盡之義務。目前勞工保險費，由被保險人、雇主和政府共同負擔，被保險人分擔保險費之情形如下：

（1）被保險人之有雇主者，其普通事故保險費由被保險人負擔百分之二十，雇主負擔百分之七十，中央及省（市）政府各負擔百分之五，職業災害保險費，全部由雇主負擔。

（2）政府登記有案之職業訓練機構受訓練者之被保險人，其保險費之負擔，由該機構、政府與受訓員工按前款情形負擔。

（3）無一定雇主或自營作業而參加職業工會者，其普通及職業災害保險費及職業災害保險費，均由省（市）政府輔助百分之四十，被保險人負擔百分之六十。

（4）無一定雇主或自營作業而參加漁會之甲類會員，其普通事故保險費及職業災害保險費，均由省（市）政府補助百分之八十，被保險人負擔百分之二十。

（5）其他未屬於上述各項而準用保險條例之勞工，其保險費均由省（市）政府補助百分之二十，被保險人負擔百分之八十。

（四）保險給付

勞工保險之給付，必先有保險事故的發生。保險事故發生後，被保險人或其受益人，即可依法請領保險給付，此項請求權因二年間不行使而消滅。目前我國已開辦之勞工保險給付分為：生育、傷病、醫療、殘廢、老年、死亡、失業等七種。其中醫療保險及生育分娩費，以併入全民健康保險範圍。

1.生育給付：生育給付以被保險人本身生育為限，即被保險人分娩或早產者，按其平均投保薪資一次給與生育給付三十日。

2.傷病給付：傷病給付以被保險人本身的傷病為限，其請領條件與給付標準如下：

（1）被保險人遭遇普通傷害或普通疾病住院診療，不能工作，以致未能取得原有薪資，正在治療中者，自不能工作之第四日起，發給普通傷害補助費或普通疾病補助費。

（2）被保險人因執行職務而致傷害或職業病不能工作，以致未能取得原有薪資，正在治療中者，自不能工作之第四日起，發給職業傷害補償費或職業病補償費。

（3）普通傷害補助費及普通疾病補助費，均按被保險人平均月投保薪資半數發給，每半個月給付一次，以六個月為限。但傷病事故前參加保險之年資合計已滿一年者，增加給付六個月。

（4）職業傷害補償費及職業病補償費，均按被保險人平均月投保薪資百分之七十發給，每半個月給付一次；如經過一年尚未痊癒者，共職業傷害或職業病補償費減為平均月投保薪資之半數，但以一年為限。

（5）被保險人在傷病期間，已領足前二項規定之保險給付，期滿仍未痊癒，經保險人自設或特約醫院診斷為永不能復原者，得視傷病情形申請繼續治療或請領殘廢給付。

3.殘廢給付：殘廢給付以被保險人本身為限，可分普通殘廢給付與職業殘廢給付兩種：

（1）普通殘廢給付：被保險人困普通傷害或罹患普通疾病，經治療終止後，如身體遺存障害，適合殘廢給付標準表規定之項目，並經診斷爲永久殘廢者，得依殘廢等級及給付標準，一次請領殘廢補助費。被保險人領取普通傷病給付期滿，或其所患普通傷病經冶療一年以上尙未痊癒，如身體遺存障害，適合殘廢給付標準表規定之項目，並經保險人自設或特約醫院診斷爲永不能復原者，得比照前項規定辦理。

（2）職業殘廢給付：被保險人因職業傷害或罹患職業病，經治療終止後，如身體遺存障害，適合殘廢給付標準表規定之項目，並經診斷爲永久殘廢者，依同表規定之殘廢等級及給付標準，增給百分之五十，一次請領殘廢補償費。被保險人領取職業傷病給付期滿，尙未痊癒，如身體遺存障害，適合殘廢給付標準表規定之項目，並經診斷爲永不能復原者，得比照前項規定處理。

4.老年給付：老年給付以被保險人本身之老年爲限，其請領資格條件及給付標準如下：

（1）請領資格條件：

A.參加保險之年資合計滿一年，未滿六十歲或女性被保險人年滿五十五歲退職者。

B.參加保險之年資合計滿十五年，年滿五十五歲退職者。

C.在同一投保單位參加保險之年資合計滿二十五年退職者。

D.擔任經中央主管機關核定具有危險、堅強體力等特殊性質之工作合計滿五年，年滿五十五歲退職者。

被保險人已領取老年給付者，不得再行參加勞工保險。

（2）給付標準：

A.被保險人依規定請領老年給付者，其保險年資合計每滿一年按其平均月投保薪資，發給一個月老年給付；其保險年資合計超過十五年者，其超過部分，每滿一年發給二個月老年給付。但最高以四十五個月爲限，滿半年者以一年計。

B.被保險人年逾六十歲繼續工作者，其逾六十歲以後之保險年資最多以五年計，於退職時依規定核給老年給付。但合併六十歲以前之老年給付，最高以五十個月爲限。

5.死亡給付：死亡給付不以被保險人本身之死亡爲限，即被保險人之父母、配偶或子女死亡時，亦可依照規定，請領喪葬津貼。其請領條件及支給標準如下：

（1）被保險人之父母、配偶或子女死亡時，依下列規定，請領喪葬津貼：

A.被保險人之父母、配偶死亡時，按投保薪資額發給三個月。

B.被保險人之子女滿十二歲死亡時，按投保薪資額發給二個半月。

C.被保險人之子女未滿十二歲死亡時，按其平均月投保薪資發給一個半月。

（2）被保險人死亡時，按其平均月投保薪資，給與喪葬津貼五個月。遺有配偶、子女及父母、祖父母或專受其扶養之孫子女及兄弟、姊妹者，並給與遺屬津貼，其支給標準依下列規定：

A.參加保險年資合計未滿一年者，按投保薪資一次發給十個月遺族津貼。

B.參加保險年資合計已滿一年而未滿二年者，按平均月投保薪資，一次發給二十個月遺族津貼。

C.參加保險年資合計已滿二年者，按被保險人平均月投保薪資，一

次發給三十個月遺族津貼。

（3）被保險人因職業傷害或罹患職業病而致死亡者，不論其保險年資，除按其平均月投保薪資一次發給喪葬津貼五個月外，遺有配偶、子女、父母、祖父母、孫子女或兄弟、姊妹者，並給與遺屬津貼四十個月。

6.失業給付：依據民國八十四年二月二十八日修正公布「勞工保險條例」第七十四條：失業保險之保險費率、實施地區、時間及辦法，由行政院以命令定之。行政院乃於民國八十七年十二月二十八日台八十七勞字六三六六九號令發布「勞工保險失業給付實施辦法」，明定失業給付以勞保條例第六條第一項第一款至第五款之本國籍被保險人，因非自願失業者，為給付適用對象。該辦法自民國八十八年一月一日起實施。

附註

1.吳靄書著，企業人事管理，自印，四二五頁至四二六頁。

2.同前註，四三一頁至四三二頁。

3.Gary Dessler, Personnel Management, Englewood Cliffs. N.J.: Prentice-Hall, Inc., p. 403.

研究問題

1.何謂員工福利？並就廣義與狹義分別說明之。
2.辦理員工福利的原則爲何？試述之。
3.一般企業何以要辦理員工福利措施？說明之。
4.員工福利措施具有哪些功能？並加說明。
5.施行員工福利措施的依據何在？職工福利金如何提撥？並說明職工福利委員會的組織與任務。
6.一般員工福利的類型爲何？試述之。
7.何謂股票認購權？員工認股權？其各有何作用？
8.何謂利潤分享制？其又可分爲哪些制度？其有何作用？
9.何謂彈性福利制？其對員工和公司各有何功用？
10.試述勞工保險的意義與特性。
11.勞工保險何以是一種綜合性保險？它與工廠法上損害賠償有何不同？試說明之。
12.勞工保險有哪些類別？其內容包括哪些項目？
13.勞工保險費率如何訂定？又保險費負擔如何分配？試依保險對象分別說明之。
14.勞工保險給付分爲哪些項目？其中哪些項目爲限於被保險人自身的給付。
15.殘廢給付可分爲哪兩種給付？試個別說明之。
16.試述老年給付的請領條件與給付標準。
17.試述死亡給付的請領條件及給付標準。

個案研究

未投保的處罰

吳登貴在一年多前，受僱於穩隆公司從事營造作業，某日於返家途中發生車禍，經送醫不治死亡。

由於穩隆公司未依勞工保險條例規定爲吳投保，吳登貴家人無法領到勞保死亡給付，於是向縣政府主管單位提出陳情，指勞工上下班途中發生意外，應屬職業災害；惟公司事發後不願依法賠償，致使死者家屬權益受損。

縣主管單位曾召開兩次協調會，穩隆公司代表認爲：吳登貴到公司上班是透過工會介紹，公司要爲他辦勞保，吳表示已在工會投保，不願再投保。吳登貴家屬則表示，穩隆公司僱用員工在百人以上，依法應強制替員工投保，公司未依規定投保，自應負賠償責任。

因勞資雙方談不攏，協調不成，縣政府乃報請勞保局釋示。經勞保局裁示，穩隆公司除必須負賠償責任外，尙需處罰兩倍的保險金額。

個案問題

1.員工上下班途中發生意外，是否屬於職業災害範圍？如何認定？
2.穩隆公司是否可因吳登貴不願投保，而免除賠償責任？
3.如果你是勞保局承辦人員，將如何解釋此項案例？何故？
4.穩隆公司所受處罰是否合理？依據何在？

離職管理

第22章

本章學習目標

讀者於讀過本章之後，應能瞭解：

1.企業辦理退休的意義及目的。
2.勞工退休的類別及其條件。
3.退休金的支付方式與支給標準。
4.退休金的保管、運用與消滅、終止、喪失。
5.撫卹的意義及條件。
6.資遣的意義及其緣由、條件。
7.員工辭職的原因。
8.臨時解僱、留職停薪、免職等名詞的意義，及其發生的情況。

員工在企業中工作，最後不外乎是離職，而離職至少包括：退休、撫卹、資遣、辭職等，這些也可說是員工從事工作的最終福利。此外，離職尚包括：臨時解僱、留職停薪、免職、死亡等。人力資源管理者必須重視這些問題，始能做好管理工作。因爲這些制度的好壞，將影響外界人員進入公司服務的意願，以及整個工作精神與效率。本章將依次研討退休、撫卹、資遣、辭職，以及其他離職事項。

退休

退休是協助員工在年老或體衰後，能安享晚年的福利措施。站在人道立場言，個人在某種工作崗位上努力後，應給予若干保障，此乃是一種人性道德。因此，雇主有義務對勞苦功高的員工略盡一些心意，此舉將有利企業的發展。本節即將討論退休的意義、功能、種類與條件，退休金之給與、保管、運用、終止、喪失及保障等。

一、退休的意義與目的

退休，係指企業機構對所屬年事已高或身體衰病，致難勝任職務之員工，予以退休，並依其年資給予退休金，以安度晚年生活。就勞動者而言，其年齡已達某一程度，體力已不如前，工作效率不再提高，且隨著年齡之增加而下降，其已終身奉獻於雇主，爲安享其餘年，自希望雇主能給予相當報酬。對雇主而言，年老或殘廢者的效率日益降低，不合經濟效益；且年老或殘障者退休，可使年輕力壯者新進、晉升，永保企業內朝氣蓬勃，保持工作效率；又勞動者終身貢獻於企業，爲獎勵其忠誠服務，並慰其辛勞，故給予退休金。因此，退休具有下列功能：

(一) 安定員工生活

企業的退休制度，可使員工生活獲得保障，不必擔心生老病死，而都能得到適當的照顧。到了年老體衰階段，可支領退休金，安享餘年。

(二) 提高工作效率

員工有了退休金，生活有了保障，無後顧之憂，當能竭智盡忠，集中心志，力求表現。同時，爲了珍惜前途，必能忠於事業奮勉服務，增進工作效率。

(三) 有助紀律維持

員工有了退休制度，將不必爲日後生活擔憂，自必奉公守法，以免被解僱，有助於紀律之維持。

(四) 促進新陳代謝

組織有了新陳代謝，可避免日趨老化與僵硬，而無法擔負應有的任務。如果實施退休制度，將使不稱職或年老力衰者退出讓賢，青年才俊之士得以登進。

(五) 引進新式觀念

人員退休，進用新人，常能引進新的觀念與新的作風。此種新觀念與新作風，實爲組織業務發展所不可或缺的。

(六) 減輕員工流動

因服務年資是計算退休金基數的依據，因此員工自不願輕率離職他就，可減少因員工流動而造成的困擾。

> 總之，退休制度的建立，可安定員工生活，提高工作效率，有助於紀律的維持，促進人事上的新陳代謝，並引進新的觀念與作風，且能減少員工的流動率。

二、退休的種類與條件

勞工退休可分爲兩種：自願退休與強制退休。

(一) 自願退休

所謂自願退休，是指員工服務達到一定年限，不願繼續任職，而自請退休而言。其條件爲：工作十五年以上年滿五十五歲者或工作二十五年以上者。

(二) 強制退休

又稱爲命令退休，乃指員工服務達一定年限後，因年齡較大，體力、能力已不如前；或是因爲心神喪失、身體殘廢不堪勝任工作者，硬性規定應辦理退休而言。其條件爲：年滿六十歲或心神喪失或身體殘廢不堪勝任工作者。凡合乎任何一項，雇主都可強制退休。

三、退休金的支付方式

（一）一次退休金

退休人員應得之退休金一次領完，不分月或分年領取者，稱爲一次退休金。其優點爲退休金數目龐大，退休人員可作有效運用。缺點爲退休金數目龐大，如事前未有計畫儲存提撥，公司營收欠佳時，將影響退休金的支付；且退休人員一次領取後，如運用不當，將影響爾後的生活。我國勞基法所定，屬於一次退休金制度。

（二）年或月退休金

退休金非一次領取，即通稱的年金制，可按月、按季、按年領取，直到當事人死亡爲止。此制的優點爲籌措容易，且合乎養老精神，使退休人員無生活憂慮。惟若遇物價上漲，常使退休人員無法支應；且數額不大，無法作其他用途。

（三）一次及年或月退休金

退休應得的退休金中，一部分於退休時領取，一部分改爲按期領取。優點爲既可大筆運用，又兼可養老。缺點爲既已一次領取一部分，則按期領取部分亦相對減少，使兩者所領退休金數目均不大。

四、退休金的給付標準

退休金給與數目的多寡，係依年資長短、職務等級高低、退休時支領工資高低而定，亦即年資長、職務高、工資高者，其所領取退休金較多。依現行勞動基準法規定，勞工退休金之給與標準如下：

（一）按其工作年資，每滿一年給與兩個基數。但超過十五年之工作年資，每滿一年給與一個基數，最高總數以四十五個基數爲限。未滿半年者以半年計，滿半年者以一年計。

（二）因心神喪失或身體殘廢不堪勝任工作而退休者，其心神喪失或身體殘廢係因執行職務所致者，依前款規定加給百分之二十。

勞動基準法規定勞工工作年資之採計，以服務同一事業者爲限，但受同一雇主調動之工作年資及因事業單位改組或轉讓時，新舊雇主商定留用之勞工服務年資，應予併計。

此外，退休金基數之計算標準，係指核准退休時一個月的平均工資。至於所謂平均工資，是指計算由退休之當日前六個月內所得工作總額，除以該期間之總日數所得之金額；而工作未滿六個月者，謂工作期間所得工資總額除以工作期間之總日數所得之金額。

五、退休金的籌措方式

退休金的籌措必須採取公平有效的方式，注意勞資雙方的負擔能力，基金的管理運用，以免員工退休時財源無著。退休金的籌措方式有：

（一）企業自行負擔：由企業根據退休人數及所需退休金之預測，按年編列預算支應。採用此種方式時，退休金完全是組織對員工在職期間勞績之酬庸。

（二）企業與員工共同負擔：由任職員工，每月在薪資中扣繳百分之若干，另由企業補助同數額之經費，作爲退休基金。採用此種方式，含有酬庸勞績及個人儲蓄之雙重意義。

六、退休基金的保管運用

（一）雇主按月依薪資總額百分之二至百分之十五範圍內提撥勞工退休準備金，專戶存儲，並不得作爲讓與、扣押、抵銷或擔保。其提撥率，由中央主管機關擬訂，報請行政院核定之。

（二）勞工退休金，由中央主管機關會同財政部指定金融機構保管運用。最低收益不得低於當地銀行二年定期存款利率計算之收益；如有虧損由國庫補足之。

（三）雇主所撥發勞工退休準備金，應由勞工與雇主共同組織委員會監督之。委員會中勞工代表人數不得少於三分之二。

七、退休金之消滅、終止、喪失

（一）勞工請領退休金之權利，自退休之次月起，因五年間不行使而消滅。

（二）按期領取退休金人員，遇有某種事實發生時，其退休金即予終止。如退休金可領取終身，遇及退休員工死亡時即行終止。

（三）退休人員領取退休金期間，發生特定事故時，其退休金即行喪失。如國營事業機構，退休員工受褫奪公權終身宣告或喪失國籍時，在褫奪公權期間應停止退休金之領取，於褫奪公權期滿恢復公權時，其退休金始恢復領取。

八、退休金的保障措施

退休金權利，不得作抵押、讓與或供作擔保。

撫卹

撫卹在性質上與退休不同，撫卹乃在保障員工遺族的生計，而退休則在保障工作者本身日後的生活。本節將討論撫卹的意義、條件，撫卹金的給與、喪失、終止、及保障等。

一、撫卹的意義

撫卹，係指企業對亡故員工的遺族，依員工生前任職年資及功績，給予遺族撫卹金，以維生計。員工無論何種原因逝世，總是不幸，故對員工撫卹向有「從寬」的說法，亦即撫卹金之給與應從寬計算。故撫卹金之給與，不應低於退休金。惟現行勞動基準法有關勞工撫卹之規定，僅列有「職業災害補償」一章，亦即非職業災害或非職業傷病而死亡時，雇主不另發給撫卹金。

又勞動基準法規定勞工因遭遇職業災害而致死亡、殘廢、傷病時，如依勞工保險條例或其他法令規定，已由雇主支付費用補償者，雇主得以抵充之。即雇主給付之補償金額，得抵充就同一事故所生損害賠償金額，此種規定正與「死亡從寬」、「撫卹金與退休金計算標準一致」之原則大相違背，亦與目前公營機構及先進國家勞工撫卹之規定大異其趣，此爲勞動基準法之一大缺點。

二、撫卹的條件

撫卹的給付，必須具備下列條件：

（一）員工必須發生亡故情事

至於亡故之原因，可爲病故、意外死亡、或因公死亡。前兩者即爲勞工保險條例所稱的普通傷病之死亡；後者爲勞工保險條例及勞動基準法上所稱的職業傷病之死亡。

（二）員工必須留有遺族

遺族之範圍，甚爲廣泛，不僅限於配偶、子女，而且包括：父母、祖父母、兄弟姊妹或姻親在內。

三、撫卹金的給與

撫卹金之支付方式與退休金之支付方式大致相同，亦即可爲一次撫卹金、按期撫卹金、一次及按期撫卹金。依公務員退休法之規定領取月退休金人員死亡時，應給與撫慰金，以免領取月退休金人員因所領退休金年數不長而死亡時，遭受損失。但勞動基準法則未有此規定。

此外，公務人員撫卹法對因公死亡人員，其撫卹金有加給之規定，所謂因公死亡係指下列情形：因執行職務發生危險以致死亡。因出差遇險或罹病，以致死亡。在辦公場所意外死亡。因戰事波及，意外死亡。凡因公死亡人員，另加一次撫卹金百分之二十五；其係戰地殉職者，再加百分之二十五。

至於勞基法有關勞工因職業災害死亡之補償規定如下：

（一）勞工遭遇職業傷害或罹患職業病而死亡，雇主除給五個月平均工資之喪葬費外，並應一次給與其遺屬四十個月平均工資之死亡補償。

（二）雇主給與補償，如同一事故依勞工保險條例或其他法令規定，已由雇主支付費用補償者，雇主得予抵充之。

（三）遺屬受領死亡補償之順位，為：配偶及子女、父母、祖父母、孫子女、兄弟姊妹。

四、撫卹金之終止、喪失、停止

（一）領取撫卹金之遺族遇有下列情事之一時，其撫卹金即行終止：屆滿領取撫卹金之期限，應即終止；某種法定事實發生時，所領撫卹金即終止。如領受撫卹金之遺族已屆成年，或亡故即是。

（二）領取撫卹金之遺族，在領受撫卹金期間，發生某種特定事故時，請領撫卹金之權利即行喪失。如國營事業員工之遺族受褫奪公權終身，有重大刑事罪責經判決確定，或喪失中華民國國籍均屬之。

（三）領取撫卹金之遺族，受褫奪公權而定有期間者，在褫奪公權期間，應停止請領撫卹金，俟褫奪公權期滿恢復公權時，再恢復請領撫卹金。

五、受領撫卹金之保障

受領撫卹金之權利，不得抵押、讓與、和充作擔保。

資遣

員工離職的另一種方式，乃為資遣。資遣主要為來自於企業方面的辭退，由於未達退休標準，而予以遣退。其在促進人事新陳代謝方面，與退休制度甚為相似。惟其條件比退休制度寬鬆。

一、資遣的意義與緣由

資遣乃因員工身體健康欠佳，工作能力受到影響，但未達心神喪失或身體殘廢之程度；女性員工或因結婚、生育，不適合繼續工作，由員工自行請求遣退，或由公司予以遣退。資遣的另一原因，乃是雇主因業務緊縮、虧損、轉讓、歇業、災害等，而將員工遣退。資遣人員應由公司發給資遣費，資遣如係出自員工個人之原因，應係未達退休條件者，否則自可依規定辦理退休[1]。

企業之所以要另外辦理資遣的原因，不外乎：

（一）退休條件規定甚嚴，尚難完全適應新陳代謝需要

辦理退休，需有一定年限之服務年資及一定之年齡條件；如未達年資與年齡條件，即不能退休。如某員工工作興趣低落，又未具備一定年資或年齡，而無法退休，這不但對員工個人是一種痛苦，更影響公司的效率；故予以資遣，對雙方均屬有利。

（二）可迅速處理冗員

當公司或業務有所變動，如公司裁徹或業務緊縮，將產生冗員。此種冗員如不予處理，不僅有礙員額的精簡，更有礙於效率的增進。依照退休規定，對此類人員多難以處理，故另行資遣制度，以爲處理冗員之依據。

（三）考績免職績效不彰，需另謀補救之道

依考績法規之規定，年終考績不滿六十分或一次記兩大過者，可考慮免職；但各公司主管常有所顧忌。因此，如對此類人員另定資遣，既可維持員工面子，給予適當好處；又可減少企業主管之困擾，自不失爲解決問題的辦法之一。

（四）久病身體衰弱，難以勝任工作，而又無法處理

依勞動基準法規定，員工年滿六十歲或心神喪失身體殘廢不能勝任工作，方能命令退休，如久病不癒或身體衰弱而又無法退休，勢必影響人事新陳代謝與工作效率之增進，故另訂資遣辦法，以濟退休之窮。

二、資遣條件

資遣事實，除了基於員工個人原因外，勞動基準法規定因下列原因而終止契約時，應給予資遣費：

（一）歇業或轉讓時。
（二）虧損或業務緊縮時。
（三）不可抗力暫停工作在一個月以上時。

（四）業務性質變更，有減少勞工之必要，又無適當工作可供安置時。

（五）勞工對於所擔任之工作確不能勝任時。

（六）因天災、事變或其他不可抗力致事業不能繼續，經報主管機關核定者。

三、資遣人員順序

公司需資遣人員而非全部遣退時，其優先順序如下[2]：

（一）不需要的單位較需要的單位爲先。

（二）工作不力者較工作努力者爲先。

（三）技術欠佳者較技術優良者爲先。

（四）有違規紀錄者較無違規紀錄者爲先。

（五）考績分數較低者較分數高者爲先。

（六）年資淺者較年資深者爲先。

（七）臨時人員較基本人員爲先。

（八）身體衰弱者較身體健康者爲先。

四、資遣費之給與

勞動基準法有關資遣費之發給標準如下：

（一）在同一雇主之事業單位繼續工作，每滿一年發給相當於一個月平均工資之資遣費。

（二）依前款計算之剩餘月數或服務未滿一年者，比例計給之，未滿一個月者以一個月計。

辭職

一、辭職的意義

辭職是指員工因本身的關係，無法或不願繼續工作，自願離職而言。辭職與資遣不同，資遣是因員工本人健康欠佳或出自雇主因業務緊縮、歇業等原因；而辭職則出自於員工本人之意願，與雇主之業務是否緊縮、歇業等原因無關。

二、辭職的原因

員工辭職，通常有下列情形

(一) 另謀高就

員工將另謀高就，或因自行創業，或與人合夥，或有較高職位，或較高之待遇，就會辭職。

(二) 事非得已

員工如擬再就學，繼續深造，或因雙親年老需就近奉養，或因遷居，或家庭變故，或身體健康日差，或女性員工因結婚、生產，都會不得已而辭退。

(三) 環境欠佳

工作環境不良，如工廠噪音、異味，無法與同事和諧相處，管理制度不合理或管理態度不友善，都會造成員工辭退。

(四) 志趣不合

有些員工所任工作與志趣不合，或學非所用，只是暫時屈就，一旦有適當時機即離職他就。

三、辭職金的給與

通常員工自行辭職，很難要求給付辭退補償。且勞動基準法並無發給辭職金之規定。又員工辭退原因各有不同，如對另謀高就者發給辭退金，則無異鼓勵人才外流。但對於事非得已而辭退，例如，女性因結婚、生產而辭退者，似宜發給若干補償，以免有抹煞其過去爲公司奉獻之嫌。至於事業機構對於辭退者，所發辭退金的對象與數額各有不同，有些對於辭退者均予發給，有些僅限於結婚或生產之女性員工；有些僅作小額補償，有些則比照資遣費標準給與。

其他離職

員工離職除了退休、撫卹、資遣、辭職之外，尚包括臨時解僱、留職停薪、免職、死亡等。茲簡述如下：

一、臨時解僱

所謂臨時解僱，又稱爲停職，其乃發生於企業業務萎縮或營運不佳，或基於個人的某些過失，而必須暫時解僱或停止職務而言。臨時解僱發生的情況，乃爲：當企業營運欠佳、業務衰退，而在短期內無適當工作可做，惟一旦營運好轉即予以復職；或由於員工個人的某些過失，在一旦澄清時即予以復職。通常企業機構一旦在發生上述第一種情況，而必須實施臨時解僱時，其處理原則應依年資來決定；惟年資較久的員工在技能上無法擔任其職務時，則改以能力或績效來作取捨。

二、留職停薪

所謂留職停薪，乃爲基於員工個人因傷病或因進修或因兵役等原因，而保留其職位，但停發其薪資，俟原因消滅後再予以任用而言。

三、免職

免職，是指員工因重大過失或另有任用，而免除其職務而言。包括：

（一）因某種事實發生，例如，身體殘廢、另有任用、機構改組或裁徹而免職。

（二）因受懲戒如違法失職或重大過失而免職。

（三）因失格如犯內亂罪、外患罪，或喪失基本資格如國籍，而免職。

四、死亡

員工因在職而身亡，即視爲離職。通常，死亡可領取撫卹金和喪葬補助金等，此已如前述，不再贅言。

附註

1.張清滄編著，企業人事管理方法論，復文書局，三三二頁。
2.同前註，三三三頁。

研究問題

1.何謂退休？企業辦理退休制度的目的何在？

2.勞工退休的類別有幾？條件爲何？

3.退休金的支付方式有幾？支給標準爲何？

4.試分別說明退休金的保管、運用與消滅、終止、喪失。

5.何謂撫卹？它與退休有何不同？何以有人主張撫卹從寬？現行法規規定爲何？試評論之。

6.撫卹的條件爲何？現行勞基法有無撫卹支給標準？試評論之。

7.試述資遣的意義及其緣由。

8.依勞基法之規定，資遣的條件爲何？企業若行資遣，其優先順序爲何？

9.一般員工自行辭職的原因何在？企業應否發給辭職金？試說明你的看法。

10.何謂臨時解僱？其發生的情況爲何？

11.留職停薪和免職發生的情況各爲何？

個案研究

資遣的正當性

某電子公司於日前公告資遣十一名女性員工。該公司所提的理由是，繞線部的工作績效不彰，於是乃決定裁徹，並將相關員工終止其勞動契約，全部資遣。此令一出，引發該部員工的不平，乃向縣政府勞工科申請調解。

據該部員工指陳，該公司明顯是藉資遣以逃避負擔退休金。因爲該公司除將部分工作外包之外，在不久前，還向就業服務機構辦理求才登記，準備僱用外籍勞工。此已顯然藉故逃避退休金的發給，並嚴重地損害到她們的權益。

就在調解委員會決議調解之前，該公司又貼出另一份公告，取消原有公告，並將九名作業員分別調派到裝配部和製造部，二名組長則分調到開發部和品管部。惟該等員工認爲公司已違反勞基法在爭議期間，資方不得行不利於勞方行爲之規定；且公司調動員工，須徵得其同意。爲此，她們仍照常打卡上班，卻不上線。

雖然該公司承認調職是公司不明法令所種下的錯誤，但公司絕對有誠意解決問題；且公司已有三十六名外勞，將不再引進外勞；加以公司因實施生產自動化，故而將部分單位的人事加以精簡；而外包量也將予以縮小。然而，該等員工則決定集體「出走」，要求公司對年資滿十五年者比照退休辦理，而未滿十五年者加發百分之五十的資遣費；但卻未爲公司所接受。該公司所提出的意見是，滿十五年者加發百分之五十的資遣費，而未滿者資遣不另優待。爲此，雙方乃陷於僵局中。

個案問題

1.依勞基法的規定，你認爲員工的要求合理嗎？

2.依此個案，你認爲公司的做法對嗎？何故？

3.你認爲該案例將如何解決？

附錄一

中華民國七十三年七月三十日總統華總一義字第一四〇六九號令制定公布全文八十六條
中華民國八十五年十二月二十七日總統華總一義字第八五〇〇二九八三七〇號令修正公布第三條；並增訂第三十 條之一、第八十四條之一、第八十四條之二
中華民國八十七年五月十三日總統華總一義字第八七〇〇〇九八〇〇〇號令修正公布第三十條之一
中華民國八十九年六月二十八日總統華總一義字第八九〇〇一五八七六〇號令修正公布第三十條
中華民國八十九年七月十九日總統華總一義字第八九〇〇一七七六三〇號令修正公布第四條、第七十二條

第一章 總則

第一條　為規定勞動條件最低標準，保障勞工權益，加強勞雇關係，促進社會與經濟發展，特制定本法；本法未規定者，適用其他法律之規定。
雇主與勞工所訂勞動條件，不得低於本法所定之最低標準。

第二條　本法用辭定義如下：

一、勞工：謂受雇主僱用從事工作獲致工資者。
二、雇主：謂僱用勞工之事業主、事業經營之負責人或代表事業主處理有關勞工事務之人。
三、工資：謂勞工因工作而獲得之報酬：包括工資、薪金及按計時、計日、計月、計件以現金或實物等方式給付之獎金、津貼及其他任何名義之經常性給與均屬之。
四、平均工資：謂計算事由發生之當日前六個月內所得工資總額除以該期間之總日數所得之金額。工作未滿六個月者，謂工作期間所得工資總額除以工作期間之總日數所得之金額。工資按工作日數、時數或論件計算者，其依上述方式計算之平均工資，如少於該期內工資總額除以實際工作日數所得金額百分之六十者，以百分之六十計。
五、事業單位：謂適用本法各業僱用勞工從事工作之機構。

六、勞動契約：謂約定勞雇關係之契約。

第三條　本法於下列各業適用之：

一、農、林、漁、牧業。

二、礦業及土石採取業。

三、製造業。

四、營造業。

五、水電、煤氣業。

六、運輸、倉儲及通信業。

七、大眾傳播業。

八、其他經中央主管機關指定之事業。

依前項第八款指定時，得就事業之部分工作場所或工作者指定適用。

本法至遲於民國八十七年底以前，適用於一切勞雇關係。但其適用確有窒礙難行者，不在此限。

前項因窒礙難行而不適用本法者，不得逾第一項第一款至第七款以外勞工總數五分之一。

第四條　本法所稱主管機關：在中央為行政院勞工委員會；在直轄市為直轄市政府；在縣（市）為縣（市）政府。

第五條　雇主不得以強暴、脅迫、拘禁或其他非法之方法，強制勞工從事勞動。

第六條　任何人不得介入他人之勞動契約，抽取不法利益。

第七條　雇主應置備勞工名卡，登記勞工之姓名、性別、出生年月日、本籍、教育程度、住址、身分證統一號碼、到職年月日、工資、勞工保險投保日期、獎懲、傷病及其他必要事項。

前項勞工名卡，應保管至勞工離職後五年。

第八條　雇主對於僱用之勞工，應預防職業上災害，建立適當之工作環境及福利設施。其有關安全衛生及福利事項，依有關法律之規定。

第二章 勞動契約

第九條　勞動契約，分為定期契約及不定期契約。臨時性、短期性、季節性及特定性工作得為定期契約；有繼續性工作應為不定期契約。

定期契約屆滿後，有下列情形之一者，視為不定期契約：

一、勞工繼續工作而雇主不即表示反對意思者。

二、雖經另訂新約，惟其前後勞動契約之工作期間超過九十日，前後契約間斷期間未超過三十日者。

前項規定於特定性或季節性之定期工作不適用之。

第十條　定期契約屆滿後或不定期契約因故停止履行後，未滿三個月而訂定新約或繼續履行原約時，勞工前後工作年資，應合併計算。

第十一條　非有下列情事之一者，雇主不得預告勞工終止勞動契約：

一、歇業或轉讓時。

二、虧損或業務緊縮時。

三、不可抗力暫停工作在一個月以上時。

四、業務性質變更，有減少勞工之必要，又無適當工作可供安置時。

五、勞工對於所擔任之工作確不能勝任時。

第十二條　勞工有下列情形之一者，雇主得不經預告終止契約：

一、於訂立勞動契約時為虛偽意思表示，使雇主誤信而有受損害之虞者。

二、對於雇主、雇主家屬、雇主代理人或其他共同工作之勞工，實施暴行或有重大侮辱之行為者。

三、受有期徒刑以上刑之宣告確定，而未諭知緩刑或未准易科罰金者。

四、違反勞動契約或工作規則，情節重大者。

五、故意損耗機器、工具、原料、產品，或其他雇主所有物品，或故意洩漏雇主技術上、營業上之秘密，致雇主受有損害者。

六、無正當理由繼續曠工三日，或一個月內曠工達六日者。

雇主依前項第一款、第二款及第四款至第六款規定終止契約者，應自知悉其情形之日起，三十日內為之。

第十三條　勞工在第五十條規定之停止工作期間或第五十九條規定之醫療期間，雇主不得終止契約。但雇主因天災、事變或其他不可抗力致事業不能繼續，經報主管機關核定者，不在此限。

第十四條　有下列情形之一者，勞工得不經預告終止契約：

一、雇主於訂立勞動契約時為虛偽之意思表示，使勞工誤信而有受損害之虞者。

二、雇主、雇主家屬、雇主代理人對於勞工，實施暴行或有重大侮辱之行為者。

三、契約所訂之工作，對於勞工健康有危害之虞，經通知雇主改善而無效果者。

四、雇主、雇主代理人或其他勞工患有惡性傳染病，有傳染之虞者。

五、雇主不依勞動契約給付工作報酬，或對於按件計酬之勞工不供給充分之工作者。

六、雇主違反勞動契約或勞工法令，致有損害勞工權益之虞者。

勞工依前項第一款、第六款規定終止契約者，應自知悉其情形之日起，三十日內為之。

有第一項第二款或第四款情形，雇主已將該代理人解僱或已將患有惡性傳染病者送醫或解僱，勞工不得終止契約。

第十七條規定於本條終止契約準用之。

第十五條　特定性定期契約期限逾三年者，於屆滿三年後，勞工得終止契約。但應於三十日前預告雇主。

不定期契約，勞工終止契約時，應準用第十六條第一項規定期間預告雇主。

第十六條　雇主依第十一條或第十三條但書規定終止勞動契約者，其預告期間依下列各款之規定：

一、繼續工作三個月以上一年未滿者，於十日前預告之。

二、繼續工作一年以上三年未滿者，於二十日前預告之。

三、繼續工作三年以上者，於三十日前預告之。

勞工於接到前項預告後數，爲另謀工作得於工作時間請假外出。其請假時，每星期不得超過二日之工作時間，請假期間之工資照給。

雇主未依第一項規定期間預告而終止契約者，應給付預告期間之工資。

第十七條　雇主依前條終止勞動契約者，應依下列規定發給勞工資遣費：

一、在同一雇主之事業單位繼續工作，每滿一年發給相當於一個月平均工資之資遣費。

二、依前款計算之剩餘月數，或工作未滿一年者，以比例計給之。未滿一個月者以一個月計。

第十八條　有下列情形之一者，勞工不得向雇主請求加發預告期間工資及資遣費：

一、依第十二條或第十五條規定終止勞動契約者。

二、定期勞動契約期滿離職者。

第十九條　勞動契約終止時，勞工如請求發給服務證明書，雇主或其代理人不得拒絕。

第二十條　事業單位改組或轉讓時，除新舊雇主商定留用之勞工外，其餘勞工應依第十六條規定期間預告終止契約，並應依第十七條規定發給勞工資遣費。其留用勞工之工作年資，應由新雇主繼續予以承認。

第三章　工資

第二十一條　工資由勞雇雙方議定之。但不得低於基本工資。

前項基本工資，由中央主管機關擬定後，報請行政院核定之。

第二十二條　工資之給付，應以法定通用貨幣爲之。但基於習慣或業務性質，得於勞動契約內訂明一部以實物給付之。工資之一部以實物給付時，其實物之作價應公平合理，並適合勞工及其家屬之需要。

工資應全額直接給付勞工。但法令另有規定或勞雇雙方另有約定者，不在此限。

第二十三條　工資之給付，除當事人有特別約定或按月預付者外，每月至少定期發給二次；按件計酬者亦同。

雇主應置備勞工工資清冊，將發放工資、工資計算項目、工資總額等事項記入。工資清冊應保存五年。

第二十四條　雇主延長勞工工作時間者，其延長工作時間之工資依下列標準加給之：

一、延長工作時間在二小時以內者，按平日每小時工資額加給三分之一以上。

二、再延長工作時間在二小時以內者，按平日每小時工資額加給三分之二以上。

三、依第三十二條第三項規定，延長工作時間者，按平日每小時工資額加倍發給之。

第二十五條　雇主對勞工不得因性別而有差別之待遇。工作相同、效率相同者，給付同等之工資。

第二十六條　雇主不得預扣勞工工資作爲違約金或賠償費用。

第二十七條　雇主不按期給付工資者，主管機關得限期令其給付。

第二十八條　雇主因歇業、清算或宣告破產，本於勞動契約所積欠之工資未滿六個月部分，有最優先受清償之權。

雇主應按其當月僱用勞工投保薪資總額及規定之費率，繳納一定數額之積欠工資墊償基金，作爲墊償前項積欠工資之用。積欠工資墊償基金，累積至規定金額後，應降低費率或暫停收繳。

前項費率，由中央主管機關於萬分之十範圍內擬訂，報請行政院核定之。

雇主積欠之工資，經勞工請求未獲清償者，由積欠工資墊償基金墊償之；雇主應於規定期限內，將墊款償還積欠工資墊償基金。

積欠工資墊償基金，由中央主管機關設管理委員會管理之。基金之收繳有關業務，得由中央主管機關，委託勞工保險機構辦理之。第二項之規定金額、基金墊償程序、收繳與管理辦法及管理委員會組織規程，由中央主管機關定之。

第二十九條　事業單位於營業年度終了結算，如有盈餘，除繳納稅捐、彌補虧損及提列股息、公積金外，對於全年工作並無過失之勞工，應給與獎金或分配紅利。

第四章　工作時間、休息、休假

第三十條　勞工每日正常工作時間不得超過八小時，每二週工作總時數不得超過八十四小時。

前項正常工作時間，雇主經工會或勞工半數以上同意，得將其二週內一日之正常工作時數，分配於其他工作日。其分配於其他工作日之時數，每日不得超過二小時。每二週工作總時數仍以八十四小時爲度。但每週工作總時數不得超過四十四小時。

雇主應置備勞工簽到簿或出勤卡，逐日記載勞工出勤情形。此項簿卡應保存一年。

本條文第一項、第二項自民國九十年元月一日起實施。

第三十條之一　中央主管機關指定之行業，雇主經工會或勞工半數以上同意後，其工作時間得依下列原則變更：

一、四週內正常工作時數分配於其他工作日之時數，每日不得超過二小時，不受第三十條第二項之限制。

二、當日正常工時達十小時者，其延長之工作時間不得超過二小時。

三、二週內至少應有二日之休息，作爲例假，不受第三十六條之限制。

四、女性勞工，除妊娠或哺乳期間者外，於夜間工作，不受第四十九條之限制。但雇主應提供完善安全衛生設施。

本法第三條修正前已適用本法之行業，除農、林、漁、牧業外，不適用前項規定。

第三十一條　在坑道或隧道內工作之勞工，以入坑口時起至出坑口時止爲工作時間。

第三十二條　因季節關係或因換班、準備或補充性工作，有在正常工作時間以外工作之必要者，雇主經工會或勞工同意，並報當地主管機關核備後，得將第三十條所定之工作時間延長之。其延長之工作時間，男工一日不得超過三小時，一個月工作總時數不得超過四十六小時；女工一日不得超過二小時，一個月工作總時數不得超過二十四小時。

經中央主管機關核定之特殊行業，雇主經工會或勞工同意，前項工作時間每日得延長至四小時。但其工作總時數男工每月不得超過四十六小時；女工每月不得超過三十二小時。

因天災、事變或突發事件，必須於正常工作時間以外工作者，雇主得將第三十條所定之工作時間延長之。但應於延長開始後二十四小時內通知工會；無工會組織者，應報當地主管機關核備。延長之工作時間，雇主應於事後補給勞工以適當之休息。

在坑內工作之勞工，其工作時間不得延長。但以監視爲主之工作，或有前項所定之情形者，不在此限。

第三十三條　第三條所列事業，除製造業及礦業外，因公眾之生活便利或其他特殊原因，有調整第三十條、第三十二條所定之正常工作時間及延長工作時間之必要者，得由當地主管機關會商目的事業主管機關及工會，就必要之限度內以命令調整之。

第三十四條　勞工工作採晝夜輪班制者，其工作班次，每週更換一次。但經勞工同意者不在此限。

依前項更換班次時，應給予適當之休息時間。

第三十五條　勞工繼續工作四小時，至少應有三十分鐘之休息。但實行輪班制或其工作有連續性或緊急性者，雇主得在工作時間內，另行調配其休息時間。

第三十六條　勞工每七日中至少應有一日之休息，作爲例假。

第三十七條　紀念日、勞動節日及其他由中央主管機關規定應放假之日，均應休假。

第三十八條　勞工在同一雇主或事業單位，繼續工作滿一定期間者，每年應依下列規定給予特別休假：

一、一年以上三年未滿者七日。

二、三年以上五年未滿者十日。

三、五年以上十年未滿者十四日。

四、十年以上者，每一年加給一日，加至三十日爲止。

第三十九條　第三十六條所定之例假、第三十七條所定之休假及第三十八條所定之特別休假，工資應由雇主照給。雇主經徵得勞工同意於休假日工作者，工資應加倍發給。因季節性關係有趕工必要，經勞工或工會同意照常工作者，亦同。

第四十條　因天災、事變或突發事件，雇主認有繼續工作之必要時，得停止第三十六條至第三十八條所定勞工之假期。但停止假期之工資，應加倍發給，並應於事後補假休息。

前項停止勞工假期，應於事後二十四小時內，詳述理由，報請當地主管機關核備。

第四十一條　公用事業之勞工，當地主管機關認有必要時，得停止第三十八條所定之特別休假。假期內之工資應由雇主加倍發給。

第四十二條　勞工因健康或其他正當理由，不能接受正常工作時間以外之工作者，雇主不得強制其工作。

第四十三條　勞工因婚、喪、疾病或其他正當事由得請假；請假應給之假期及事假以外期間內工資給付之最低標準，由中央主管機關定之。

第五章　童工、女工

第四十四條　十五歲以上未滿十六歲之受僱從事工作者，爲童工。

童工不得從事繁重及危險性之工作。

第四十五條　雇主不得僱用未滿十五歲之人從事工作。但國民中學畢業或經主管機關認定其工作性質及環境無礙其身心健康者，不在此限。

前項受僱之人，準用童工保護之規定。

第四十六條　未滿十六歲之人受僱從事工作者，雇主應置備其法定代理人同意書及其年齡證明文件。

第四十七條　童工每日工作時間不得超過八小時，例假日不得工作。

第四十八條　童工不得於午後八時至翌晨六時之時間內工作。

第四十九條　女工不得於午後十時至翌晨六時之時間內工作。但經取得工會或勞工同意，並實施晝夜三班制，安全衛生設施完善及備有女工宿舍，或有交通工具接送，且有下列情形之一，經主管機關核准者不在此限。

一、因不能控制及預見之非循環性緊急事故，干擾該事業之正常工作時間者。

二、生產原料或材料易於敗壞，爲免於損失必須於夜間工作者。

三、擔任管理技術之主管職務者。

四、遇有國家緊急事故或爲國家經濟重大利益所需要，徵得有關勞雇團體之同意，並經中央主管機關核准者。

五、運輸、倉儲及通信業經中央主管機關核定者。

六、衛生福利及公用事業，不需從事體力勞動者。

前項但書於妊娠或哺乳期間之女工不適用之。

第一項第一款情形，如因情勢緊急，不及報經主管機關核准者，得逕先命於午後十時至翌晨六時之時間內從事工作，於翌日午前補報。

主管機關對於前項補報，認與規定不合，應責令補給相當之休息，並加倍發給該時間內工作之工資。

第五十條　女工分娩前後，應停止工作，給予產假八星期；妊娠三個月以上流產者，應停止工作，給予產假四星期。

前項女工受僱工作在六個月以上者，停止工作期間工資照給；未滿六個月者減半發給。

第五十一條　女工在妊娠期間，如有較為輕易之工作，得申請改調，雇主不得拒絕，並不得減少其工資。

第五十二條　子女未滿一歲須女工親自哺乳者，於第三十五條規定之休息時間外，雇主應每日另給哺乳時間二次，每次以三十分鐘為度。

前項哺乳時間，視為工作時間。

第六章　退休

第五十三條　勞工有下列情形之一者，得自請退休：

一、工作十五年以上年滿五十五歲者。

二、工作二十五年以上者。

第五十四條　勞工非有下列情形之一者，雇主不得強制其退休：

一、年滿六十歲者。

二、心神喪失或身體殘廢不堪勝任工作者。

前項第一款所規定之年齡，對於擔任具有危險、堅強體力等特殊性質之工作者，得由事業單位報請中央主管機關予以調整。但不得少於五十五歲。

第五十五條　勞工退休金之給與標準如下：

一、按其工作年資，每滿一年給與兩個基數。但超過十五年之工作年資，每滿一年給與一個基數，最高總數以四十五個基數為限。未滿半年者以半年計；滿半年者以一年計。

二、依第五十四條第一項第二款規定，強制退休之勞工，其心神喪失或身體殘廢係因執行職務所致者，依前款規定加給百分之二十。

前項第一款退休金基數之標準，係指核准退休時一個月平均工資。

第一項所定退休金，雇主如無法一次發給時，得報經主管機關核定後，分期給付。本法施行前，事業單位原退休標準優於本法者，從其規定。

第五十六條　本法施行後，雇主應按月提撥勞工退休準備金，專戶存儲，並不得作爲讓與、扣押、抵銷或擔保。其提撥率，由中央主管機關擬訂，報請行政院核定之。

勞工退休基金，由中央主管機關會同財政部指定金融機構保管運用。最低收益不得低於當地銀行二年定期存款利率之收益；如有虧損由國庫補足之。

雇主所提撥勞工退休準備金，應由勞工與雇主共同組織委員會監督之。委員會中勞工代表人數不得少於三分之二。

第五十七條　勞工工作年資以服務同一事業者爲限。但受同一雇主調動之工作年資，及依第二十條規定應由新雇主繼續予以承認之年資，應予併計。

第五十八條　勞工請領退休金之權利，自退休之次月起，因五年間不行使而消滅。

第七章　職業災害補償

第五十九條　勞工因遭遇職業災害而致死亡、殘廢、傷害或疾病時，雇主應依下列規定予以補償。但如同一事故，依勞工保險條例或其他法令規定，已由雇主支付費用補償者，雇主得予以抵充之：

一、勞工受傷或罹患職業病時，雇主應補償其必需之醫療費用。職業病之種類及其醫療範圍，依勞工保險條例有關之規定。

二、勞工在醫療中不能工作時，雇主應按其原領工資數額予以補償。但醫療期間屆滿二年仍未能痊癒，經指定之醫院診斷，審定為喪失原有工作能力，且不合第三款之殘廢給付標準者，雇主得一次給付四十個月之平均工資後，免除此項工資補償責任。

三、勞工經治療終止後，經指定之醫院診斷，審定其身體遺存殘廢者，雇主應按其平均工資及其殘廢程度，一次給予殘廢補償。殘廢補償標準，依勞工保險條例有關之規定。

四、勞工遭遇職業傷害或罹患職業病而死亡時，雇主除給與五個月平均工資之喪葬費外，並應一次給與其遺屬四十個月平均工資之死亡補償。其遺屬受領死亡補償之順位如下：

（一）配偶及子女。

（二）父母。

（三）祖父母。

（四）孫子女。

（五）兄弟、姐妹。

第六十條　雇主依前條規定給付之補償金額，得抵充就同一事故所生損害之賠償金額。

第六十一條　第五十九條之受領補償權，自得受領之日起，因二年間不行使而消滅。

受領補償之權利，不因勞工之離職而受影響，且不得讓與、抵銷、扣押或擔保。

第六十二條　事業單位以其事業招人承攬，如有再承攬時，承攬人或中間承攬人，就各該承攬部分所使用之勞工，均應與最後承攬人，連帶負本章所定雇主應負職業災害補償之責任。

事業單位或承攬人或中間承攬人，為前項之災害補償時，就其所補償之部分，得向最後承攬人求償。

第六十三條　承攬人或再承攬人工作場所，在原事業單位工作場所範圍內，或為原事業單位提供者，原事業單位應督促承攬人或再承攬人，對其所僱用勞工之勞動條件應符合有關法令之規定。

事業單位違背勞工安全衛生法有關對於承攬人、再承攬人應負責任之規定，致承攬人或再承攬人所僱用之勞工發生職業災害時，應與該承攬人、再承攬人負連帶補償責任。

第八章　技術生

第六十四條　雇主不得招收未滿十五歲之人為技術生。但國民中學畢業者，不在此限。

稱技術生者，指依中央主管機關規定之技術生訓練職類中以學習技能為目的，依本章之規定而接受雇主訓練之人。

本章規定，於事業單位之養成工、見習生、建教合作班之學生及其他與技術生性質相類之人，準用之。

第六十五條　雇主招收技術生時，須與技術生簽訂書面訓練契約一式三份，訂明訓練項目、訓練期限、膳宿負擔、生活津貼、相關教學、勞工保險、結業證明、契約生效與解除之條件及其他有關雙方權利、義務事項，由當事人分執，並送主管機關備案。

前項技術生如為未成年人，其訓練契約，應得法定代理人之允許。

第六十六條　雇主不得向技術生收取有關訓練費用。

第六十七條　技術生訓練期滿，雇主得留用之，並應與同等工作之勞工享受同等之待遇。雇主如於技術生訓練契約內訂明留用期間，應不得超過其訓練期間。

第六十八條　技術生人數，不得超過勞工人數四分之一。勞工人數不滿四人者，以四人計。

第六十九條　本法第四章工作時間、休息、休假，第五章童工、女工，第七章災害補償及其他勞工保險等有關規定，於技術生準用之。

技術生災害補償所採薪資計算之標準，不得低於基本工資。

第九章　工作規則

第七十條　雇主僱用勞工人數在三十人以上者，應依其事業性質，就下列事項訂立工作規則，報請主管機關核備後並公開揭示之：

一、工作時間、休息、休假、國定紀念日、特別休假及繼續性工作之輪班方法。

二、工資之標準、計算方法及發放日期。

三、延長工作時間。

四、津貼及獎金。

五、應遵守之紀律。

六、考勤、請假、獎懲及升遷。

七、受僱、解僱、資遣、離職及退休。

八、災害傷病補償及撫卹。

九、福利措施。

十、勞雇雙方應遵守勞工安全衛生規定。

十一、勞雇雙方溝通意見加強合作之方法。

十二、其他。

第七十一條　工作規則，違反法令之強制或禁止規定或其他有關該事業適用之團體協約規定者，無效。

第十章　監督與檢查

第七十二條　中央主管機關，為貫徹本法及其他勞工法令之執行，設勞工檢查機構或授權直轄市主管機關專設檢查機構辦理之；在直轄市、縣（市）主管機關於必要時，亦得派員實施檢查。

前項勞工檢查機構之組織，由中央主管機關定之。

第七十三條　檢查員執行職務，應出示檢查證，各事業單位不得拒絕。事業單位拒絕檢查時，檢查員得會同當地主管機關或警察機關強制檢查之。

檢查員執行職務，得就本法規定事項，要求事業單位提出必要之報告、紀錄、帳冊及有關文件或書面說明。如需抽取物料、樣品或資料時，應事先通知雇主或其代理人並掣給收據。

第七十四條　勞工發現事業單位違反本法及其他勞工法令規定時，得向雇主、主管機關或檢查機構申訴。

雇主不得因勞工為前項申訴而予解僱、調職或其他不利之處分。

第十一章　罰則

第七十五條　違反第五條規定者，處五年以下有期徒刑、拘役或科或併科五萬元以下罰金。

第七十六條　違反第六條規定者，處三年以下有期徒刑、拘役或科或併科三萬元以下罰金。

第七十七條　違反第四十二條、第四十四條第二項、第四十五條、第四十七條、第四十八條、第四十九條或第六十四條第一項規定者，處六個月以下有期徒刑、拘役或科或併科二萬元以下罰金。

第七十八條　違反第十三條、第十七條、第二十六條、第五十條、第五十一條或第五十五條第一項規定者，科三萬元以下罰金。

第七十九條　有下列行為之一者，處二千元以上二萬元以下罰鍰：

一、違反第七條、第九條第一項、第十六條、第十九條、第二十一條第一項、第二十二條、第二十三條、第二十四條、第二十五條、第二十八條第二項、第三十條、第三十二條、第三十四條、第三十五條、第三十六條、第三十七條、第三十八條、第三十九條、第四十條、第四十一條、第四十六條、第五十六條第一項、第五十九條、第六十五條第一項、第六十六條、第六十七條、第六十八條、第七十條或第七十四條第二項規定者。

二、違反主管機關依第二十七條限期給付工資或第三十三條調整工作時間之命令者。

三、違反中央主管機關依第四十三條所定假期或事假以外期間內工資給付之最低標準者。

第八十條　拒絕、規避或阻撓勞工檢查員依法執行職務者，處一萬元以上五萬元以下罰鍰。

第八十一條　法人之代表人、法人或自然人之代理人、受僱人或其他從業人員，因執行業務違反本法規定，除依本章規定處罰行爲人外，對該法人或自然人並應處以各該條所定之罰金或罰鍰。

但法人之代表人或自然人對於違反之發生，已盡力爲防止行爲者，不在此限。

法人之代表人或自然人教唆或縱容爲違反之行爲者，以行爲人論。

第八十二條　本法所定之罰鍰，經主管機關催繳，仍不繳納時，得移送法院強制執行。

第十二章　附則

第八十三條　爲協調勞資關係，促進勞資合作，提高工作效率，事業單位應舉辦勞資會議。其辦法由中央主管機關會同經濟部訂定，並報行政院核定。

第八十四條　公務員兼具勞工身分者，其有關任（派）免、薪資、獎懲、退休、撫卹及保險（含職業災害）等事項，應適用公務員法令之規定。但其他所定勞動條件優於本法規定者，從其規定。

第八十四條之一　經中央主管機關核定公告之下列工作者，得由勞雇雙方另行約定，工作時間、例假、休假、女性夜間工作，並報請當地主管機關核備，不受第三十條、第三十二條、第三十六條、第三十七條、第四十九條規定之限制。

一、監督、管理人員或責任制專業人員。

二、監視性或間歇性之工作。

三、其他性質特殊之工作。

前項約定應以書面爲之，並應參考本法所定之基準且不得損及勞工之健康及福祉。

第八十四條之二　勞工工作年資自受僱之日起算，適用本法前之工作年資，其資遣費及退休金給與標準，依其當時應適用之法令規定計算；當時無法令可資適用者，依各該事業單位自訂之規定或勞雇雙方之協商計算之。適用本法後之工作年資，其資遣費及退休金給與標準，依第十七條及第五十五條規定計算。

第八十五條　本法施行細則，由中央主管機關擬定，報請行政院核定。

第八十六條　本法自公布日施行。

※本法業經行政院於中華民國八十八年六月三十日以臺八十八勞字第二五二二三號令，修正調整第四條，將省主管機關刪除，另修正調整第七十二條第一項，將省主管機關專設檢查機構刪除，並自八十八年七月一日起施行，至八十九年十二月三十一日止。

附錄二

中華民國十八年十月二十一日國民政府公布同年十一月一日施行

中華民國二十年十二月十二日國民政府修正第十六條

中華民國二十一年九月二十七日國民政府修正第二十三條

中華民國二十六年七月二十日國民政府修正第三條

中華民國三十二年十一月二十日國民政府修正全文

中華民國三十六年六月十三日國民政府修正全文

中華民國三十八年一月七日總統令修正全文

中華民國六十四年五月二十一日總統台統（一）義字第二二一〇號令修正部分條文

中華民國八十八年六月三十日台八十八勞字第二五二二三號令修正部分條文

第一章 總則

第一條　工會以保障勞工權益，增進勞工知能，發展生產事業，改善勞工生活為宗旨。

第二條　工會為法人。

第三條　工會之主管機關在中央及省為行政院勞工委員會、在直轄市為直轄市政府；在縣（市）為縣（市）政府；但其目的事業，應受各該事業之主管機關指導、監督。

第四條　各級政府行政及教育事業、軍火工業之員工，不得組織工會。

第五條　工會之任務如下：

一、團體協約之締結、修改或廢止。

二、會員就業之輔導。

三、會員儲蓄之舉辦。

四、生產、消費、信用等合作社之組織。

五、會員醫藥衛生事業之舉辦。

六、勞工教育及托兒所之舉辦。

七、圖書館、書報社之設置及出版物之印行。

八、會員康樂事項之舉辦。

九、勞資間糾紛事件之調處。

十、工會或會員糾紛事件之調處。

十一、工人家庭生計之調查及勞工統計之編製。

十二、關於勞工法規制定與修改、廢止事項之建議。

十三、有關改善勞動條件及會員福利事項之促進。

十四、合於第一條宗旨及其他法律規定之事項。

第二章 設立

第六條　同一區域或同一廠場年滿二十歲之同一產業工人，或同一區域、同一職業之工人，人數在三十人以上時，應依法組織產業工會或職業工會。

同一產業內由各部分不同職業之工人所組織者爲產業工會。聯合同一職業工人所組織者爲職業工。產業工會、職業工會之種類，由中央主管機關定之。

第七條　工會之區域以行政區域爲其組織區域。但交通、運輸、公用等事業之跨越行政區域者得由主管機關另行劃定。

第八條　凡同一區域或同一廠場內之產業工人，或同一區域之職業工人，以設立一個工會爲限；但同一區域內之同一產業工人不足第六條規定之人數時，得合併組織之。

第九條　發起組織工會應有第六條所規定人數之連署向主管機關登記。發起人應即組織籌備會，辦理徵求會員、召開成立大會等籌備工作。

工會組織完成時，應將籌備經過、會員名冊、職員略歷冊、連同章程各一份，函送主管機關備案，並由主管機關發給登記證書。

工會職員之選舉，由上級工會派員監選，主管機關派員指導。其無上級工會者，由主管機關派員監選並指導。

第十條　工會章程應載明下列事項：

一、名稱。

二、宗旨。

三、區域。

四、會址。

五、任務或事業。

六、組織。

七、會員入會、出會及除名。

八、會員之權利與義務。

九、職員名額、權限、任期及其選任、解任。

十、會議。

十一、經費及會計。

十二、章程之修改。

第十一條　工會章程之議定，應經出席成立大會會員或代表三分之二以上之同意。

第三章　會員

第十二條　凡在工會組織區域內，年滿十六歲之男女工人，均有加入其所從事產業或職業工會為會員之權利與義務；但已加入產業工會者，得不加入職業工會。

第十三條　同一產業之被僱人員，除代表雇方行使管理權之各級業務行政主管人員外，均有會員資格。

第四章　職員

第十四條　工會置理事、監事，由會員中選任之，其名額依下列之規定：

一、縣以下工會之理事，五人至九人。

二、跨越縣市以上工會之理事，七人至十五人。

三、縣及省轄市總工會之理事，七人至十五人。

四、省及院轄市總工會與跨越省市以上工會及省市分業工會聯合會之理事，十五人至二十七人。

五、全國性工會、各業全國聯合會之理事，二十一人至三十三人。

六、全國總工會之理事，三十一人至五十一人。

七、各級工會監事名額不得超過該工會理事名額三分之一。

八、各級工會得置候補理事、候補監事；其名額不得超過該工會理事、監事名額二分之一。

九、前項各款理、監事名額在三人以上時，得按名額多寡互選常務理事、常務監事一人至十七人，常務理事名額在五人以上時並得互選一人爲理事長。

第十五條　理事會處理工會一切事務，對外代表工會。

監事或監事會審核工會簿記帳目、稽查各種事業進行狀況。

第十六條　工會會員具有中華民國國籍而年滿二十歲者，得被選爲工會之理事、監事。

第十七條　工會理事、監事之任期均爲三年。其連選連任者，不得超過三分之二。理事長之連任，以一次爲限。

第十八條　工會之理事及其代理人因執行職務所加於他人之損害，工會應負連帶之責任；但因關於勞動條件使會員爲協同之行爲、或對於會員之行爲加以限制，致使雇主受雇用關係上之損害者不在此限。

工會職員及會員私人之對外行爲，工會不負其責任。

第五章　會議

第十九條　工會會員大會或代表大會，分定期會議及臨時會議兩種，由理事長召集之。定期會議，全國性工會每三年舉行一次；省（市）以下各級工會每年一次。臨時會議，經會員十分之一以上之請求，或理事會認爲必要時召集之。

定期會議不能依法召開時，得由主管機關指定理事一人召集之。請求召開之臨時會議，如理事長不於十日內召開，原請求人得申請主管機關核准召集之。

第二十條　下列事項應經會員大會或代表大會之議決：

一、工會章程之修改。

二、經費之收支預算。

三、事業報告及收支決算之承認。

四、勞動條件之維持或變更。

五、基金之設立，管理及處分。

六、會內公共事業之創辦。

七、總工會或工會聯合會之組織。

八、工會之合併或分立。

九、理事、監事違法或失職時之解職。

第二十一條　工會會員大會或代表大會，應有會員或代表過半數之出席方得開會；非有出席會員或代表過半數之同意不得議決。但前條第一款及第七款之決議，應經出席會員或代表三分之二以上之同意。

第六章　經費

第二十二條　工會經費以下列各款充之：

一、會員入會費及經常會費。

二、特別基金。

三、臨時募集金。

四、政府補助金。

前項入會費每人不得超過其入會時兩日工資之所得，經常會費不得超過各該會員一月收入百分之。特別基金，臨時募集金之徵收均應經會員大會或代表大會之議決，並報主管機關備查。政府補助金以補助縣市以上總工會爲限，並應分別列入國家、地方預算。會員工會對上級工會會費之繳納，得依照該會收入或出席代表人數比例分擔，其辦法由代表大會決定之。

第二十三條　工會舉辦會員福利事業，應依職工福利金條例提撥福利金。縣市以上總工會，得函請主管機關補助之。

第二十四條　工會每年應將財產狀況報告會員。如會員有十分之一以上之連署，得選派代表查核工會之財產狀況。

第二十五條　工會經費支配之標準及經費支付與稽核之方法，由工會自行擬定函請主管機關備案。

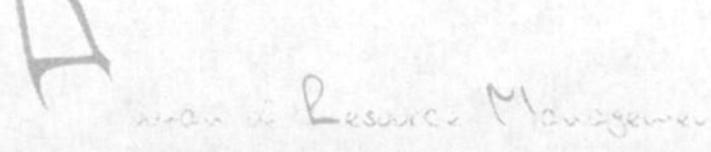

第七章 監督

第二十六條 勞資或雇傭之爭議，非經過調解程序無效後，會員大會以無記名投票、經全體會員過半數之同意，不得宣告罷工。

工會於罷工時，不得妨害公共秩序之安寧及加危害於他人之生命、財產及身體自由。

工會不得要求超過標準工資之加薪而宣告罷工。

第二十七條 工會每年十二月內應將下列事項，函送主管機關備查：

一、職員之姓名、履歷。

二、會員入會、出會名冊。

三、會計報表。

四、事業經營之狀況。

五、各項糾紛事件之調處經過。

前項備查事項，主管機關認為必要時，得請工會隨時函送。

第二十八條 工會章程之修改或重要職員之變更，應函請主管機關備查。

第二十九條 工會或職員、會員不得有下列各款行為：

一、封鎖商品或工廠。

二、擅取或毀損商品、工廠之貨物器具。

三、拘捕毆擊工人或雇主。

四、非依約定不得強迫雇主雇用其介紹之工人。

五、集會或巡行時攜帶武器。

六、對於工人之勒索。

七、命令會員怠工之行為。

八、擅行抽取佣金或捐款。

第三十條 工會之選舉或決議有違背法令或章程時，主管機關得撤銷之。

第三十一條 工會章程有違背法令時，主管機關得函請變更之。

第三十二條 工會對前二條之處分有不服時，得提起訴願，但訴願之提起，應以處分決定公文送達之日起三十日內爲之。

第三十三條　工會理事、監事有違背法令或失職情事時，會員大會得議決罷免之，並函請主管機關備案。

第三十四條　工會與外國工會之聯合，須經會員大會或代表大會之通過，函經主管機關之認可後行之。

第八章 保護

第三十五條　雇主或其他代理人，不得因工人擔任工會職務，拒絕僱用或解僱及爲其他不利之待遇。工會理、監事因辦理會務得請公假；其請假時間，常務理事得以半日或全日辦理會務，其他理、監事每人每月不得超過五十小時。其有特殊情形者，得由勞資雙方協商或於締結協約中訂定之。

第三十六條　雇主或其代理人，對於工人，不得以不任工會職務爲僱用條件。

第三十七條　在勞資爭議期間，雇主或其代理人，不得以工人參加勞資爭議爲理由解僱之。

第三十八條　工會於其債務人破產時，對其財產有優先受清償之權。

第三十九條　工會之公有財產不得沒收。

第九章 解散

第四十條　工會有下列情事之一時，主管機關得解散之：

一、成立之基本條件不具備者。

二、破壞安寧秩序者。

工會對於解散處分有不服者，得於處分決定公文送達之日起，三十日內提起訴願。

第四十一條　工會除依前條規定解散外，得因下列事由之一宣告解散：

一、工會之破產。

二、會員人數之不足。

三、工會之合併或分立。

第四十二條　工會於產業、職業之種類或組織區域之劃分有變更時，應為合併或分立；或因依第八條但書規定而設立之同一產業工會，經其會員二分之一以上同意，得合併或分立，並函請主管機關備案。

第四十三條　合併後繼續存在或新成立之工會，承繼因合併而消滅之工會之權利、義務。

因分立而成立之工會，承繼因分立而消滅之工會或分立後繼續存在之工會之權利義務；其承繼權利、義務之部分應在議決分立時議決之。

第四十四條　工會依第四十條第一項及第四十一條第一款而解散者，應依法重行組織。

工會之解散，除依規定解散者外，應於十五日內將解散事由及年、月、日，函報主管機關。

第四十五條　工會之解散，除合併、分立或破產外，其財產應速行清算。

前項清算依民法法人之規定。

第四十六條　工會解散後，除清償債務外，其賸餘財產應歸屬於重行組織之工會。其因人數不足而解散者，歸屬於該會所加入之總工會；未加入總工會者，歸屬於工會聯合會；未加入總工會及工會聯合會者，歸屬於工會會址所在地方自治團體。

第十章　聯合組織

第四十七條　同一縣市區域內產業工會、職業工會合計滿七個單位，並經三分之一以上單位發起，得函請主管機關登記組織縣（市）總工會。

第四十八條　同一省區內各縣（市）總工會組織已達半數，並經三分之一以上單位之發起，得函請主管機關登記組織省總工會。

第四十九條　同一業類之工會，經七個單位以上之發起，得函請主管機關登記組織各該業省（市）及全國工會聯合會。

分業工會聯合會，各業以組織一個聯合會爲限。

第五十條　各省總工會、院轄市總工會及各業工會全國聯合會，經二十一個單位以上之發起，得申請登記組織全國總工會。

第五十一條　各級總工會及工會聯合會，除前四條外，準用本法關於工會之規定。

第十一章 基層組織

第五十二條　凡產業工會或職業工會酌設分會、支部、小組。會員五人至二十人劃爲一小組。三小組以上得成立支部。三支部以上得成立分會。分會、支部、小組冠以數字。

第五十三條　分會設幹事三人至九人，組織幹事會，並得互選常務幹事一人至三人；支部設幹事一人，助理幹事二人；小組設組長、副組長各一人；均由所屬會員依法選舉之，任期一年，連選得連任。

分會得設候補幹事，其名額不得超過該分會幹事名額二分之一。

第五十四條　分會及支部幹事、小組組長，受工會之指導處理一切事務；但分會於必要時，經工會之許可，得單獨對外。

第十二章 罰則

第五十五條　違反本法第二十六條各項之規定者，其煽動之職員或會員觸犯刑法者，依刑法之規定處斷。

第五十六條　工會及其職員或會員有第二十九條各款行爲之一時，除其行爲觸犯刑法者仍依刑法處斷外，並得依法處以罰鍰。

第五十七條　雇主或其代理人，違反第三十五條、第三十六條及第三十七條之規定時，除其行爲觸犯刑法者仍依刑法處斷外，並得依法處以罰鍰。

第五十八條　工會之理事有下列情形之一時，得依法處以罰鍰：

一、關於第二十七條、第二十八條、第四十四條第二項之事項，不爲函報或爲虛僞之函報者。

二、違反第三十四條之規定者。

三、違反第四十四條第一項之規定者。

第十三章 附則

第五十九條　凡全國性工會，因國家有重大變故，無法召開全國代表大會時，除原選之理、監事，仍應行使職權外，其理、監事之缺額，得經主管機關核准，由可能集會之下級工會補充選任之；其所補選理、監事之任期，依第十七條之定。

前項理、監事缺額補選辦法，由中央主管機關定之。

第六十條　本法施行細則，由中央主管機管定之。

第六十一條　本法自公布日施行。

註：本法業經行政院於中華民國八十八年六月三十日以台八十八勞字第二五二二三號令，修正調整第三條，第五十九條，第六十條將省主管機關刪除，並自八十八年七月一日起施行，至八十九年七月二十九日公布。

附錄三

中華民國六十三年四月十六日
總統（63）臺統（一）義字第一六○四號令公布
中華民國八十年五月十七日
總統　華總（一）義字第二四三三號令修正公布

第一章 總則

第一條　為防止職業災害，保障勞工安全與健康，特制定本法；本法未規定者，適用其他有關法律之規定。

第二條　本法所稱勞工，謂受僱從事工作獲致工資者。

本法所稱雇主，謂事業主或事業之經營負責人。

本法所稱事業單位，謂本法適用範圍內僱用勞工從事工作之機構。

本法所稱職業災害，謂勞工就業場所之建築物、設備、原料、材料、化學物品、氣體、蒸氣、粉塵等或作業活動及其他職業上原因引起之勞工疾病、傷害、殘廢或死亡。

第三條　本法所稱主管機關：在中央為行政院勞工委員會；在省（市）為省（市）政府；在縣（市）為縣（市）政府。

本法有關衛生事項，中央主管機關應會同中央衛生主管機關辦理。

第四條　本法適用於下列各業：

一、農、林、漁、牧業。

二、礦業及土石採取業。

三、製造業。

四、營造業。

五、水電燃氣業。

六、運輸、倉儲及通信業。

七、餐旅業。

八、機械設備租賃業。

九、環境衛生服務業。

十、大眾傳播業。

十一、醫療保健服務業。

十二、修理服務業。

十三、洗染業。

十四、國防事業。

十五、其他經中央主管機關指定之事業。

前項第十五款之事業，中央主管機關得就事業之部分工作場所或特殊機械、設備指定適用本法。

第二章 安全衛生設施

第五條　雇主對下列事項應有符合標準之必要安全衛生設備：

一、防止機械、器具、設備等引起之危害。

二、防止爆炸性、發火性等物質引起之危害。

三、防止電、熱及其他之能引起之危害。

四、防止採石、採掘、裝卸、搬運、堆積及採伐等作業中引起之危害。

五、防止有墜落、崩塌等之虞之作業場所引起之危害。

六、防止高壓氣體引起之危害。

七、防止原料、材料、氣體、蒸氣、粉塵、溶劑、化學物品、含毒性物質、缺氧空氣、生物病原體等引起之危害。

八、防止輻射線、高溫、低溫、超音波、噪音、振動、異常氣壓等引起之危害。

九、防止監視儀表、精密作業等引起之危害。

十、防止廢氣、廢液、殘渣等廢棄物引起之危害。

十一、防止水患、火災等引起之危害。

雇主對於勞工就業場所之通道、地板、階梯或通風、採光、照明、保溫、防濕、休息、避難、急救、醫療及其他爲保護勞工健康及安全設備應妥爲規劃，並採取必要之措施。

前二項必要之設備及措施等標準，由中央主管機關定之。

第六條　雇主不得設置不符中央主管機關所定防護標準之機械、器具，供勞工使用。

第七條 雇主對於經中央主管機關指定之作業場所應依規定實施作業環境測定；對危險物及有害物應予標示，並註明必要之安全衛生注意事項。

前項作業環境測定之標準及測定人員資格、危險物與有害物之標示及必要之安全衛生注意事項，由中央主管機關定之。

第八條 雇主對於經中央主管機關指定具有危險性之機械或設備，非經檢查機構或中央主管機關指定之代行檢查機構檢查合格，不得使用；其使用超過規定期間者，非經再檢查合格，不得繼續使用。

前項具有危險性之機械或設備之檢查，得收檢查費。

代行檢查機構應依本法及本法所發布之命令執行職務。

檢查費收費標準及代行檢查機構之資格條件與所負責任，由中央主管機關定之。

第九條 勞工工作場之建築物，應由依法登記開業之建築師依建築法規及本法有關安全衛生之規定設計。

第十條 工作場所有立即發生危險之虞時，雇主或工作場所負責人應即令停止作業，並使勞工退避至安全場所。

第十一條 在高溫場工作之勞工，雇主不得使其每日工作時間超過六小時；異常氣壓作業、高架作業、精密作業、重體力勞動或其他對於勞工具有特殊危害之作業，亦應規定減少勞工工作時間，並在工作時間中予以適當之休息。

前項高溫度、異常氣壓、高架、精密、重體力勞動及對於勞工具有特殊危害等作業之減少工作時間與休息時間之標準，由中央主管機關會同有關機關定之。

第十二條 雇主於僱用勞工時，應施行體格檢查；對在職勞工應施行定期健康檢查；對於從事特別危害健康之作業者，應定期施行特定項目之健康檢查；並建立健康檢查手冊，發給勞工。

前項檢查應由醫療機構或本事業單位設置之醫療衛生單位之醫師爲之；檢查記錄應予保存；健康檢查費用由雇主負擔。

前二項有關體格檢查、健康檢查之項目、期限、記錄保存及健康檢查手冊與醫療機構條件等，由中央主管機關定之。

勞工對於第一項之檢查，有接受之義務。

第十三條　體格檢查發現應僱勞工不適於從事某種工作時，不得僱用其從事該項工作。健康檢查發現勞工因職業原因致不能適應原有工作者，除予醫療外，並應變更其作業場所，更換其工作，縮短其工作時間及爲其他適當措施。

第三章　安全衛生管理

第十四條　雇主應依其事業之規模、性質，實施安全衛生管理；並應依中央主管機關之規定，設置勞工安全衛生組織、人員。

雇主對於第五條第一項之設備及其作業，應訂定自動檢查計畫實施自動檢查。

前二項勞工安全衛生組織、人員、管理及自動檢查之辦法，由中央主管機關定之。

第十五條　經中央主管機關指定具有危險性機械或設備之操作人員，雇主應僱用經中央主管機關認可之訓練或經技能檢定之合格人員充任之。

第十六條　事業單位以其事業招人承攬時，其承攬人就承攬部分負本法所定雇主之責任；原事業單位就職業災害補償仍應與承攬人負連帶責任。再承攬者亦同。

第十七條　事業單位以其事業之全部或一部分交付承攬時，應於事前告知該承攬人有關其事業工作環境、危害因素暨本法及有關安全衛生規定應採取之措施。

承攬人就其承攬之全部或一部分交付再承攬時，承攬人亦應依前項規定告知再承攬人。

第十八條　事業單位與承攬人、再承攬人分別僱用勞工共同作業時，爲防止職業災害，原事業單位應採取下列必要措施：

一、設置協議組織，並指定工作場所負責人，擔任指揮及協調之工作。

二、工作之連繫與調整。

三、工作場所之巡視。

四、相關承攬事業間之安全衛生教育之指導及協助。

五、其他爲防止職業災害之必要事項。

事業單位分別交付二個以上承攬人共同作業而未參與共同作業時，應指定承攬人之一負前項原事業單位之責任。

第十九條　二個以上之事業單位分別出資共同承攬工程時，應互推一人爲代表人；該代表人視爲該工程之事業雇主，負本法雇主防止職業災害之責任。

第二十條　雇主不得使童工從事下列危險性或有害性工作：

一、坑內工作。

二、處理爆炸性、引火性等物質之工作。

三、從事鉛、汞、鉻、砷、黃磷、氯氣、氰化氫、苯胺等有害物散布場所之工作。

四、散布有害輻射線場所之工作。

五、有害粉塵散布場所之工作。

六、運轉中機器或動力傳導裝置危險部分之掃除、上油、檢查、修理或上卸皮帶、繩索等工作。

七、超過二百二十伏特電力線之銜接。

八、已熔礦物或礦渣之處理。

九、鍋爐之燒火及操作。

十、鑿岩機及其他有顯著振動之工作。

十一、一定重量以上之重物處理工作。

十二、起重機、人字臂起重桿之運轉工作。

十三、動力捲揚機、動力運搬機及索道之運轉工作。

十四、橡膠化合物及合成樹脂之滾輾工作。

十五、其他經中央主管機關規定之危險性或有害性之工作。

前項危險性或有害性工作之認定標準，由中央主管機關定之。

第二十一條 雇主不得使女工從事下列危險性或有害性工作：

一、坑內工作。

二、從事鉛、汞、鉻、砷、黃磷、氯氣、氰化氫、苯胺等有害物散布場所之工作。

三、鑿岩機及其他有顯著振動之工作。

四、一定重量以上之重物處理工作。

五、散布有害輻射線場所之工作。

六、其他經中央主管機關規定之危險性或有害性之工作。

前項第五款之工作對不具生育能力之女工不適用之。

第一項危險性或有害性工作之認定標準，由中央主管機關定之。

第一項第一款之工作，於女工從事管理、研究或搶救災害者，不適用之。

第二十二條 雇主不得使妊娠中或產後未滿一年之女工從事下列危險性或有害性工作：

一、已熔礦物或礦渣之處理。

二、起重機、人字臂起重桿之運轉工作。

三、動力捲揚機、動力運搬機及索道之運轉工作。

四、橡膠化合物及合成樹脂之滾輾工作。

五、其他經中央主管機關規定之危險性或有害性之工作。

前項危險性或有害性工作之認定標準，由中央主管機關定之。

第一項各款之工作，產後滿六個月之女工，經檢附醫師證明無礙健康之文件，向雇主提出申請自願從事工作者，不適用之。

第二十三條 雇主對勞工應施以從事工作及預防災變所必要之安全衛生

教育、訓練。

前項必要之教育及訓練事項，由中央主管機關定之。

勞工對於第一項之安全衛生教育、訓練，有接受之義務。

第二十四條　雇主應負責宣導本法及有關安全衛生之規定，使勞工周知。

第二十五條　雇主應依本法及有關規定會同勞工代表訂定適合其需要之安全衛生工作守則，報經檢查機構備查後，公告實施。

勞工對於前項安全衛生工作守則，應切實遵行。

第四章　監督與檢查

第二十六條　主管機關得聘請有關單位代表及學者專家，組織勞工安全衛生諮詢委員會，研議有關加強勞工安全衛生事項，並提出建議。

第二十七條　主管機關及檢查機構對於各事業單位工作場所實施檢查。其有不合規定者，應告知違反法令條款並通知限期改善；其不如期改善或已發生職業災害或有發生職業災害之虞時，得通知其部分或全部停工。

勞工於停工期間，應由雇主照給工資。

第二十八條　事業單位工作場所如發生職業災害，雇主應即採取必要之急救、搶救等措施，並實施調查、分析及作成記錄。

事業單位工作場所發生下列職業災害之一時，雇主應於二十四小時內報告檢查機構：

一、發生死亡災害者。

二、發生災害之罹災人數在三人以上者。

三、其他中央主管機關指定公告之災害。

檢查機構接獲前項報告後，應即派員檢查。

事業單位發生第二項之職業災害，除必要之急救、搶救外，雇主非經司法機關或檢查機構許可，不得移動或破壞現場。

第二十九條　中央主管機關指定之事業，雇主應按月依規定塡載職業災害統計，報請檢查機構備查。

第三十條　勞工如發現事業單位違反本法或有關安全衛生之規定時，得向雇主、主管機關或檢查機構申訴。

雇主於六個月內若無充分之理由，不得對前項申訴之勞工予以解僱、調職或其他不利之處分。

第五章　罰則

第三十一條　違反第五條第一項或第八條第一項之規定，致發生第二十八條第二項第一款之職業災害者，處三年以下有期徒刑、拘役或科或併科新臺幣十五萬元以下罰金。

法人犯前項之罪者，除處罰其負責人外，對該法人亦科以前項之罰金。

第三十二條　有下列情形之一者，處一年以下有期徒刑、拘役或科或併科新臺幣九萬元以下罰金：

一、違反第五條第一項或第八條第一項之規定，致發生第二十八條第二項第二款之職業災害。

二、違反第十條、第二十條第一項、第二十一條第一項、第二十二條第一項或第二十八條第二項、第四項之規定。

三、違反主管機關或檢查機構依第二十七條所發停工之通知。

法人犯前項之罪者，除處罰其負責人外，對該法人亦科以前項之罰金。

第三十三條　有下列情形之一者，處新臺幣三萬元以上十五萬元以下罰鍰：

一、違反第五條第一項或第六條之規定，經通知限期改善而不如期改善。

二、違反第八條第一項、第十一條第一項、第十五條或第二十八條第一項之規定。

三、拒絕、規避或阻撓依本法規定之檢查。

第三十四條　有下列情形之一者，處新臺幣三萬元以上六萬元以下罰鍰：

一、違反第五條第二項、第七條第一項、第十二條第一項、第二項、第十四條、第一項、第二項、第二十三條第一項、第二十五條第一項或第二十九條之規定，經通知限期改善而不如期改善。

二、違反第九條、第十三條、第十七條、第十八條、第十九條、第二十四條或第三十條第二項之規定。

三、依第二十七條之定，應給付工資而不給付。

第三十五條　違反第十二條第四項、第二十三條第三項或第二十五條第二項之規定者，處新臺幣三千元以下罰鍰。

第三十六條　代行檢查機構執行職務，違反本法或依本法所發布之命令者，處新臺幣三萬元以上十五萬元以下罰鍰；其情節重大者，中央主管機關並得予以暫停代行檢查職務或撤銷指定代行檢查職務之處分。

第三十七條　依本法所處之罰鍰，經通知而逾期不繳納者，移送法院強制執行。

第六章　附則

第三十八條　爲有效防止職業災害，促進勞工安全衛生，培育勞工安全衛生人才，中央主管機關得訂定獎助辦法，輔導事業單位及有關團體辦理之。

第三十九條　本法施行細則，由中央主管機關定之。

第四十條　本法自公布日施行。

註：本法業經行政院於中華民國八十八年六月三十日以台八八勞字第二五二二三號令，修正調整第三條，將省主管機關刪除，並自八十八年七月一日起施行，至八十九年十二月三十一日止。

勞工保險條例

附錄四

中華民國四十七年七月二十日總統公布
中華民國五十七年七月二十三日總統令修正公布
中華民國六十二年四月二十五日總統令修正公布
中華民國六十八年二月十九日總統令修正公布
中華民國七十七年二月三日總統令修正公布
中華民國八十四年二月二十八日總統令修正公布
（新修正之條文有第五、十三、十五、七十六之一等四條以註明）

第一章　總則

第一條　爲保障勞工生活，促進社會安全，制定本條例；本條例未規定者，適用其他有關法律。

第二條　勞工保險分下列二項：

一、普通事故保險：分生育、傷病、醫療、殘廢、失業、老年及死亡七種給付。

二、職業災害保險：分傷病、醫療、殘廢及死亡四種給付。

第三條　勞工保險之一切帳冊、單據及業務收支，均免課稅捐。

第四條　勞工保險之主管機關：在中央爲行政院勞工委員會；在直轄市爲直轄市政府。

第二章　保險人、投保單位及被保險人

第五條　中央主管機關統籌全國勞工保險業務，設勞工保險局爲保險人，辦理勞工保險業務。爲監督勞工保險業務及審議保險爭議事項，由有關政府代表、勞工代表、資方代表及專家各佔四分之一爲原則，組織勞工保險監理委員會行之。

勞工保險局之組織及勞工保險監理委員會之組織，另以法律定之。

勞工保險爭議事項審議辦法，由中央主管機關擬訂，報請行政院核定之。

第六條　年滿十五歲以上，六十歲以下之下列勞工，應以其雇主或所屬團體或所屬機構爲投保單位，全部參加勞工保險爲被

保險人：

一、受僱於僱用勞工五人以上之公、民營工廠、礦場、鹽場、農場、牧場、林場、茶場之產業勞工及交通、公用事業之員工。

二、受僱於僱用五人以上公司、行號之員工。

三、受僱於僱用五人以上之新聞、文化、公益及合作事業之員工。

四、依法不得參加公務人員保險或私立學校教職員保險之政府機關及公、私立學校之員工。

五、受僱從事漁業生產之勞動者。

六、在政府登記有案之職業訓練機構接受訓練者。

七、無一定雇主或自營作業而參加職業工會者。

八、無一定雇主或自營作業而參加漁會之甲類會員。

前項規定，於經主管機關認定其工作性質及環境無礙身心健康之未滿十五歲勞工亦適用之。

前二項所稱勞工，包括在職外國籍員工。

第七條　前條第一項第一款至第三款規定之勞工，參加勞工保險後，其投保單位僱用勞工減至四人以下時，仍應繼續參加勞工保險。

第八條　下列人員得準用本條例之規定，參加勞工保險：

一、受僱於第六條第一項各款規定各業以外之員工。

二、受僱於僱用未滿五人之第六條第一項第一款至第三款規定各業之員工。

三、實際從事勞動之雇主。

四、參加海員總工會或船長公會爲會員之外僱船員。

前項人員參加保險後，非依本條例規定，不得中途退保。

第一項第三款規定之雇主，應與其受僱員工，以同一投保單位參加勞工保險。

第九條　被保險人有下列情形之一者，得繼續參加勞工保險：

一、應徵召服兵役者。

二、派遣出國考察、研習或提供服務者。

三、因傷病請假致留職停薪，普通傷病未超過一年，職業災害未超過二年者。

四、在職勞工，年逾六十歲繼續工作者。

五、因案停職或被羈押，未經法院判決確定者。

第九條之一 被保險人參加保險，年資合計滿十五年，被裁減資遣而自願繼續參加勞工保險者，由原投保單位為其辦理參加普通事故保險，至符合請領老年給付之日止。

前項被保險人繼續參加勞工保險及保險給付辦法，由中央主管機關定之。

第十條 各投保單位應為其所屬勞工，辦理投保手續及其他有關保險事務，並備僱用員工或會員名冊。

前項投保手續及其他有關保險事務，投保單位得委託其所隸屬團體或勞工團體辦理之。

保險人為查核投保單位勞工人數、工作情況及薪資，必要時得查對其員工或會員名冊、出勤工作紀錄及薪資帳冊。

第十一條 符合第六條規定之勞工，各投保單位應於其所屬勞工到職、入會、到訓、離職、退會、結訓之當日，列表通知保險人；其保險效力之開始或停止，均自應為通知之當日起算。但投保單位非於勞工到職、入會、到訓之當日列表通知保險人者，除依本條例第七十二條規定處罰外，其保險效力之開始，均自通知之翌日起算。

第十二條 被保險人退保後再參加保險時，其原有保險年資應予併計。

被保險人於八十八年十二月九日以後退職者，且於本條例六十八年二月二十一日修正前停保滿二年或七十七年二月五日修正前停保滿六年者，其停保前之保險年資應予併計。

前項被保險人已領取老年給付者，得於本條施行後二年內申請補發併計年資後老年給付之差額。

第三章 保險費

第十三條 勞工保險之普通事故保險費率，由中央主管機關按被保險人當月之月投保金額薪資百分之六．五至百分之十一擬訂，報請行政院核定之。

職業災害保險費率，按被保險人當月之月投保薪資，依職業災害保險適用行業別及費率表之規定辦理。但僱用員工達一定人數以上之投保單位，其前三年職業災害保險給付總額占應繳職業災害保險費總額之比例超過百分之八十者，每增加百分之十加收其適用行業之職業災害保險費率之百分之五，並以加收至百分之四十爲限；其低於百分之七十者，每減少百分之十減收其適用行業之職業災害保險費率之百分之五，每年計算調整其職業災害保險費率。

前項職業災害保險適用行業別及費率表，由中央主管機關擬訂，報請行政院核定，並至少每三年調整一次。

職業災害保險之會計，保險人應單獨辦理。

第十四條 前條所稱月投保薪資，係指由投保單位按被保險人之月薪資總額，依投保薪資分級表之規定，向保險人申報之薪資；被保險人薪資以件計算者，其月投保薪資，以由投保單位比照同一工作等級勞工之月薪資總額，按分級表之規定申報者爲準。被保險人爲等六條第一項第七款、第八款及第八條第一項第四款規定之勞工，其月投保薪資由保險人就投保薪資分級表範圍內擬訂，報請中央主管機關核定適用之。

被保險人爲薪資，如在當年二月至七月調整時，投保單位應於當年八月底前將調整後之月投保薪資通知保險人；如在當年八月至次年一月調整時，應於次年二月底前通知保險人。其調整均自通知之次月一日生效。

第一項投保薪資分級表，由中央主管機關擬訂，報請行政院核定。

第十五條　勞工保險保險費之負擔，依下列規定計算之：

一、第六條第一項第一款至第六款及第八條第一項第一款至第三款規定之被保險人，其普通事故保險費由被保險人負擔百分之二十，投保單位負擔百分之七十，其餘百分之十，在省，由中央政府全額補助，在直轄市，由中央政府補助百分之五，直轄市政府補助百分之五；職業災害保險費全部由投保單位負擔。

二、第六條第一項第七款規定之被保險人，其普通事故保險費及職業災害保險費，由被保險人負擔百分之六十，其餘百分之四十，在省，由中央政府補助、在直轄市，由直轄市政府補助。

三、第六條第一項第八款規定之被保險人，其普通事故保險費及職業災害保險費，由被保險人負擔百分之二十，其餘百分之八十，在省，由中央政府補助，在直轄市，由直轄市政府補助。

四、第八條第一項第四款規定之被保險人，其普通事故保險費及職業災害保險費，由被保險人負擔百分之八十，其餘百分之二十，在省，由中央政府補助，在直轄市，由直轄市政府補助。

五、第九條之一規定之被保險人，其保險費由被保險人負擔百分之八十，其餘百分之二十，在省，由中央政府補助，在直轄市，由直轄市政府補助。

第十六條　勞工保險保險費依下列規定，按月繳納：

一、第六條第一項第一款第六款及第八條第一項第一款至第三款規定之被保險人，其應自行負擔之保險費，由投保單位負責扣、收繳，並須於次月底前，連同投保單位負擔部分，一併向保險人繳納。

二、第六條第一項第七款、第八款及第八條第一項第四款規定之被保險人，其自行負擔之保險費，應按月向其所屬投保單位繳納，於次月底前繳清，所屬投保單位應於再次月底前，負責彙繳保險人。

三、第九條之一規定之被保險人，其應繳之保險費，應按月向其原投保單位或勞工團體繳納，由原投保單位或勞工團體於次月底前負責彙繳保險人。

勞工保險之保險費一經繳納，概不退還。但非歸責於投保單位或被保險人之事由所致者，不在此限。

第十七條　投保單位對應繳納之保險費，未依前條第一項規定限期繳納者，得寬限十五日；如在寬限期間仍未向保險人繳納者，自寬限期滿之翌日起至完納前一日止，每逾一日加徵其應納費額百分之零點二滯納金。但其加徵之滯納金額，以至應納費額一倍爲限。

加徵前項滯納金十五日後仍未繳納者，保險人應就其應繳之保險費及滯納金，依法訴追。投保單位如無財產可供執行或其財產不足清償時，其主持人或負責人對逾期繳納有過失者，應負損害賠償責任。

保險人於訴追之日起，在保險費及滯納金未繳清前，暫行拒絕給付，但被保險人應繳部分之保險費已扣繳或繳納於投保單位者，不在此限。

第六條第一項第七款、第八款及第八條第一項第四款規定之被保險人，依第十五條規定負擔之保險費，應按期送交所屬投保單位彙繳。如逾寬限期間十五日而仍未送交者，其投保單位得適用第一項規定，代爲加收滯納金彙繳保險人；加徵滯納金十五日後仍未繳納者，暫行拒絕給付。

第九條之一規定之被保險人逾二個月未繳保險費者，以退保論。其於欠繳保險費期間發生事故所領取之保險給付，應依法追還。

第十八條　被保險人發生保險事故，於其請領傷病給付或住院醫療給付未能領取薪資或喪失收入期間，得免繳被保險人負擔部分之保險費。

前項免繳保險費期間之年資，應予承認。

第四章 保險給付

第一節 通則

第十九條　被保險人或其受益人，於保險效力開始後，停止前發生保險事故者，得依本條例規定，請領保險給付。

以現金發給之保險給付，按被保險人發生保險事故之當月起前六個月平均月投保薪資計算；其以日爲給付單位者，以平均月投保薪資除以三十爲日給付額。但老年給付按被保險人退休之當月起前三年之平均月投保薪資計算，參加保險未滿三年者，按其實際投保年資之平均月投保薪資計算。

被保險人如爲漁業生產勞動者或航空、航海員工或坑內工，除依本條例規定請領保險給付外，於漁業、航空、航海或坑內作業中，遭遇意外事故致失蹤時，自戶籍登記失蹤之日起，按其平均月投保薪資百分之七十，給付失蹤津貼；於每滿三個月之期末給付一次，至生還之前一日或失蹤滿一年之前一百或依法宣告死亡之前一日止。

失蹤滿一年或依準宣告死亡者，得依第六十四條之規定，請領死亡給付。

第二十條　被保險人在保險有效期間所發生之傷病事故，於保險效力停止後，必須連續請領傷病給付或住院診療給付者，一年內仍可享有該項保險給付之權利；傷病給付期限依第三十五條及第三十六條規定；住院診療之被保險人經保險人自設或特約醫院認爲可出院療養時應即出院。

被保險人依前項規定連續請領保險給付期間內，因同一傷病及其引起之疾病致殘廢或死亡者，仍得請領殘廢給付或死亡給付。其非因病癒而經保險人自設或特約醫院同意出院後，在保險效力停上之日起一年內，因同一傷病及其引起之疾病致殘廢或死亡者亦同。

第二十一條　被保險人死亡前請領殘廢給付或老年給付，經保險人審定應給付者，其給付得由被保險人之當序受領遺屬津貼人承領。

但無第六十五所定之遺屬者，按被保險人平均月投保薪資給與負責埋葬人十個月喪葬津貼。

依前項規定領取老年給付者，不得再依死亡給付之規定請領任何喪葬津貼及遺屬津貼。

第二十一條之一　被保險人因殘廢不能繼續從事工作，而同時具有請領殘廢給付及老年給付條件者，得擇一請領殘廢給付或老年給付。

第二十二條　同一種保險給付，不得因同一事故而重複請領。

第二十三條　被保險人或其受益人或其他利害關係人，爲領取保險給付，故意造成保險事故者，保險人除給與喪葬津貼外，不負發其他保險給付之責任。

第二十四條　投保單位故意爲不合本條例規定之人員辦理參加保險手續，領取保險給付者，保險人應依法追還；並取消該被保險人之資格。

第二十五條　被保險人無正當理由，不接受保險人特約醫療院、所之檢查或補具應繳之證件，或受益人不補具應繳之證件者，保險人不負發給保險給付之責任。

第二十六條　因戰爭變亂或被保險人或因其父母、子女、配偶故意犯罪行爲，以致發生保險事故者，概不給與保險給付。

第二十七條　被保險人之養子女，其收養登記在保險事故發生時未滿六個月者，不得享有領取保險給付之權利。

第二十八條　保險人爲審核保險給付或勞工保險監理委員會爲審議保險爭議事項，必要時得向投保單位、特約醫療院、所或其他有關機關調查被保險人與保險有關之文件。

第二十九條　被保險人或其受益人領取各種保險給付之權利，不得讓與、抵銷、扣押或供擔保。

第三十條　領取保險給付之請求權，自得請領之日起，因二年間不行使而消滅。

第二節 生育給付

第三十一條　被保險人合於下列情形之一者，得請領生育給付：

一、參加保險滿二百八十日後分娩者。

二、參加保險滿一百八十一日後早產者。

三、參加保險滿八十四日後流產者。

被保險人之配偶分娩、早產或流產者，比照前項規定辦理。

第三十二條　生育給付標準，依下列各款辦理：

一、被保險人或其配偶分娩或早產者，按被保險人平均月投保薪資一次給與分娩費三十日，流產者減半給付。

二、被保險人分娩或早產者，除給與分娩費外，並按其平均月投保薪資一次給與生育補助費三十日。

三、分娩或早產為雙生以上者，分娩費比例增給。

被保險人難產已申領住院診療給付者，不再給與分娩費。

※上述有關生育給付分娩費部分，依本條例第七十六條之一規定，於全民健康保險施行後，停止適用。原勞工保險生育給付之分娩費，改由健保局以醫療給付方式給付。因此，自八十四年三月一日全民健康保險施行後，勞工保險被保險人分娩、早產、流產或被保險人之配偶分娩、早產、流產均不得請生育給付之分娩費。

第三節 傷病給付

第三十三條　被保險人遭遇普通傷害或普通疾病住院診療，不能工作，以致未能取得原有薪資，正在治療中者，自不能工作之第四日起，發給普通傷害補助費或普通疾病補助費。

第三十四條　被保險人因執行職務而致傷害或職業病不能工作，以致未能取得原有薪資，正在治療中者，自不能工作之第四日起，發給職業傷害補償費或職業病補償費。職業病種類表如附表一。

前項因執行職務而致傷病之審查準則，由中央主管機關定之。

第三十五條　普通傷害補助費及普通疾病補助費，均按被保險人平均月投保薪資半數發給，每半個月給付一次，以六個月爲限。但傷病事故前參加保險之年資合計已滿一年者，增加給付六個月。

第三十六條　職業傷害補償費及職業病補償費，均按被保險人平均月投保薪資百分之七十發給，每半個月給付一次；如經過一年尚未痊癒者，其職業傷害或職業病補償費減爲平均月投保薪資之半數，但以一年爲限。

第三十七條　被保險人在傷病期間，已領足前二條規定之保險給付者，於痊癒後繼續參加保險時，仍得依規定請領傷病給付。

第三十八條　被保險人已領足第三十五條或第三十六條規定之保險給付，期滿仍未痊癒，經保險人自設或特約醫院診斷爲永不能復原者，得視傷病情形申請繼續治療或依本條例有關規定，請領殘廢給付。

第四節 醫療給付

第三十九條　醫療給付分門診及住院診療。

第三十九條之一　爲維護被保險人健康，保險人應訂定辦法，辦理職業病預防。

前項辦法，應報請中央主管機關核定之。

第四十條　被保險人罹患傷病時，應向保險人自設或特約醫療院、所申請診療。

第四十一條　門診給付範圍如下：

一、診察（包括檢驗及會診）。

二、藥劑或治療材料。

三、處置、手術或治療。

前項費用，由被保險人自行負擔百分之十。但以不超過中央主管機關規定之最高負擔金額爲限。

第四十二條　被保險人合於左列規定之一，經保險人自設或特約醫療院、所診斷必須住院治療者，由其投保單位申請住院診療。但緊急傷病，須直接住院診療者，不在此限。

一、因職業傷害者。

二、因罹患職業病者。

三、因普通傷害者。

四、因罹患普通疾病，於申請住院診療前參加保險之年資合計滿四十五日者。

第四十三條　住院診療給付範圍如下：

一、診察（包括檢驗及會診）。

二、藥劑或治療材料。

三、處置、手術或治療。

四、膳食費用三十日內之半數。

五、勞保病房之供應，以公保病房爲準。

前項第一款至第三款及第五款費用，由被保險人自行負擔百分之五。但以不超過中央主管機關規定之最高負擔金額爲限。

被保險人自願住較高等病房者，除依前項規定負擔外，其超過之勞保病房費用，由被保險人負擔。

第二項及第四十一條第二項之實施日期及辦法，應經立法院審議通過後實施之。

第四十四條　醫療給付不包括法定傳染病、痲瘋病、麻醉藥品嗜好症、接生、流產、美容外科、義齒、義眼、眼鏡或其他附屬品之裝置、病人運輸、特別護士看護、輸血、掛號費、證件費、醫療院、所無設備之診療及第四十一條、第四十三條未包括之項目。但被保險人因緊急傷病，經保險人自設或特約醫療院、所診斷必須輸血者，不在此限。

第四十五條　被保險人因傷病住院診療，住院日數超過一個月者，每一個月應由醫院辦理繼續住院手續一次。

住院診療之被保險人，經保險人自設或特約醫院診斷認爲可出院療養時，應即出院；如拒不出院時，其繼續住院所需費用，由被保險人負擔。

第四十六條　被保險人有自由選擇保險人自設或特約醫療院、所診療之權利，但有特殊規定者，從其規定。

第四十七條　被保險人因傷病而致殘廢，經領取殘廢給付後，不得以同一傷病，申請住院診療。

第四十八條　被保險人在保險有效期間領取醫療給付者，仍得享有其他保險給付之權利。

第四十九條　被保險人診療所需之費用，由保險人逕付其自設或特約醫療院、所，被保險人不得請領現金。

第五十條　在本條例施行區域內之各級公立醫療院、所，符合規定者，均應爲勞工保險之特約醫療院、所。各投保單位附設之醫療院、所及私立醫療院、所符合規定者，均得申請爲勞工保險之持約醫療院、所。

前項勞工保險特約醫療院、所特約及管理辦法，由中央主管機關會同中央衛生主管機關定之。

第五十一條　各特約醫療院、所辦理門診或住院診療業務，其診療費用，應依照勞工保險診療費用支付標準表及用藥種類與價格表支付之。

前項勞工保險診療費用支付標準表及用藥類與價格表，由中央主管機關會同中央衛生主管機關定之。

保險人爲審核第一項診療費用，應聘請各科醫藥專家組織診療費用審查委員會審核之；其辦法由中央主管機關定之。

第五十二條　投保單位塡具之門診就診單或住院申請書，不合保險給付、醫療給付、住院診療之規定或虛僞不實或交非被保險人使用者，其全部診療費用應由投保單位負責償付。

特約醫療院、所對被保險人之診療不屬於醫療給付範圍者，其診療費用應由醫療院、所或被保險人自行負責。

第五節 殘廢給付

第五十三條　被保險人因普通傷害或罹患普通疾病，經治療終止後，如身體遺存障害，適合殘廢給付標準表規定之項目，並經保險人自設或特約醫院診斷爲永久殘廢者，得按其平均月投保薪資，依同表規定之殘廢等級及給付標準，一次請領殘廢補助費，殘廢給付標準表如附表二。

被保險人領取普通傷病給付期滿，或其所患普通傷病經治療一年以上尚未痊癒，如身體遺存障害，適合殘廢給付標準表規定之項目，並經保險人自設或特約醫院診斷爲永不能復原者，得比照前項規定辦理。

第五十四條　被保險人因職業傷害或罹患職業病，經治療終止後，如身體遺存障害適合殘廢給付標準表規定之項目，並經保險人自設或特約醫院診斷爲永久殘廢者，依同表規定之殘廢等級及給付標準，增給百分之五十，一次請領殘廢補償費。

被保險人領取職業傷病給付期滿，尚未痊癒，如身體遺存障害，適合殘廢給付標準表規定之項目，並經保險人自設或特約醫院診斷爲永不能復原者，得比照前項規定辦理。

第五十五條　殘廢給付依下列規定，審核辦理之：

一、被保險人身體遺存障害，適合被保險人標準表之任何一項目時，按各該項目之殘廢等級給與之。

二、被保險人身體遺存障害，同時適合殘廢給付標準表之任何兩項目以上時，除依第三款至第六款規定辦理外，按其最高殘廢等級給與之。

三、被保險人身體遺存障害，同時適合殘廢給付標表之第十四等級至第一等級間任何兩項目以上時，按其最高殘廢等級再升一等級給與之。但最高等級爲第一等級時，按第一等級給與之。

四、被保險人身體遺存障害，同時適合殘廢給付標準表之第八等級至第一等級間任何兩項目以上時，按其最高殘廢等級再升三等級給與之。但最高等級爲第二等級以上時，按第一等級給與之。

五、被保險人身體遺存障害，同時適合殘廢給付標準表之第等級至第一等級間任何兩項目以上時，按其最高殘廢等級再升三等級給與之。但最高等級爲第三等以上時，按第一等級給與之。

六、被保險人身體遺存障害，不適合殘廢給付標準表所定之各項目時，得衡量其殘廢程度，比照同表所定之身體障害狀態，定其殘廢等級。

七、依第三款至第六款規定所核定之殘廢給付，超過各該等級殘廢分別計算後之合計額時，應按其合計額給與之。

八、被保險人身體原已局部殘廢，再因傷害或疾病致身體之同一部位殘廢程度加重者，一律依照殘廢給付標準表規定，按其加重後殘廢給付。

但原已局部殘廢部分，依殘廢給付標準表規定所核定之給付日數，應予扣除。

九、被保險人身體原已局部殘廢再因傷害或疾病致身體之同一部位殘廢程度加重，同時其不同部位又成殘廢者，一律依殘廢給付標準表，按第一款至第六款規定所核定之殘廢給付日數，發給殘廢給付。但原已局部殘廢部分，依殘廢給付標準表規定所核定之給付日數，應予扣除。

十、第八款及第九款規定之被保險人身體殘廢程度加重之原因，係職業傷害或罹患職業病所致者，按各該款之規定所核定之殘廢給付日數，增給百分之五十。

第五十六條　保險人於審核殘廢給付認為有複檢必要時，得另行指定醫院或醫師複檢。

第五十七條　被保險人領取殘廢給付，不能繼續從事工作者，其保險效力即行終止。

第六節 老年給付

第五十八條　被保險人合於左列規定之一者，得請領老年給付：

一、參加保險之年資合計滿一年，年滿六十歲或女性被保險人年滿五十五歲退職者。

二、參加保險之年資合計滿十五年，年滿五十五歲退職者。

三、在同一投保單位參加保險之年資合計滿二十五年退職者。

四、參加保險之年資合計滿二十五年，年滿五十歲退職者。

五、擔任經中央主管機關核定具有危險、堅強體力等特殊性質之工作合計滿五年，年滿五十五歲退職者。

被保險人已領取老年給付者，不得再行參加勞工保險。

第五十九條　被保險人依前條第一項規定請領老年給付者，其保險年資合計每滿一年按其平均月投保薪資，發給一個月老年給付；其保險年資合計超過十五年者，其超過部分，每滿一年發給二個月老年給付。但最高以四十五個月爲限，滿半年者以一年計。

第六十條　（刪除）

第六十一條　被保險人年逾六十歲繼續工作者，其逾六十歲以後之保險年資最多以五年計，於退職時依第五十九條規定核給老年給付。但合併六十歲以前之老年給付，最高以五十個月爲限。

第七節 死亡給付

第六十二條　被保險人之父母、配偶或子女死亡時，依左列規定，請領喪葬津貼：

一、被保險人之父母、配偶死亡時，按其平均月投保薪資，發給三個月。

二、被保險人之子女年滿十二歲死亡時，按其平均月投保薪資，發給二個半月。

三、被保險人之子女未滿十二歲死亡時，按其平均月投保薪資，發給一個半月。

第六十三條　被保險人死亡時，按其平均月投保薪資，給與喪葬津貼五個月。遺有配偶、子女及父母、祖父母或專受其扶養之孫子女及兄弟、姊妹者，並給與遺屬津貼；其支給標準，依下列規定：

一、參加保險年資合計未滿一年者，按被保險人平均月投保薪資，一次發給十個月遺屬津貼。
二、參加保險年資合計已滿一年而未滿二年者，按被保險人平均月投保薪資，一次發給二十個月遺屬津貼。
三、參加保險年資合計已滿二年者，按被保險人平均月投保薪資，一次發給三十個月遺屬津貼。

第六十四條　被保險人因職業傷害或罹患職業病而致死亡者，不論其保險年資，除按其平均月投保薪資，一次發給喪葬津貼五個月外，遺有配偶、子女及父母、祖父母或專受其扶養之孫子女及兄弟、姊妹者，並給與遺屬津貼四十個月。

第六十五條　受領前二條所定遺屬津貼之順序如下：
一、配偶及子女。
二、父母。
三、祖父母。
四、孫子女。
五、兄弟、姊妹。

第六十六條　勞工保險基金之來源如下：
一、創立時政府一次撥付之金額。
二、當年度保險費及其孳息之收入與保險給付支出之結餘。
三、保險費滯納金。
四、基金運用之收益。

第五章 保險基金及經費

第六十七條　勞工保險基金，經勞工保險監理委員會之通過，得為下列之運用：
一、對於公債、庫券及公司債之投資。
二、存放於國家銀行或中央主管機關指定之公營銀行。
三、自設勞保醫院之投資及特約公立醫院勞保病房整修之貸款；其辦法，由中央主管機關定之。

四、政府核准有利於本基金收入之投資。

勞工保險基金，除作爲前項運用及保險給付支出外，不得移作他用或轉移處分；其管理辦法，由中央主管機關定之。基金之收入、運用情形及其積存數額，應由保險人報請中央主管機關按年公告之。

第六十八條　勞工保險機構辦理本保險所需之經費，由保險人按編製預算之當年六月份應收保險費百分之五點五全年伸算數編列預算，經勞工保險監理委員會審議通過後，由中央主管機關撥付之。

第六十九條　勞工保險如有虧損，在中央勞工保險局未成立前，應由中央主管機關審核撥補。

第六章　罰則

第七十條　以詐欺或其他不正當行爲領取保險給付或爲虛僞之證明、報告、陳述及申報診療費用者，除按其領取之保險給付或診療費用處以二倍罰鍰外，並應依民法請求損害賠償；其涉及刑責者，移送司法機關辦理。特約醫療院、所因此領取之診療費用，得在其已報應領費用內扣除。

第七十一條　勞工違背本條例規定，不參加勞工保險及辦理勞工保險手續者，處一百元以上、五百元以下罰鍰。

第七十二條　投保單位不依本條例之規定辦理投保手續者，按自僱用之日起，至參加保險之日止應負擔之保險費金額，處以二倍罰鍰。勞工因此所受之損失，並應由投保單位依本條例規定之給付標準賠償之。

投保單位違背本條例規定，將投保薪資金額以多報少或以少報多者，自事實發生之日起，按其短報或多報之保險費金額，處以二倍罰鍰，並追繳其溢領給付金額。勞工因此所受損失，應由投保單位賠償之。

保險人依第十條第三項之規定查對員工或會員名冊、出勤工作紀錄及薪資帳冊時，投保單位拒不出示者，處以二千元以上、六千元以下罰鍰。

投保單位經依第十七條第一項規定加徵滯納金至應納費額一倍後，其應繳之保險費仍未向保險人繳納者，應按其應繳保險費之金額處以三倍罰鍰。

第七十三條　本條例所規定之罰鍰，經催告送達後，無故逾三十日，仍不繳納者，移送法院強制執行。

第七章　附則

第七十四條　失業保險之保險費率、實施地區、時間及辦法，由行政院以命令定之。

第七十五條　（刪除）

第七十六條　被保險人於轉投軍人保險、公務人員保險或私立學校教職員保險時，不合請領老年給付條件者，其依本條例規定參加勞工保險之年資應予保留，於其年老依法退職時，得依本條例第五十九條規定標準請領老年給付。

前項年資之保留辦法，由中央主管機關擬訂，報請行政院核定之。

第七十六條之一　本條例第二條、第三十一條、第三十二條及第三十九條至第五十二條有關生育給付分娩費及普通事故保險醫療給付部分，於全民健康保險施行後，停止適用。

第七十七條　本條例施行細則，由中央主管機關擬訂，報請行政院核定之。

第七十八條　本條例施行區域，由行政院以命令定之。

第七十九條　本條例自公布日施行。

註：有關本條例第三十四條職業病種類表及第五十三條殘廢給付標準表，因涉醫療鑑定，本書予以刪略。

人力資源管理

編 著 者☞ 林欽榮
出 版 者☞ 揚智文化事業股份有限公司
發 行 人☞ 葉忠賢
責任編輯☞ 賴筱彌
登 記 證☞ 局版北市業字第 1117 號
地　　址☞ 台北市新生南路三段 88 號 5 樓之 6
電　　話☞ （02）23660309　（02）23660313
傳　　真☞ （02）23660310
郵撥帳號☞ 14534976
戶　　名☞ 揚智文化事業股份有限公司
法律顧問☞ 北辰著作權事務所　蕭雄淋律師
印　　刷☞ 鼎易印刷事業股份有限公司
初版一刷☞ 2002 年 6 月
I S B N ☞957-818-391-7（平裝）
定　　價☞ 新台幣 600 元
網　　址☞ http://www.ycrc.com.tw
E-mail ☞ tn605541@ms6.tisnet.net.tw

國家圖書館出版品預行編目資料

人力資源管理／林欽榮著.--初版. --臺北市：揚智文化, 2000[民 91]
面；　公分
ISBN　957-818-391-7（平裝）

1.人事管理　2.人力資源 -- 管理

494.3　　　　91005135